浅层地热能
调查评价技术与方法

Techniques and Methods for the Investigation and Evaluation of Shallow Geothermal Energy

杜建国◎著

河海大学出版社
HOHAI UNIVERSITY PRESS

·南京·

内容提要

本书以"淮河生态经济带江苏段浅层地热能调查评价"为范例，系统论述了浅层地热能调查评价的技术与方法，包括浅层地热地质条件调查、岩土体热响应试验、浅层地热能开发利用适宜性分区、浅层地热能热容量与换热功率计算、热平衡模拟及其开发利用规划、浅层地热能资源潜力评价及环境效益分析。

本书可供从事浅层地热能调查评价的科研和技术人员、大专院校师生以及城乡建设规划和设计等部门的相关人员参考使用。

图书在版编目（CIP）数据

浅层地热能调查评价技术与方法 / 杜建国著. --南京：河海大学出版社，2023.8
 ISBN 978-7-5630-8344-2

Ⅰ.①浅… Ⅱ.①杜… Ⅲ.①地热勘探 Ⅳ.
①P314

中国国家版本馆 CIP 数据核字（2023）第 174147 号

书　　名	浅层地热能调查评价技术与方法	
	QIANCENG DIRENENG DIAOCHA PINGJIA JISHU YU FANGFA	
书　　号	ISBN 978-7-5630-8344-2	
责任编辑	陈丽茹	
特约校对	李春英	
装帧设计	张世立	
出版发行	河海大学出版社	
地　　址	南京市西康路 1 号（邮编：210098）	
网　　址	http://www.hhup.com	
电　　话	（025）83737852（总编室）	
	（025）83722833（营销部）	
经　　销	江苏省新华发行集团有限公司	
排　　版	南京布克文化发展有限公司	
印　　刷	广东虎彩云印刷有限公司	
开　　本	787 毫米×1092 毫米　1/16	
印　　张	17	
字　　数	387 千字	
版　　次	2023 年 8 月第 1 版	
印　　次	2023 年 8 月第 1 次印刷	
定　　价	98.00 元	

前言

随着社会的飞速发展,人们对生活质量提出了更高的要求,而能源是国民经济发展的重要基础,但在历史进程中为求发展而大量地使用石油、煤炭、天然气等不可再生能源而导致的能源危机与环境污染,也成为当今世界亟待解决的严重问题。面对空气污染、环境保护形势严峻的局面,调整能源结构、解决污染问题的迫切性显著提升,党的十八大提出中国特色社会主义"五位一体"总布局,首次将生态文明建设与经济、政治、文化、社会等建设并重,"生态优先、绿色发展"已成为国家行动。2017 年,国家发展和改革委员会、国家能源局和国土资源部(现为自然资源部)发布了《地热能开发利用"十三五"规划》,提出要大力推广新能源的使用并对如何合理开发利用地热能给出了指导方针,缓解由于大量使用不可再生能源所造成的不良影响。而地热能因其分布广泛、储量丰富、开发潜力大,成为开发利用的新能源中的重要对象。

浅层地热能是指蕴藏在地表以下一定范围内岩土体、地下水和地表水中具有开发利用价值的热能,通常利用的是蕴藏在地表以下 200 m、温度低于 25 ℃的热能。浅层地热能的热源主要来自太阳辐射和地球内部的热能,由于其易于开发、再生能力快,同时更加经济和方便,故而具有相当好的开发利用价值。浅层地热能用于建筑供暖可比常规供暖技术降低 30%~40% 的运行费用,可以很好地替代化石能源用以提供日常生活所需的热量。地埋管地源热泵系统是其中的一种重要手段,具有节能、环保、高效等优点。地埋管地源热泵系统是通过循环介质与岩土体的热交换以达成夏季制冷及冬季制热效果的热泵空调系统。由于地下恒温带及增温带土壤温度基本恒定,地面气候变化难以对其产生影响,并且热容量大、蓄热性能好,故而在夏季将室内的热量通过循环介质和地下埋管带出并排入地下岩土体,冬季再将岩土体中储存的热量取出用于供暖。但在地埋管地源热泵系统实际设计和运行过程中也会面临一些问题,其中最关键的是运行工况不合理或水文地质参数、热物性参数不符合实际的热(冷)堆积或热(冷)贯通情况。

2018 年 11 月,国家发展和改革委员会发布《淮河生态经济带发展规划》(以下简称《规划》),《规划》中要求"加强对工业烟尘、粉尘、城市扬尘和有毒有害空气污染物排放的协同控制。严控煤炭消费总量,增加清洁能源供给和使用,力争实现煤炭消费负增长"。

该规划把"生态优先、绿色发展"放在首要位置，提出把淮河生态经济带建设成为流域生态文明建设示范带。浅层地热资源作为清洁能源中的重要部分，从长远来看，如何对其合理规划并开采、缓解不可再生能源的使用压力、促进生态文明建设，在当下具有重要的现实意义与战略意义。

本书以"淮河生态经济带江苏段浅层地热能调查评价"为例，详细论述了浅层地热能调查评价的技术与方法，共分十章。第一章主要论述了项目概况、目标任务、工作区的范围及其研究程度、工作原则及技术路线、完成的主要实物工作量、工作质量评述、取得的主要成果；第二章论述了工作区的自然地理特征和社会经济概况；第三章论述了工作区的浅层地热能的赋存条件；第四章论述了现场热响应试验的原理、方法和步骤、试验数据的处理方法及其试验结果；第五章论述了浅层地热能开发利用适宜性分区的目的和任务、分区方法及其分区结果；第六章论述了浅层地热能资源评价的方法和结果；第七章论述了基于热平衡原理评价浅层地热能可采量的地下水渗流与热量运移三维模型的建立和求解、模型的识别和验证；第八章论述了基于热平衡原理的浅层地热能开发利用规划及其可采量的评价；第九章论述了浅层地热能资源开发潜力和效益评价分析的方法及其结果；第十章论述了工作区浅层地热能调查评价的结论和建议。

本书内容是作者多年来生产和科研工作的结晶，本书的出版得到了河海大学骆祖江教授、李兆博士后和江苏省地质调查研究院郝社锋研究员级高级工程师、徐雪球研究员级高级工程师、邹鹏飞高级工程师、王彩会研究员级高级工程师、姚文江研究员级高级工程师、季克其研究员级高级工程师、范迪富研究员级高级工程师的大力支持和帮助，在此表示衷心的感谢！

由于本人水平有限，加之项目实施过程中遇到的无法解决的客观问题，书中不足之处在所难免，恳请广大读者批评指正！

杜建国
2023 年 5 月 29 日

目录

第一章 引言 ... 1
  第一节 项目概况 ... 1
  第二节 目标与任务 ... 3
  第三节 工作区范围 ... 3
  第四节 研究程度 ... 4
  第五节 工作原则与技术路线 ... 6
  第六节 完成的主要实物工作量 ... 7
  第七节 质量管理 ... 8
  第八节 主要成果 ... 10

第二章 自然地理概况 ... 12
  第一节 自然地理特征 ... 12
  第二节 社会经济概况 ... 15

第三章 浅层地热能赋存条件 ... 19
  第一节 区域地质概况 ... 19
  第二节 区域水文地质特征 ... 24
  第三节 浅层地温场分布特征 ... 32

第四章 现场热响应试验 ... 43
  第一节 试验方法 ... 43
  第二节 二维线热源模型 ... 44
  第三节 试验孔概况 ... 45
  第四节 试验情况与数据处理 ... 47
  第五节 试验结果 ... 129

第五章　浅层地热能开发利用适宜性分区 ········· 132
第一节　分区的目的与任务 ········· 132
第二节　层次分析法 ········· 133
第三节　地埋管地源热泵适宜性分区 ········· 134

第六章　浅层地热能资源评价 ········· 145
第一节　浅层地热能热容量计算 ········· 145
第二节　地埋管地源热泵换热功率计算 ········· 150

第七章　地下水非稳定渗流与热量运移三维耦合数值模拟 ········· 159
第一节　工作区地下水渗流与热量运移概念模型 ········· 159
第二节　地下水非稳定渗流与热量运移三维耦合数学模型 ········· 160
第三节　模型的识别、验证 ········· 161

第八章　浅层地热能可采资源数值模拟规划评价 ········· 179
第一节　热平衡发展趋势预测分析 ········· 179
第二节　地埋管地源热泵系统浅层地热能可采资源规划评价 ········· 195

第九章　浅层地热能资源潜力评价及环境效益分析 ········· 235
第一节　浅层地热能资源潜力评价 ········· 235
第二节　环境效益分析 ········· 248

第十章　结论与建议 ········· 254
第一节　结论 ········· 254
第二节　建议 ········· 260

参考文献 ········· 262

第一章

引言

第一节 项目概况

由于资源禀赋和生产方式等因素,煤炭在我国一次能源消费中比重过高,燃煤污染成为大气污染的重要来源。面对空气污染、环境保护形势严峻的局面,以能源结构调整解决污染问题的迫切性显著提升,"生态优先、绿色发展"已成为国家行动。党的十八大首次把生态文明建设与经济建设、政治建设、文化建设、社会建设并列,形成建设中国特色社会主义的"五位一体"总体布局,将绿色发展提升到前所未有的高度。

地热资源是一种可再生能源,具有清洁环保、用途广泛、稳定性好、可循环利用等特点。加快开发利用地热资源对调整能源结构、节能减排、改善环境具有重要意义。近年来,我国相继出台了开发利用地热资源的法律、法规及相关政策,鼓励开发利用地热资源。2006年实施的《中华人民共和国可再生能源法》将地热能的开发利用明确列入鼓励发展的新能源范围。2013年1月,国家能源局、财政部、国土资源部(现为自然资源部)、住房和城乡建设部四部委共同出台了《关于促进地热能开发利用的指导意见》,要求积极开发利用地热能,缓解我国的能源资源压力。2016年地热能首次被写入国家"十三五"发展规划。2017年1月,国家发展和改革委员会、国家能源局、国土资源部(现为自然资源部)制定颁布了《地热能开发利用"十三五"规划》,对地热能发展的重点任务、重大项目布局、保障措施及实施机制做了详细的阐述。

2018年11月,国家发展和改革委员会发布《淮河生态经济带发展规划》,意味着淮河生态经济带建设正式上升为国家战略。该规划中要求"……加强对工业烟尘、粉尘、城市扬尘和有毒有害空气污染物排放的协同控制。严控煤炭消费总量,增加清洁能源供给和使用,力争实现煤炭消费负增长……"。该规划把生态优先、绿色发展放在首要位置,提出把淮河生态经济带建设成为流域生态文明建设示范带,地热资源的开发利用有利于缓解区内能源资源压力,对促进生态文明建设具有重要的现实意义和长远的战略意义。

淮河生态经济带江苏段工作区主体位于苏北盆地,苏北盆地处于中国东部沿海高热流地热异常区,太平洋板块对欧亚板块的俯冲,引起软流圈上拱,从而形成了弧后岩石圈伸展背景下的裂谷型断陷盆地，并伴随大规模的新生代岩浆侵入和喷发。高温软流圈的上涌以及大规模岩浆活动，将深部地热能传导至浅地表，形成了局部地热异常区，为中深层地热资源的形成提供了地热条件。工作区大地热流强，地温梯度高，区内地层发育齐全，深部分布有厚度巨大的碳酸盐岩，泥质含量少、脆性大的碎屑岩、岩浆岩等，这些地层在地质历史时期经历了强烈的构造变动，构造裂隙发育，为热水型地热资源的赋存提供了良好的储存空间。

近年来，在苏北地区开展了多个地区的地热勘查工作，取得了丰硕的成果，其中宝应地热井井口水温达93 ℃，出水量达1 506 m³/d，钻井深度3 028 m，创造了江苏地热井出水温度最高纪录，也是目前中国大陆东部沿海地区出水温度最高的地热深井。2017年，连云港大伊山地热井成功出水，水温46 ℃，出水量1 019 m³/d，实现了变质岩地区寻找优质地热资源的重大突破。2018年，高邮神居山地热井井深3 006 m，出水水温为80 ℃，出水量1 915 m³/d，地热储层为白垩纪浦口组砂岩，成为江苏省碎屑岩类地热储层出水温度最高的地热井。丰富的地热资源对缓解区内能源资源压力，建设资源节约型、环境友好型社会，推动淮河生态经济带江苏段的绿色发展具有重要意义。

地热资源特殊的成分和温度决定了其特殊用途，目前已广泛地应用于民用采暖和空调、水产养殖、农业温室、洗浴、医疗等行业。近几年，随着技术的不断成熟，地热资源已经成为能源型、技术型资源。随着城市能源供给结构的调整，建筑节能技术和人民生活水平的提高，人们对住宅冬季室内热舒适性要求不断提高，高端蔬菜市场、特色农业产品的需求量不断增加，直接表现为对既有居住建筑节能改造、可再生能源建筑应用、绿色建筑和绿色生态城（区）建设需求的急剧增长。地源热泵就是一种在技术上和经济上都具有较大优势的解决供热和空调的替代方式。雄县"无烟城"、世博会"水空调"等产业探索模式为地热资源的发展提供了更为多样化的发展样本。淮河生态经济区地热资源若能充分进行产业化、规模化开发，将产生巨大的经济效益、社会效益和环境效益，有望助力淮河生态经济区传统地热产业转型升级。

近年来，工作区地热勘查工作取得了一定进展，对地热资源的开发利用起到了一定的指导作用。但由于工作起步晚，且都以市场推动为主，勘查程度总体较低，资源分布情况及资源量不明，造成在地热资源勘查、开发及保护监管方面难以形成科学系统的管理思路和措施，在一定程度上制约了地热资源的开发利用和地热产业的健康、可持续发展。

而淮河生态经济区的生态保护、绿色发展对地热资源的需求将快速增长，原有工作程度已经无法满足需求，需要大量的基础资料、更高水平的研究成果作为支撑，因此，有必要开展地热资源潜力评价工作，通过区域地热调查，对工作区地热资源赋存条件进行分析，评价地热资源量及开发利用潜力，推动淮河生态经济带江苏段的绿色发展。

第二节　目标与任务

一、总体目标

查明淮河生态经济带江苏段浅层地热能的分布特点和赋存条件,编制地埋管换热方式的适宜性分区,为淮河生态经济带浅层地热能合理开发利用和保护提供依据。

二、主要任务

(1)充分收集和整理区内气象、水文、基础地质、水文地质、工程地质成果资料,查明浅层地热能分布及其动态,探明浅层地热能的热来源和热成因机制。

(2)根据现场热响应试验,获取实际的热物性参数,取得资源评价与开发利用分区的相关技术参数。

(3)根据浅层地热能的分布特征和使用条件,进行地埋管换热方式的适宜性分区。

(4)建立地埋管换热系统三维数值模型,根据热响应试验对数值模型进行识别、验证,预测地源热泵系统在长期运行过程中的热平衡发展趋势,对工作区浅层地热能可采资源量进行评价。

(5)利用建立的地埋管换热系统数值模型对工作区换热方案进行优化,提出建设地埋管地源热泵系统,在不引起地下温度场热堆积问题的情况下,计算各分区内的具体埋管间距或埋管间距受限制时需增设的辅助设施方案、冷热负荷、可供制冷或制热的建筑面积。

(6)评价浅层地热能资源开发利用潜力,分析经济、环境和社会效益。

第三节　工作区范围

淮河生态经济带江苏段位于江苏省中北部,地处黄淮海平原的南缘,北临山东,西接安徽,东濒黄海、东海、南依长江,行政区划包括徐州市、连云港市、淮安市、盐城市、宿迁市、扬州市、泰州市(见图1.1)。地理坐标:东经$116°22'\sim121°00'$、北纬$32°23'\sim35°07'$,总面积约6.72万km^2,占江苏省总面积(10.72万km^2)的62.7%。

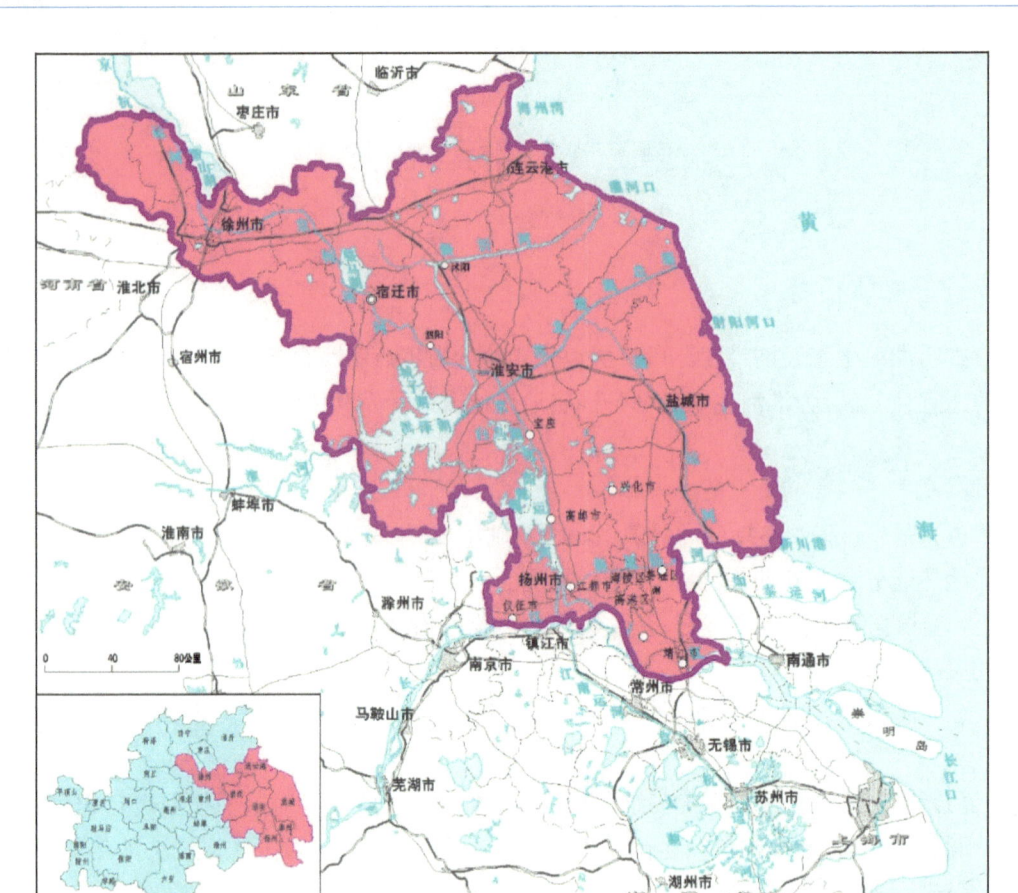

图 1.1　工作区交通位置图

第四节　研究程度

一、区域基础地质工作

1:25万区域地质调查基本覆盖全区,部分地区开展过1:20万、1:5万区域地质调查。主要有1:20万徐州幅、新沂幅、连云港幅、盱眙幅、扬州幅区域地质调查工作,20世纪70年代后期,由江苏省地质局所属的各地质队和南京大学等单位相继完成了徐州市等14幅1:5万区域地质调查工作。自2003年以来,江苏省地质调查研究院完成了1:25万南京幅、淮安幅、盐城幅区域地质调查以及1:20万扬州幅区域地质调查等,初步查明了区内基岩构造、新构造和基岩起伏面变化等地质特征,建立地层层序、构造格架。

二、矿产地质工作

涉及本区的矿产地质工作主要有石油、煤、天然气等勘查。华东石油地质局1958年开始在苏北地区从事油气勘探，江苏煤田物测队曾在徐州进行电法找煤，控制中生代地层最厚1 016 m；江苏煤田二队曾施工过煤田勘探孔，深度达900余米。20世纪60—90年代，地质部904航测队、地质矿产部航空物探队调查部905队、江苏省地质局、江苏省煤炭局、华东石油地质局物探大队以及地矿部、冶金部航测大队等单位在区内开展过包括重力、磁法、电法、地震等物探工作，积累了大量区域性重力、磁法、电法、地震等物探资料，特别是大量的钻孔资料，揭示了深部地质信息。

三、水文地质工作

1∶20万区域水文地质调查覆盖全区。部分地区开展了1∶2万～1∶10万农田供水、城市供水及区域性水文地质勘查工作。20世纪80年代中、后期，围绕中心城市，进行了重点城市1∶5万城市水工环综合勘察和徐淮盐地区水文地质、工程地质、环境地质综合性勘察和评价。20世纪90年代以来，工作人员完成了睢宁、阜宁等县(市)城市规划区和淮安、盐城、扬州、泰州、宿迁、连云港、徐州等市全域的地下水资源评价，至20世纪末完成了江苏省1∶50万环境地质调查等工作。研究人员基本查明了含水层的分布发育规律，地下水富水程度、水化学特征及地下水的补给、径流、排泄条件，积累了丰富的水文地质资料。

四、地热地质工作

20世纪90年代以前，江苏省内进行过少量区域性和局部性地热勘查工作，1991年完成了"江苏省地热资源分布规律及远景预测"研究。2006年完成了"江苏省地热资源调查与开发应用可行性研究"，2011年完成了"建湖隆起地热成因与资源评价研究""扬州市地热资源勘查与开发利用规划"，2013年完成了"江苏省地热资源调查评价与区划"，2014年完成了"江苏省地热能开发利用规划"，2015年完成了泰州市地热资源勘查与开发利用规划研究报告。2016年至今开展宿迁、淮安城市地质调查，其中包含地热资源勘查与开发利用前景分析的内容。通过以上工作，初步查明了江苏省地热资源分布、赋存条件及地下热水的水化学特征，分析了地热资源开发利用现状，评价了地热资源量和开发利用潜力。

2004年至今，江苏省地质调查研究院在淮河生态经济带江苏段施工了25口地热井，井深2 000～3 000 m不等，地热勘查、钻孔编录与成果资料均较齐全，这些成果资料提供了较为详细的深部基岩地质、构造地质及基岩面起伏的背景信息。

五、资料收集情况

淮安市、泰州市、扬州市已经开展过浅层地热能调查评价工作，并施工多个热响应试验孔，本研究也搜集到了淮安市(12个，SGH01~SGH12)、泰州市(4个，CSK02~CSK05)热响应测试结果和扬州市(5个，HRK1~HRK5)原始测试数据，取得的数据及试验结果对本调查区浅层地热能的研究具有重要的示范意义。

第五节　工作原则与技术路线

一、工作部署原则

(一) 资料收集应用

在满足调查精度的前提下，在研究程度高、掌握地热资料较多的地区，以分析前人资料为主，在研究程度低的地区或地热地质工作空白区，根据以往区域地质资料分析，在地热地质条件相对较好的区段，适当补充地热调查工作。

(二) 浅层地热资源条件与规划建设应用需求相结合

本研究以浅层地热能资源背景条件为基础，紧密结合城市建设规划、开发利用需求、经济适宜性及环境保护开展调查与评价，在区域性调查评价的同时，以适宜区为重点研究区。

二、技术路线

首先，以服务于淮河生态经济带江苏段绿色发展为宗旨，紧密围绕淮河生态经济带发展战略和面临的主要问题，综合分析和利用以往成果和资料，运用现代地质调查手段，开展地热资源调查；其次，查明工作区100 m以浅水文地质条件，开展浅层地热能热响应试验，进行地埋管换热方式适宜性分区，计算区域浅层地热能热容量、地埋管换热功率，建立地埋管换热系统三维数值模型评价可采资源量，并提出了优化开发利用方案、冷热负荷、可供制冷或制热的建筑面积；最后，评价地热资源开发潜力，并分析浅层地热能开发利用的环境效益和社会效益。具体的技术路线见图1.2。

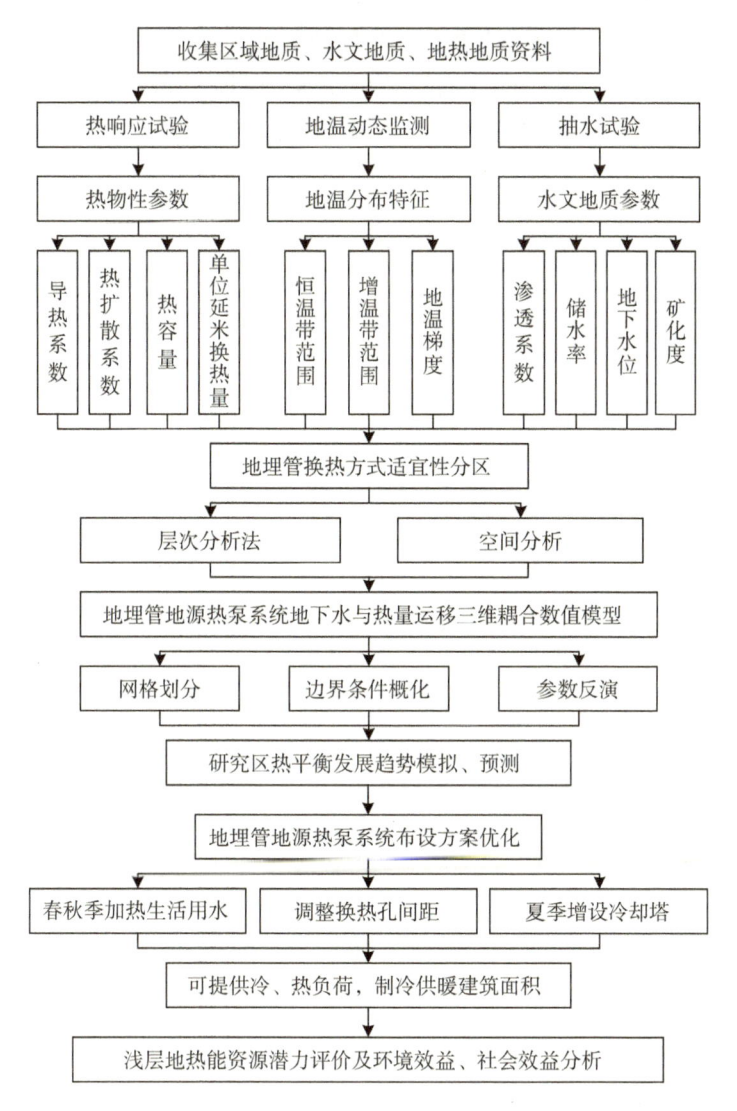

```
                收集区域地质、水文地质、地热地质资料
                                │
         ┌──────────────────────┼──────────────────────┐
     热响应试验              地温动态监测              抽水试验
         │                      │                      │
     热物性参数              地温分布特征            水文地质参数
    ┌────┼────┬────┐      ┌────┼────┐         ┌────┬────┬────┐
   导热 热扩 热容 单位    恒温 增温 地温      渗透 储水 地下 矿化
   系数 散系 量   延米    带范 带范 梯度      系数 率   水位 度
        数       换热量  围   围
                                │
                   地埋管换热方式适宜性分区
                        ┌───────┴───────┐
                     层次分析法         空间分析
                                │
                地埋管地源热泵系统地下水与热量运移三维耦合数值模型
                        ┌───────┼───────┐
                     网格划分  边界条件概化  参数反演
                                │
                    研究区热平衡发展趋势模拟、预测
                                │
                    地埋管地源热泵系统布设方案优化
                ┌───────────────┼───────────────┐
         春秋季加热生活用水  调整换热孔间距   夏季增设冷却塔
                                │
                 可提供冷、热负荷，制冷供暖建筑面积
                                │
                浅层地热能资源潜力评价及环境效益、社会效益分析
```

图 1.2　技术路线框图

第六节　完成的主要实物工作量

项目组自 2019 年 12 月收到设计审批意见后，即紧张有序地开展了各项工作。经过一系列的前期准备（如资料收集整理、综合研究、地理底图绘制等）于 2020 年 1 月正式开展野外调查工作，相继开展了水工环地质调查、地温场调查等。本次调查范围为 67 243.874 km²，已完成淮河生态经济带江苏段浅层地热能系统热平衡模拟及可持续开发利用模型研究项目。

项目组对各项工作进行了细致的分解，在兼顾各调查区域的同时，确保了各项实物工作有目的、有重点地开展，并符合相关技术标准要求，达到了较好的调查效果。完成了工程测量、换热孔钻探、现场热响应测试、原始地温场测量、样品采集与分析测试（包括岩土体物性与热物性测试）和地热水样采集与测试等实物工作量。实际完成的各项工作均达到任务书和项目设计书中的要求，具体工作量见表1.1。

表1.1 主要实物工作量一览表

工作项目	计量单位	设计工作量	完成工作量	完成比例(%)
工程测量	点	16	16	100
换热孔钻探	m	1 600	1 600	100
现场热响应试验	组	16	16	100
原始地温场测量	孔	16	16	100
岩土体物理性质测试	组	150	227	151.3
岩土体热物理性质测试	组	150	227	151.3
水样采集、分析	样	10	10	100
地埋管换热系统适宜性分区模型	个	1	1	100
地埋管换热系统三维数值模型	个	1	1	100

第七节　质量管理

本区调查评价工作按照设计要求顺利完成了各项任务，调查工作严格按照相关规范、规程和技术标准执行，调查点布置、调查内容、调查技术手段和方法满足调查工作需求，所有调查记录客观、真实。

一、主要技术依据

根据本项目的性质与特点，执行的主要技术规范和标准为：
《浅层地热能勘查评价规范》(DZ/T 0225—2009)；
《地源热泵系统工程技术规范》(GB 50366—2009)；
《地源热泵系统工程技术规程》(DGJ32/TJ 89—2009)；
《地热资源地质勘查规范》(GB/T 11615—2010)；
《供水水文地质勘察规范》(GB 50027—2001)；
《区域水文地质工程地质环境地质综合勘查规范》(GB/T 14158—93)；
《地热资源评价方法》(DZ 40—85)；
《岩土工程勘察规范》(GB 50021—2001)(2009版)；
《地下水质量标准》(GB/T 14848—2017)。

二、项目资料收集质量评述

项目收集利用的区域基础地质资料为以往本地区开展地质调查工作时,按照规范要求实际调查取得或通过钻探、试验、物探等手段获取的地质信息,这些信息反映了调查区的区域地质背景、水文地质条件等,资料真实、可信。

三、现场热响应试验质量评述

现场热响应试验严格按照《浅层地热能勘查评价规范》(DZ/T 0225—2009)、《地源热泵系统工程技术规范》(GB 50366—2009)进行测试,确保试验过程中初始平均温度测试时间不少于 24 h,大功率稳定流热响应测试时间不少于 48 h,岩土温度恢复稳定时间不少于 12 h。试验均在埋管安装完毕至少 48 h 后进行。对于 100 m 左右深度的试验孔,大功率采用 6~10 kW。

四、室内工作质量评述

(一)开发利用适宜性分区研究质量评述

通过对收集的各类资料以及本次地质调查取得的各项成果进行综合分析研究,从地质与水文地质条件、地热地质条件和地质环境条件出发,以技术经济效益和地质环境效益为导向,采用定性分析与定量计算完成了平面上的划分和垂向上的控制,确保了适宜性分区客观、真实、可信。

(二)浅层地热能资源评价质量评述

在开发利用适宜性分区的基础上,浅层地热能资源依据区域地质条件和岩土体热物性测试数据进行分区评价,分别计算地下岩土体和地下水中的热容量。地埋管换热功率依据热响应试验获取的岩土体参数、工作区内土地利用规划等进行综合计算,确保地埋管换热功率的计算符合实际情况。

(三)浅层地热能开发利用规划三维数值模拟评价质量评述

结合整理与补充的资料,建立调查区浅层地热能资源开发利用评价概念模型,在此基础上建立调查区浅层地热能资源评价三维数学模型,用数值计算方法对数学模型进行求解,建立调查区浅层地热能资源评价三维数值模型。应用所建立的数值模型,结合区内岩土热响应试验与采灌试验结果及动态监测数据,对其水文地质参数及热物性参数进行识别、校正。确保模型正确可靠、模型参数合理,能够比较准确地反映出调查区域地下水系统的本质特征。

应用识别、校正后的三维数值模型,规划评价调查区浅层地热能的可采资源量,确保地源热泵系统的设计、区域大面积浅层地热能的开发利用研究和规划设计方案科学合理。

第八节　主要成果

开展浅层地热能资源调查评价工作，取得了许多重要的成果，为工作区浅层地热能的开发利用、促进节能减排创造了良好的先决条件。

一、查明了工作区浅层地热能资源赋存的地质条件

通过广泛收集相关资料，研究人员获得了工作区内的钻探、物探测井资料，并取得了覆盖调查区 67 243.874 km² 的地温、现场热响应测试、抽水回灌试验数据。在综合研究的基础上，研究人员进一步明确了工作区地质与水文地质条件、地热地质条件，全面掌握了工作区内浅层地热能资源赋存的地质条件，主要查明了岩性、地层结构、岩土体的物性与热物性参数（比热容、导热系数等）、地下水的涌水量、回灌量、循环利用量、地温场特征和环境地质状况。这一系列的成果为评价工作区浅层地热能资源量、保证浅层地热能资源可持续开发利用提供了科学依据。

二、掌握了工作区浅层地热能开发利用现状

江苏浅层地热能利用近年来发展较快，工程数量不断增加。目前主要有三种利用方式，即地表水源热泵、地下水源热泵和土壤源热泵，其中以埋管型地源热泵为主要形式。到 2009 年底，据不完全统计，江苏省地源热泵工程有 50 多个，供暖（或制冷）面积达 50 万 m²。涉及的建筑物类型主要为住宅、办公楼、厂房、火车站等。涉及的工作区内城市有扬州、盐城、淮安、徐州、宿迁、连云港等，其他城市也在陆续进行开发利用浅层地热能的探索和试点。

三、进行了工作区浅层地热能开发利用适宜性分区

根据工作区内地质、水文地质、地热地质、环境地质条件和岩土热物性特征，结合目前浅层地热能资源开发利用现状，采用层次分析法，开展了地埋管地源热泵系统的开发利用适宜性分区。将工作区划分为地埋管地源热泵系统开发利用适宜区、较适宜区以及不适宜区。淮河经济带江苏段面积约 67 243.874 km²，适宜进行地埋管地源热泵系统的总面积为 38 369.098 km²，约占全区面积的 57.060%；较适宜区面积约 20 939.353 km²，约占全区总面积的 31.139%；不适宜区面积约 7 935.423 km²，占工作区总面积的 11.801%。这一成果为工作区内地埋管地源热泵系统合理开发利用和编制开发利用规划奠定了重要基础。

四、评价了工作区浅层地热能资源量和开发利用潜力

基于工作区浅层地热能赋存的地质条件和地埋管地源热泵开发利用适宜性分区的成果,研究人员系统地进行了工作区内地热能资源评价和开发利用潜力论证。主要工作有浅层地热能热容量计算、地埋管地源热泵系统换热功率计算、地埋管地源热泵系统浅层地热能可采资源规划评价以及浅层地热能资源潜力评价。

五、分析了浅层地热能资源开发利用经济环境效益

项目分析研究认为,与我国北方通过燃煤进行集中供暖相比,南方开发利用浅层地热能实现供暖具有极大的优势,首先是浅层地热能能够循环利用,一次投资,冬夏两季均能受益,有利于地质环境的平衡;其次是资源量巨大,能极大地促进节能减排;再次,浅层地热能资源分布十分广泛,几乎可就地开发利用;最后,相比于燃油和燃煤锅炉,开发利用浅层地热能更加清洁、安全。因此,在南方地区开发利用浅层地热能进行供暖和制冷,优于其他的传统方式。这一成果为淮河生态经济带江苏段降低能源消耗总量和煤炭消耗量、改善能源结构,实现节能减排战略、建设生态型城市提供了科学的数据。

六、提出了淮河生态经济带江苏段浅层地热能资源开发利用方案和政策建议

根据淮河生态经济带发展的规划与布局,依据淮河生态经济带浅层地热能资源赋存条件和开发利用适宜性分区,综合长期开发利用的经济性和地质环境效应,采用数值模拟方法,研究人员确定了淮河生态经济带浅层地热能资源开发利用方案。结合地方经济社会发展,研究人员提出了浅层地热能资源开发利用相关政策建议,明确了淮河生态经济带浅层地热能资源开发利用方向。开发利用方案和政策建议为合理开发利用浅层地热能资源提供科学依据,对构建资源节约型、环境友好型社会具有重要意义。

第二章

自然地理概况

淮河生态经济带是以淮河干流、一级支流以及下游沂沭泗水系流经的地区为规划范围,淮河生态经济带江苏段包括淮安市、盐城市、宿迁市、徐州市、连云港市、扬州市以及泰州市。

第一节 自然地理特征

一、自然地理

2018年10月,国务院批复《淮河生态经济带发展规划》,该规划明确淮河生态经济带涉及江苏、安徽、山东、河南、湖北5省25个地级市和4个县(市),以淮河干流、一级支流以及下游沂沭泗水系流经的地区为规划范围,其中淮河生态经济带江苏段位于江苏省中北部,地处黄淮海平原的南缘,北临山东,西接安徽,东濒黄海、东海,南依长江,包括江苏省的徐州市、连云港市、淮安市、盐城市、宿迁市、扬州市及泰州市7个地市。

工作区内地形以冲积、堆积平原为主,以低山丘陵和岗地为辅。地势总体上西高东低,海拔高度从山前的150 m左右向东部平原逐渐下降至50 m以下,在淮滨一带降至30 m,成为地势最低处。工作区在地貌上处于我国第二阶梯的前缘和第三级阶梯地带。根据成因形态和组成物质,该工作区可划分为山地、丘陵、平原三种地貌类型(图2.1)。

(1) 山地:仅分布于东部沿海连云港市的云台山区,绝对高程大于500 m,最高点为前云台山的主峰望海楼,海拔625 m。山体东南坡较平缓,西北坡陡峭,具有以侵蚀剥蚀作用为主的单面山构造的地貌景观。基岩风化较深,并形成了较厚的坡麓堆积物。

(2) 丘陵:区内丘陵高程一般在100~300 m。东海、赣榆、新沂与山东交界地带为非岩溶丘陵,大部分由太古界结晶片岩、片麻岩及燕山期花岗岩组成,风化强烈,山势多呈浑圆状,坡度平缓。徐州市附近及铜山、睢宁低山残丘区以微岩溶丘陵为主,褶皱构造发育。盱眙桂五、旧铺一带的玄武岩丘陵绝对高程在200 m左右。玄武岩气孔发育,风化强烈,坡度平缓。

（3）平原:全区70%以上的面积均属于堆积平原。丰沛一带高程约40 m左右,中部沂沭河流域为20 m左右,东部沿海平原仅5 m左右,由西向东逐渐降低,按成因平原可分成海积平原、冲海积平原、冲积平原、冲洪积平原、冲湖积平原、湖积平原六个亚类。

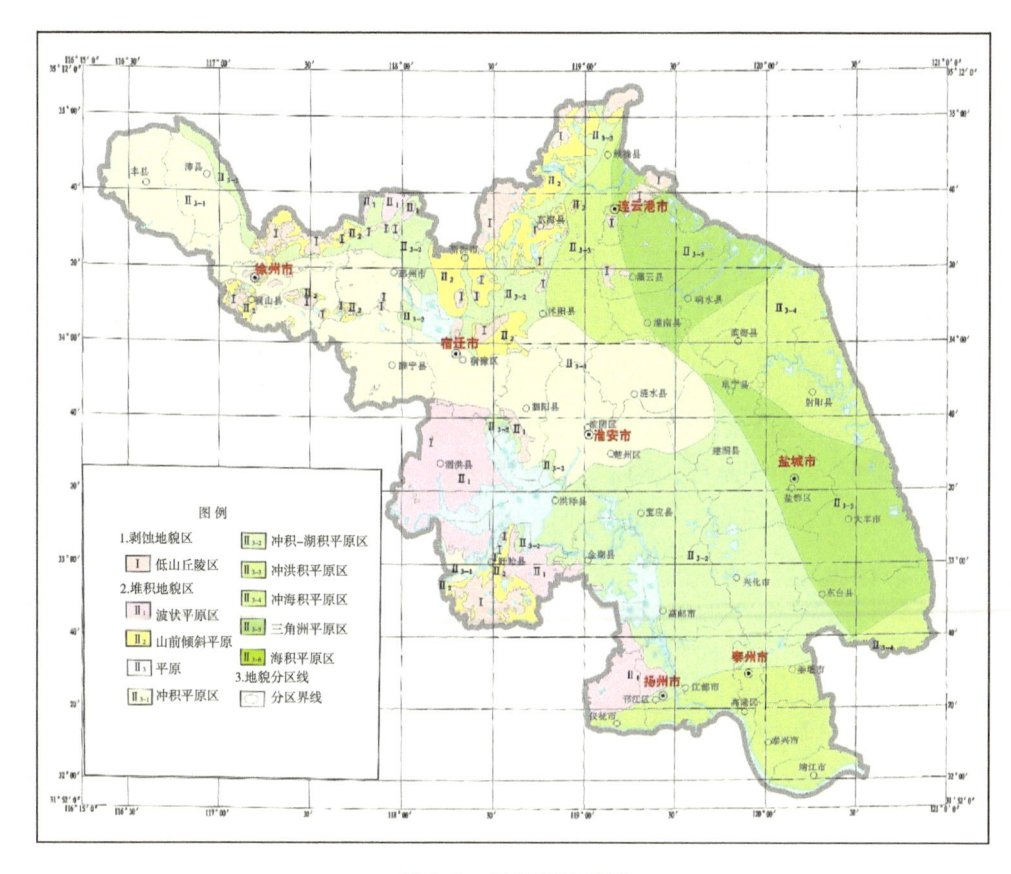

图 2.1　工作区地貌图

二、行政区划与人口

据《江苏统计年鉴2018》,工作区内的7个地市下辖有49个县(市、区),598个乡镇和194个街道,10 076个村委会和3 191个居委会。2017年底总人口为3 951.28万人,其中城镇人口2 481.53万人、乡村人口1 469.75万人,人口密度591人/km²。

三、气象水文

工作区地处中纬度,属亚热带与暖温带过渡区,大致以淮河—苏北灌溉总渠为界,北属暖温带湿润季风气候区,南部则为亚热带湿润季风气候区,江苏省气候具有明显的季风环流特征,温和湿润,四季分明,雨量充沛,光照充足。多年平均气温在13.5～16.3 ℃

之间,由北向南温度逐渐增高。境内降水充沛,多年年平均降水量约 700~1 050 mm,灌溉总渠以北地区多年平均降水量 700~950 mm,以南地区 950~1 050 mm,降雨集中于 6—9 月,约占全年的 60%。全区多年年平均蒸发量 1 150~1 950 mm,区内风向春夏大多为东南风,秋冬盛行西北风。

区内地表水系可分为沂、沭、泗水系和淮河下游水系两个区。

(1) 沂、沭、泗水系位于废黄河以北,主要河流有沂河、沭河和泗水,它们发源于鲁东南的沂蒙泰山区,原经鲁西南平原流入江苏,过徐州、宿迁、泗阳至淮安入淮,1194 年黄河夺泗入淮后,沂、沭、泗诸河被迫改道入中运河,并在宿迁西北低洼区潴成骆马湖,水系纷乱,常年泛滥成灾。现沂水部分至骆马湖以西入大运河,新建新沂河引部分沂水、沭水经骆马湖东入海,新沭河经石梁河水库由临洪口入海。

(2) 淮河下游水系:废黄河以南至长江北高沙土以北的地区,淮河干流自安徽进入江苏注入洪泽湖后,分三路下泄:一部分过湖东岸高良涧闸,经并行的苏北灌溉总渠、入海水道于扁担港入黄海;一部分沿淮沭新河向北经新沂河入海;大部分于湖南岸的三河闸入高邮湖、邵伯湖,至扬州的三江营入长江。

大量的人工河道是全区的一大风景,主要包括京杭大运河、灌溉总渠、入海水道、串场河、通榆运河等。其中京杭大运河纵贯南北,将骆马湖、洪泽湖、邵伯湖、高邮湖和淮河等串联起来,构成全区四通八达的水系网。

四、交通条件

工作区内海、陆、空交通便捷,基本形成高速公路、铁路、航空、海运、内河航运五位一体的立体化交通运输网络。

(1) 徐州交通便捷发达,素有"五省通衢"之称,是全国重要的交通枢纽。陇海、京沪两大铁路干线在此交会,拥有全国第二大铁路编组站,5 条国道、20 条省道、5 条高速公路穿境而过,京杭大运河绕城迤逦穿行,徐州观音国际机场为国家民航干线机场,京沪、徐兰高速铁路在徐交会,已成为全国重要的高速铁路枢纽。

(2) 连云港是新亚欧大陆桥的东方桥头堡、全国性综合交通枢纽城市,具有海运、陆运相结合的优势。白塔埠机场为军民合用机场,省内大型干线机场花果山国际机场于 2020 年建成投入使用,陇海、沿海两大国家干线铁路和同三、连霍两条中国南北、东西最长高速公路在连云港交会,2018 年底青盐铁路开通运营,标志着连云港正式迈入"高铁时代"。

(3) 宿迁境内京杭大运河纵贯南北,宁宿徐、徐宿淮盐高速、京沪、新扬高速建成通车,新长铁路、宿淮铁路,205 国道穿境而过,344 省道加快推进;西距徐州观音国际机场 60 km,北离连云港白塔埠机场 100 km,东到淮安涟水机场 130 km,空港优势非常明显;徐宿淮盐城际铁路是江苏省东西向高速铁路。

(4) 盐城海、陆、空交通便捷,为苏北首个拥有快速公交系统的城市;盐城南洋机场和盐城大丰港区、滨海港区是国家一类开放口岸,同时拥有空港、海港两个国家一类开放口岸；新长铁路盐城站开通全国客货运；盐靖、盐通、盐连、徐淮盐高速公路四通八达；徐宿淮盐铁路 2019 年底建成通车，盐通高速铁路于 2021 年建成通车。

（5）淮安境内公路、铁路、水路四通八达，京沪、宁宿徐、淮盐、淮宿、宁淮五条高速公路在境内交会，新长铁路、宿淮铁路纵贯全境；连淮扬镇铁路、徐宿淮盐铁路两条高铁线于 2019 年同时建成投入运营；规划宁淮城际铁路、临淮铁路等，构建京沪高铁二线；淮安涟水国际机场为一类开放航空口岸。

（6）泰州为苏中门户，新长、宁启铁路，京沪、宁通、盐靖、启扬高速公路纵横全境；扬泰机场通航，江阴长江大桥、泰州长江大桥"双桥飞渡"贯通大江南北；国家一类开放口岸泰州港跨入亿吨大港行列，六大沿江港区连接远海大洋。

（7）扬州有"中国运河第一城"的美誉，京沪高速、G233、G344、宁盐高速公路、盐蚌高速公路、宁通高速、扬溧高速、启扬高速在扬州境内交会，连淮扬镇铁路于 2019 年年底投入运营，规划北沿江高速铁路、沪泰宁铁路等，扬泰机场是 4E 级民用机场，扬州港为国家一类对外开放口岸。

第二节 社会经济概况

一、旅游资源

（1）徐州历史文化悠久，文化底蕴深厚，历史胜迹浩繁。以汉墓、汉画像石、汉兵马俑为代表的"汉代三绝"名扬海内外。有云龙湖、云龙山、彭祖园、楚王陵、戏马台、潘安湖等旅游景点。

（2）连云港有 2 200 多年的建城史，境内的藤花落遗址是中国龙山文化城址之一。它是中国优秀旅游城市、国家园林城市，有花果山、海上云台山、连云老街、大伊山等旅游景点，是一座山、海、港、城相依相拥的城市，素有"东海第一胜境"之称。

（3）宿迁是西楚霸王项羽的故乡，有着 5 000 多年的文明史和 2 700 多年的建城史，素有"华夏文明之脉、江苏文明之根、淮河文明之源、楚汉文化之魂"之称。境内下草湾文化遗址，是世界生物进化中心之一，也是人类起源中心之一，被誉为地球上的"生命圣地"。乾隆六下江南五次驻跸于此，赞叹宿迁为"第一江山春好处"。中国大运河宿迁段及乾隆行宫入选世界遗产名录。

（4）盐城 2018 年对外开放的旅游景区为 40 多家。其中，国家级自然保护区 2 个，国家 AAAAA 级旅游景区 1 个。江苏省大丰麋鹿国家级自然保护区为国家级自然保护区，其中中华麋鹿园景区为国家 AAAAA 级旅游景区。江苏盐城国家级珍禽自然保护区为国家级自然保护区，是全球最大的野生丹顶鹤种群保护地，享有东部沿海"国家重要湿地基因库"之称。

(5) 淮安有 2 200 多年的建城史，境内有著名的"青莲岗文化"遗址，有"中国运河之都"的美誉。它是一代伟人周恩来总理的故乡，有著名的红色旅游景区——周恩来故里景区、黄花塘新四军军部纪念馆、古淮河文化生态景区等。

(6) 泰州有 2 100 多年的建城史，自古有"水陆要津，咽喉据郡"之称。名胜古迹众多，光孝寺、崇儒祠、城隍庙、安定书院、日涉园、望海楼及梅兰芳纪念馆、人民海军诞生地纪念馆等传承历史，文脉灵动；溱湖湿地、千岛菜花、水上森林、天德湖公园、古银杏森林等生态自然，风光绮丽。

(7) 扬州是世界遗产城市、国家历史文化名城和具有传统特色的风景旅游城市。中国大运河扬州段入选世界遗产名录；扬州列入中国海上丝绸之路申报世界遗产城市之一。扬州市瘦西湖风景区是国家重点风景名胜区、国家 AAAAA 级旅游景区、全国文明风景旅游区示范点。"烟花三月下扬州""绿杨城郭是扬州"等数不清的名言佳句，为瘦西湖增添了耀眼的浓墨重彩。

二、产业经济概况

2018 年，工作区各地市坚持稳中求进工作总基调，切实贯彻新发展理念，落实高质量发展要求，以供给侧结构性改革为主线，坚决打好"三大攻坚战"，打造"一带一路"建设支点，经济发展稳中有进，转型升级步伐加快，改革开放持续深入，生态建设成效显著，民生福祉不断增进，各项事业实现新的进步。根据区内各市 2018 年国民经济和社会发展统计公报数据，2018 年工作区各市实现累计地区生产总值 3.19 万亿元，人均地区生产总值 80 779 元，居民人均可支配收入 25 542 元。其中，徐州全市实现地区生产总值 6 755.23 亿元，全市人均地区生产总值 76 915 元，年末全市常住人口 880.20 万人，全年全市居民人均可支配收入 27 385 元。连云港全市实现地区生产总值 2 771.70 亿元，人均地区生产总值 61 332 元，年末常住人口 452.0 万人，全市居民人均可支配收入 25 864 元。盐城全市实现地区生产总值 5 487.1 亿元，人均地区生产总值达 75 987 元，年末常住人口 720 万人，全体居民人均可支配收入 29 488 元。宿迁全市实现地区生产总值 2 750.72 亿元，人均地区生产总值达 55 906 元，常住人口为 492.59 万人，全市居民人均可支配收入 22 918 元。淮安全年实现地区生产总值 3 601.3 亿元，人均地区生产总值达到 73 203 元人民币，年末常住人口 492.50 万人，全体居民人均可支配收入 27 696 元。泰州全年实现地区生产总值 5 107.63 亿元，全市人均地区生产总值为 109 988 元，年末全市常住人口 463.57 万人，全体居民人均可支配收入 34 642 元。扬州全年实现地区生产总值 5 466.17 亿元，全市人均地区生产总值为 120 944 元，年末全市常住人口 453.1 万人，全体居民人均可支配收入 34 076 元。

三、自然资源

工作区内农副产品、矿产、土地、海洋资源丰富。工作区是江苏乃至华东地区的重要矿产地，具备了发展重工业的自然基础。徐州能源充裕，是全省唯一的煤炭产地；徐州的海洋资源(包括海岛动植物资源、海洋生物资源、海水化学资源、海涂资源和海港资源等)也很丰富,土地的储备空间较大,对江苏保持土地动态平衡起着日益重要的作用。

(1) 徐州是资源富集且组合条件优越的地区之一。煤、铁、钛、石灰石、大理石、石英石等30多种矿产储量大,品位高,其中煤炭储量69亿t,石膏44.4亿t,岩盐21亿t,铁8 300万t,石灰石250亿t;农副产品品种众多,特色鲜明,银杏、富士苹果、牛蒡等20多种农副产品享誉海内外。徐州年产煤炭2 500多万t,是江苏唯一的煤炭产地;全市发电装机容量达1 000万kW,是江苏省重要的能源基地。

(2) 连云港自然资源丰富,境内盛产水稻、小麦、棉花、大豆和花生,是国家重要的粮棉油、林果、蔬菜等农副产品生产基地。境内已探明矿产资源49种,其中非金属矿产33种、金属矿产11种、能源及水气矿产5种。蛇纹石、磷、脉石英、大理岩、建筑用砂、金红石、榴辉岩系列矿产(石榴子石、绿辉石)、花岗岩等非金属矿产是连云港市主要特色矿产。蛭石、云母、石榴子石、红宝石等特色非金属矿产,是江苏省的唯一产地。东海县水晶储量、品位居全国之首,是中国最大的硅产业基地和水晶工艺品、硅微粉、碳化硅等产品的加工和出口基地,被国家工艺美术协会授予"中国水晶之都"称号。东海温泉作为连云港市"山、海、泉"三大旅游品牌之一越来越发挥着连接苏北鲁南旅游热线的重要接点作用,2008年被中国(国际)休闲发展论坛组委会评为"中国十大温泉休闲基地",2011年荣获"中国温泉之乡"称号。

(3) 宿迁农业生产条件得天独厚,农作物、林木、水产、畜禽种类繁多,是优质的农副产品产区,也是著名的"杨树之乡",盛产粮食、棉花、油料、蚕茧、木材、花卉、食用菌等。宿迁是闻名中外的"水产之乡",水域面积350余万亩[①],境内有洪泽湖、骆马湖两大湖泊,盛产螃蟹、银鱼、青虾等50多种水产品。宿迁矿产资源丰富,非金属矿藏储量较大,目前已经发现、探明并开发利用的矿种主要有建筑用砂、石英砂、蓝晶石、磷矿、陶土矿、混合土、矿泉水以及地热资源等,有待探明的矿种有金刚石、金矿、铜、铁矿石、云母、水晶等。

(4) 盐城自然资源十分丰富,拥有海洋和滩涂资源、岸线港口资源、石油天然气资源、生态旅游资源等自然资源。2019年7月,中国黄(渤)海候鸟栖息地(第一期)被列入世界遗产名录,这块位于盐城的自然湿地成为我国第14处世界自然遗产,填补了我国滨海湿地类型遗产空白,成为全球第二块潮间带湿地遗产。其范围包括江苏盐城湿地珍禽国家级自然保护区部分区域、江苏大丰麋鹿国家级自然保护区全境、盐城条子泥市级湿地公园、东台市条子泥湿地保护小区和东台市高泥淤泥质海滩湿地保护小区。

(5) 淮安矿产资源分布相对集中。能源矿产资源有金湖县、洪泽区的石油和天然气,洪泽区老子山的地热资源。非金属矿产资源丰富,品种多,有盱眙县的凹凸棒石黏土、玄武岩、白云岩,淮安区、清江浦区、淮阴区的岩盐,洪泽区、淮阴区的芒硝等。淮安市地处北亚热带和南暖温带之间的过渡气候带,温、光、水、土等自然资源极为丰富,生产条

---

① 1亩≈667 m^2。

件优越,适宜多种农作物的栽培和动物的饲养,是著名的"鱼米之乡"和全国重要的绿色农副产品生产基地。淮安市盛产优质稻麦、棉花、油料、林木、水果、畜禽、鱼虾、鳖蟹、珍珠等。至2012年末,淮安市成功创立了"盱眙龙虾""淮安大米""洪泽湖螃蟹"等一批地理标志。

(6) 泰州农业资源丰富,素有"鱼米之乡""银杏之乡""水产之乡"的美誉,是国家重要的商品粮、优质棉、瘦肉型猪、淡水产品、优质银杏生产基地和蔬菜生产加工出口基地,拥有泰州现代农业示范区、兴化现代农业园区等7家省级农业园区,2012年泰州市获批国家现代农业示范区。靖江刀鱼、河横大米、泰兴银杏、兴化水产、脱水蔬菜等一批优质农副产品享誉海内外。

(7) 扬州境内已发现矿产资源15种,其中已探明储量的矿产资源12种。石油、天然气储量居江苏省前列,邗江、江都、高邮一带有丰富的石油、天然气资源,邵伯湖滨地区和里下河洼地素有"水乡油田"美誉。砖瓦黏土、石英砂、玄武岩、砾(卵)石、矿泉水、地热等矿产资源较丰富。仪征、邗江丘陵山区有黄沙储量2亿~3亿t,石料储量1.2亿t,卵石储量约3亿t。全市玄武岩远景储量2.5亿t。城区北部及仪征、高邮等地矿泉水资源丰富、品质优良,符合国家饮用天然矿泉水标准。地热资源分布广、温度高、水质好,可采储量3万 m^3/d。

第三章

浅层地热能赋存条件

浅层地热能赋存不仅受地质构造的影响,而且受地层结构、岩性、水文地质特征以及浅层地温场特征的制约。工作区浅层地热能赋存条件受本区第四系地质结构、岩性、岩相、沉积环境、水文地质特征、岩土热物理性质、浅层地温场特征以及地质环境的控制。

第一节　区域地质概况

一、区域地质背景

工作区地处华北陆块、苏鲁造山带和扬子陆块结合部位,以其超高压变质作用和复杂的构造演化历史著称于世(图3.1)。郯庐断裂带以西地区属华北地层区,中生代以前具有自身独特的地质构造发展史,中生代以来,转入裂谷活动期。苏鲁造山带在碰撞造山运动、超高压、高压变质变形中形成了极为复杂的韧性剪切构造,中生代以来,以岩浆侵入和块断作用为其特色。而位于淮阴-响水口断裂以南的扬子地层区则主要发育印支期褶皱和燕山期以来的块断作用。

断裂构造系统是自白垩纪以来的主要构造形迹。主要由物探、遥感资料推断,可分为北东向、北北东向和北西向三组,时代归属中新生代,以北东向、北北东向两组为早且重要。在区域上北东向、北北东向两组断裂表现为分区分带特征,北西向断裂表现为分块特征。以北北东向淮阴-响水口断裂为界,其北侧为秦岭-大别-苏鲁造山带,南侧为扬子板块下扬子地块;其他北东向断裂大多为控制了中新生代盆地形成演化的边界。

(一)华北陆块

华北陆块以郯庐断裂带与秦岭-大别-苏鲁造山带为界,隶属华北陆块南缘,基底岩石为泰山岩群变质岩系,原岩建造为基性火山岩-硬砂岩复理石建造,具地槽型沉积特征,经五台运动和吕梁运动变质变形褶皱,形成结晶基底。盖层为晚元古代-晚古生代滨岸-陆棚海相磨拉石建造、碳酸盐岩建造、含煤建造构成,岩浆活动微弱,构造活动以升降运动为主。中生代印支运动进入地台活化期,岩浆活动强烈,有中酸性岩浆侵入,延入燕山期,构造活动以褶断造山为特色。

图 3.1　工作区大地构造位置图

① 郯庐断裂带;② 嘉山-响水断裂;③ 确山-肥东断裂;④ 襄樊-广济断裂;⑤ 六合-江浦断裂;⑥ 江南断裂;⑦ 金坛-如皋断裂;⑧ 休宁断裂;⑨ 湖苏断裂;⑩ 德兴-歙县断裂;⑪ 江山-绍兴断裂

(二)苏鲁造山带

苏鲁造山带位于工作区西中部,以郯庐断裂带与华北陆块为界,以淮阴-响水口断裂与扬子板块为界。该区变质基底由上太古界-下元古界东海岩群、中元古界锦屏岩群及中-上元古界云台岩群组成。东海岩群为一套低角闪岩相的变质岩,原岩以中酸性及基性火山-硬砂岩建造为主,榴辉岩成带出现,可能存在绿片岩,同位素年龄在 1 921～2 618 Ma。锦屏岩群为低角闪岩相-绿片岩相变质岩,原岩主要由含磷镁质碳酸盐-砂泥质沉积建造,形成一个很有成矿前景的磷矿成矿带,同位素年龄为 1 701～1 901 Ma。云台岩群为一套浅变质岩系,原岩主要由中酸性火山岩-硬砂岩沉积建造。锆 Rb-Sr 法年龄为 949 Ma,它们与华北板块及扬子板块的基底变质岩截然不同。

中生代以来,整个造山带被保留的中新生代地层不多,仅在一些断陷盆地内有较厚的火山碎屑-复陆屑沉积。燕山晚期(晚白垩世至新近纪)受邵店-桑墟断裂(在区外,位于本区西北)的影响,在区内西北角边断边沉,形成沭阳凹陷。

(三)扬子陆块

区内淮阴-响水口断裂以南均属扬子板块下扬子地块范围。晋宁运动使褶皱基底固结。区内沉积盖层由震旦系至三叠系组成。该时期沉积物以海相碳酸盐为主,夹海陆交互相砂页岩建造。地层总厚度大于 7 000 m,各地层之间均为整合或假整合接触。但沉积物的岩性、岩相,沉积环境等特征与华北板块相比,也截然不同。

中生代以来的印支运动是一次重要的造山运动,其使震旦纪以来的沉积地层全面褶皱。中新生代本区火山喷发及岩浆侵入十分强烈,红色碎屑岩盆地各处都较发育。沉积物主要有火山-碎屑建造、类磨拉石建造、红色碎屑岩建造及河湖相陆屑碎屑建造等。本区中生代以来构造面貌改造的结果是构造线方向主要呈北东向。

二、地层

1. 前第四纪地层

前第四纪地层大致以泗阳-赣榆断裂为界,断裂以北属华北地层区,南属扬子、江南地层区。

华北地层区:系华北地层区东南部,地层发育较全,太古界(泰山群)、太古界—下元古界(胶东群)为区域深变质岩系,以片麻岩类为主,受不同程度混合岩化作用。泰山群仅在郯庐断裂带以西的丰沛地区被钻孔提示,呈近东西向展布。胶东群仅在郯庐断裂以东的新沂市、东海县、赣榆区一带零星出露,中元古界缺失。上元古界(淮河群、震旦系)—古生界(缺失奥陶系上统—石炭系下统)不整合在泰山群之上,以海相为主,海陆交互相和陆相沉积次之。石炭系上统—二叠系是重要的含煤地层,各系、组之间呈假整合或整合接触,仅分布和出露于断裂西侧,在徐州市区、铜山区、邳州市、睢宁县一带组成山脉,丰沛一带钻孔提示呈东西向展布。中、新生界(缺失三叠系、侏罗系中下统)为孤零内陆盆地,以陆相碎屑岩为主,伴有中基性、基性火山岩,在新沂市、宿迁市、泗洪县等地断续出露,丰县、沛县及铜山区、邳州市只见于钻孔中,与下伏地层不整合。

扬子地层区:位于扬子地层区的东北部,地层发育不全。中元古界海州群(锦屏组、云台组)为区域浅变质岩系,在连云港市、灌云县一带出露较好,构成云台山、锦屏山、大伊山等低山丘陵,盱眙一带零星出露,响水县、灌云县、泗阳县一带见于钻孔中。震旦系陡山沱组、灯影组主要在盱眙地区出露较广,以灰岩、砂页岩等为主。而奥陶系大湾组中厚状灰岩、五峰组泥岩只见于钻孔中;志留系、泥盆系、石炭系、二叠系、三叠系地层在本区没有露头,但广泛隐伏于淮安-响水一线以南地区,各系组之间呈整合或假整合接触。侏罗系及下白垩统地层缺失,上白垩统浦口组分布甚广,北自滨海、响水、灌南、涟水、淮安、洪泽一线,向南至整个工作区,但露头极少,只有在扬州市仪征有少量出露地表,新生界在平原区有广泛分布。

2. 第四纪地层

本地区第四纪地层发育齐全，包括第四系更新统泥河湾阶、周口店阶、萨拉乌苏阶及全新统。

西部沉积物厚度一般小于200 m，在泗洪、宿迁等地，基底抬升和郯庐断裂带的破坏使新近系沉积物与第四系沉积物交错重叠，局部出露地表。东部松散沉积物巨厚，从360～1 600 m不等，东台、大丰、盐城等地构成了全区的沉积中心，沉积厚度大于1 200 m。

三、岩浆岩

本区岩浆活动时间延续较长，从太古代、元古代至中生代及新生代，可划分为5个岩浆活动期。太古代至晚元古代的五台期、武陵期及扬子期岩浆活动，由海底富钠质岩浆喷发，形成了规模较大的细碧-石英角斑岩系火山岩，并伴有超基性-基性岩侵入，局部出现混合花岗岩；中生代燕山期岩浆活动表现为多期次强烈的喷发和侵入，形成中酸性、偏碱性岩类，多见杂岩体；新生代喜马拉雅期岩浆活动形成多期喷发的玄武岩和侵入的辉绿岩。

侵入岩：超基性岩类主要分布在东海、新沂、泗洪等地，基性岩类分布于邳州及徐州市铜山区，中性和中酸性岩类分布较为广泛。

火山岩：中生代火山岩由近北-北东向的新沂、徐州等火山岩盆地组成，为发育于晚侏罗世—早白垩世的一套以陆相中酸性为主的火山杂岩。新生代玄武岩主要分布于盱眙地区，分中新世洞玄观组与上新世方山组两个喷发旋回，均由玄武质熔岩喷溢开始，以沉积泥岩结束。

四、地质构造

本区跨越华北板块、扬子板块两大一级构造单元，包括华北陆块、苏鲁造山带和扬子陆块3个二级构造单元(图3.2)。在漫长的地质发展历史中，经历了基底形成、褶皱盖层形成和滨太平洋大陆边缘活动3个主要发展阶段，地质构造复杂。

华北陆块由新太古代中深变质岩构成变质基底，总的构造特征为：西部丰沛断坳、中部徐(州)-宿(县)弧形断褶带及东部郯庐断裂带。丰沛断坳由二凹一凸构成，凹陷中分布有上白垩统和古近系，局部分布由古生代地层组成的小凸起；凸起由新太古界和寒武系—二叠系组成。徐(州)-宿(县)断褶带由一系列复式褶皱和断裂组成。宿县运动使新元古代地层形成开阔和缓和的北东向褶皱。燕山运动早期强化了印支期褶皱，形成了一系列北北东向的逆冲断裂和褶皱，中、晚期在北东向-北北东向褶皱的背景下叠加了北西向褶皱，同时某些早期断裂拉张形成北东-北北东向的火山岩、红色碎屑岩盆地，喜马拉雅运动以断块和差异性升降为主，叠置于已形成的构造之上，构成继承性内陆断陷盆地。

苏鲁造山带由新太古代-古元古代变质岩和中元古代浅变质岩分别构成变质基底下

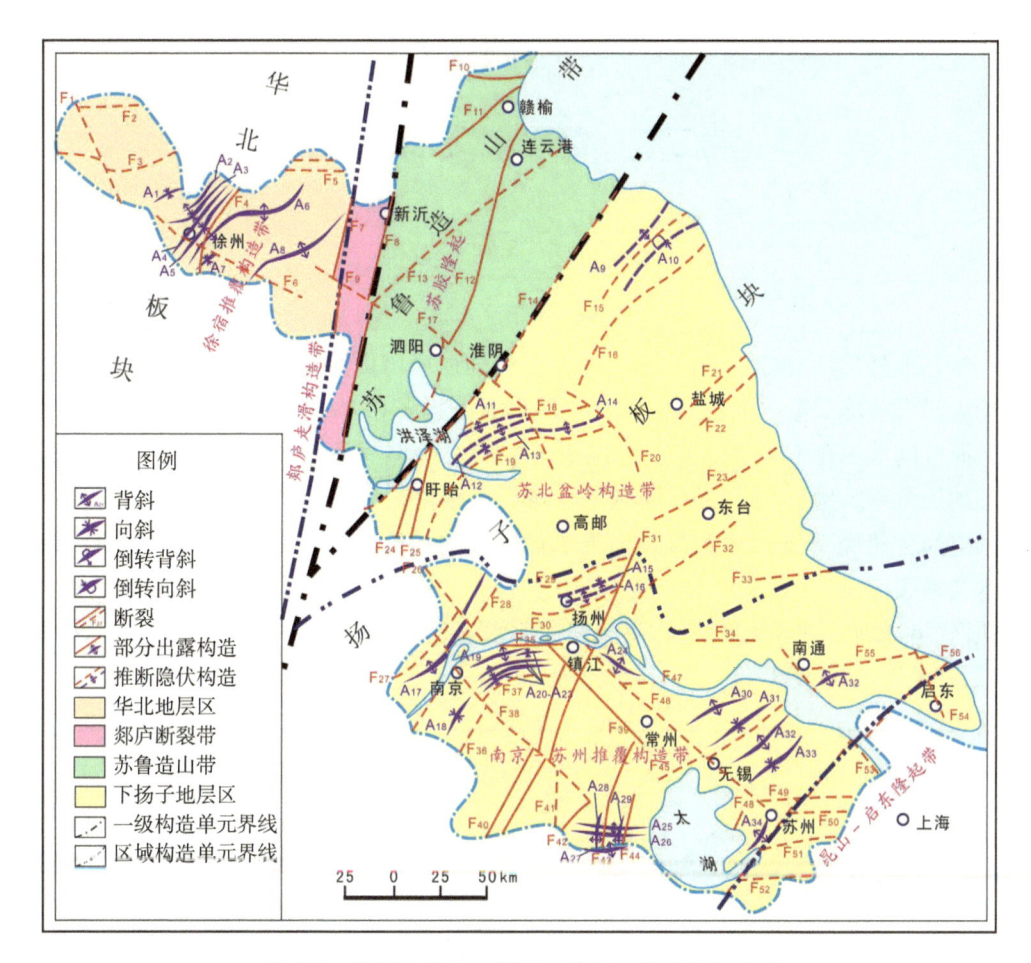

图 3.2　淮河生态经济带江苏段区域地质构造略图

部和上部；总的构造特征为一古老造山带，晋宁运动后，历经多次构造变动，遭受了印支、燕山期构造运动的强烈改造，造成加里东-印支构造层缺失。差异性升降运动和断块运动，形成了一些中生代断陷盆地，叠置在变质岩之上。较大的有沭阳断陷、洪泽断陷及一些小型盆地。喜马拉雅期，在先期形成的构造上断陷盆地有了继承性的发展。

扬子陆块由古-中元古代浅变质岩系构成基底。总的地质构造特征为北坳（苏中凹陷）南隆（苏南隆起）。在晋宁构造层之上发育了震旦系-三叠系海相中古生界盖层，印支运动使盖层褶皱隆起，形成一系列褶皱带。未被活化构造层覆盖或剥蚀的褶皱主要有：苏中凹陷区的滨海褶皱带、盱眙-建湖褶皱带，苏南隆起区的宁镇褶皱带、宜溧褶皱带、锡虞澄褶皱带。燕山和喜马拉雅构造运动的多次叠加改造，使加里东-印支期构造层复杂化的同时，被新的活化构造层大面积覆盖，在这一阶段形成了大型的断坳、断隆或断块。如苏北中新生代盆地，自北向南发育有滨海隆起、涟-阜凹陷、盱眙-建湖隆起和金湖-东台凹陷，其间发育一系列次级凹陷和凸起。

第二节　区域水文地质特征

一、水文地质分区

江苏地处长江、淮河、沂沭河下游，在漫长的地质历史演化过程中，由上述河流所挟带的大量泥沙堆积形成了长江三角洲平原、淮河下游苏中平原、淮北平原和南四湖平原，各平原区间虽然在不同时期中具有不同的展布空间，但总体上形成了相互独立、自成体系的地层沉积结构、含水层系统及地下水流场。根据区域内地层沉积分布特征、含水砂层的空间分布规律、地下水流场及地下水循环中的径流条件等因素，将江苏省划分为4个水文地质区、19个水文地质亚区。工作区位于江苏省中北部，区内包含淮河下游水文地质区、沂沭河下游水文地质区、南四湖平原水文地质区及长江下游水文地质区的部分区域（详见图3.3、表3.1）。

图3.3　淮河生态经济带江苏段水文地质分区图

二、含水层划分

根据含水介质类型,可将工作区内的地下水划分为松散岩类孔隙水和基岩裂隙水两种。

松散岩类孔隙水可划分为孔隙潜水含水层、第Ⅰ承压含水层、第Ⅱ承压含水层、第Ⅲ承压含水层、第Ⅳ承压含水层、第Ⅴ承压含水层6个含水层组。基岩裂隙水可划分为碳酸盐岩类岩溶裂隙水、碎屑岩类构造裂隙水2个含水岩组。

松散岩类孔隙水主要分布于平原地区,具有含水层层次多、厚度变化大、水质复杂、富水性较好等特点。

基岩裂隙水则分布于低山丘陵地区,受岩性和构造的控制,多呈网状分布,富水性变化大,总体上较为贫乏。

表 3.1 淮河生态经济带江苏段水文地质分区特征表

水文地质区		面积 (km²)	水文地质特征		
区	亚区		地貌形态	主要含水层及其特征	水动力条件
长江下游水文地质区（Ⅰ）	仪征、六合丘陵岗地水文地质亚区（Ⅰ₉）	1 868.19	丘陵、岗地	有碎屑岩类裂隙水和玄武岩孔洞裂隙水二个含水岩组,丘岗区分布有孔隙潜水、Ⅰ承压2个含水层组。	以大气降雨入渗为主,灌溉水回渗、地表水体侧向补给为辅。潜水以蒸发、人工开采及补给地表水体形式排泄,深层地下水主要接受上层越流补给及西中部山体侧向补给,人工开采为其主要排泄形式,水位动态受人工开采制约和影响。
	长江北部三角洲平原水文地质亚区（Ⅰ₁₀）	14 521.31	冲积平原	松散层厚100～300 m,发育分布有潜水、Ⅰ、Ⅱ、Ⅲ、Ⅳ承压5个含水层组。	
淮河下游水文地质区（Ⅱ）	盱眙丘陵岗地水文地质亚区（Ⅱ₁）	1 248.78	丘陵岗地	分布发育有松散岩类孔隙潜水和玄武岩裂隙孔洞水2个含水层(岩)组。	潜水主要接受大气降水和地表水、农业灌溉水入渗补给,排泄为蒸发和开采利用。深层水受上部越流和西部侧向径流补给,人工开采利用和向东径流为其主要排泄方式。
	里下河低洼湖荡平原水文地质亚区（Ⅱ₂）	13 551.32	碟状低洼平原	第四系松散层厚120～300 m,发育有孔隙潜水、Ⅰ、Ⅱ、Ⅲ、Ⅳ承压5个含水层组。	
	灌南-大丰滨海平原水文地质亚区（Ⅱ₃）	15 870.71	滨海平原	第四系松散层厚200～350 m,分布发育有孔隙潜水、Ⅰ、Ⅱ、Ⅲ承压、新近系第Ⅳ、第Ⅴ承压6个含水层组,其中Ⅰ、Ⅱ承压水水质为微咸水、半咸水、咸水。	
沂沭河下游水文地质区（Ⅲ）	徐州低山丘陵水文地质亚区（Ⅲ₁）	3 636.78	低山丘陵、岗地	以碳酸盐岩分布为主,发育有岩溶裂隙水;在沟谷及岗地内,发育有松散岩类孔隙潜水。	潜水主要以大气降雨入渗补给为主,地表水入渗和灌溉水回渗为辅,排泄为蒸发及开采利用。深层水受北部山区侧向径流补给和上部越流补给,人工开采为其主要排泄方式,水位受开采动态所制约。
	新沂-泗洪波状平原水文地质亚区（Ⅲ₂）	5 666.24	波状平原	第四系、新近系上新统松散层厚300～350 m,发育有孔隙潜水、Ⅰ、Ⅱ、Ⅲ承压4个含水层组。	
	东海赣榆低山丘陵水文地质亚区（Ⅲ₃）	3 452.54	低山丘陵、岗地	以片麻岩出露为主,分布有基岩风化裂隙水,在冲沟内分布有孔隙潜水。	

续表

水文地质区		面积 (km²)	水文地质特征		
区	亚区		地貌形态	主要含水层及其特征	水动力条件
沂沭河下游水文地质区（Ⅲ）	淮泗连平原水文地质亚区（Ⅲ₄）	10 720.95	冲积平原	松散层厚80～200 m，分布发育有孔隙潜水、Ⅰ、Ⅱ、Ⅲ承压4个含水层组。	潜水主要以大气降雨入渗补给为主，地表水入渗和灌溉水回渗为辅，排泄为蒸发及开采利用。深层水受北部山区侧向径流补给和上部越流补给，人工开采为其主要排泄方式，水位受开采动态所制约。
	连云港滨海平原水文地质亚区（Ⅲ₅）	2 506.30	冲积平原	松散层厚10～45 m，发育有孔隙潜水含水层组，水质多为半咸水、咸水。	
南四湖平原水文地质区（Ⅳ）	丰沛黄泛冲积平原水文地质亚区（Ⅳ₁）	3 184.12	黄泛冲积平原	第四系松散层厚60～260 m，分布发育有孔隙潜水、Ⅰ、Ⅱ、Ⅲ、Ⅳ承压5个含水层组。	浅层地下水主要接受大气降水和地表水、农灌水入渗补给，排泄为蒸发和人工开采。深层水则接受上层越流和基岩侧补给，消耗于人工开采。

三、各区水文地质特征

（一）长江下游水文地质区

工作区的扬州、泰州部分区域涉及长江下游水文地质区的北部三角洲平原区和仪征、六合丘陵岗地区。平原区主要以长江河口三角洲相粗颗粒沉积为主，赋存的地下水为松散岩类孔隙水，自上而下可分为5个含水层组。丘陵岗地及岗地间残坡平原发育玄武岩孔洞裂隙含水岩组和碎屑岩类构造裂隙含水岩组（表3.2）。

表3.2　仪征六合丘陵岗地及长江北部三角洲平原区含水层水文地质特征一览表

含水层	地层时代	顶板埋深(m)	底板埋深(m)	厚度(m)	水文地质特征	
					岩性	涌水量(m³/d)
潜水	Q₄		15～35	8～30	粉质黏土、粉土及粉砂	10～500
Ⅰ承压	Q₃	15～50	40～140	5～80	粉细砂、中细砂、含砾中粗砂	300～3 000
Ⅱ承压	Q₂	80～150	120～200	20～80	粉细砂、中粗砂、含砾中粗砂	1 000～5 000
Ⅲ承压	Q₁	150～250	180～320	20～100	粉细砂、含砾中粗砂	1 000～5 000
Ⅳ承压	N	350～380		>20	粉细砂、中粗砂	1 000～2 000
孔洞裂隙水	N				玄武岩	
构造裂隙水	K				泥质粉砂岩	<100

1. 孔隙潜水含水层组

由第四系全新统冲海积相和冲洪积相堆积形成，含水层主要由粉质黏土、粉土、粉细砂组成，厚8～30 m，单井涌水量在平原区较高，达到50～500 m³/d，在丘陵区地小于5 m³/d。下水化学类型为HCO_3—Ca，HCO_3—Ca·Na型，矿化度一般小于1 g/L。水位埋深一般1～3 m，年变幅在1～2 m。

2. 第Ⅰ承压含水层组

由第四系上更新统河口三角洲冲海相堆积的粉细砂、中细砂、含砾中粗砂及新近系六合组砂层所组成,顶板埋深 15~35 m,厚 5~80 m,单井涌水量 300~3 000 m³/d,在扬中、泰兴地区与上部的潜水含水砂层之间基本缺失了黏性土隔水层,水质类型为 HCO_3—$Ca·Na$ 型,矿化度小于 1 g/L。扬州南部沿江及扬中水位埋深一般在 2~3 m。在南通城区、泰兴、靖江地区埋深多在 10 m 以浅。

3. 第Ⅱ承压含水层组

仅分布于长江北部三角洲平原区,由中更新世时期长江古河道河流相沉积的粉细砂、中粗砂、含砾中粗砂所组成,含水层顶板埋深 80~150 m,由西向东倾,厚 20~80 m。单井涌水量 1 000~5 000 m³/d。水质为 HCO_3—$Ca·Na(Na·Mg)$ 型,矿化度小于 1 g/L。

扬州城区北部地下水水位埋深在 20~35 m,江都市区、泰州城区水位埋深达 10~25 m,而其他外围地区水位埋深一般在 5~10 m。

4. 第Ⅲ承压含水层组

仅分布于长江北部三角洲平原区,由早更新世时期长江古河道河流相沉积的粉细砂、含砾中粗砂所组成,顶板埋深由西向东为 150~250 m,厚 20~100 m。含水层岩性颗粒较粗,透水性和富水性良好,单井涌水量 1 000~3 000 m³/d,在古河道砂层巨厚分布地区,单井涌水量可达 3 000~5 000 m³/d。水质为矿化度小于 1 g/L 的 HCO_3—$Ca·Na$ 型淡水。在扬州及江都、泰州市区较为集中开采的地段,水位埋深 10~35 m。

5. 第Ⅳ承压含水层组

仅分布于长江北部三角洲平原区,江都-泰州口岸以东、泰兴-靖江以西地区的第四纪松散层之下,广泛分布发育有新近纪地层沉积,其厚度可从数百米至千余米,其间发育有多层胶结程度较差的砂层,蕴藏有较为丰富的地下水资源,目前在三泰地区黄桥一带已有少量的深井开采利用此层地下水。

6. 玄武岩孔洞裂隙含水岩组

主要分布于丘岗地区,由 1~3 层玄武岩所组成。玄武岩中孔洞裂隙较为发育,有利于地下水的运移和富集,形成较好的含水岩组。但顶层玄武岩一般分布位置较高,地下水往往形成浅部径流向周边排泄,中下层玄武岩孔洞裂隙中蕴藏的地下水则易于富集,其有较好的开发利用前景。

7. 碎屑岩类构造裂隙含水岩组

区内的碎屑岩由白垩系的一套泥质粉砂岩、泥岩所组成,分布于丘岗地带。因该套地层岩性软弱,构造裂隙不发育,其富水性差,单井涌水量一般小于 100 m³/d,且水质铁离子含量严重超标,几乎没有开采利用的价值。

(二)淮河下游水文地质区

位于苏北灌溉总渠以南,六合、扬州、泰州、海安一线以北地区,包括盱眙丘陵岗地水文地质亚区、里下河低洼湖荡平原水文地质亚区、灌南-大丰滨海平原水文地质亚区。地势低洼,河网密布,晚更新世海侵后成为潟湖沼泽,海退后被古黄河、古长江冲积物填平,并且水面逐渐缩小,形成四周高、中间低的碟形洼地,向东为海积平原。松散层堆积物厚度大,第四系厚度350 m左右。西部盱眙、六合一带为侵蚀台地,玄武岩气孔发育,风化强烈,赋存孔洞裂隙水。

1. 孔隙潜水含水层组

含水层组由更新世中、晚期和全新世冲积相堆积、潟湖相堆积及滨海相沉积物所组成,分布厚度在5~35 m,单井涌水量一般小于5 m³/d,滨海平原可以达到10~100 m³/d。盱眙丘陵地区和里下河低洼湖荡平原地区水化学类型以 HCO_3—Ca·Na、HCO_3—Ca(Na·Ca)型为主,水质矿化度小于1 g/L,部分地区分布有 Cl·HCO_3—Na·Ca 或 Cl—Na 型微咸水、半咸水;滨海平原水化学类型为 HCO_3·Cl—Na·Ca、Cl—Na 型,矿化度1~3 g/L,向沿海由微咸水向咸水过渡,矿化度可达10 g/L以上。

2. 第Ⅰ承压含水层组

分布于盱眙丘陵岗地水文地质亚区和里下河低洼湖荡平原水文地质亚区,含水砂层由晚更新统冲湖积、冲海积相沉积及海陆交互相沉积的粉土、粉细砂、细中砂组成。顶板埋深15~60 m,厚5~30 m,单井涌水量50~500 m³/d。水质以周庄-兴化-沙沟镇一线为界,以西地区则为 HCO_3—Ca 型的淡水,以东地区为 Cl·HCO_3—Na·Ca 或 Cl—Na 型微咸水、半咸水至咸水,矿化度由西向东具有不断增高趋势,至沿海地带矿化度达10 g/L以上。

3. 第Ⅱ承压含水层组

分布于盱眙丘陵岗地水文地质亚区和里下河低洼湖荡平原水文地质亚区,由中更新世时期冲湖积相沉积的1~2层粉砂、粉细砂、细中砂组成。含水层顶板埋深60~140 m,厚5~40 m,富水性稍好,单井涌水量100~3 000 m³/d,水质以 HCO_3·Cl—Na·Ca、HCO_3·Cl—Na 和 HCO_3—Na 型淡水为主。在较为集中的城镇地区水位埋深多为15~35 m,其他地区小于15 m。

4. 第Ⅲ承压含水层组

分布于盱眙丘陵岗地水文地质亚区和里下河低洼湖荡平原水文地质亚区,由早更新世时期冲湖积相沉积的粉细砂、细砂、含砾中粗砂层组成,在大运河以西地区,则由新近纪沉积的砂层组成。顶板埋深100~250 m,厚5~60 m。砂层颗粒较粗,透水性和富水性较好,单井涌水量300~3 000 m³/d,水质以 HCO_3—Na·Ca、HCO_3·Cl—Na、Cl·HCO_3—Na·Ca 为主,主要开采地区水位埋深达20~35 m,其他地区小于15 m。

5. 第Ⅳ承压含水层组

分布于盱眙丘陵岗地水文地质亚区和里下河低洼湖荡平原水文地质亚区,第四纪地层之下沉积分布有巨厚的新近纪地层。滨海平原地区揭露含水层顶板埋深160~370 m,在450 m以上可揭露到2~4层砂层,岩性为细砂、中粗砂,厚度20~60 m。水化学类型以 HCO_3—Na 型为主,部分地区分布有 Cl·HCO_3—Na、HCO_3·Cl—Na·Ca 型。单井涌水量500~2 000 m³/d,集中开采地区水位埋深10~45 m,其他地区水位埋深普遍在 5~10 m。

6. 第Ⅴ承压含水层组

由新近系河湖相沉积物所组成,岩性以厚层粉质黏土、黏土夹细砂、中砂、中粗砂为主,因胶结程度较差,结构呈松散状,透水性和富水性较好。第Ⅴ承压含水层埋藏较深,顶板埋深一般大于 450 m,含水层厚度在 20~60 m,以盐城城区厚度最大,富水性较好,单井涌水量一般在 1 000~2 000 m³/d。该层地下水水温较高,据盐城地区深井资料反映,在井深 535~865 m 处,其水温可达 37~51 ℃。

7. 孔洞裂隙含水岩组

广泛分布于盱眙的低山丘岗地区,在丘岗边缘的平原区内第四系地层中也见其分布,主要由新近纪时期喷发的洞玄观组、方山组玄武岩所组成,分布厚度 40~200 m。气孔状玄武岩的含气孔率平均在 10%~20%,局部富集地段可达 60%~70%,在构造作用下则联通形成良好的贮水空间,含水层富水性好,单井涌水量 100~1 000 m³/d,在有利的构造部位单井涌水量可达 1 000~2 000 m³/d。水化学类型为 HCO₃—Ca·Mg 型,矿化度均小于 1 g/L。

(三) 沂沭河下游水文地质区

位于灌溉总渠以北,包括徐州低山丘陵水文地质亚区、新沂-泗洪波状平原水文地质亚区、东海赣榆低山丘陵水文地质亚区、淮泗连平原水文地质亚区、连云港滨海平原水文地质亚区,构成平原的物质来源以沂沭河堆积物为主,西部、南部以黄淮堆积物为主。松散岩类沉积物厚度近山区较薄,一般不超过 50 m,向平原过渡逐渐增厚至 350 m。地势由西北向东南倾斜,西北部标高 45 m 左右,东南部标高 5 m 左右。废黄河横贯本区南部,河床高出地面 5~8 m,是本区地表水和地下水的分水岭。徐州附近和东海赣榆一带有低山丘陵分布。本区主要含水岩组有松散岩类孔隙水、碳酸盐岩类岩溶裂隙水和基岩构造裂隙水(如表 3.3 所示)。一般水质较好,东部沿海地区有咸水分布。

表 3.3 沂沭河下游水文地质区含水层水文地质特征一览表

含水层	顶板埋深 (m)	厚度 (m)	水文地质特征			水位埋深 (m)
			岩性	富水性(m³/d)	水化学类型	
潜水		10~40	粉质黏土、粉土	5~10	HCO₃—Ca HCO₃—Na·Ca Cl—Na	0.5~3.5
Ⅰ承压	15~60	5~40	粉土、中细砂	100~2 000	HCO₃—Mg·Na Cl—Na	2~10
Ⅱ、Ⅲ承压	40~150	15~80	细中砂、含砾中粗砂	1 000~3 000	HCO₃—Na·Ca	2~25
岩溶裂隙水			古生界、新元古界灰岩地层	75×10⁴	HCO₃—Na·Ca	
构造裂隙水			震旦系片麻岩	100~200	HCO₃—Ca·Na	

1. 孔隙潜水含水层组

含水层岩性以粉质黏土为主,厚 10～40 m。富水性变化较大,在黏性土分布区,单井涌水量一般小于 5 m^3/d,而在废黄河道分布区单井涌水量可达 50～300 m^3/d,水质以 HCO$_3$—Ca、HCO$_3$—Na·Ca 型淡水为主,在连云港滨海平原区以矿化度大于 3 g/L 的 Cl—Na 型的半咸水、咸水为主。水位埋深在 0.5～3.5 m。

2. 第Ⅰ承压含水层组

在新沂-泗洪波状平原水文地质亚区、淮泗连平原水文地质亚区、连云港滨海平原水文地质亚区,该含水层组广泛发育。含水层组主要由更新世冲湖积相沉积物和全新世时期滨海相堆积物组成,顶板埋深 15～60 m,厚 5～40 m,单井涌水量 100～2 000 m^3/d,在中西部地区水位矿化度均小于 1.0 g/L,水型为 HCO$_3$—Mg·Na 型,东部沿海地区为矿化度大于 2 g/L 的 Cl—Na 型的半咸水、咸水。水位埋深小于 10 m。

3. 第Ⅱ、Ⅲ承压含水层组

分布于新沂-泗洪波状平原水文地质亚区、东海赣榆低山丘陵水文地质亚区,由第四纪和新近纪冲湖积相沉积的细中砂、含砾中粗砂、含砾粗砂层组成,顶板埋深一般 40～150 m,厚 15～80 m。该含水层组岩性胶结差,呈松散状,透水性和富水性良好,单井涌水量 1 000～3 000 m^3/d,为区内地下水的主要开采层位。水质矿化度小于 1 g/L,水型为 HCO$_3$—Na·Ca 型,水位埋深一般小于 10 m,但在一些主要乡镇集中开采区内,水位埋深达 10～25 m,淮安市水位降落漏斗中心水位埋深达 30 m 以上。

4. 岩溶裂隙含水岩组

徐州低山丘陵水文地质亚区内大面积裸露和隐伏分布有古生界、新元古界灰岩地层。多期地质构造活动的作用和影响,使得灰岩体的完整性遭到破坏,溶沟、溶隙和溶洞极为发育,为地下水的运移、富集提供了良好空间。该地区赋存极为丰富的地下水资源,据已有的勘探资料,徐州市区和铜山区境内,有 7 处岩溶地下水水源地,合计可开采量超过 75×10^4 m^3/d。

5. 基岩构造裂隙含水岩组

东海赣榆低山丘陵水文地质亚区内裸露分布的是震旦系片麻岩,主要构造方向为一组北东向的压扭性断裂,北西向张性断裂欠发育。地下水主要赋存于浅部的风化裂隙和构造裂隙中,在山前冲沟地带,常形成小型浅层水汇水带(区),单井涌水量一般小于 100 m^3/d,水质为 HCO$_3$—Ca·Na 型淡水。该区水文地质条件复杂,富水性差,通常被视为贫水区。而在局部北北东或北西向张性断裂较发育的地段,常形成地下水富水带,单井涌水量 100～200 m^3/d,具有一定的供水价值。

(四)南四湖平原水文地质区

南四湖平原水文地质区在省域内的仅有丰沛黄泛冲积平原水文地质亚区,分布于徐州的西北部地区。区内地势平坦高亢,地面标高 20～35 m 间,地貌上属黄泛冲积堆积平原区,第四纪松散层沉积厚度达 180～220 m,其间分布发育有多层含水砂层。据地下水赋存介质及水动力条件,将区内松散岩类孔隙含水层划分为四个含水层组,其水文地质特征总述如表3.4所示。

表3.4　南四湖平原水文地质区丰沛平原各含水层水文地质特征一览表

含水层	顶板埋深(m)	厚度(m)	岩性	富水性(m^3/d)	水化学类型	水位埋深(m)
潜水、Ⅰ承压		40~60	粉质黏土、粉土、粉细砂	10~200	$HCO_3(Cl)$—$Na·Ca$	2~6
Ⅱ承压	50~70	15~25	粉细砂	100~300	$HCO_3(HCO_3·Cl$、$HCO_3·SO_4)$—$Na(Na·Ca,Mg·Na)$	5~25
Ⅲ承压	120~150	20~35	中细砂、中粗砂	1 000~2 000	$HCO_3·(Cl)$—$Na(Ca·Na)$	10~35
Ⅳ承压	170~210	10~20	含砾粉土、含砾粗砂	<100	$Cl·SO_4$—$Na·Ca(Na)$ $HCO_3·(Cl)$—$Na(Ca·Na)$	<10

1. 潜水、Ⅰ承压含水层组

在近地表浅部分布发育,由全新世和更新世沉积的粉质黏土、粉土、粉细砂组成,厚40~60 m。上部潜水含水层厚10~20 m,岩性为粉质黏土、粉土、局部粉砂组成,单井涌水量10~50 m^3/d,水位埋深2~4 m;下部Ⅰ承压含水层由粉细砂组成,砂层厚3~10 m,结构呈松散状,透水性稍好,单井涌水量100~200 m^3/d,水位埋深3~6 m,水质矿化度一般小于1 g/L,局部达1~3 g/L,水型主要为$HCO_3(Cl)$—$Na·Ca$型。

2. 第Ⅱ承压含水层组

由更新世周口店期堆积的3~5层粉细砂组成,顶板埋深50~70 m,厚15~25 m,但单层砂层在平面上分布变化较大,延续性较差,透水性和富水性一般,单井涌水量100~300 m^3/d,水质类型比较复杂,有HCO_3—$Mg·Na$、HCO_3—Na、$HCO_3·Cl(HCO_3·SO_4)$—Na型等,矿化度一般为1~2 g/L。该含水层开采主要集中于县城,已形成较成熟的开采区,其中心水位埋深达20余米,外围地区的水位埋深多在5~15 m。

3. 第Ⅲ承压含水层组

由更新世泥河湾期堆积的中细砂、中粗砂层组成。含水层顶板埋深120~150 m,砂层厚达20~35 m,局部厚达48 m,透水性和富水性良好,单井涌水量1 000~2 000 m^3/d。该含水层组为区内地下水的主要开采层位,目前已形成丰县、沛县两县城的水位降落漏斗区,中心水位埋深已达25~35 m。矿化度大多小于1 g/L,水质类型主要为$HCO_3·(Cl)$—$Na(Ca·Na)$型。

4. 第Ⅳ承压含水层组

由新近纪上新世河堆积的含砾粉土、含砾粗砂组成,顶板埋深170~210 m,厚10~20 m,单井涌水量小于100 m^3/d,水质类型主要为$Cl·SO_4$—$Na·Ca(Na)$、$HCO_3·(Cl)$—$Na(Ca·Na)$型。目前开采井主要分布在铜山区,水位埋深多在10 m以浅。

第三节　浅层地温场分布特征

一、浅层地温场平面分布特征

（一）地层温度特征

根据本次热响应试验以及相关资料(表 3.5)绘制出工作区范围内 100 m 深度平均地温分布图以及 50 m、100 m 埋深深度处的地温分布图(见图 3.4 至图 3.6)。

从地温分布图以及测温数据可以得出以下结论：工作区内 100 m 平均地温在 13.28～32.68 ℃，其中洪、建隆起地区温度最高，达 32 ℃，总体地温分布趋势与 50 m 深度地温以及 100 m 深度地温基本一致，100 m 深度平均地温较 50 m 深度地温略高，50 m 深度较 100 m 深度地温低 1 ℃左右。

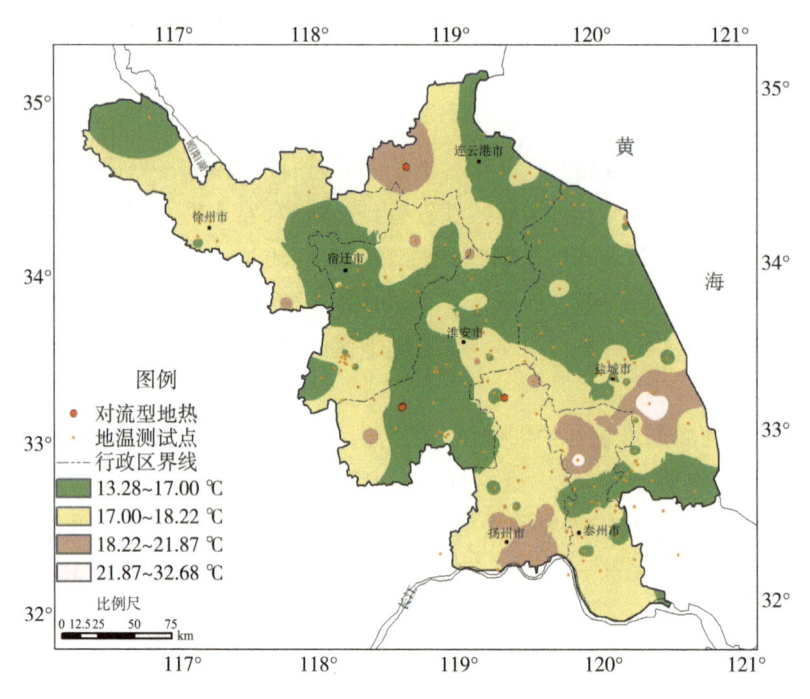

图 3.4　工作区内 100 m 深度平均地温分布图

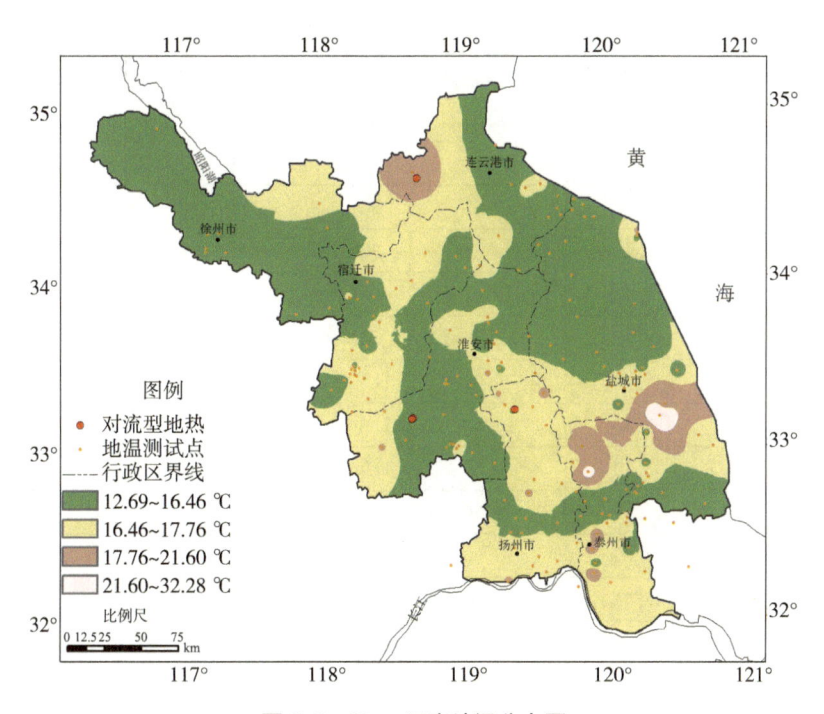

图 3.5　50 m 深度地温分布图

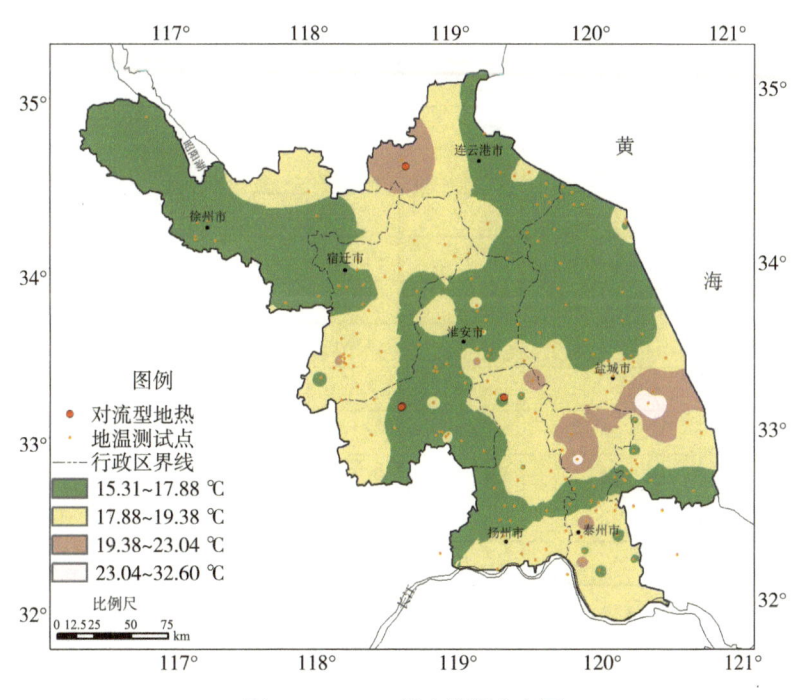

图 3.6　100 m 深度地温分布图

表 3.5 试验孔温度统计表

试验孔	初始地温	50 m 深度地温	100 m 深度地温	试验孔	初始地温	50 m 深度地温	100 m 深度地温
RZK1	17.70	17.34	19.05	SQ1	17.31	17.30	18.30
RZK2	16.30	15.90	17.17	SQ2	17.58	17.20	18.20
RZK3	17.00	16.36	17.67	SQ3	17.17	17.10	19.30
RZK4	18.10	17.43	18.81	SQ4	16.71	16.90	18.70
RZK5	18.10	17.47	19.02	YZ01	17.65	17.39	18.62
HA1	17.85	17.30	18.40	YZ02	18.24	17.99	19.23
HA2	17.55	17.40	19.00	HA02	17.85	17.87	18.92
HA3	17.70	17.40	18.20	HA01	18.68	17.85	19.22
HA4	18.60	18.10	20.04	HA03	18.71	17.63	19.19
HA5	18.15	17.90	19.20	SQ01	17.48	17.33	17.94
HA6	17.45	17.00	19.00	XZ01	16.58	16.10	17.19
HRK1	18.70	18.31	20.01	XZ02	18.40	17.63	19.19
HRK2	18.70	18.14	19.58	XZ03	18.19	17.39	19.11
HRK3	18.40	18.99	20.90	LYG01	20.07	19.48	22.00
HRK4	18.30	18.76	20.70	LYG02	17.64	17.14	18.79
HRK5	18.70	18.34	19.54	SJCW01	16.10	15.61	17.29
YZDK01	18.57	18.34	19.54	SJCW02	16.59	16.05	17.54
YZDK02	18.01	17.37	18.68	SJCW03	16.29	15.76	17.70
YZDK03	18.88	18.41	19.20	SJCW04	16.63	15.99	17.30
YZDK04	18.26	17.68	19.36	SJCW05	18.74	18.09	20.85
YZDK05	18.37	17.74	19.07	SJCW06	16.17	15.69	17.37
CSK01	19.00	19.20	20.10	SJCW07	16.16	15.65	17.30
CSK02	17.90	18.11	18.74	SJCW08	16.01	15.55	17.25
CSK03	18.10	18.31	19.10	SJCW09	16.51	16.04	18.13
CSK04	18.10	17.40	18.88	SJCW10	16.52	16.11	17.32
CSK05	18.00	18.97	21.22	SJCW11	16.89	16.20	17.65
CSK06	18.20	17.53	19.02	SJCW12	17.07	16.47	18.00
YC01	17.40	17.34	18.54	SJCW13	16.81	16.19	17.70
YC02	17.53	17.06	18.26	SJCW14	16.07	15.54	17.49
YC03	17.48	17.69	19.08	SJCW15	16.33	15.69	17.35
YCZ01	16.80	17.06	18.26	SJCW16	18.77	18.34	20.05
YCZ02	17.90	17.50	18.52	SJCW17	17.43	16.76	17.90
YCZ03	18.00	17.32	18.43	SJCW18	17.19	16.58	17.72
YCZ04	16.60	16.12	17.49	SJCW19	15.75	15.26	16.15

续表

试验孔	初始地温	50 m 深度地温	100 m 深度地温	试验孔	初始地温	50 m 深度地温	100 m 深度地温
SJCW20	16.46	15.85	16.87	SJCW55	16.99	16.52	17.80
SJCW21	16.54	15.86	16.68	SJCW56	16.09	15.54	16.53
SJCW22	16.07	15.43	16.57	SJCW57	15.87	15.35	16.36
SJCW23	16.27	15.60	16.79	SJCW58	16.68	16.14	17.28
SJCW24	16.42	16.01	16.78	SJCW59	16.75	16.15	17.60
SJCW25	16.93	16.34	17.40	SJCW60	16.88	16.19	18.14
SJCW26	17.33	16.85	17.92	SJCW61	17.34	16.70	18.19
SJCW27	16.87	16.25	17.88	SJCW62	16.77	16.32	17.37
SJCW28	17.00	16.47	17.86	SJCW63	17.00	16.32	17.43
SJCW29	16.51	15.99	17.36	SJCW64	17.22	16.65	17.83
SJCW30	17.81	17.25	19.57	SJCW65	16.14	15.45	16.98
SJCW31	17.02	16.53	18.43	SJCW66	16.55	15.90	17.58
SJCW32	17.14	16.68	18.36	SJCW67	15.36	14.94	15.74
SJCW33	17.44	16.88	19.88	SJCW68	15.89	15.48	17.01
SJCW34	17.27	16.78	18.34	SJCW69	16.10	15.41	17.47
SJCW35	17.57	16.97	19.03	SJCW70	15.91	15.50	16.52
SJCW36	16.86	16.43	18.53	SJCW71	15.68	15.52	16.37
SJCW37	16.34	15.88	17.82	SJCW72	15.70	15.13	16.20
SJCW38	17.32	16.70	19.01	SJCW73	16.05	15.89	16.45
SJCW39	16.48	15.99	17.40	SJCW74	16.39	15.89	16.53
SJCW40	17.19	16.76	18.31	SJCW75	16.53	15.95	17.32
SJCW41	17.46	16.87	18.67	SJCW76	15.68	15.69	16.20
SJCW42	17.03	16.60	17.91	SJCW77	15.59	15.09	16.28
SJCW43	17.20	16.60	18.43	SJCW78	16.30	15.89	16.87
SJCW44	15.83	15.40	17.07	SJCW79	16.40	15.81	17.52
SJCW45	16.66	16.04	17.80	SJCW80	15.79	15.38	16.92
SJCW46	16.30	15.70	17.53	SJCW81	16.38	15.90	17.31
SJCW47	16.19	15.78	17.03	SJCW82	16.23	15.69	16.66
SJCW48	16.43	15.85	17.50	SJCW83	16.88	16.44	18.20
SJCW49	16.28	15.80	17.06	SJCW84	15.91	15.50	16.91
SJCW50	16.34	15.90	17.17	SJCW85	16.38	15.73	16.60
SJCW51	15.88	15.41	16.20	SJCW86	16.12	15.69	16.92
SJCW52	17.13	16.45	17.69	SJCW87	16.56	15.94	17.87
SJCW53	17.29	16.59	17.82	SJCW88	16.50	15.96	17.90
SJCW54	16.72	16.15	17.36	SJCW89	16.72	16.03	17.50

续表

试验孔	初始地温	50 m 深度地温	100 m 深度地温	试验孔	初始地温	50 m 深度地温	100 m 深度地温
SJCW90	17.02	16.52	18.46	SJCW111	17.69	17.28	18.86
SJCW91	17.01	16.37	17.68	SJCW112	14.10	13.66	16.26
SJCW92	16.73	16.14	17.58	SJCW113	15.56	14.90	16.85
SJCW93	16.66	16.12	17.46	SJCW114	13.28	12.67	15.29
SJCW94	16.63	16.12	17.49	SJCW115	16.73	16.29	17.92
SJCW95	17.13	16.61	18.98	SJCW116	15.03	14.33	16.92
SJCW96	16.93	16.37	17.69	SJCW117	17.15	16.64	18.56
SJCW97	17.08	16.64	18.34	SJCW118	19.72	19.10	20.22
SJCW98	17.23	16.67	17.67	SJCW119	17.51	16.81	18.44
SJCW99	17.17	16.54	17.87	SJCW120	55.37	54.80	57.55
SJCW100	18.22	17.80	18.64	SJCW121	20.23	19.57	21.54
SJCW101	18.24	17.70	18.79	SJCW122	32.20	32.30	32.62
SJCW102	16.86	16.44	17.28	SJCW123	24.11	23.50	24.40
SJCW103	17.24	16.61	17.82	SJCW124	18.63	17.93	19.31
SJCW104	16.44	16.03	17.10	SJCW125	17.38	16.80	19.18
SJCW105	16.30	15.82	17.09	SJCW126	45.68	45.20	48.00
SJCW106	13.26	12.85	15.68	SJCW127	46.43	46.00	49.00
SJCW107	17.59	17.16	17.94	SJCW128	39.49	39.10	42.00
SJCW108	16.09	15.46	16.79	LYSW2	16.74	15.85	17.50
SJCW109	16.78	16.09	17.44	LYSW4	17.41	16.93	18.00
SJCW110	16.50	15.90	17.28	LYZK01	17.86	16.93	19.00

(二) 大地热流密度

大地热流反映了一个地区的热背景,全球实测热流数据表明,其热流密度平均值约为 60 mW/m²。在不同地质构造单元热流量不一,新生代造山带热流量最高,也是地热资源最为丰富的地区。

大地热流值的分布与地质构造背景关系密切,不同构造单元热流值各异,受基底起伏影响较明显。苏北盆地大地热流值介于 54 mW/m² ~ 85 mW/m²,平均为 68 mW/m²,明显高于江苏省平均值(60 mW/m² 左右)。大地热流密度分布见图 3.7,可以看出:宝应-兴化地区以及东台-姜堰地区大地热流值相对较高,最高可达 85 mW/m² 和 84 mW/m²,说明苏北盆地具有高热流值。从大地热流分布规律看,高值分布于凸起区,相对低值分布于凹陷区(反映了凹陷区盖层隔热保护性能相对较好和大地热流横向运移的特性,特别是受断裂构造控制的凹陷与凸起的结合部,往往是大地热流聚集的有利部位)。

华北地台区仅有一个热流点,热流值为 45.5 mW/m²,低于江苏省平均值。

苏鲁造山带仅有一孔,其热流值为 62.3 mW/m²,略高于江苏省平均值。

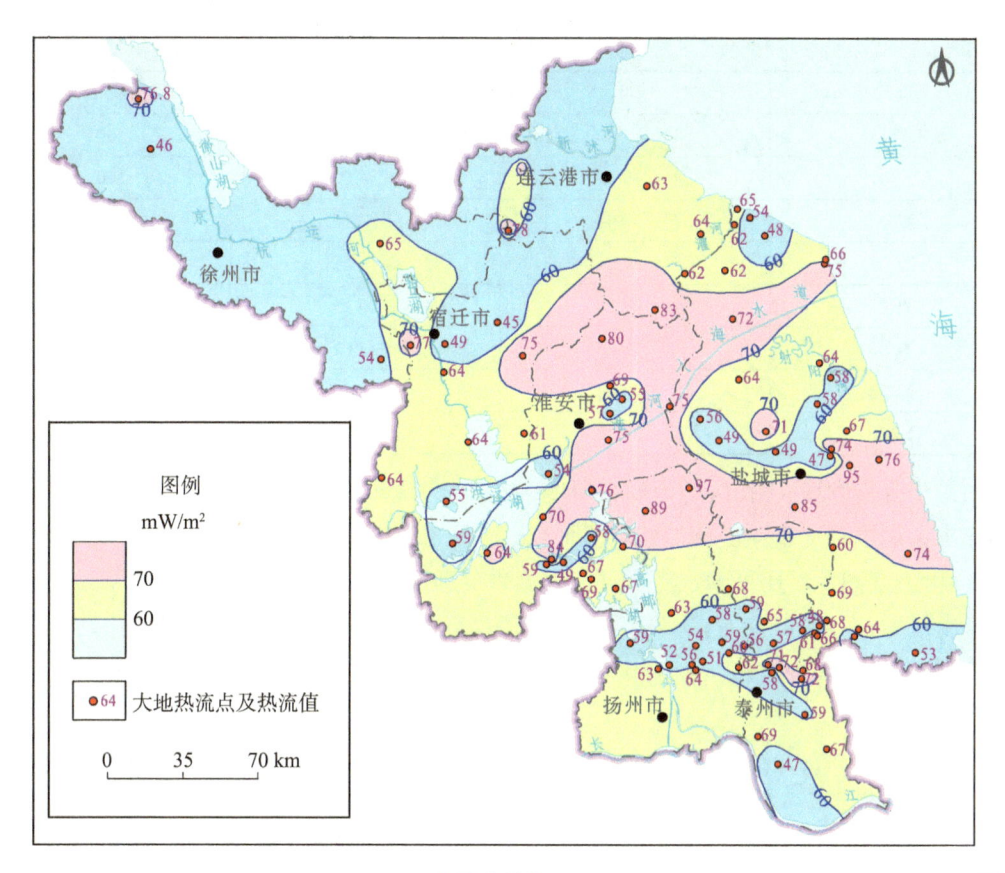

图3.7 工作区大地热流密度分布图

二、浅层地温场垂向分布特征

(一) 恒温带

恒温带是指距地表以下年温度变化小于 0.1 ℃的带。该带地温不受太阳辐射影响，地球内部热能与上层变温带的影响在这个区域内处于相对平衡状态，所以岩土体温度总体上比较一致。各地区的年恒温带温度并不相同，主要与当地所处纬度、地理位置、气候条件、岩石性质以及植被等因素有关。

本次共布置现场地温场监测孔 12 个，各监测孔位置及孔深概况见表3.6。

表3.6 地温场监测试验孔位置及孔深概况一览表

孔号	经度	纬度	孔深(m)
HA01	118°23′32″	33°01′31″	100
HA02	118°55′40″	33°00′35″	100
HA03	119°07′14″	34°05′00″	100
LYG01	118°38′25″	34°38′45″	100

续表

孔号	经度	纬度	孔深(m)
LYG02	119°15′45″	34°15′23″	100
XZ01	116°46′49″	34°54′23″	100
XZ03	117°57′44″	34°27′56″	100
YC01	119°46′26″	33°51′57″	100
YC02	120°08′22″	33°20′29″	100
YC03	120°17′49″	32°49′02″	100
YZ01	119°17′04″	33°15′42″	100
YZ02	119°26′25″	32°44′30″	100

初步分析发现，工作区的恒温带厚度多在 10～17 m。结合工作区内已有资料，分别制作出了地层温度垂向变化曲线，见图 3.8 至图 3.19（测温时间为 2020 年 7 月 27—31 日）。由上述图片对比得知，位置不同，恒温带的埋深和厚度一般不相同。HA02 处恒温带厚度最大，在 43 m 左右；YC01 和 YC02 厚度较小，在 4 m 左右，其他测试孔处恒温带厚度则相对较薄，一般在 5～16 m。

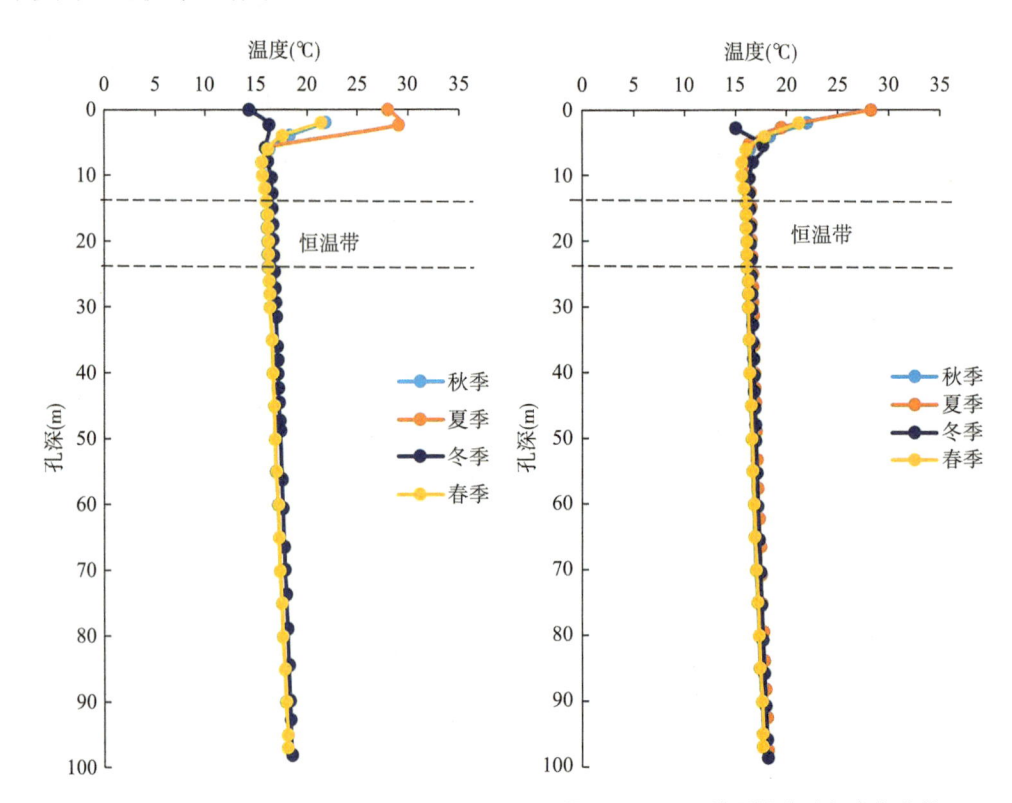

图 3.8　HA01 地层温度垂向变化曲线　　图 3.9　HA02 地层温度垂向变化曲线

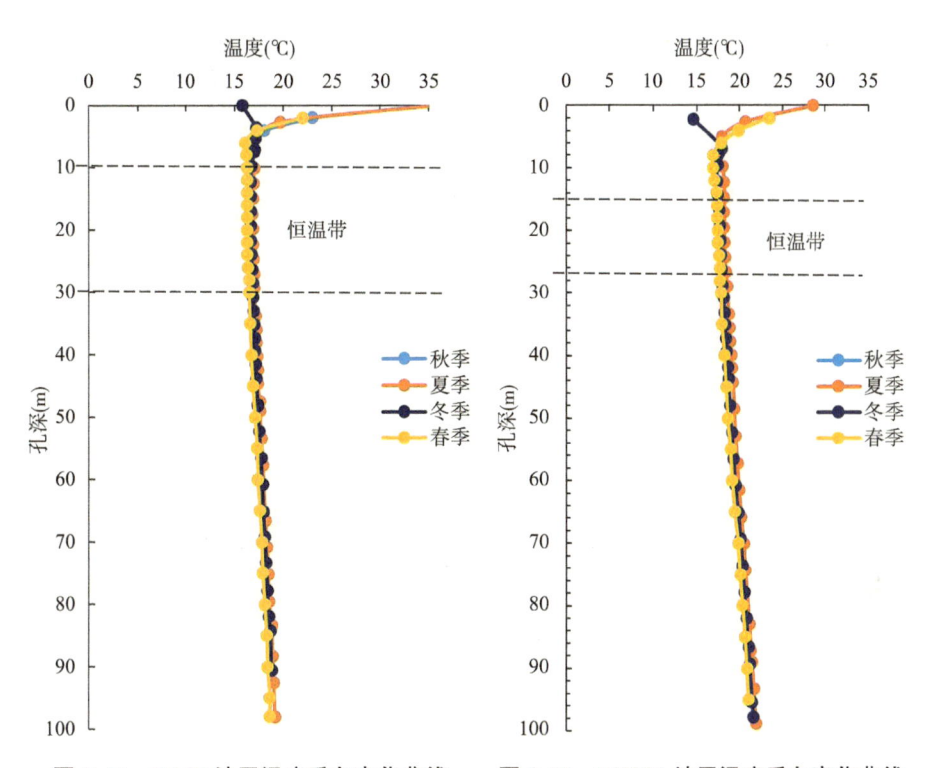

图 3.10　HA03 地层温度垂向变化曲线

图 3.11　LYG01 地层温度垂向变化曲线

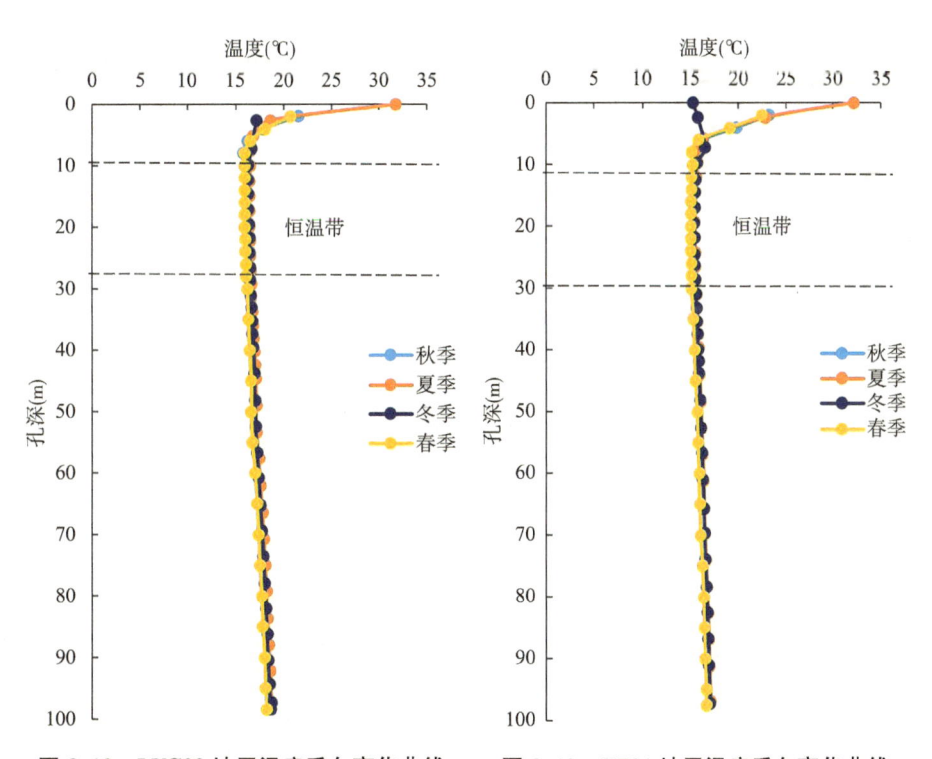

图 3.12　LYG02 地层温度垂向变化曲线

图 3.13　XZ01 地层温度垂向变化曲线

图 3.14　XZ03 地层温度垂向变化曲线

图 3.15　YC01 地层温度垂向变化曲线（冬季未测）

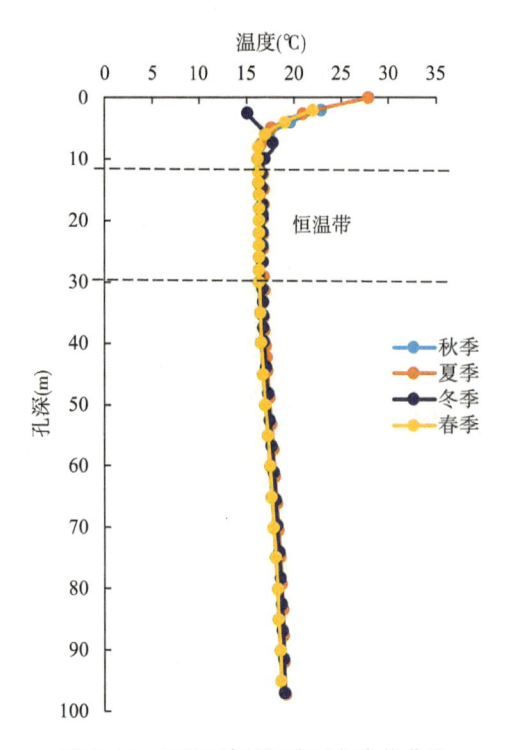

图 3.16　YC02 地层温度垂向变化曲线

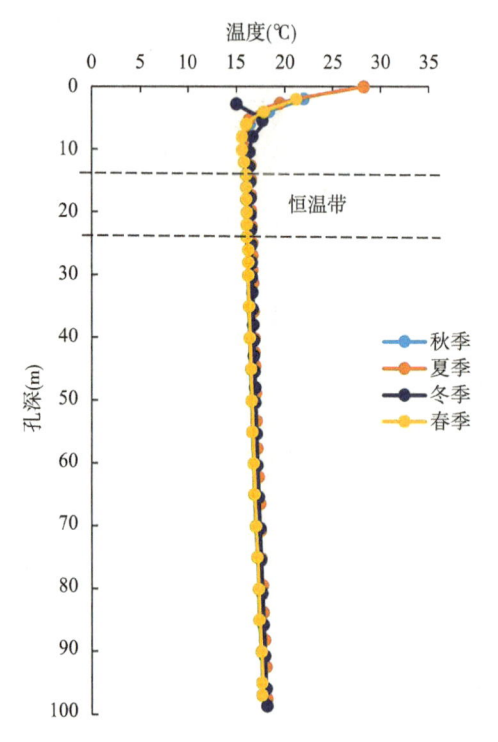

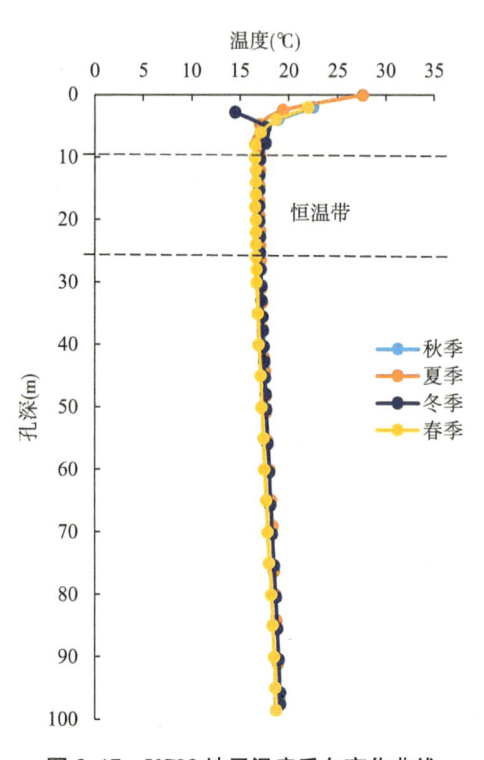

图 3.17　YC03 地层温度垂向变化曲线

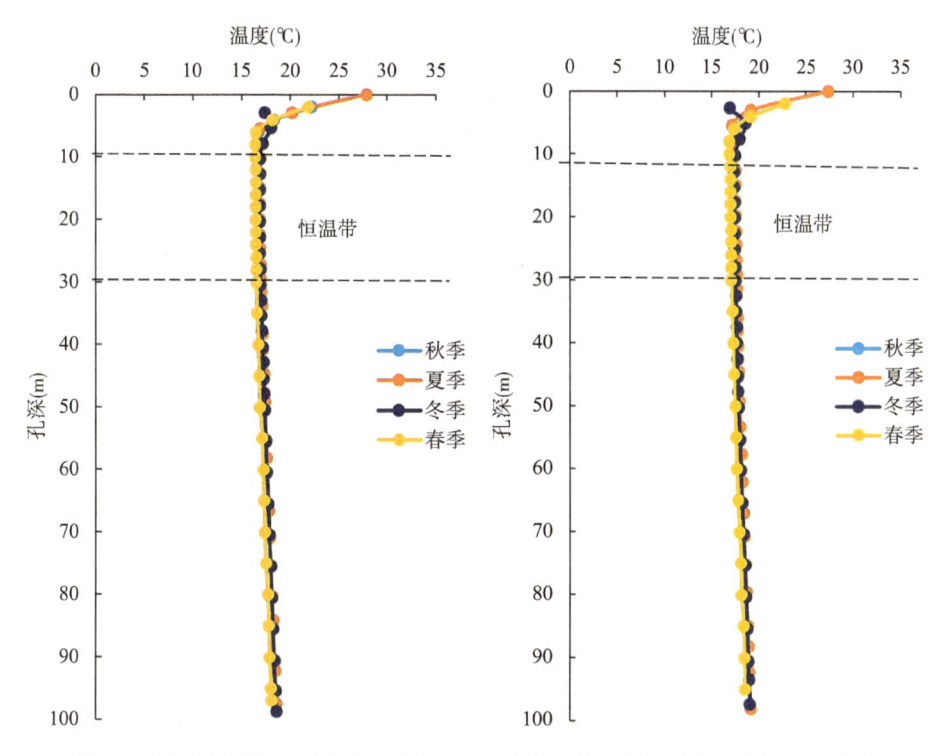

图 3.18　YZ01 地层温度垂向变化曲线　　图 3.19　YZ02 地层温度垂向变化曲线

（二）变温带和增温带

恒温带之上为变温带，之下为增温带，其温度主要受地壳传导热的影响，随深度的增加而增高。由现有监测资料初步判断，工作区内变温带的埋深范围为 10～38 m，地温随气温变化明显。增温带上限深度一般为 15～45 m，其下由浅到深温度渐增。

地温梯度反映了地温随深度的变化，是描述地温场的一项重要地质-地球物理参数，计算公式：

$$G=\frac{(T-T_0)}{(Z-Z_0)/100} \tag{3.1}$$

式中：G 为地温梯度，℃/100 m；Z 为测温孔孔深，m；Z_0 为恒温带深度，m；T 为测温孔孔底温度，℃；T_0 为恒温带温度，℃。

本区算得增温带地温梯度为 1.7～4.92 ℃/100 m，如图 3.20 所示。

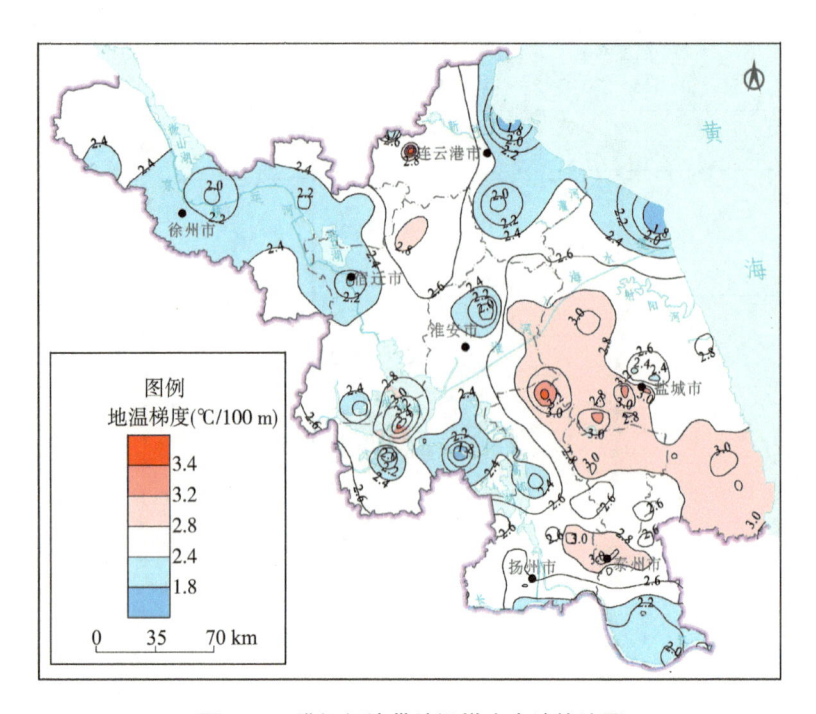

图 3.20　淮河经济带地温梯度大地热流图

第四章

现场热响应试验

第一节 试验方法

采用恒热流法测试，保持加热功率恒定，测量采集进出口水温度数据，然后反解传热模型进而得到土壤导热系数。测量仪器为可变热流热响应测试设备，型号 DownwinD-GSHPT-S-4，温度传感器精度±0.01 ℃；流量传感器精度±1‰；功率传感器精度±0.1‰；电压、电流传感器精度＜±0.1‰；PLC 的 CPU 为 16 位处理器。仪器的主要部件由恒温热源、循环水泵、温度测量装置、流量测量装置、信号变送装置、数据采集与处理装置等构成（见图 4.1）。

测量仪中的管路与埋管换热器地下回路相接，循环水泵驱动流体在回路中循环流动，启动无功循环获取地层原始温度后开启电加热器，流体经过加热后流经地下回路与地下岩土进行换热。测得的出入口流体温度、流体流量、恒热功率等数据须进行储存，然后在室内进行数据处理与解释。

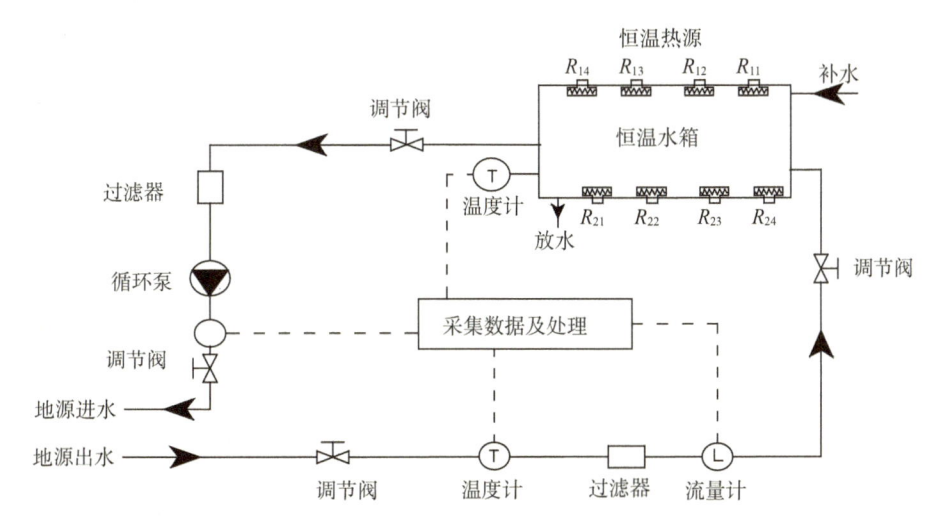

图 4.1 测试装置原理图

第二节 二维线热源模型

1. 钻孔内传热过程

钻孔内传热过程可表示为：

$$T_f - T_b = q_l R_b \tag{4.1}$$

式中：T_f 为埋管内流体平均温度，℃；T_b 为钻孔壁温度，℃；q_l 为单位长度埋管释放的热流量，W/m；R_b 为钻孔内传热热阻，m·℃/W。

$$R_b = \frac{1}{2}\left\{\frac{1}{2\pi\lambda_b}\left[\ln\left(\frac{d_b}{d_0}\right) + \ln\left(\frac{d_b}{D}\right) + \frac{\lambda_b - \lambda_s}{\lambda_b + \lambda_s}\ln\left(\frac{d_b^4}{d_b^4 - D^4}\right)\right] + \frac{1}{2\pi\lambda_p}\ln\left(\frac{d_0}{d_i}\right) + \frac{1}{\pi d_i K}\right\} \tag{4.2}$$

式中：d_i 为埋管内径，m；d_0 为埋管外径，m；d_b 为钻孔直径，m；D 为 U 形管中心距，m；λ_p 为埋管管壁导热系数，W/(m·℃)；λ_b 为钻孔回填材料导热系数，W/(m·℃)；λ_s 为埋管周围岩土体导热系数，W/(m·℃)；K 为循环介质与 U 形管内壁的对流换热系数，W/(m²·℃)。

2. 钻孔外传热过程

钻孔外传热过程可表示为：

$$T_f = T_{ff} + q_l R_s \tag{4.3}$$

式中：R_s 为钻孔外岩土体的传热热阻，m·℃/W；T_{ff} 为无穷远处土壤温度，℃；其中：$R_s = \frac{1}{4\pi\lambda_s} \cdot Ei\left(\frac{d_b^2 \rho_s c_s}{16\lambda_s \tau}\right)$

3. 传热过程综合分析

综合考虑钻孔内和钻孔外的传热过程，当测试时间较长时，线热源模型 τ 时刻循环介质平均温度为：

$$T_f = T_{ff} + q_l\left[R_b + \frac{1}{4\pi\lambda_s}Ei\left(\frac{d_b^2 \rho_s c_s}{16\lambda_s \tau}\right)\right] \tag{4.4}$$

其中：$Ei(x) = \int_x^\infty \frac{e^{-s}}{S}dS$ 是指数积分函数。

当传热时间足够长时，$Ei\left(\frac{d_b^2 \rho_s c_s}{16\lambda_s \tau}\right) \approx \ln\left(\frac{16\lambda_s \tau}{d_b^2 \rho_s c_s}\right) - \gamma$，$\lambda$ 是欧拉常数，$\lambda \approx 0.577\,216$。

式 4.4 可以改写为：

$$T_f = T_{ff} + q_l \left\{ R_b + \frac{1}{4\pi\lambda_s} \left[\ln\left(\frac{16\lambda_s \tau}{d^2_b \rho_s c_s}\right) - \gamma \right] \right\} \quad (4.5)$$

进行恒热流试验时，q_l 为常数，对数时间的线性方程：

$$T_f(\tau) = k\ln(\tau) + b \quad (4.6)$$

式中：$k = \dfrac{q_l}{4\pi\lambda_s}$，可由对数曲线图中的直线直接确定：

$$b = \frac{q_l}{4\pi\lambda_s}\left(\ln\frac{16\lambda_s}{d^2_b \rho_s c_s} - \gamma\right) + q_l R_b + T_{ff} \quad (4.7)$$

将流体平均温度的变化曲线描绘成时间的自然对数的曲线，则导热系数的表达式为：

$$\lambda_s = \frac{q_l}{4\pi k} \quad (4.8)$$

钻孔外岩土体的热扩散系数由下式确定：

$$\alpha = \frac{\lambda_s}{\rho_s c_s} \quad (4.9)$$

第三节 试验孔概况

本次共布置现场热响应试验 16 组，各试验孔位置及孔深概况见表 4.1，各孔分布见图 4.2。

表 4.1 热响应试验孔位置及孔深概况一览表

孔号	地理位置	国家 2000 坐标（3 度带） Y	国家 2000 坐标（3 度带） X	中央经线
YC01	盐城市 阜宁县三灶镇三灶农科西侧	40 479 396.040 6	3 747 021.203 0	120°
YC02	盐城市 亭湖区南洋镇农民公园内	40 522 033.891 9	3 701 324.783 1	
YC03	盐城市 东台市廉贻镇砖瓦厂内	40 519 183.980 6	3 641 312.467 4	
YZ01	扬州市 宝应县江苏正润生态园以东果园内	40 437 136.188 0	3 670 585.788 4	120°
YZ02	扬州市 高邮市经济开发区阳光葡萄园北侧	40 450 799.840 3	3 633 176.705 2	
HA01	淮安市 盱眙县太和街道综合执法大队院内	40 363 286.326 0	3 653 591.111 5	120°
HA02	淮安市 金湖县建设东路北侧原闸东菜场地块内	40 409 018.998 5	3 655 940.789 2	
HA03	淮安市 涟水县高沟镇周码村村委会东边地块	40 421 869.388 5	3 770 304.376 6	

续表

孔号	地理位置		国家2000坐标(3度带)		中央经线
			Y	X	
XZ01	徐州市	沛县安国镇汉居雅苑安置小区旁	39 485 365.715 7	3 855 943.354 8	117°
XZ02		睢宁县官山镇田李村村委会后院内	39 579 022.459 0	3 738 311.579 6	
XZ03		邳州市官湖镇英才路北侧临木质纤维厂	39 592 822.510 1	3 810 401.791 3	
SQ01	沭阳市	沭阳市城北无锡中路与北京北路路口西南院内	40 386 409.330 1	3 779 358.124 4	120°
LYG01	连云港市	东海温泉镇塞维亚香泉丽榭别墅小区绿地	40 377 999.460 9	3 831 432.776 4	120°
LYG02			40 434 670.258 1	3 789 640.246 1	
LYG03-1		灌云盐河村村委会西侧	40 434 671.239 0	3 789 634.076 2	
LYG03-2			40 434 667.877 5	3 789 629.169 2	
LYG04			40 434 650.994 6	3 789 630.519 3	

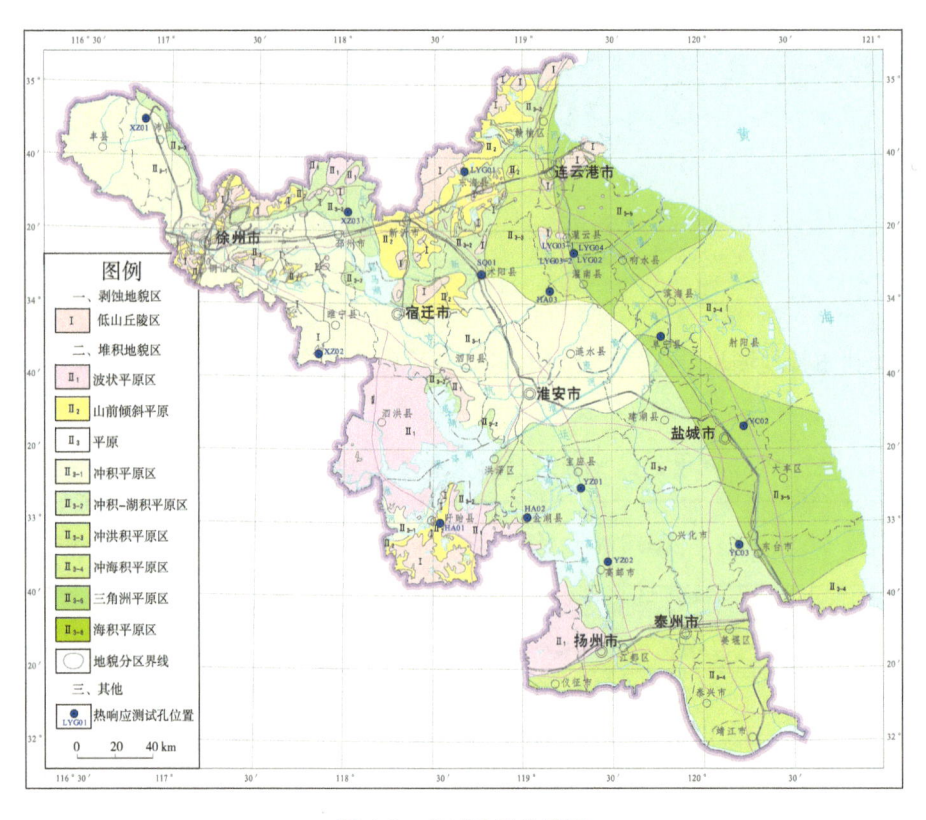

图 4.2 各试验孔位置图

第四节 试验情况与数据处理

本次热响应试验严格按照《地源热泵系统工程技术规范》(GB 50366—2009)要求执行，采用化学稳定性好、耐腐蚀、导热系数大、流动阻力小的 PE 管作为管材及管件，钻孔孔径为 110 mm，并选用石英砂作为回填材料，选用水作为循环介质。根据实地情况及对照组设置需要，在连云港灌云设置 LYG02 为单 U 形、垂直深度 100 m 的地埋管，设置 LYG03 为单 U 形、垂直深度 100 m（两段 50 m 连接）的地埋管，设置 LYG04 为双 U 形、垂直深度 100 m 的地埋管。其中 LYG03 钻孔地埋管相关参数见表 4.2，LYG04 钻孔地埋管相关参数见表 4.3，其余钻孔地埋管相关参数见表 4.4。

表 4.2　LYG03 地埋管参数一览表

	埋管类型	单 U 形
垂直埋管段	循环介质	水
	垂直深度(m)	50×2
	回填材料	石英砂
PE 管	钻孔直径(mm)	110
	外径(mm)	32
	内径(mm)	26

表 4.3　LYG04 地埋管参数一览表

	埋管类型	双 U 形
垂直埋管段	循环介质	水
	垂直深度(m)	100
	回填材料	石英砂
PE 管	钻孔直径(mm)	110
	外径(mm)	25
	内径(mm)	19

表 4.4　其余钻孔地埋管相关参数一览表

	埋管类型	单 U 形
垂直埋管段	循环介质	水
	垂直深度(m)	100
	回填材料	石英砂

续表

PE 管	钻孔直径(mm)	110
	外径(mm)	32
	内径(mm)	26

热响应试验应在测试孔完成并放置 48 h 后进行,试验过程应连续、不间断,持续时间不宜少于 48 h。试验期间加热功率应保持恒定,换热器内流速应不低于 0.2 m/s,实验数据读取和记录的时间间隔不应大于 10 min,加热后温度稳定(<1 ℃)时间不低于 12 h。各孔试验情况如下(见表 4.5、图 4.3 至图 4.130)。

一、盐城市

(一) YC01 孔

2020 年 4 月 10 日研究人员开始对 YC01 孔进行热响应试验,先后进行了初始地温测试、低功率稳定流测试、地温恢复测试和高功率稳定流测试。YC01 孔试验现场图如图 4.3 所示,加热功率曲线图如图 4.4 所示,地温曲线图如图 4.5 所示。

图 4.3　YC01 孔试验现场图

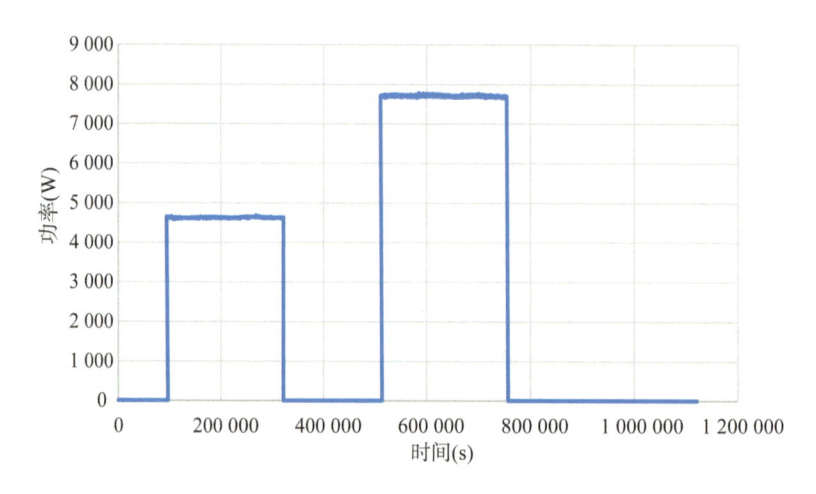

图 4.4　加热功率曲线图

第四章 现场热响应试验

表 4.5 各孔试验情况一览表

孔号	初始地温测试 t_1(h)	初始地温测试 $t_稳$(h)	初始地温测试 $T_{f\!f}$(℃)	加热功率(kW) 低功率	加热功率(kW) 高功率	稳定流测试 t_1(h) 低功率	稳定流测试 t_1(h) 高功率	稳定流测试 $t_稳$(h) 低功率	稳定流测试 $t_稳$(h) 高功率	稳定流测试 T_{in} 稳(℃) 低功率	稳定流测试 T_{in} 稳(℃) 高功率	稳定流测试 T_{out} 稳(℃) 低功率	稳定流测试 T_{out} 稳(℃) 高功率	稳定流测试 q_1(W/m) 低功率	稳定流测试 q_1(W/m) 高功率	地温恢复测试 t(h)	地温恢复测试 $t_稳$(h)
YC03	52.1	50.7	17.35	4.2	8	96.8	113.4	71.5	63.7	31	42.7	33.3	47.5	36.23	75	61.1	29.6
YZ01	39.9	38.6	16.65	4.3	8.5	49.6	73.4	19	26	30	45.8	32.1	49.6	28	57.5	32.8	17.5
YC02	25.25	24.62	16.82	4.1	8	72	71.68	39.3	26.2	30.15	44.35	31.95	48.35	29.09	61.3	51.08	16.78
YC01	26.33	25.53	17.49	4.6	7.7	62.76	67.82	23.59	22.49	32.35	43.75	33.95	46.45	29.61	45.58	52.71	29.32
YZ02	27.98	27.98	18.24	4.1	8	67.75	57.92	32.71	20.03	30.55	43.35	32.85	47.35	34.43	65.88	35.16	19.92
HA02	35.03	35.03	17.85	4.2	8.5	60.09	49.91	28.56	15.15	31.1	44.55	32.15	46.75	17.77	34.89	48.38	30.59
HA01	29.43	29.33	18.68	4.6	7.7	48.54	55.55	30.83	20.15	33.65	44.65	35.35	47.95	26.22	49.92	45.36	20.24
XZ03	25.22	25.22	18.19	4.7	7.7	49.28	50.2	19.38	16.91	32.6	43.15	34.3	45.85	25.32	45.46	48.77	23.39
SQ01	24.93	24.77	18.48	4.2	8.5	48.53	46.73	25.7	13.64	31.5	44.6	33.7	48	34.77	63.05	47.54	27.88
XZ01	28.12	25.72	16.58	5.4	8.4	48.24	48.04	32.83	37.25	26.85	31.75	31.15	40.05	41.59	79.36	46.96	29.93
LYG02	26.89	26.72	17.64	4.2	8.4	49.51	47.98	19.62	14.35	31.45	44.45	32.95	46.95	18.16	31.11	44.5	21.51
XZ02	23.22	23.09	18.4	4.5	7.5	48.04	41.74	17.91	14.08	31.2	39.45	33.3	42.7	26.91	44.6	49.14	28.63
HA03	24.5	24.23	18.71	4.3	7.4	47.67	48.94	18.32	15.45	31.55	40.7	33.35	44.2	30.72	57.06	50.02	23.8
LYG04	24.75	24.62	17.55	4.2	8.4	48.07	48.34	16.28	16.98	29.2	38.65	30.35	41.65	17.75	43.32	47.74	23.49
LYG03	23.22	22.89	17.11	4.2	8.4	48.78	79.67	20.35	28.46	30.3	45.5	32.1	49.4	21.66	48.09	68.76	21.15
LYG01	24.66	24.59	20.07	4.2	8.5	48.01	60.02	26.46	15.85	31.75	43.6	33.35	47.2	18.94	41.67	48.01	31.66

* 注:t_1 为测试持续时间(h);$t_稳$ 为测试稳定时间(h);$T_{f\!f}$ 为初始地层温度(℃);T_{in} 稳为回水稳定温度(℃);T_{out} 稳为供水稳定温度(℃);q_1 为高功率测试地埋管每延米换热量(W/m)。

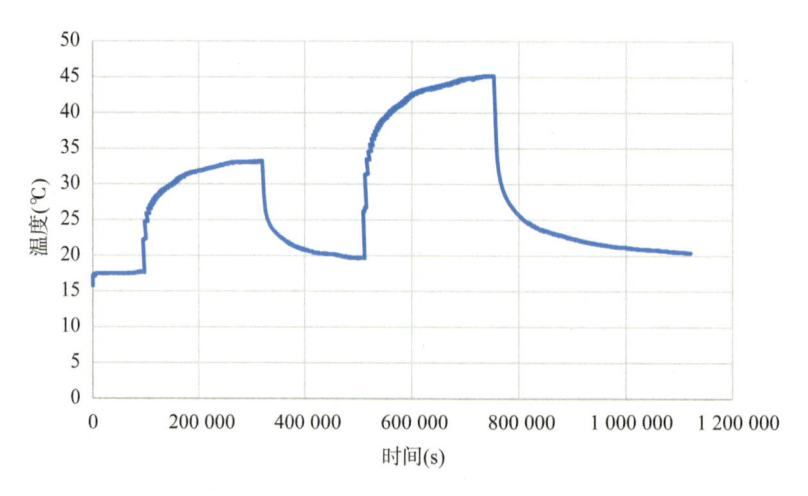

图 4.5　地温曲线图

在测试孔完成并放置 48 h 之后开始试验,采用无功循环法测定土体平均初始温度,温度稳定(变化幅度小于 0.5 ℃)时间大于 24 h 后,观测时间不少于 24 h。YC01 孔初始地温测试曲线见图 4.6。

2020 年 4 月 11 日开始进行"恒定热流法"测试,实际平均加热功率为 4.6 kW,平均流量为 21.63 L/min(流速为 0.679 m/s),测试设备连续加热,温度稳定(变化幅度小于 1 ℃)时间不少于 12 h,每隔 120 s 记录一次地埋管进、出水温度及流量数据,以获取岩土综合导热系数。图 4.7 为低功率稳定流测试时间-温度曲线,图 4.8 为低功率稳定流测试及对数拟合曲线。

由试验数据可得,循环介质与 U 形管内壁的对流换热系数为:

$$K = Nu_f \frac{\lambda_f}{d_i} = 0.023 \frac{\lambda_f}{d_i} Re_f^{0.8} Pr_f^{0.3}$$

$$= 0.023 \times 0.620\,090\,544 \times 20\,203.681\,56^{0.8} \times 5.302\,249\,34^{0.3}/0.026$$

$$\approx 2\,517.05\ \text{W}/(\text{m}^2 \cdot \text{℃})$$

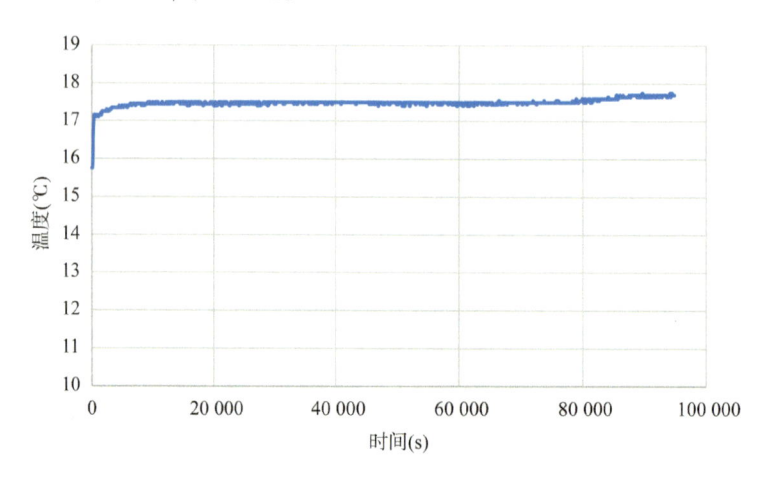

图 4.6　YC01 孔初始地温测试曲线图

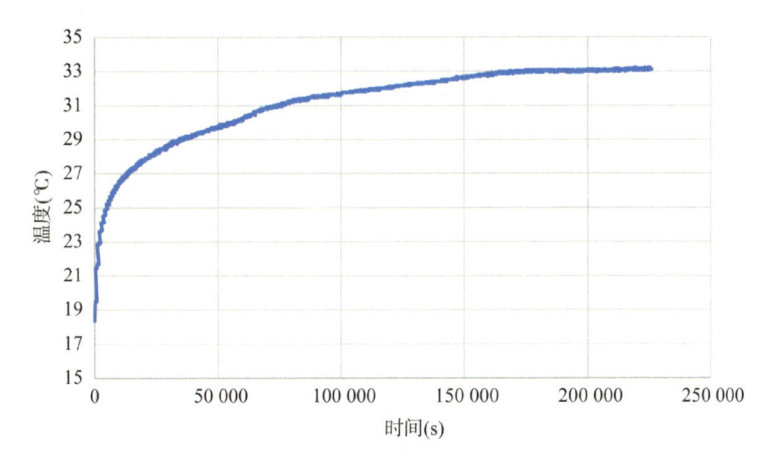

图 4.7　YC01 孔低功率稳定流测试时间-温度曲线图

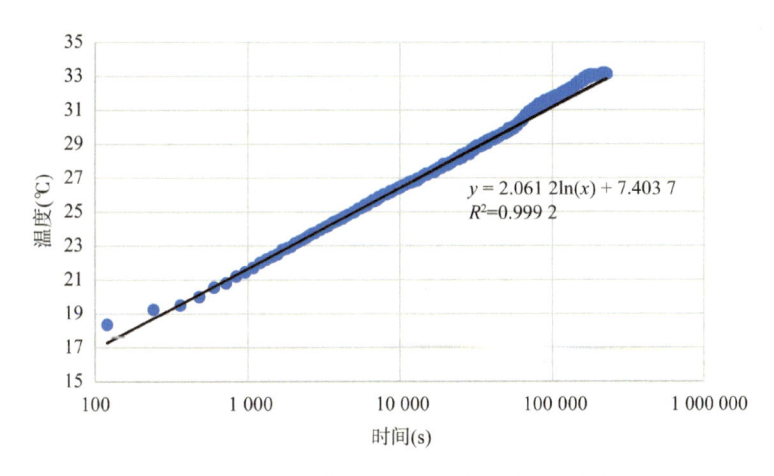

图 4.8　YC01 孔低功率稳定流测试及对数拟合曲线图

其中，λ_f 为循环介质水在平均温度下的导热系数；Nu_f 为水的努塞尔数；Re_f 为水的雷诺数；Pr_f 为水的普朗特数。由对数曲线图中的直线可得 $k=2.0612$，则导热系数为：

$$\lambda_s = \frac{q_l}{4\pi k} = \frac{29.61}{4 \times 3.1415926 \times 2.0612} \approx 1.14 \text{ W/(m·℃)}$$

钻孔内传热热阻为：

$$R_b = \frac{1}{2}\left\{\frac{1}{2\pi\lambda_b}\left[\ln\left(\frac{d_b}{d_o}\right) + \ln\left(\frac{d_b}{D}\right) + \frac{\lambda_b - \lambda_s}{\lambda_b + \lambda_s}\ln\left(\frac{d_b^4}{d_b^4 - D^4}\right)\right] + \frac{1}{2\pi\lambda_p}\ln\left(\frac{d_o}{d_i}\right) + \frac{1}{\pi d_i K}\right\} =$$

$$0.5 \times \left\{\frac{1}{2 \times 3.1415926 \times 2.25}\left[\ln\left(\frac{0.11}{0.032}\right) + \ln\left(\frac{0.11}{0.07}\right) + \frac{2.25 - 1.14}{2.25 + 1.14}\ln\left(\frac{0.11^4}{0.11^4 - 0.07^4}\right)\right] \right.$$

$$\left. + \frac{1}{2 \times 3.1415926 \times 0.42}\ln\left(\frac{0.032}{0.026}\right) + \frac{1}{3.1415926 \times 0.026 \times 2517.05}\right\} \approx 0.103 [(\text{m·℃})/\text{W}]$$

又 $T_f(\tau) = k\ln(\tau) + b, k = 2.0612, b = 7.4037$

$$T_f = T_{ff} + q_l\left[R_b + \frac{1}{4\pi\lambda_s}\left[\ln\left(\frac{16\lambda_s\tau}{d_b^2\rho_s c_s}\right) - \gamma\right]\right]$$

$$b = \frac{q_l}{4\pi\lambda_s}\left(\ln\frac{16\lambda_s}{d_b^2\rho_s c_s} - \gamma\right) + q_l R_b + T_{ff}$$

$$= \frac{29.61}{4 \times 3.1415926 \times 1.14}\left(\ln\frac{16\alpha}{0.11^2} - 0.577216\right) + 29.61 \times 0.103 + 17.49 = 7.4037$$

可得钻孔外岩土体的热扩散系数: $\alpha \approx 2.28 \times 10^{-6}$ m²/s

则热容量 $\rho_s c_s = \frac{\lambda_s}{\alpha} = 0.50 \times 10^6$ J/(m³·℃)

单位延米换热量 $q_l = \frac{Q}{H} = \frac{2961}{100} = 29.61$ W/m

其中 $Q = G \times c_w \times (t_g - t_h)$，$G$ 为循环水流量(kg/h)，c_w 为水的比热容[J/(kg·℃)]，t_g 为回水温度(℃)，t_h 为进水温度(℃)。

2020年4月16日再次进行"恒定热流法"测试，实际平均加热功率为7.7 kW，平均流量为21.51 L/min(流速为0.675 m/s)，测试设备连续加热，温度稳定(变化幅度小于1 ℃)时间不少于12 h，每隔120 s记录一次地埋管进、出水温度及流量数据，以获取岩土综合导热系数。图4.9为高功率稳定流测试时间-温度曲线，图4.10为高功率稳定流测试及对数拟合曲线。

由试验数据可得，循环介质与U形管内壁的对流换热系数为：

$$K = Nu_f \frac{\lambda_f}{d_i} = 0.023 \frac{\lambda_f}{d_i} Re_f^{0.8} Pr_f^{0.3}$$

$$= 0.023 \times 0.639525344 \times 20261.57381^{0.8} \times 4.282413235^{0.3}/0.026$$

$$\approx 2440.38 \text{ W/(m}^2\cdot\text{℃)}$$

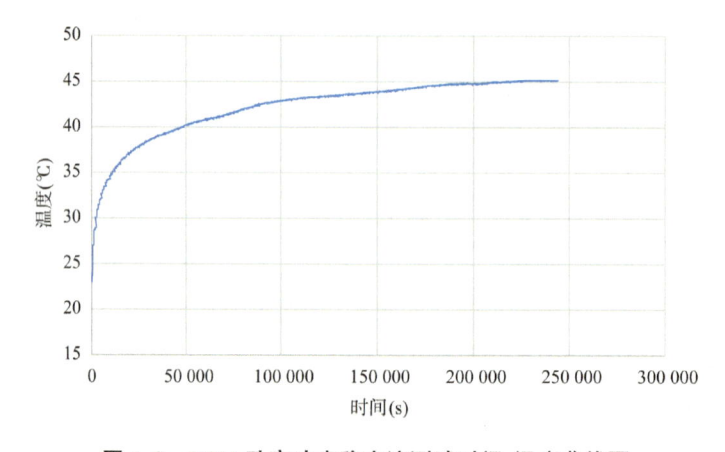

图4.9 YC01孔高功率稳定流测试时间-温度曲线图

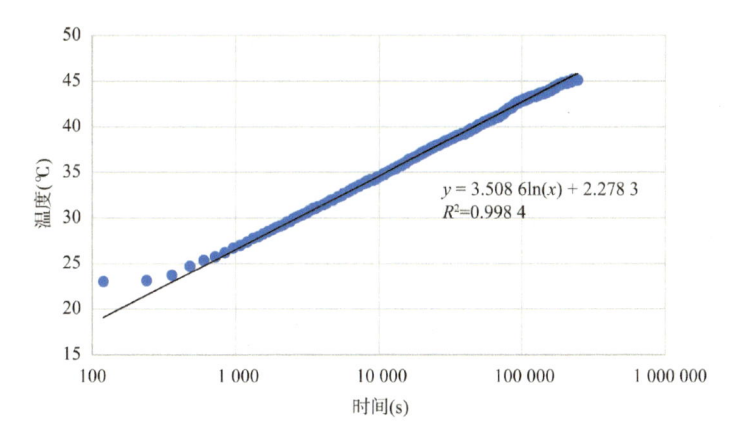

图 4.10 YC01 孔高功率稳定流测试及对数拟合曲线图

其中，λ_f 为循环介质水在平均温度下的导热系数；Nu_f 为水的努塞尔数；Re_f 为水的雷诺数；Pr_f 为水的普朗特数。由对数曲线图中的直线可得 $k=3.5086$，则导热系数为：

$$\lambda_s = \frac{q_l}{4\pi k} = \frac{45.58}{4 \times 3.1415926 \times 3.5086} \approx 1.03 \ \text{W}/(\text{m} \cdot ℃)$$

钻孔内传热热阻为：

$$R_b = \frac{1}{2}\left\{\frac{1}{2\pi\lambda_b}\left[\ln\left(\frac{d_b}{d_o}\right)+\ln\left(\frac{d_b}{D}\right)+\frac{\lambda_b-\lambda_s}{\lambda_b+\lambda_s}\ln\left(\frac{d_b^4}{d_b^4-D^4}\right)\right]+\frac{1}{2\pi\lambda_p}\ln\left(\frac{d_o}{d_i}\right)+\frac{1}{\pi d_i K}\right\}=$$

$$0.5 \times \left\{\frac{1}{2\times3.1415926\times2.25}\left[\ln\left(\frac{0.11}{0.032}\right)+\ln\left(\frac{0.11}{0.07}\right)+\frac{2.25-1.03}{2.25+1.03}\ln\left(\frac{0.11^4}{0.11^4-0.07^4}\right)\right]\right.$$

$$\left.+\frac{1}{2\times3.1415926\times0.42}\ln\left(\frac{0.032}{0.026}\right)+\frac{1}{3.1415926\times0.026\times2440.38}\right\}$$

$$\approx 0.104 \ (\text{m} \cdot ℃)/\text{W}$$

又 $T_f(\tau)=k\ln(\tau)+b, k=3.5086, b=2.2783$

$$T_f = T_{ff} + q_l\left[R_b + \frac{1}{4\pi\lambda_s}\left[\ln\left(\frac{16\lambda_s\tau}{d_b^2\rho_s c_s}\right)-\gamma\right]\right]$$

$$b = \frac{q_l}{4\pi\lambda_s}\left(\ln\frac{16\lambda_s}{d_b^2\rho_s c_s}-\gamma\right)+q_l R_b + T_{ff}$$

$$= \frac{45.58}{4\times3.1415926\times1.03}\left(\ln\frac{16\alpha}{0.11^2}-0.577216\right)+45.58\times0.104+17.49$$

$$= 2.2783$$

可得钻孔外岩土体的热扩散系数：$\alpha \approx 4.58\times10^{-6} \ \text{m}^2/\text{s}$

则热容量 $\rho_s c_s = \frac{\lambda_s}{\alpha} = 0.23\times10^6 \ \text{J}/(\text{m}^3 \cdot ℃)$

单位延米换热量 $q_l = \frac{Q}{H} = \frac{4558}{100} = 45.58 \ \text{W/m}$

其中 $Q=G×c_w×(t_g-t_h)$，G 为循环水流量(kg/h)，c_w 为水的比热容[J/(kg·℃)]，t_g 为回水温度(℃)，t_h 为进水温度(℃)。

（二）YC02 孔

2020 年 4 月 9 日研究人员开始对 YC02 孔进行热响应试验，先后进行了初始地温测试、低功率稳定流测试、地温恢复测试和高功率稳定流测试。YC02 孔试验现场图如图 4.11 所示，加热功率曲线图如图 4.12 所示，地温曲线图如图 4.13 所示。

图 4.11　YC02 孔试验现场图

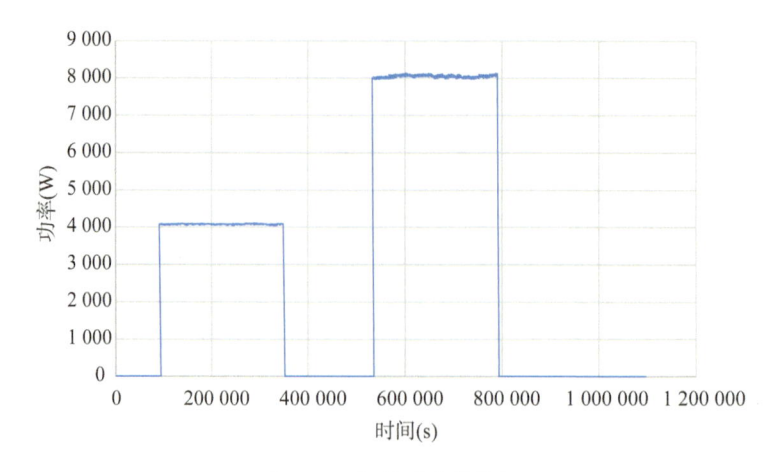

图 4.12　加热功率曲线图

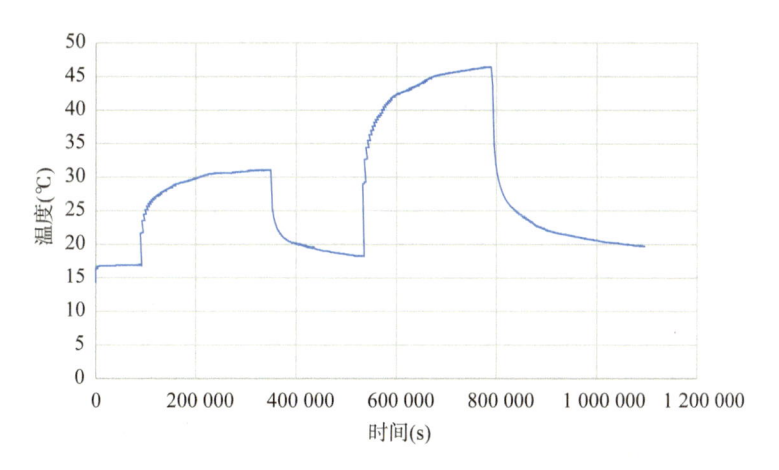

图 4.13 地温曲线图

在测试孔完成并放置 48 h 之后开始试验,采用无功循环法测定土体平均初始温度,温度稳定(变化幅度小于 0.5 ℃)时间大于 24 h 后,观测时间不少于 24 h。YC02 孔初始地温测试曲线见图 4.14。

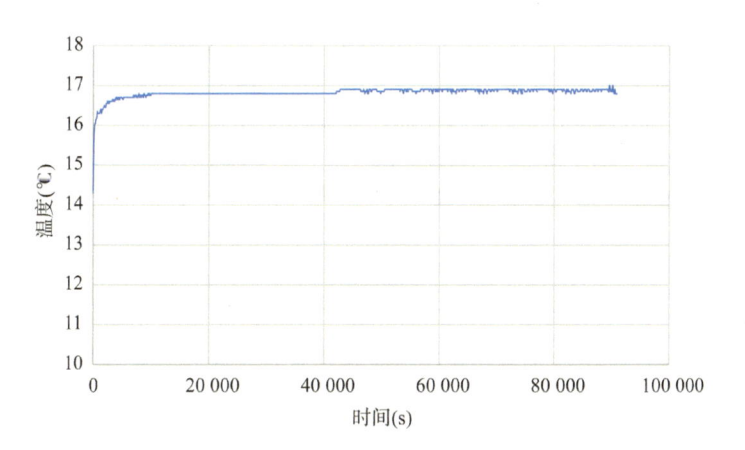

图 4.14 YC02 孔初始地温测试曲线图

2020 年 4 月 10 日开始进行"恒定热流法"测试,实际平均加热功率为 4.1 kW,平均流量为 21.13 L/min(流速为 0.663 m/s),测试设备连续加热,温度稳定(变化幅度小于 1 ℃)时间不少于 12 h,每隔 120 s 记录一次地埋管进、出水温度及流量数据,以获取岩土综合导热系数。图 4.15 为低功率稳定流测试时间-温度曲线,图 4.16 为低功率稳定流测试及对数拟合曲线。

由试验数据可得,循环介质与 U 形管内壁的对流换热系数为:

$$K = Nu_f \frac{\lambda_f}{d_i} = 0.023 \frac{\lambda_f}{d_i} Re_f^{0.8} Pr_f^{0.3}$$

$$= 0.023 \times 0.616\ 737\ 279 \times 19\ 401.297\ 15^{0.8} \times 5.536\ 369\ 103^{0.3}/0.026$$

$$\approx 2\ 455.20\ \text{W}/(\text{m}^2 \cdot \text{℃})$$

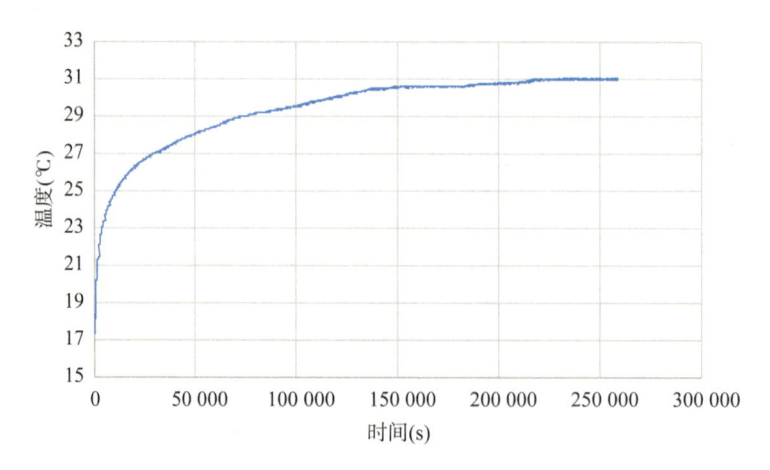

图 4.15 YC02 孔低功率稳定流测试时间-温度曲线图

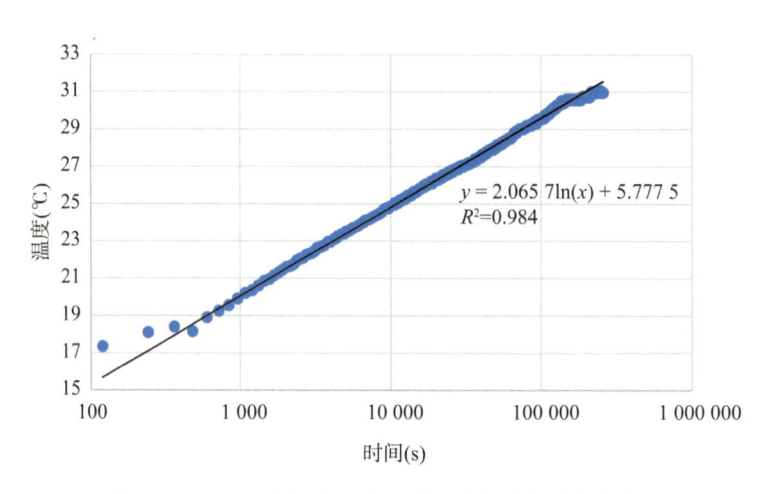

图 4.16 YC02 孔低功率稳定流测试及对数拟合曲线图

其中，λ_f 为循环介质水在平均温度下的导热系数；Nu_f 为水的努塞尔数；Re_f 为水的雷诺数；Pr_f 为水的普朗特数。由对数曲线图中的直线可得 $k=2.0657$，则导热系数为：

$$\lambda_s = \frac{q_l}{4\pi k} = \frac{29.09}{4 \times 3.1415926 \times 2.0657} \approx 1.12 \ \text{W/(m·℃)}$$

钻孔内传热热阻为：

$$R_b = \frac{1}{2}\left\{\frac{1}{2\pi\lambda_b}\left[\ln\left(\frac{d_b}{d_o}\right) + \ln\left(\frac{d_b}{D}\right) + \frac{\lambda_b - \lambda_s}{\lambda_b + \lambda_s}\ln\left(\frac{d_b^4}{d_b^4 - D^4}\right)\right] + \frac{1}{2\pi\lambda_p}\ln\left(\frac{d_o}{d_i}\right) + \frac{1}{\pi d_i K}\right\}$$

$$= 0.5 \times \left\{\frac{1}{2 \times 3.1415926 \times 2.25}\left[\ln\left(\frac{0.11}{0.032}\right) + \ln\left(\frac{0.11}{0.07}\right) + \frac{2.25 - 1.12}{2.25 + 1.12}\ln\left(\frac{0.11^4}{0.11^4 - 0.07^4}\right)\right]\right.$$

$$+ \frac{1}{2 \times 3.1415926 \times 0.42} \ln\left(\frac{0.032}{0.026}\right) + \frac{1}{3.1415926 \times 0.026 \times 2455.20}\right\} \approx 0.104 (\text{m} \cdot ℃)/\text{W}$$

又 $T_f(\tau) = k\ln(\tau) + b, k = 2.0657, b = 5.7775$

$$T_f = T_{ff} + q_l \left[R_b + \frac{1}{4\pi\lambda_s} \left[\ln\left(\frac{16\lambda_s \tau}{d_b^2 \rho_s c_s}\right) - \gamma\right]\right]$$

$$b = \frac{q_l}{4\pi\lambda_s}\left(\ln\frac{16\lambda_s}{d_b^2 \rho_s c_s} - \gamma\right) + q_l R_b + T_{ff}$$

$$= \frac{29.09}{4 \times 3.1415926 \times 1.12}\left(\ln\frac{16\alpha}{0.11^2} - 0.577216\right) + 29.09 \times 0.104 + 16.82$$

$$= 5.7775$$

可得钻孔外岩土体的热扩散系数:$\alpha \approx 1.49 \times 10^{-6}$ m²/s

则热容量 $\rho_s c_s = \dfrac{\lambda_s}{\alpha} = 0.75 \times 10^6$ J/(m³·℃)

单位延米换热量 $q_l = \dfrac{Q}{H} = \dfrac{2909}{100} = 29.09$ W/m

其中 $Q = G \times c_w \times (t_g - t_h)$,$G$ 为循环水流量(kg/h),c_w 为水的比热容[J/(kg·℃)],t_g 为回水温度(℃),t_h 为进水温度(℃)。

2020年4月15日再次进行"恒定热流法"测试,实际平均加热功率为 8.0 kW,平均流量为 21.08 L/min(流速为 0.662 m/s),测试设备连续加热,温度稳定(变化幅度小于 1 ℃)时间不少于 12 h,每隔 120 s 记录一次地埋管进、出水温度及流量数据,以获取岩土综合导热系数。图 4.17 为高功率稳定流测试时间-温度曲线,图 4.18 为高功率稳定流测试及对数拟合曲线。

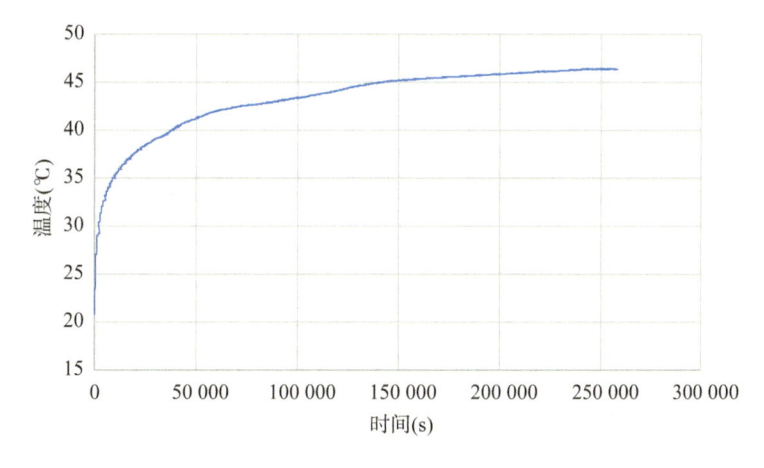

图 4.17　YC02 孔高功率稳定流测试时间-温度曲线图

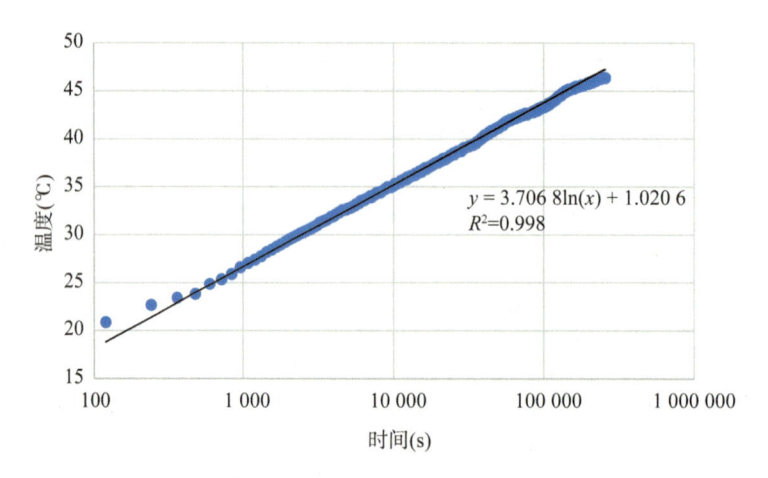

图 4.18 YC02 孔高功率稳定流测试及对数拟合曲线图

由试验数据可得，循环介质与 U 形管内壁的对流换热系数为：

$$K = Nu_f \frac{\lambda_f}{d_i} = 0.023 \frac{\lambda_f}{d_i} Re_f^{0.8} Pr_f^{0.3}$$

$$= 0.023 \times 0.641\,352\,071 \times 19\,708.675\,61^{0.8} \times 4.217\,119\,694^{0.3} / 0.026$$

$$\approx 2\,382.77\ \text{W}/(\text{m}^2 \cdot \text{℃})$$

其中，λ_f 为循环介质水在平均温度下的导热系数；Nu_f 为水的努塞尔数；Re_f 为水的雷诺数；Pr_f 为水的普朗特数。由对数曲线图中的直线可得 $k=3.706\,8$，则导热系数为：

$$\lambda_s = \frac{q_l}{4\pi k} = \frac{61.30}{4 \times 3.141\,592\,6 \times 3.706\,8} \approx 1.32\ \text{W}/(\text{m} \cdot \text{℃})$$

钻孔内传热热阻为：

$$R_b = \frac{1}{2}\left\{\frac{1}{2\pi\lambda_b}\left[\ln\left(\frac{d_b}{d_o}\right) + \ln\left(\frac{d_b}{D}\right) + \frac{\lambda_b-\lambda_s}{\lambda_b+\lambda_s}\ln\left(\frac{d_b^4}{d_b^4-D^4}\right)\right] + \frac{1}{2\pi\lambda_p}\ln\left(\frac{d_o}{d_i}\right) + \frac{1}{\pi d_i K}\right\} =$$

$$0.5 \times \left\{\frac{1}{2 \times 3.141\,592\,6 \times 2.25}\left[\ln\left(\frac{0.11}{0.032}\right) + \ln\left(\frac{0.11}{0.07}\right) + \frac{2.25-1.32}{2.25+1.32}\ln\left(\frac{0.11^4}{0.11^4-0.07^4}\right)\right]\right.$$

$$\left. + \frac{1}{2 \times 3.141\,592\,6 \times 0.42}\ln\left(\frac{0.032}{0.026}\right) + \frac{1}{3.141\,592\,6 \times 0.026 \times 2\,382.77}\right\}$$

$$\approx 0.103\,(\text{m}\cdot\text{℃})/\text{W}$$

又 $T_f(\tau) = k\ln(\tau) + b$，$k=3.706\,8$，$b=1.020\,6$

$$T_f = T_{ff} + q_l\left[R_b + \frac{1}{4\pi\lambda_s}\left[\ln\left(\frac{16\lambda_s\tau}{d_b^2\rho_s c_s}\right) - \gamma\right]\right]$$

$$b = \frac{q_l}{4\pi\lambda_s}\left(\ln\frac{16\lambda_s}{d_b^2\rho_s c_s} - \gamma\right) + q_l R_b + T_{ff}$$

$$= \frac{61.30}{4 \times 3.141\,592\,6 \times 1.32}\left(\ln\frac{16\alpha}{0.11^2} - 0.577\,216\right) + 61.30 \times 0.102 + 16.82 = 1.020\,6$$

可得钻孔外岩土体的热扩散系数:$\alpha \approx 3.44 \times 10^{-6}$ m²/s

则热容量 $\rho_s c_s = \dfrac{\lambda_s}{\alpha} = 0.38 \times 10^6$ J/(m³·℃)

单位延米换热量 $q_l = \dfrac{Q}{H} = \dfrac{6\,130}{100} = 61.30$ W/m

其中 $Q = G \times c_w \times (t_g - t_h)$,$G$ 为循环水流量(kg/h),c_w 为水的比热容[J/(kg·℃)],t_g 为回水温度(℃),t_h 为进水温度(℃)。

(三) YC03 孔

2019 年 12 月 28 日研究人员开始对 YC03 孔进行热响应试验,先后进行了初始地温测试、低功率稳定流测试、地温恢复测试和高功率稳定流测试。YC03 孔试验现场图如图 4.19 所示,加热功率曲线图如图 4.20 所示,地温曲线图如图 4.21 所示。

图 4.19　YC03 孔试验现场图

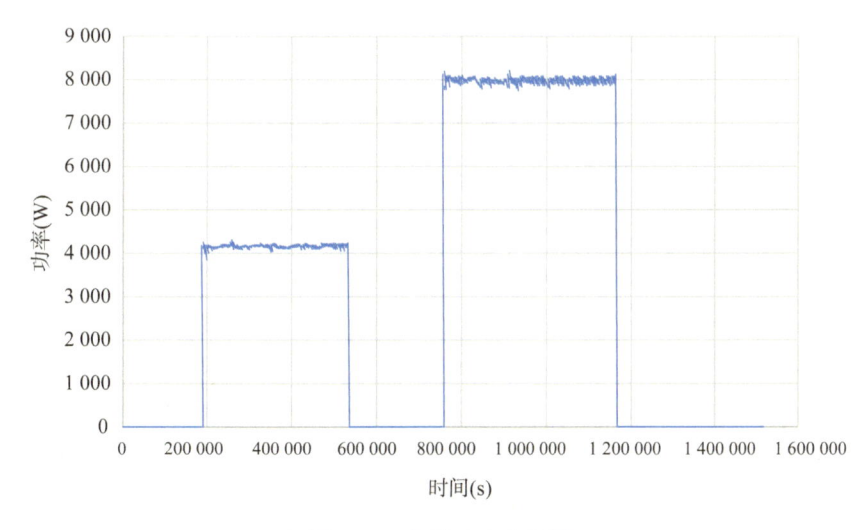

图 4.20　加热功率曲线图

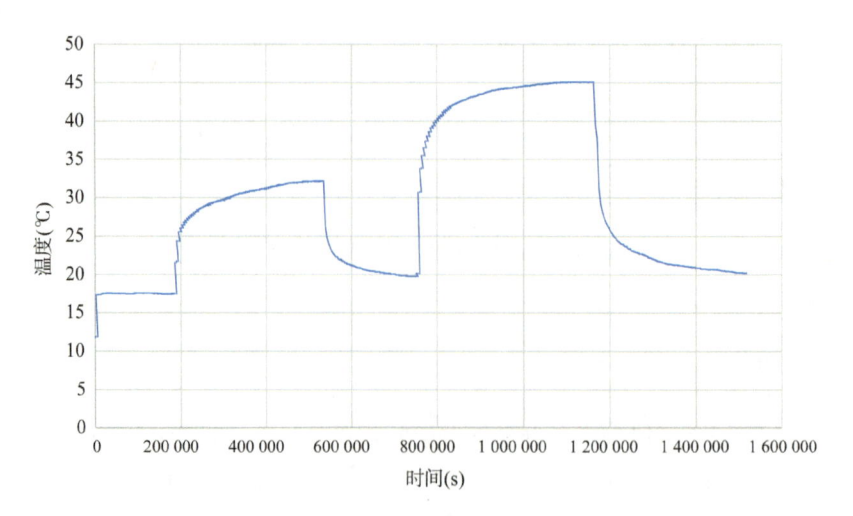

图 4.21 地温曲线图

在测试孔完成并放置 48 h 之后开始试验,采用无功循环法测定土体平均初始温度,温度稳定(变化幅度小于 0.5 ℃)时间大于 24 h 后,观测时间不少于 24 h。YC03 孔初始地温测试曲线见图 4.22。

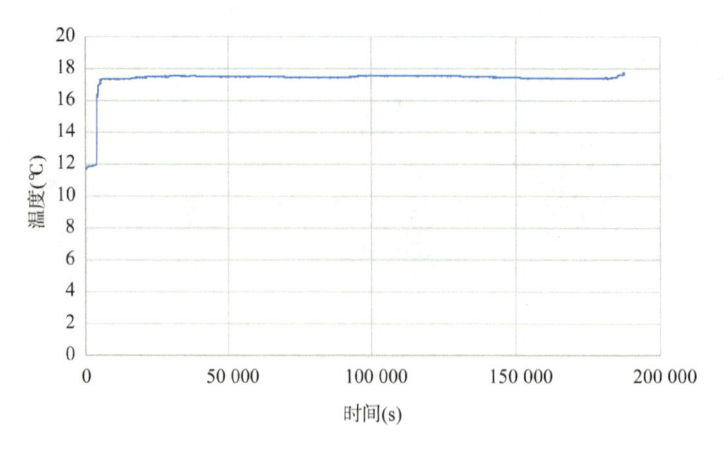

图 4.22 YC03 孔初始地温测试曲线图

2019 年 12 月 30 日开始进行"恒定热流法"测试,实际平均加热功率为 4.2 kW,平均流量为 22.49 L/min(流速为 0.680 m/s),测试设备连续加热,温度稳定(变化幅度小于 1 ℃)时间不少于 12 h,每隔 120 s 记录一次地埋管进、出水温度及流量数据,以获取岩土综合导热系数。图 4.23 为低功率稳定流测试时间-温度曲线,图 4.24 为低功率稳定流测试及对数拟合曲线。

由试验数据可得,循环介质与 U 形管内壁的对流换热系数为:

$$K = Nu_f \frac{\lambda_f}{d_i} = 0.023 \frac{\lambda_f}{d_i} Re_f^{0.8} Pr_f^{0.3}$$

$$= 0.023 \times 0.618\,241\,676 \times 20\,057.478\,12^{0.8} \times 5.429\,248\,788^{0.3}/0.026$$
$$\approx 2\,512.79 \text{ W/(m}^2 \cdot \text{℃)}$$

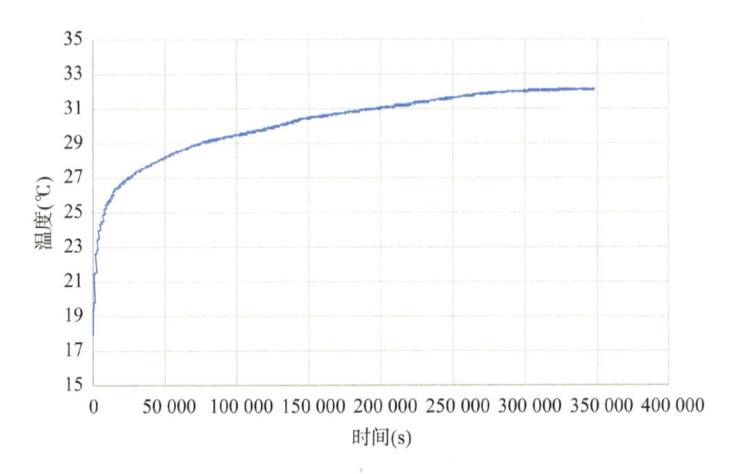

图 4.23　YC03 孔低功率稳定流测试时间-温度曲线图

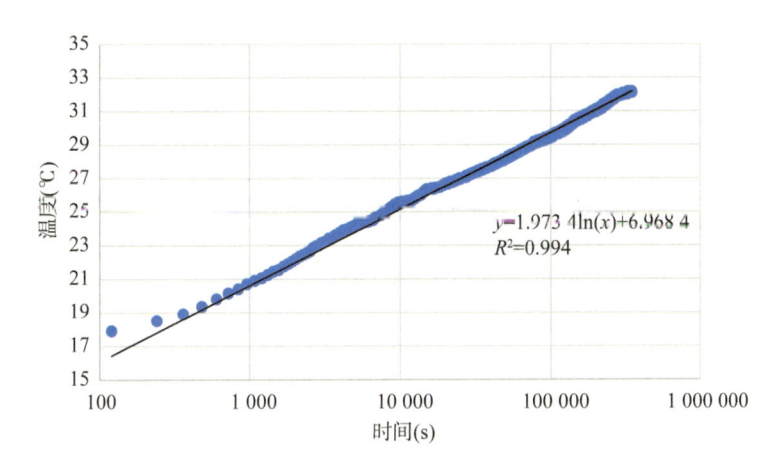

图 4.24　YC03 孔低功率稳定流测试及对数拟合曲线图

其中,λ_f 为循环介质水在平均温度下的导热系数;Nu_f 为水的努塞尔数;Re_f 为水的雷诺数;Pr_f 为水的普朗特数。由对数曲线图中的直线可得 $k=1.973\,4$,则导热系数为:

$$\lambda_s = \frac{q_l}{4\pi k} = \frac{36.23}{4 \times 3.141\,592\,6 \times 1.973\,4} \approx 1.46 \text{ W/(m} \cdot \text{℃)}$$

钻孔内传热热阻为:

$$R_b = \frac{1}{2}\left\{\frac{1}{2\pi\lambda_b}\left[\ln\left(\frac{d_b}{d_o}\right) + \ln\left(\frac{d_b}{D}\right) + \frac{\lambda_b - \lambda_s}{\lambda_b + \lambda_s}\ln\left(\frac{d_b^4}{d_b^4 - D^4}\right)\right] + \frac{1}{2\pi\lambda_p}\ln\left(\frac{d_o}{d_i}\right) + \frac{1}{\pi d_i K}\right\}$$

$$= 0.5 \times \left\{\frac{1}{2 \times 3.141\,592\,6 \times 2.25}\left[\ln\left(\frac{0.11}{0.032}\right) + \ln\left(\frac{0.11}{0.07}\right) + \frac{2.25 - 1.46}{2.25 + 1.46}\ln\left(\frac{0.11^4}{0.11^4 - 0.07^4}\right)\right]\right.$$

$$+ \frac{1}{2\times 3.141\,592\,6\times 0.42}\ln\left(\frac{0.032}{0.026}\right)+\frac{1}{3.141\,592\,6\times 0.026\times 2\,512.79}\Big\}$$

$$\approx 0.103\ (\mathrm{m\cdot ℃})/\mathrm{W}$$

又 $T_f(\tau)=k\ln(\tau)+b, k=1.973\,4, b=6.968\,4$

$$T_f = T_{ff}+q_l\left[R_b+\frac{1}{4\pi\lambda_s}\left[\ln\left(\frac{16\lambda_s\tau}{d_b^{\,2}\rho_s c_s}\right)-\gamma\right]\right]$$

$$b=\frac{q_l}{4\pi\lambda_s}\left(\ln\frac{16\lambda_s}{d_b^{\,2}\rho_s c_s}-\gamma\right)+q_l R_b+T_{ff}=\frac{36.23}{4\times 3.141\,592\,6\times 1.68}$$

$$\left(\ln\frac{16\alpha}{0.11^2}-0.577\,216\right)+36.23\times 0.103+17.35=6.968\,4$$

可得钻孔外岩土体的热扩散系数：$\alpha\approx 1.06\times 10^{-6}\,\mathrm{m^2/s}$

则热容量 $\rho_s c_s=\dfrac{\lambda_s}{\alpha}=1.38\times 10^6\ \mathrm{J/(m^3\cdot ℃)}$

单位延米换热量 $q_l=\dfrac{Q}{H}=\dfrac{3\,623}{100}=36.23\ \mathrm{W/m}$

其中 $Q=G\times c_w\times(t_g-t_h)$，$G$ 为循环水流量(kg/h)，c_w 为水的比热容[J/(kg·℃)]，t_g 为回水温度(℃)，t_h 为进水温度(℃)。

2020年1月6日再次进行"恒定热流法"测试，实际平均加热功率为8.0 kW，平均流量为22.85 L/min(流速为0.717 m/s)，测试设备连续加热，温度稳定(变化幅度小于1 ℃)时间不少于12 h，每隔120 s记录一次地埋管进、出水温度及流量数据，以获取岩土综合导热系数。图4.25为高功率稳定流测试时间-温度曲线，图4.26为高功率稳定流测试及对数拟合曲线。

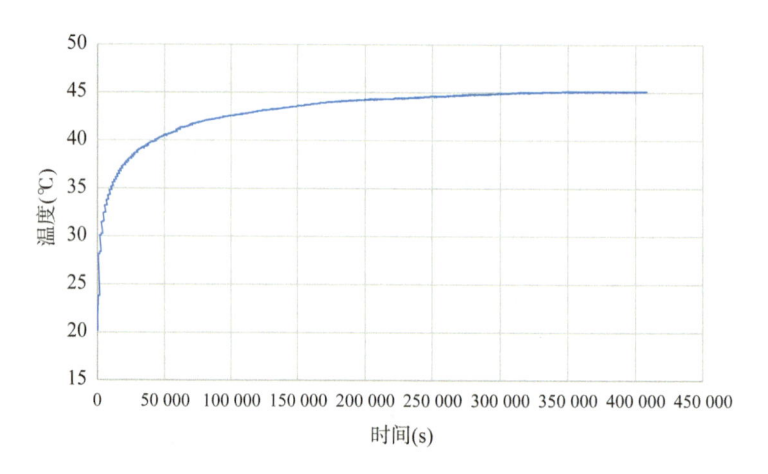

图 4.25　YC03孔高功率稳定流测试时间-温度曲线图

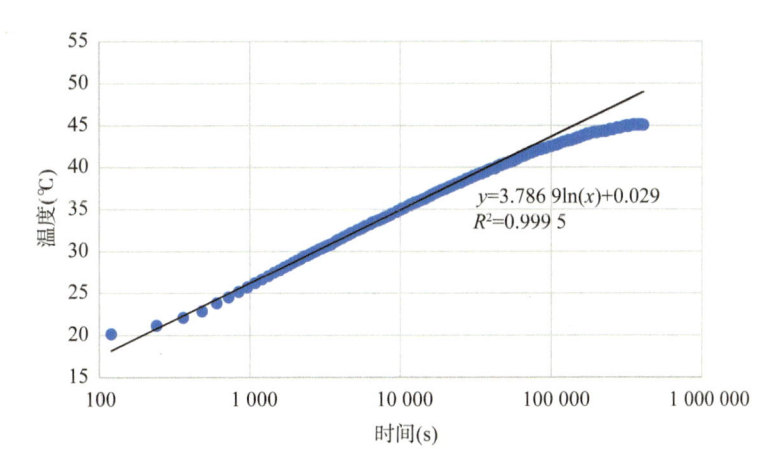

图 4.26　YC03 孔高功率稳定流测试及对数拟合曲线图

由试验数据可得，循环介质与 U 形管内壁的对流换热系数为：

$$K = Nu_f \frac{\lambda_f}{d_i} = 0.023 \frac{\lambda_f}{d_i} Re_f^{0.8} Pr_f^{0.3}$$
$$= 0.023 \times 0.641\,139\,404 \times 21\,368.430\,63^{0.8} \times 4.224\,438\,367^{0.3}/0.026$$
$$= 2\,542.47\ \text{W/(m}^2 \cdot \text{℃)}$$

其中，λ_f 为循环介质水在平均温度下的导热系数；Nu_f 为水的努塞尔数；Re_f 为水的雷诺数；Pr_f 为水的普朗特数。由对数曲线图中的直线可得 $k=3.786\,9$，则导热系数为：

$$\lambda_s = \frac{q_l}{4\pi k} = \frac{75.00}{4 \times 3.141\,592\,6 \times 3.786\,9} \approx 1.58\ \text{W/(m} \cdot \text{℃)}$$

钻孔内传热热阻为：

$$R_b = \frac{1}{2}\left\{\frac{1}{2\pi\lambda_b}\left[\ln\left(\frac{d_b}{d_o}\right) + \ln\left(\frac{d_b}{D}\right) + \frac{\lambda_b - \lambda_s}{\lambda_b + \lambda_s}\ln\left(\frac{d_b^4}{d_b^4 - D^4}\right)\right] + \frac{1}{2\pi\lambda_p}\ln\left(\frac{d_o}{d_i}\right) + \frac{1}{\pi d_i K}\right\} =$$
$$0.5 \times \left\{\frac{1}{2 \times 3.141\,592\,6 \times 2.25}\left[\ln\left(\frac{0.11}{0.032}\right) + \ln\left(\frac{0.11}{0.07}\right) + \frac{2.25 - 1.58}{2.25 + 1.58}\ln\left(\frac{0.11^4}{0.11^4 - 0.07^4}\right)\right]\right.$$
$$\left. + \frac{1}{2 \times 3.141\,592\,6 \times 0.42}\ln\left(\frac{0.032}{0.026}\right) + \frac{1}{3.141\,592\,6 \times 0.026 \times 2\,542.47}\right\}$$
$$\approx 0.103\ \text{(m} \cdot \text{℃)/W}$$

又 $T_f(\tau) = k\ln(\tau) + b$，$k = 3.786\,9$，$b = 0.029$

$$T_f = T_{ff} + q_l\left[R_b + \frac{1}{4\pi\lambda_s}\left[\ln\left(\frac{16\lambda_s\tau}{d_b^2\rho_s c_s}\right) - \gamma\right]\right]$$

$$b = \frac{q_l}{4\pi\lambda_s}\left(\ln\frac{16\lambda_s}{d_b^2\rho_s c_s} - \gamma\right) + q_l R_b + T_{ff}$$

$$= \frac{75.00}{4 \times 3.1415926 \times 1.58}\left(\ln\frac{16\alpha}{0.11^2} - 0.577216\right) + 75.00 \times 0.103 + 17.35 = 0.029$$

可得钻孔外岩土体的热扩散系数：$\alpha \approx 1.82 \times 10^{-6} \, \text{m}^2/\text{s}$

则热容量 $\rho_s c_s = \dfrac{\lambda_s}{\alpha} = 0.86 \times 10^6 \, \text{J}/(\text{m}^3 \cdot \text{°C})$

单位延米换热量 $q_l = \dfrac{Q}{H} = \dfrac{7\,500}{100} = 75.00 \, \text{W/m}$

其中 $Q = G \times c_w \times (t_g - t_h)$，$G$ 为循环水流量(kg/h)，c_w 为水的比热容[J/(kg·°C)]，t_g 为回水温度(°C)，t_h 为进水温度(°C)。

二、扬州市

（一）YZ01 孔

2020年1月5日研究人员开始对 YZ01 孔进行热响应试验，先后进行了初始地温测试、低功率稳定流测试、地温恢复测试和高功率稳定流测试。YZ01 孔试验现场图如图 4.27 所示，加热功率曲线图如图 4.28 所示，地温曲线图如图 4.29 所示。

图 4.27　YZ01 孔试验现场图

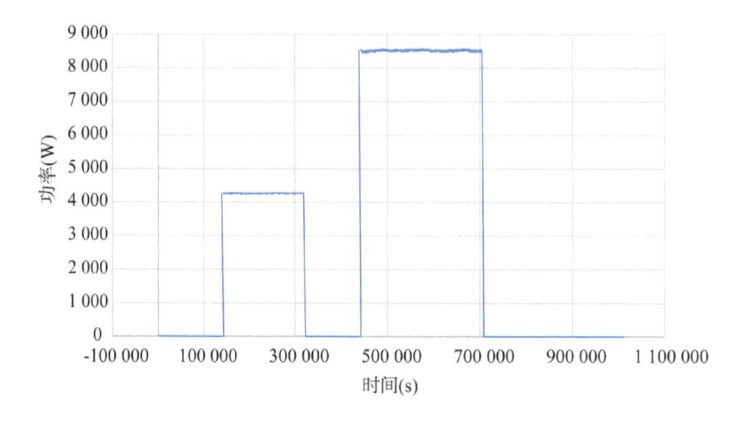

图 4.28　加热功率曲线图

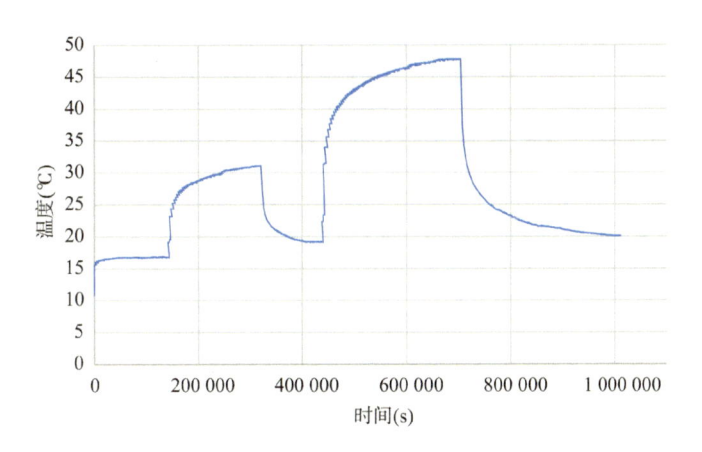

图 4.29 地温曲线图

在测试孔完成并放置 48 h 之后开始试验,采用无功循环法测定土体平均初始温度,温度稳定(变化幅度小于 0.5 ℃)时间大于 24 h 后,观测时间不少于 24 h。YZ01 孔初始地温测试曲线见图 4.30。

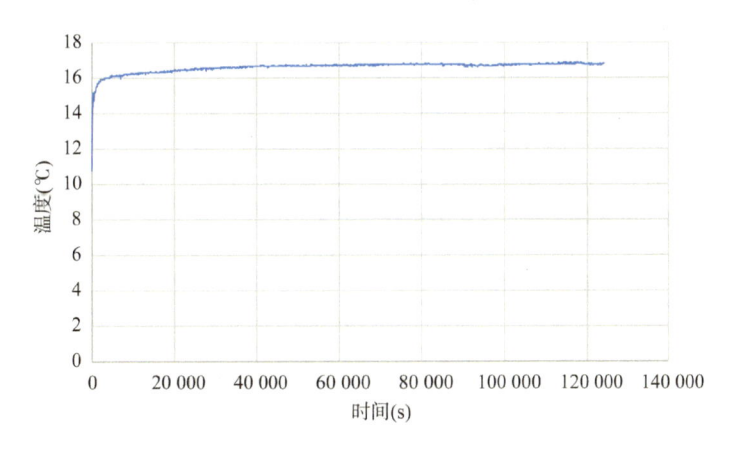

图 4.30 YZ01 孔初始地温测试曲线图

2020 年 1 月 7 日开始进行"恒定热流法"测试,实际平均加热功率为 4.2 kW,平均流量为 19.32 L/min(流速为 0.607 m/s),测试设备连续加热,温度稳定(变化幅度小于 1 ℃)时间不少于 12 h,每隔 120 s 记录一次地埋管进、出水温度及流量数据,以获取岩土综合导热系数。图 4.31 为低功率稳定流测试时间-温度曲线,图 4.32 为低功率稳定流测试及对数拟合曲线。

由试验数据可得,循环介质与 U 形管内壁的对流换热系数为:

$$K = Nu_f \frac{\lambda_f}{d_i} = 0.023 \frac{\lambda_f}{d_i} Re_f^{0.8} Pr_f^{0.3}$$

$$= 0.023 \times 0.616\,201\,079 \times 17\,709.253\,14^{0.8} \times 5.575\,369\,053^{0.3} / 0.026$$

$$\approx 2\,285.17\ \text{W/(m}^2 \cdot \text{℃)}$$

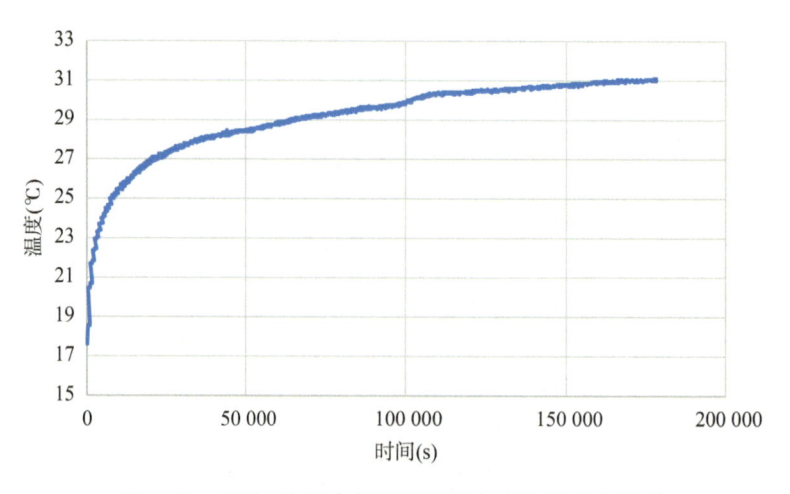

图 4.31　YZ01 孔低功率稳定流测试时间-温度曲线图

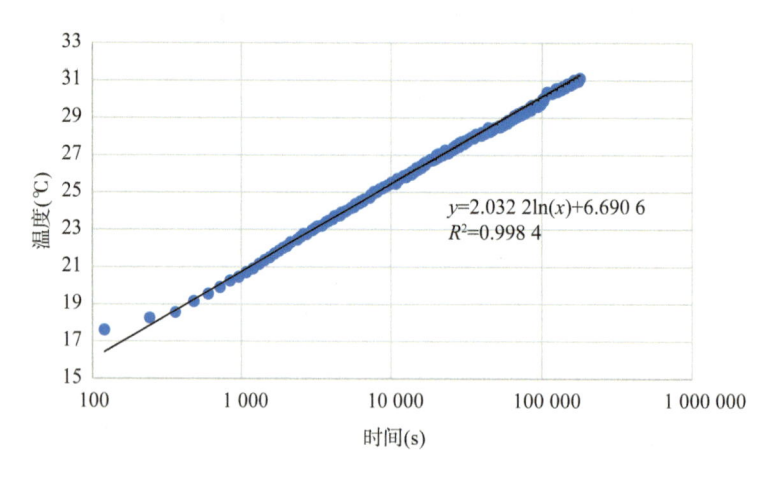

图 4.32　YZ01 孔低功率稳定流测试及对数拟合曲线图

其中，λ_f 为循环介质水在平均温度下的导热系数；Nu_f 为水的努塞尔数；Re_f 为水的雷诺数；Pr_f 为水的普朗特数。由对数曲线图中的直线可得 $k=2.032\,2$，则导热系数为：

$$\lambda_s = \frac{q_l}{4\pi k} = \frac{28.00}{4 \times 3.141\,592\,6 \times 2.032\,2} \approx 1.10 \text{ W/(m} \cdot \text{℃)}$$

钻孔内传热热阻为：

$$R_b = \frac{1}{2}\left\{\frac{1}{2\pi\lambda_b}\left[\ln\left(\frac{d_b}{d_o}\right) + \ln\left(\frac{d_b}{D}\right) + \frac{\lambda_b - \lambda_s}{\lambda_b + \lambda_s}\ln\left(\frac{d_b^4}{d_b^4 - D^4}\right)\right] + \frac{1}{2\pi\lambda_p}\ln\left(\frac{d_o}{d_i}\right) + \frac{1}{\pi d_i K}\right\} =$$

$$0.5 \times \left\{\frac{1}{2 \times 3.141\,592\,6 \times 2.25}\left[\ln\left(\frac{0.11}{0.032}\right) + \ln\left(\frac{0.11}{0.07}\right) + \frac{2.25 - 1.10}{2.25 + 1.10}\ln\left(\frac{0.11^4}{0.11^4 - 0.07^4}\right)\right]\right.$$

$$\left. + \frac{1}{2 \times 3.141\,592\,6 \times 0.42}\ln\left(\frac{0.032}{0.026}\right) + \frac{1}{3.141\,592\,6 \times 0.026 \times 2\,285.17}\right\}$$

$$\approx 0.104 \text{ (m} \cdot \text{℃)/W}$$

又 $T_f(\tau) = k\ln(\tau) + b, k = 2.0322, b = 6.6906$

$$T_f = T_{ff} + q_l\left[R_b + \frac{1}{4\pi\lambda_s}\left[\ln\left(\frac{16\lambda_s\tau}{d_b^2\rho_s c_s}\right) - \gamma\right]\right]$$

$$b = \frac{q_l}{4\pi\lambda_s}\left(\ln\frac{16\lambda_s}{d_b^2\rho_s c_s} - \gamma\right) + q_l R_b + T_{ff} = \frac{28.00}{4\times 3.1415926\times 1.66}$$

$$\left(\ln\frac{16\alpha}{0.11^2} - 0.577216\right) + 28.00\times 0.104 + 16.65 = 6.6906$$

可得钻孔外岩土体的热扩散系数：$\alpha \approx 2.40\times 10^{-6}\,\mathrm{m^2/s}$

则热容量 $\rho_s c_s = \dfrac{\lambda_s}{\alpha} = 0.46\times 10^6\,\mathrm{J/(m^3\cdot ℃)}$

单位延米换热量 $q_l = \dfrac{Q}{H} = \dfrac{2800}{100} = 28.00\,\mathrm{W/m}$

其中 $Q = G\times c_w\times(t_g - t_h)$，$G$ 为循环水流量(kg/h)，c_w 为水的比热容[J/(kg·℃)]，t_g 为回水温度(℃)，t_h 为进水温度(℃)。

2020年1月10日再次进行"恒定热流法"测试，实际平均加热功率为8.5 kW，平均流量为22.25 L/min(流速为0.698 m/s)，测试设备连续加热，温度稳定(变化幅度小于1 ℃)时间不少于12 h，每隔120 s记录一次地埋管进、出水温度及流量数据，以获取岩土综合导热系数。图4.33为高功率稳定流测试时间-温度曲线，图4.34为高功率稳定流测试及对数拟合曲线。

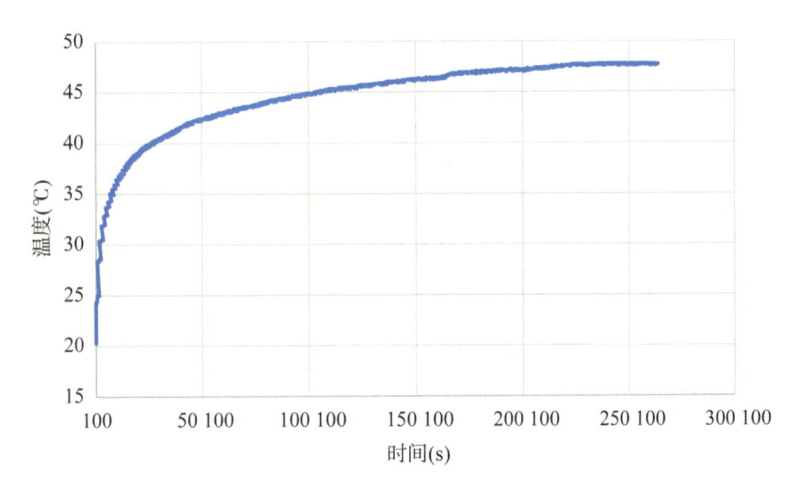

图4.33　YZ01孔高功率稳定流测试时间-温度曲线图

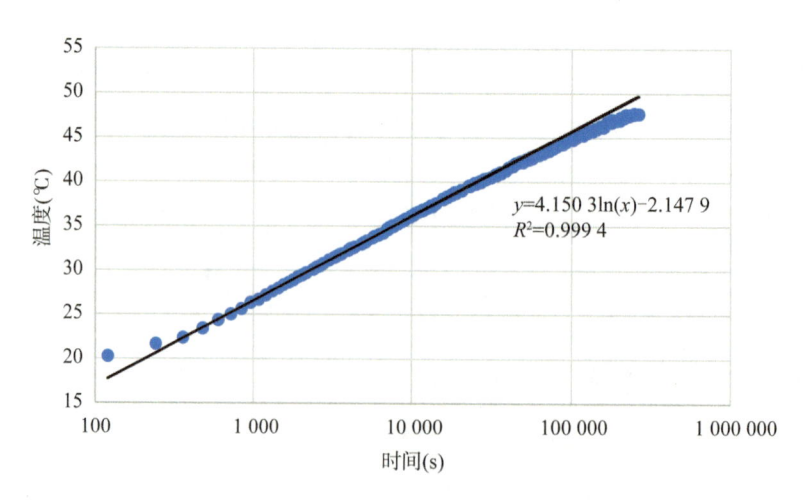

图 4.34　YZ01 孔高功率稳定流测试及对数拟合曲线图

由试验数据可得,循环介质与 U 形管内壁的对流换热系数为:

$$K = Nu_f \frac{\lambda_f}{d_i} = 0.023 \frac{\lambda_f}{d_i} Re_f^{0.8} Pr_f^{0.3}$$

$$= 0.023 \times 0.643\,476\,236 \times 20\,537.950\,90^{0.8} \times 8.148\,160\,386^{0.3}/0.026$$

$$= 3\,010.58 \text{ W/(m}^2 \cdot \text{℃)}$$

其中,λ_f 为循环介质水在平均温度下的导热系数;Nu_f 为水的努塞尔数;Re_f 为水的雷诺数;Pr_f 为水的普朗特数。由对数曲线图中的直线可得 $k = 4.150\,3$,则导热系数为:

$$\lambda_s = \frac{q_l}{4\pi k} = \frac{57.5}{4 \times 3.141\,592\,6 \times 4.150\,3} \approx 1.10 \text{ W/(m} \cdot \text{℃)}$$

钻孔内传热热阻为:

$$R_b = \frac{1}{2}\left\{\frac{1}{2\pi\lambda_b}\left[\ln\left(\frac{d_b}{d_o}\right) + \ln\left(\frac{d_b}{D}\right) + \frac{\lambda_b - \lambda_s}{\lambda_b + \lambda_s}\ln\left(\frac{d_b^4}{d_b^4 - D^4}\right)\right] + \frac{1}{2\pi\lambda_p}\ln\left(\frac{d_o}{d_i}\right) + \frac{1}{\pi d_i K}\right\} =$$

$$0.5 \times \left\{\frac{1}{2 \times 3.141\,592\,6 \times 2.25}\left[\ln\left(\frac{0.11}{0.032}\right) + \ln\left(\frac{0.11}{0.07}\right) + \frac{2.25 - 1.10}{2.25 + 1.10}\ln\left(\frac{0.11^4}{0.11^4 - 0.07^4}\right)\right]\right.$$

$$\left. + \frac{1}{2 \times 3.141\,592\,6 \times 0.42}\ln\left(\frac{0.032}{0.026}\right) + \frac{1}{3.141\,592\,6 \times 0.026 \times 3\,010.58}\right\}$$

$$\approx 0.104 \text{ (m} \cdot \text{℃)/W}$$

又 $T_f(\tau) = k\ln(\tau) + b$,$k = 4.150\,3$,$b = -2.147\,9$

$$T_f = T_{ff} + q_l\left[R_b + \frac{1}{4\pi\lambda_s}\left[\ln\left(\frac{16\lambda_s\tau}{d_b^2\rho_s c_s}\right) - \gamma\right]\right]$$

$$b = \frac{q_l}{4\pi\lambda_s}\left(\ln\frac{16\lambda_s}{d_b^2\rho_s c_s} - \gamma\right) + q_l R_b + T_{ff} = \frac{57.50}{4 \times 3.141\,592\,6 \times 1.10}$$

$$\left(\ln\frac{16\alpha}{0.11^2}-0.577\,216\right)+57.50\times0.104+16.65=-2.147\,9$$

可得钻孔外岩土体的热扩散系数:$\alpha\approx3.46\times10^{-6}\ \mathrm{m^2/s}$

则热容量 $\rho_s c_s=\dfrac{\lambda_s}{\alpha}=0.32\times10^6\ \mathrm{J/(m^3\cdot ℃)}$

单位延米换热量 $q_l=\dfrac{Q}{H}=\dfrac{5\,750}{100}=57.50\ \mathrm{W/m}$

其中 $Q=G\times c_w\times(t_g-t_h)$,$G$ 为循环水流量(kg/h),c_w 为水的比热容[J/(kg·℃)],t_g 为回水温度(℃),t_h 为进水温度(℃)。

(二) YZ02 孔

2020年4月10日研究人员开始对YZ02孔进行热响应试验,先后进行了初始地温测试、低功率稳定流测试、地温恢复测试和高功率稳定流测试。YZ02孔试验现场图如图4.35所示,加热功率曲线图如图4.36所示,地温曲线图如图4.37所示。

图 4.35　YZ02 孔试验现场图

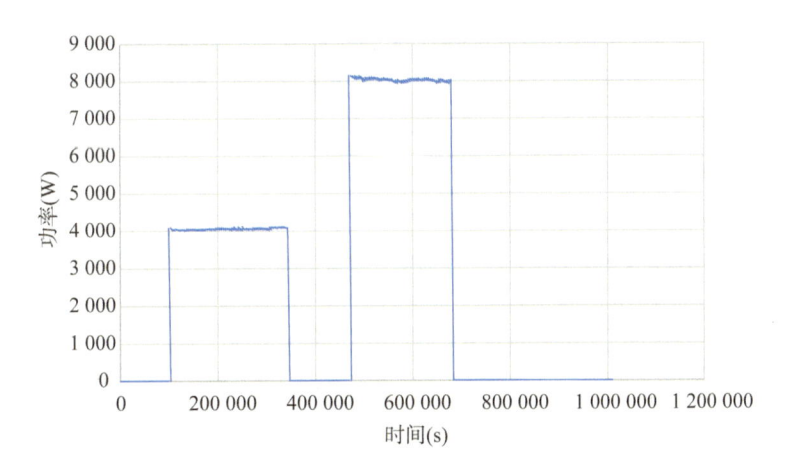

图 4.36　加热功率曲线图

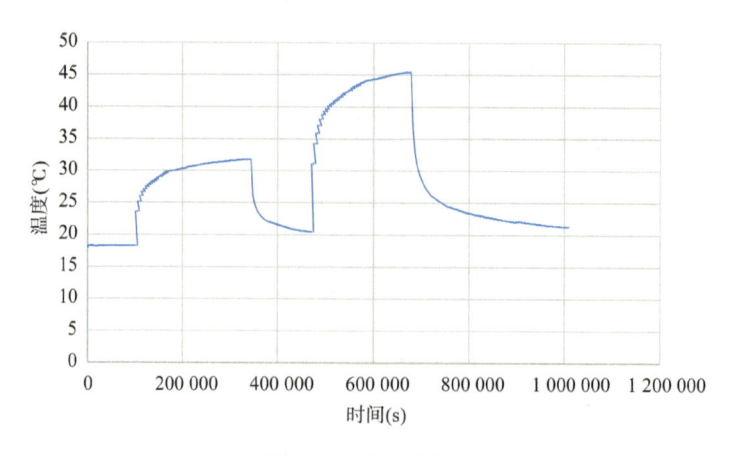

图 4.37　地温曲线图

在测试孔完成并放置 48 h 之后开始试验,采用无功循环法测定土体平均初始温度,温度稳定(变化幅度小于 0.5 ℃)时间大于 24 h 后,观测时间不少于 24 h。YZ02 孔初始地温测试曲线见图 4.38。

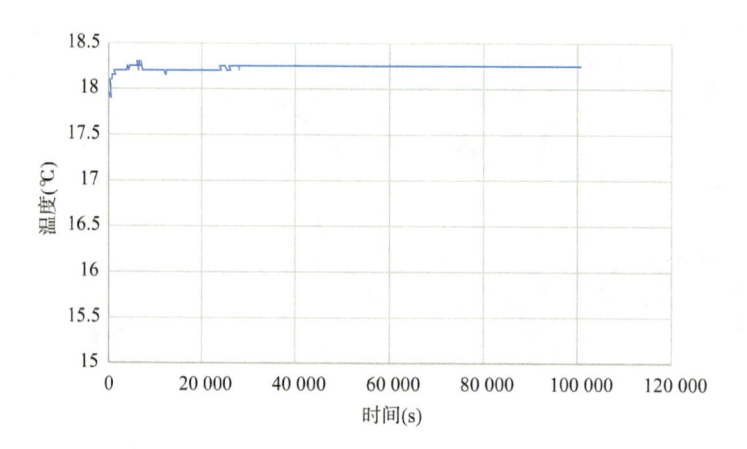

图 4.38　YZ02 孔初始地温测试曲线图

2020 年 4 月 20 日开始进行"恒定热流法"测试,实际平均加热功率为 4.1 kW,平均流量为 21.87 L/min(流速为 0.687 m/s),测试设备连续加热,温度稳定(变化幅度小于 1 ℃)时间不少于 12 h,每隔 120 s 记录一次地埋管进、出水温度及流量数据,以获取岩土综合导热系数。图 4.39 为低功率稳定流测试时间-温度曲线,图 4.40 为低功率稳定流测试及对数拟合曲线。

由试验数据可得,循环介质与 U 形管内壁的对流换热系数为:

$$K = Nu_f \frac{\lambda_f}{d_i} = 0.023 \frac{\lambda_f}{d_i} Re_f^{0.8} Pr_f^{0.3}$$

$$= 0.023 \times 0.617\,937\,996 \times 20\,232.681\,26^{0.8} \times 5.450\,598\,965^{0.3}/0.026$$

$$\approx 2\,532.07 \text{ W}/(\text{m}^2 \cdot \text{℃})$$

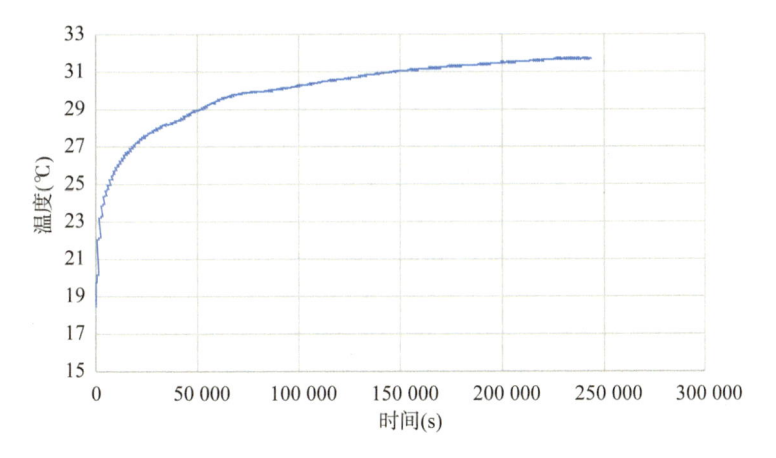

图 4.39　YZ02 孔低功率稳定流测试时间-温度曲线图

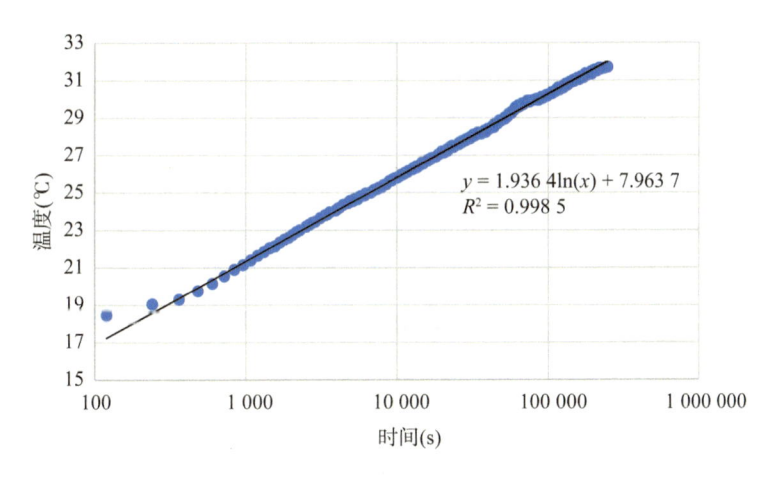

图 4.40　YZ02 孔低功率稳定流测试及对数拟合曲线图

其中，λ_f 为循环介质水在平均温度下的导热系数；Nu_f 为水的努塞尔数；Re_f 为水的雷诺数；Pr_f 为水的普朗特数。由对数曲线图中的直线可得 $k=1.936\,4$，则导热系数为：

$$\lambda_s = \frac{q_l}{4\pi k} = \frac{34.43}{4 \times 3.141\,592\,6 \times 1.936\,4} \approx 1.41 \text{ W}/(\text{m} \cdot ℃)$$

钻孔内传热热阻为：

$$R_b = \frac{1}{2}\left\{\frac{1}{2\pi\lambda_b}\left[\ln\left(\frac{d_b}{d_o}\right) + \ln\left(\frac{d_b}{D}\right) + \frac{\lambda_b - \lambda_s}{\lambda_b + \lambda_s}\ln\left(\frac{d_b^4}{d_b^4 - D^4}\right)\right] + \frac{1}{2\pi\lambda_p}\ln\left(\frac{d_o}{d_i}\right) + \frac{1}{\pi d_i K}\right\} =$$

$$0.5 \times \left\{\frac{1}{2 \times 3.141\,592\,6 \times 2.25}\left[\ln\left(\frac{0.11}{0.032}\right) + \ln\left(\frac{0.11}{0.07}\right) + \frac{2.25 - 1.41}{2.25 + 1.41}\ln\left(\frac{0.11^4}{0.11^4 - 0.07^4}\right)\right]\right.$$

$$\left. + \frac{1}{2 \times 3.141\,592\,6 \times 0.42}\ln\left(\frac{0.032}{0.026}\right) + \frac{1}{3.141\,592\,6 \times 0.026 \times 2\,532.07}\right\}$$

$=0.103 \, (m \cdot ℃)/W$

又 $T_f(\tau)=k\ln(\tau)+b, k=1.9364, b=7.9637$

$$T_f = T_{ff} + q_l\left[R_b + \frac{1}{4\pi\lambda_s}\left[\ln\left(\frac{16\lambda_s\tau}{d_b^2\rho_s c_s}\right)-\gamma\right]\right]$$

$$b = \frac{q_l}{4\pi\lambda_s}\left(\ln\frac{16\lambda_s}{d_b^2\rho_s c_s}-\gamma\right)+q_l R_b + T_{ff} = \frac{34.43}{4\times 3.1415926\times 1.41}$$

$$\left(\ln\frac{16\alpha}{0.11^2}-0.577216\right)+34.43\times 0.103+18.24=7.9637$$

可得钻孔外岩土体的热扩散系数：$\alpha \approx 1.07\times 10^{-6} \, m^2/s$

则热容量 $\rho_s c_s = \frac{\lambda_s}{\alpha} = 0.13\times 10^6 \, J/(m^3 \cdot ℃)$

单位延米换热量 $q_l = \frac{Q}{H} = \frac{3443}{100} = 34.43 \, W/m$

其中 $Q = G\times c_w \times (t_g - t_h)$，$G$ 为循环水流量(kg/h)，c_w 为水的比热容[J/(kg·℃)]，t_g 为回水温度(℃)，t_h 为进水温度(℃)。

2020年4月25日再次进行"恒定热流法"测试，实际平均加热功率为8.0 kW，平均流量为23.36 L/min(流速为0.733 m/s)，测试设备连续加热，温度稳定(变化幅度小于1 ℃)时间不少于12 h，每隔120 s记录一次地埋管进、出水温度及流量数据，以获取岩土综合导热系数。图4.41为高功率稳定流测试时间-温度曲线，图4.42为高功率稳定流测试及对数拟合曲线。

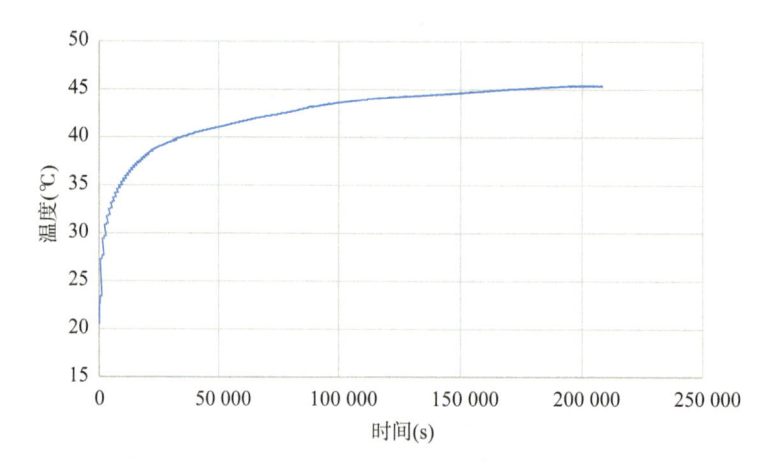

图 4.41　YZ02孔高功率稳定流测试时间-温度曲线图

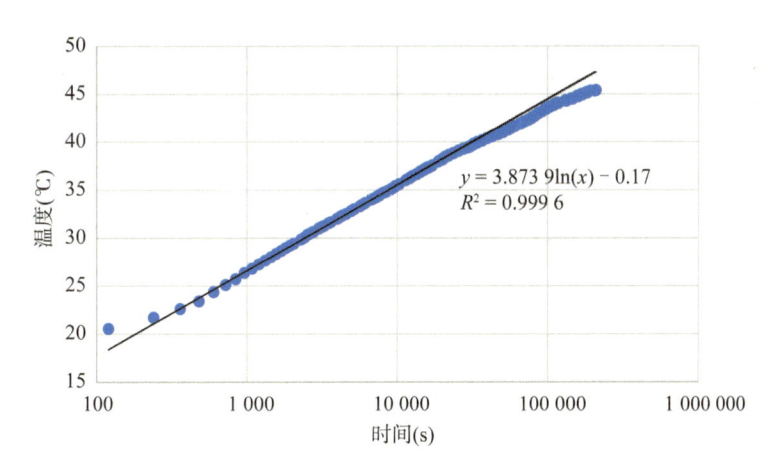

图 4.42　YZ02 孔高功率稳定流测试及对数拟合曲线图

由试验数据可得，循环介质与 U 形管内壁的对流换热系数为：

$$K = Nu_f \frac{\lambda_f}{d_i} = 0.023 \frac{\lambda_f}{d_i} Re_f^{0.8} Pr_f^{0.3}$$
$$= 0.023 \times 0.640\,004\,975 \times 21\,958.771\,34^{0.8} \times 4.264\,739\,109^{0.3}/0.026$$
$$= 2\,601.31\ \text{W}/(\text{m}^2 \cdot \text{℃})$$

其中，λ_f 为循环介质水在平均温度下的导热系数；Nu_f 为水的努塞尔数；Re_f 为水的雷诺数；Pr_f 为水的普朗特数。由对数曲线图中的直线可得 $k=3.873\,9$，则导热系数为：

$$\lambda_s = \frac{q_l}{4\pi k} = \frac{65.88}{4 \times 3.141\,592\,6 \times 3.873\,9} \approx 1.35\ \text{W}/(\text{m} \cdot \text{℃})$$

钻孔内传热热阻为：

$$R_b = \frac{1}{2}\left\{\frac{1}{2\pi\lambda_b}\left[\ln\left(\frac{d_b}{d_o}\right) + \ln\left(\frac{d_b}{D}\right) + \frac{\lambda_b - \lambda_s}{\lambda_b + \lambda_s}\ln\left(\frac{d_b^4}{d_b^4 - D^4}\right)\right] + \frac{1}{2\pi\lambda_p}\ln\left(\frac{d_o}{d_i}\right) + \frac{1}{\pi d_i K}\right\} =$$

$$0.5 \times \left\{\frac{1}{2 \times 3.141\,592\,6 \times 2.25}\left[\ln\left(\frac{0.11}{0.032}\right) + \ln\left(\frac{0.11}{0.07}\right) + \frac{2.25 - 1.35}{2.25 + 1.35}\ln\left(\frac{0.11^4}{0.11^4 - 0.07^4}\right)\right]\right.$$

$$\left. + \frac{1}{2 \times 3.141\,592\,6 \times 0.42}\ln\left(\frac{0.032}{0.026}\right) + \frac{1}{3.141\,592\,6 \times 0.026 \times 2\,601.31}\right\}$$

$$\approx 0.103\ (\text{m} \cdot \text{℃})/\text{W}$$

又 $T_f(\tau) = k\ln(\tau) + b, k = 3.873\,9, b = -0.17$

$$T_f = T_{ff} + q_l\left[R_b + \frac{1}{4\pi\lambda_s}\left[\ln\left(\frac{16\lambda_s\tau}{d_b^2 \rho_s c_s}\right) - \gamma\right]\right]$$

$$b = \frac{q_l}{4\pi\lambda_s}\left(\ln\frac{16\lambda_s}{d_b^2 \rho_s c_s} - \gamma\right) + q_l R_b + T_{ff} = \frac{65.88}{4 \times 3.141\,592\,6 \times 1.35}$$

$$\left(\ln\frac{16\alpha}{0.11^2} - 0.577\,216\right) + 65.88 \times 0.103 + 18.24 = -0.17$$

可得钻孔外岩土体的热扩散系数：$\alpha \approx 2.02 \times 10^{-6}$ m²/s

则热容量 $\rho_s c_s = \dfrac{\lambda_s}{\alpha} = 0.67 \times 10^6$ J/(m³·℃)

单位延米换热量 $q_l = \dfrac{Q}{H} = \dfrac{6\,588}{100} = 65.88$ W/m

其中 $Q = G \times c_w \times (t_g - t_h)$，$G$ 为循环水流量(kg/h)，c_w 为水的比热容[J/(kg·℃)]，t_g 为回水温度(℃)，t_h 为进水温度(℃)。

三、淮安市

（一）HA01 孔

2020年4月26日研究人员开始对 HA01 孔进行热响应试验，先后进行了初始地温测试、低功率稳定流测试、地温恢复测试和高功率稳定流测试。HA01 孔试验现场图如图 4.43 所示，加热功率曲线图如图 4.44 所示，地温曲线图如图 4.45 所示。

图 4.43　HA01 孔试验现场图

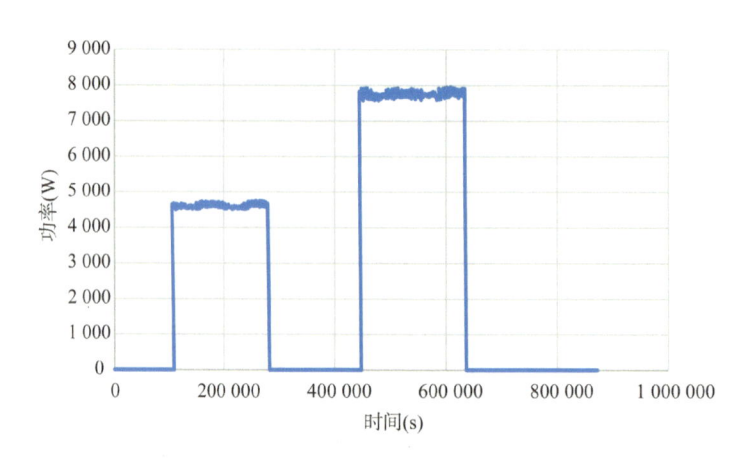

图 4.44　加热功率曲线图

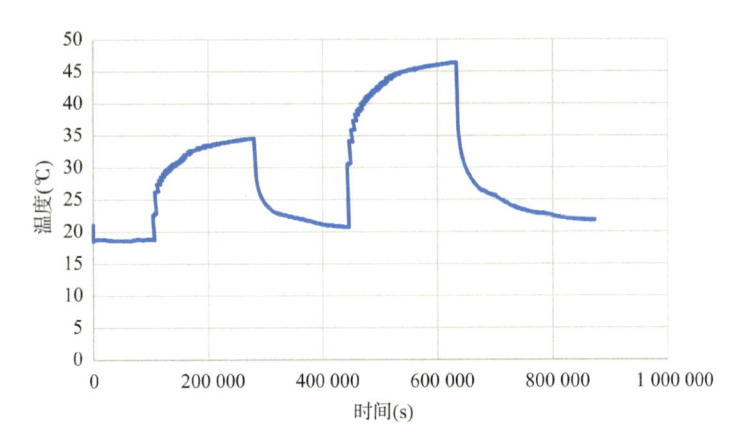

图 4.45　地温曲线图

在测试孔完成并放置 48 h 之后开始试验,采用无功循环法测定土体平均初始温度,温度稳定(变化幅度小于 0.5 ℃)时间大于 24 h 后,观测时间不少于 24 h。HA01 孔初始地温测试曲线见图 4.46。

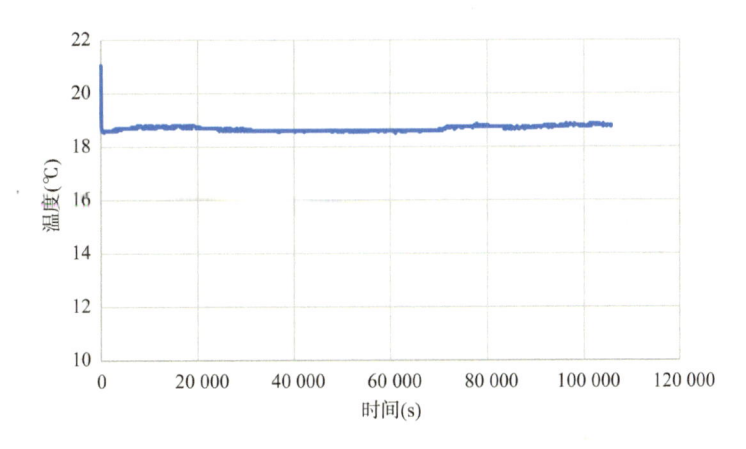

图 4.46　HA01 孔初始地温测试曲线图

2020 年 4 月 27 日开始进行"恒定热流法"测试,实际平均加热功率为 4.6 kW,平均流量为 22.13 L/min(流速为 0.695 m/s),测试设备连续加热,温度稳定(变化幅度小于 1 ℃)时间不少于 12 h,每隔 120 s 记录一次地埋管进、出水温度及流量数据,以获取岩土综合导热系数。图 4.47 为低功率稳定流测试时间-温度曲线,图 4.48 为低功率稳定流测试及对数拟合曲线。

由试验数据可得,循环介质与 U 形管内壁的对流换热系数为:

$$K = Nu_f \frac{\lambda_f}{d_i} = 0.023 \frac{\lambda_f}{d_i} Re_f^{0.8} Pr_f^{0.3}$$

$$= 0.023 \times 0.622\,161\,471 \times 20\,853.516\,77^{0.8} \times 5.166\,092\,804^{0.3}/0.026$$

$$= 2\,570.10 \text{ W}/(\text{m}^2 \cdot \text{℃})$$

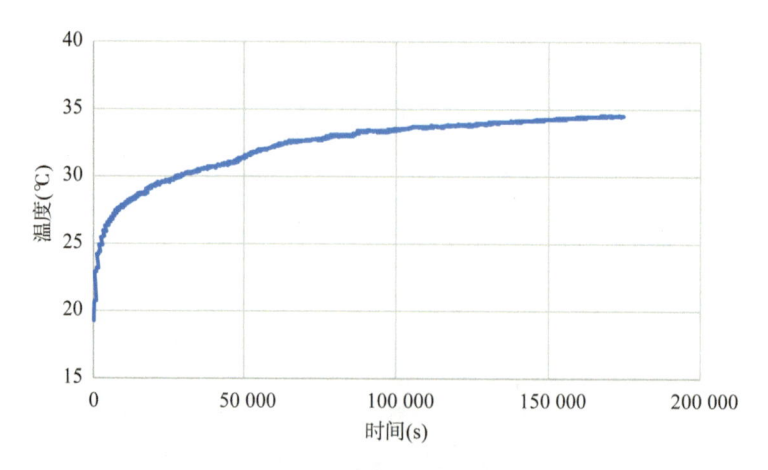

图 4.47　HA01 孔低功率稳定流测试时间-温度曲线图

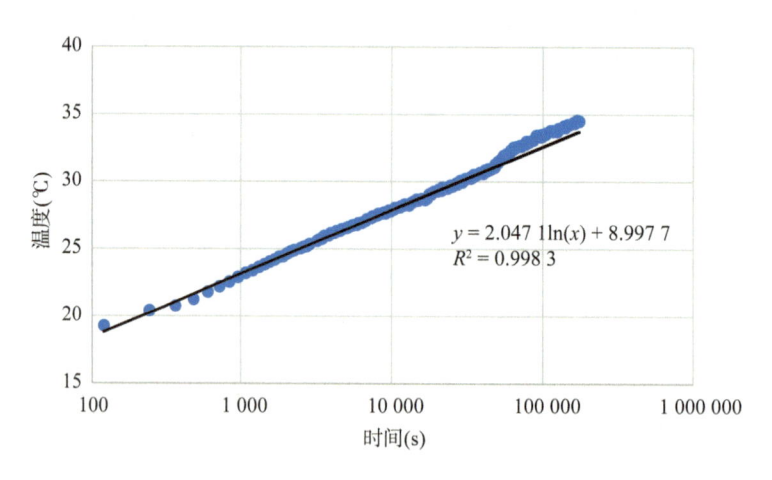

图 4.48　HA01 孔低功率稳定流测试及对数拟合曲线图

其中，λ_f 为循环介质水在平均温度下的导热系数；Nu_f 为水的努塞尔数；Re_f 为水的雷诺数；Pr_f 为水的普朗特数。由对数曲线图中的直线可得 $k=2.047\ 1$，则导热系数为：

$$\lambda_s = \frac{q_l}{4\pi k} = \frac{26.22}{4 \times 3.141\ 592\ 6 \times 2.047\ 1} \approx 1.02\ \text{W/(m·℃)}$$

钻孔内传热热阻为：

$$R_b = \frac{1}{2}\left\{\frac{1}{2\pi\lambda_b}\left[\ln\left(\frac{d_b}{d_o}\right) + \ln\left(\frac{d_b}{D}\right) + \frac{\lambda_b - \lambda_s}{\lambda_b + \lambda_s}\ln\left(\frac{d_b^4}{d_b^4 - D^4}\right)\right] + \frac{1}{2\pi\lambda_p}\ln\left(\frac{d_o}{d_i}\right) + \frac{1}{\pi d_i K}\right\} =$$

$$0.5 \times \left\{\frac{1}{2 \times 3.141\ 592\ 6 \times 2.25}\left[\ln\left(\frac{0.11}{0.032}\right) + \ln\left(\frac{0.11}{0.07}\right) + \frac{2.25 - 102}{2.25 + 1.02}\ln\left(\frac{0.11^4}{0.11^4 - 0.07^4}\right)\right]\right.$$

$$\left. + \frac{1}{2 \times 3.141\ 592\ 6 \times 0.42}\ln\left(\frac{0.032}{0.026}\right) + \frac{1}{3.141\ 592\ 6 \times 0.026 \times 2\ 570.10}\right\} \approx 0.104\ (\text{m·℃})/\text{W}$$

又 $T_f(\tau) = k\ln(\tau) + b$，$k = 2.047\ 1$，$b = 8.997\ 7$

$$T_f = T_{ff} + q_l \left[R_b + \frac{1}{4\pi\lambda_s} \left[\ln\left(\frac{16\lambda_s\tau}{d_b^2 \rho_s c_s}\right) - \gamma \right] \right]$$

$$b = \frac{q_l}{4\pi\lambda_s}\left(\ln\frac{16\lambda_s}{d_b^2 \rho_s c_s} - \gamma\right) + q_l R_b + T_{ff}$$

$$= \frac{26.22}{4 \times 3.1415926 \times 1.02}\left(\ln\frac{16\alpha}{0.11^2} - 0.577216\right) + 26.22 \times 0.104 + 18.68$$

$$= 8.9977$$

可得钻孔外岩土体的热扩散系数：$\alpha \approx 3.14 \times 10^{-6}$ m²/s

则热容量 $\rho_s c_s = \frac{\lambda_s}{\alpha} = 0.32 \times 10^6$ J/(m³·℃)

单位延米换热量 $q_l = \frac{Q}{H} = \frac{2622}{100} = 26.22$ W/m

其中 $Q = G \times c_w \times (t_g - t_h)$，$G$ 为循环水流量(kg/h)，c_w 为水的比热容[J/(kg·℃)]，t_g 为回水温度(℃)，t_h 为进水温度(℃)。

2020年5月1日再次进行"恒定热流法"测试，实际平均加热功率为7.7 kW，平均流量为22.66 L/min(流速为0.711 m/s)，测试设备连续加热，温度稳定(变化幅度小于1 ℃)时间不少于12 h，每隔120 s记录一次地埋管进、出水温度及流量数据，以获取岩土综合导热系数。图4.49为高功率稳定流测试时间-温度曲线，图4.50为高功率稳定流测试及对数拟合曲线。

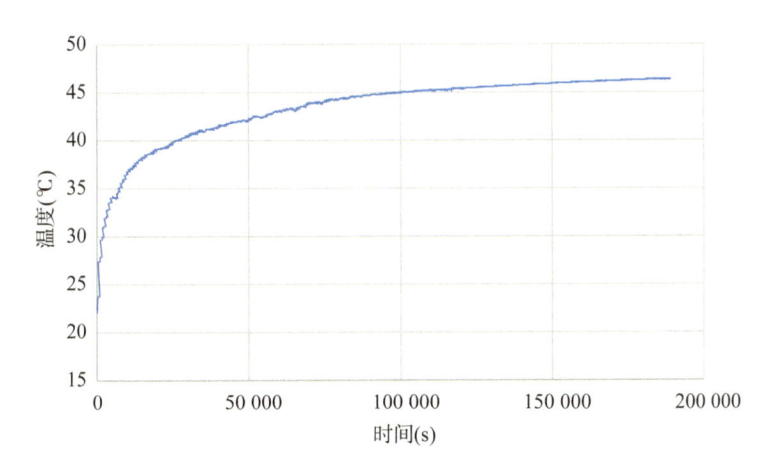

图 4.49　HA01 孔高功率稳定流测试时间-温度曲线图

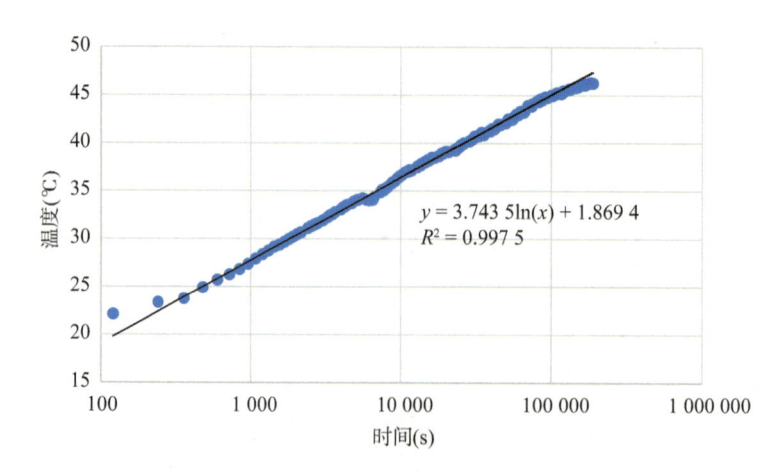

图 4.50　HA01 孔高功率稳定流测试及对数拟合曲线图

由试验数据可得,循环介质与 U 形管内壁的对流换热系数为:

$$K = Nu_f \frac{\lambda_f}{d_i} = 0.023 \frac{\lambda_f}{d_i} Re_f^{0.8} Pr_f^{0.3}$$

$$= 0.023 \times 0.641\,531\,756 \times 21\,148.399\,31^{0.8} \times 4.210\,994\,497^{0.3}/0.026$$

$$\approx 2\,520.64\ W/(m^2 \cdot ℃)$$

其中,λ_f 为循环介质水在平均温度下的导热系数;Nu_f 为水的努塞尔数;Re_f 为水的雷诺数;Pr_f 为水的普朗特数。由对数曲线图中的直线可得 $k = 3.743\,5$,则导热系数为:

$$\lambda_s = \frac{q_l}{4\pi k} = \frac{49.92}{4 \times 3.141\,592\,6 \times 3.743\,5} \approx 1.06\ W/(m \cdot ℃)$$

钻孔内传热热阻为:

$$R_b = \frac{1}{2}\left\{\frac{1}{2\pi\lambda_b}\left[\ln\left(\frac{d_b}{d_o}\right) + \ln\left(\frac{d_b}{D}\right) + \frac{\lambda_b - \lambda_s}{\lambda_b + \lambda_s}\ln\left(\frac{d_b^4}{d_b^4 - D^4}\right)\right] + \frac{1}{2\pi\lambda_p}\ln\left(\frac{d_o}{d_i}\right) + \frac{1}{\pi d_i K}\right\} = 0.5 \times$$

$$\left\{\frac{1}{2 \times 3.141\,592\,6 \times 2.25}\left[\ln\left(\frac{0.11}{0.032}\right) + \ln\left(\frac{0.11}{0.07}\right) + \frac{2.25 - 1.06}{2.25 + 1.06}\ln\left(\frac{0.11^4}{0.11^4 - 0.07^4}\right)\right]\right.$$

$$\left. + \frac{1}{2 \times 3.141\,592\,6 \times 0.42}\ln\left(\frac{0.032}{0.026}\right) + \frac{1}{3.141\,592\,6 \times 0.026 \times 2\,520.64}\right\}$$

$$\approx 0.104\ (m \cdot ℃)/W$$

又 $T_f(\tau) = k\ln(\tau) + b$,$k = 3.743\,5$,$b = 1.869\,4$

$$T_f = T_{ff} + q_l\left[R_b + \frac{1}{4\pi\lambda_s}\left[\ln\left(\frac{16\lambda_s\tau}{d_b^2\rho_s c_s}\right) - \gamma\right]\right]$$

$$b = \frac{q_l}{4\pi\lambda_s}\left(\ln\frac{16\lambda_s}{d_b^2\rho_s c_s} - \gamma\right) + q_l R_b + T_{ff}$$

$$=\frac{49.92}{4\times 3.141\,592\,6\times 1.06}\left(\ln\frac{16\alpha}{0.11^2}-0.577\,216\right)+49.92\times 0.104+18.68=1.869\,4$$

可得钻孔外岩土体的热扩散系数:$\alpha\approx 3.79\times 10^{-6}\,\mathrm{m^2/s}$

则热容量 $\rho_s c_s=\dfrac{\lambda_s}{\alpha}=0.28\times 10^6\,\mathrm{J/(m^3\cdot ℃)}$

单位延米换热量 $q_l=\dfrac{Q}{H}=\dfrac{4\,992}{100}=49.92\,\mathrm{W/m}$

其中 $Q=G\times c_w\times(t_g-t_h)$,$G$ 为循环水流量(kg/h),c_w 为水的比热容[J/(kg·℃)],t_g 为回水温度(℃),t_h 为进水温度(℃)。

(二) HA02 孔

2020 年 4 月 10 日研究人员开始对 HA02 孔进行热响应试验,先后进行了初始地温测试、低功率稳定流测试、地温恢复测试和高功率稳定流测试。HA02 孔试验现场图如图 4.51 所示,加热功率曲线图如图 4.52 所示,地温曲线图如图 4.53 所示。

图 4.51 HA02 孔试验现场图

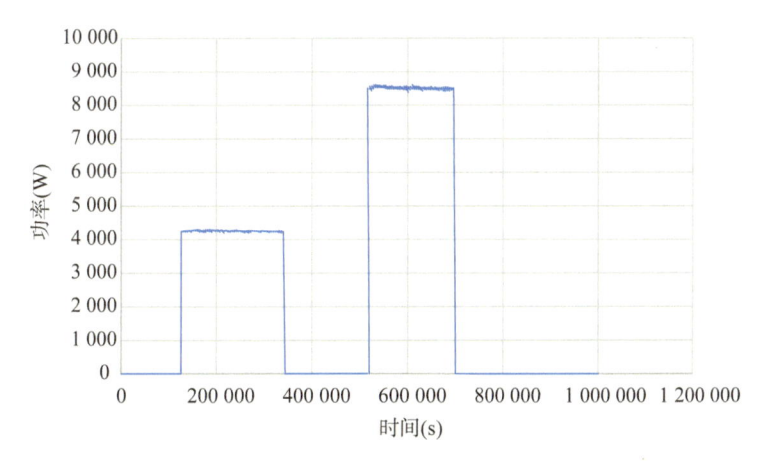

图 4.52 加热功率曲线图

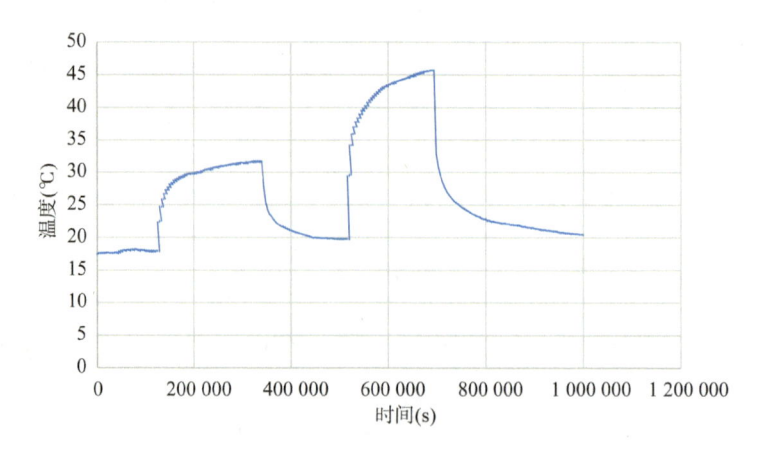

图 4.53 地温曲线图

在测试孔完成并放置 48 h 之后开始试验,采用无功循环法测定土体平均初始温度,温度稳定(变化幅度小于 0.5 ℃)时间大于 24 h 后,观测时间不少于 24 h。HA02 孔初始地温测试曲线见图 4.54。

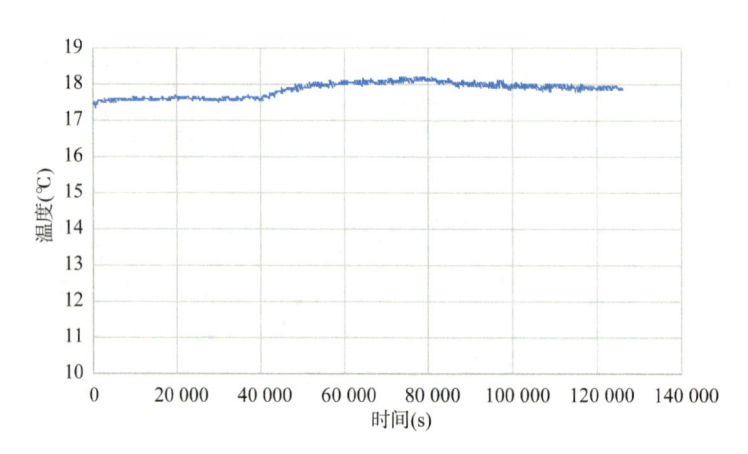

图 4.54　HA02 孔初始地温测试曲线图

2020 年 4 月 25 日开始进行"恒定热流法"测试,实际平均加热功率为 4.2 kW,平均流量为 23.49 L/min(流速为 0.737 m/s),测试设备连续加热,温度稳定(变化幅度小于 1 ℃)时间不少于 12 h,每隔 120 s 记录一次地埋管进、出水温度及流量数据,以获取岩土综合导热系数。图 4.55 为低功率稳定流测试时间-温度曲线,图 4.56 为低功率稳定流测试及对数拟合曲线。

由试验数据可得,循环介质与 U 形管内壁的对流换热系数为:

$$K = Nu_f \frac{\lambda_f}{d_i} = 0.023 \frac{\lambda_f}{d_i} Re_f^{0.8} Pr_f^{0.3}$$

$$= 0.023 \times 0.617\,804\,975 \times 21\,690.334\,76^{0.8} \times 5.459\,994\,533^{0.3}/0.026$$

$$\approx 2\,677.79\ \text{W}/(\text{m}^2 \cdot ℃)$$

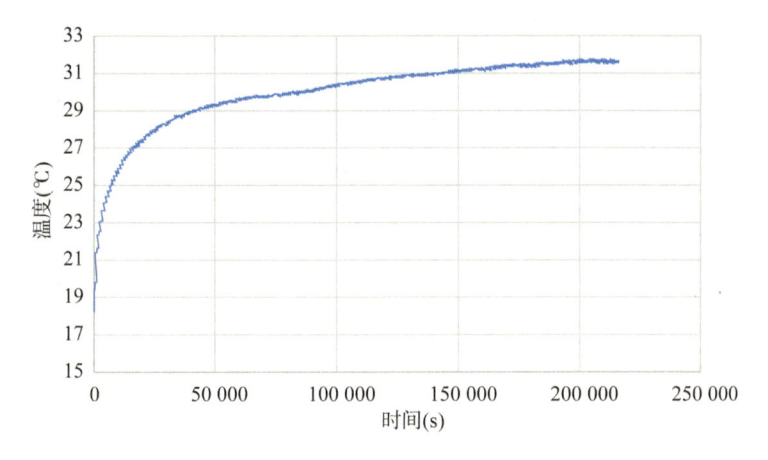

图 4.55　HA02 孔低功率稳定流测试时间-温度曲线图

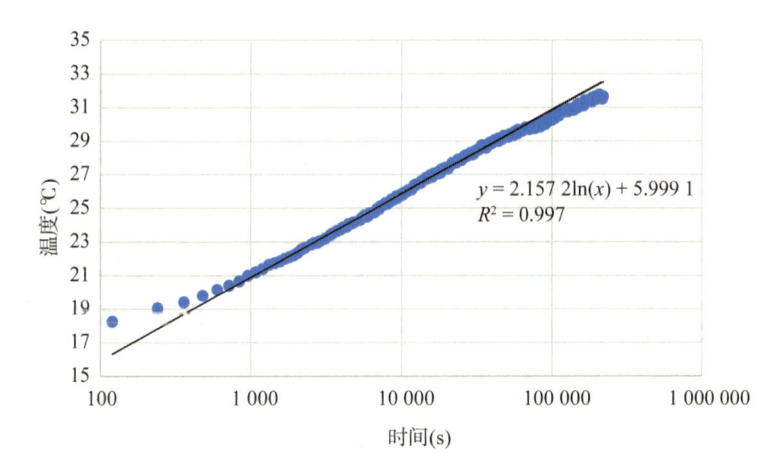

图 4.56　HA02 孔低功率稳定流测试及对数拟合曲线图

其中,λ_f 为循环介质水在平均温度下的导热系数;Nu_f 为水的努塞尔数;Re_f 为水的雷诺数;Pr_f 为水的普朗特数。由对数曲线图中的直线可得 $k=2.157\,2$,则导热系数为:

$$\lambda_s = \frac{q_l}{4\pi k} = \frac{17.77}{4 \times 3.141\,592\,6 \times 2.157\,2} \approx 0.66 \text{ W/(m·℃)}$$

钻孔内传热热阻为:

$$R_b = \frac{1}{2}\left\{\frac{1}{2\pi\lambda_b}\left[\ln\left(\frac{d_b}{d_o}\right) + \ln\left(\frac{d_b}{D}\right) + \frac{\lambda_b - \lambda_s}{\lambda_b + \lambda_s}\ln\left(\frac{d_b^4}{d_b^4 - D^4}\right)\right] + \frac{1}{2\pi\lambda_p}\ln\left(\frac{d_o}{d_i}\right) + \frac{1}{\pi d_i K}\right\} = 0.5 \times$$

$$\left\{\frac{1}{2 \times 3.141\,592\,6 \times 2.25}\left[\ln\left(\frac{0.11}{0.032}\right) + \ln\left(\frac{0.11}{0.07}\right) + \frac{2.25 - 0.66}{2.25 + 0.66}\ln\left(\frac{0.11^4}{0.11^4 - 0.07^4}\right)\right]\right.$$

$$\left. + \frac{1}{2 \times 3.141\,592\,6 \times 0.42}\ln\left(\frac{0.032}{0.026}\right) + \frac{1}{3.141\,592\,6 \times 0.026 \times 2\,677.79}\right\}$$

$$\approx 0.105 (\text{m} \cdot \text{℃})/\text{W}$$

又 $T_f(\tau) = k\ln(\tau) + b, k = 2.1572, b = 5.9991$

$$T_f = T_{ff} + q_l \left[R_b + \frac{1}{4\pi\lambda_s} \left[\ln\left(\frac{16\lambda_s \tau}{d_b^2 \rho_s c_s}\right) - \gamma \right] \right]$$

$$b = \frac{q_l}{4\pi\lambda_s}\left(\ln\frac{16\lambda_s}{d_b^2 \rho_s c_s} - \gamma\right) + q_l R_b + T_{ff}$$

$$= \frac{17.77}{4 \times 3.1415926 \times 0.66}\left(\ln\frac{16\alpha}{0.11^2} - 0.577216\right) + 17.77 \times 0.105 + 17.85 = 5.9991$$

可得钻孔外岩土体的热扩散系数：$\alpha \approx 2.34 \times 10^{-6}\ \text{m}^2/\text{s}$

则热容量 $\rho_s c_s = \dfrac{\lambda_s}{\alpha} = 0.28 \times 10^6\ \text{J}/(\text{m}^3 \cdot \text{℃})$

单位延米换热量 $q_l = \dfrac{Q}{H} = \dfrac{1777}{100} = 17.77\ \text{W/m}$

其中 $Q = G \times c_w \times (t_g - t_h)$，$G$ 为循环水流量(kg/h)，c_w 为水的比热容[J/(kg·℃)]，t_g 为回水温度(℃)，t_h 为进水温度(℃)。

2020年4月29日再次进行"恒定热流法"测试，实际平均加热功率为8.5 kW，平均流量为22.77 L/min(流速为0.714 m/s)，测试设备连续加热，温度稳定(变化幅度小于1 ℃)时间不少于12 h，每隔120 s记录一次地埋管进、出水温度及流量数据，以获取岩土综合导热系数。图4.57为高功率稳定流测试时间-温度曲线，图4.58为高功率稳定流测试及对数拟合曲线。

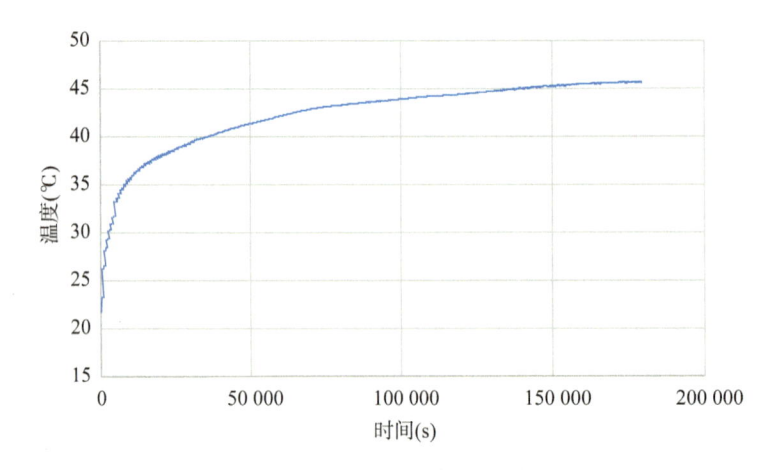

图 4.57　HA02孔高功率稳定流测试时间-温度曲线图

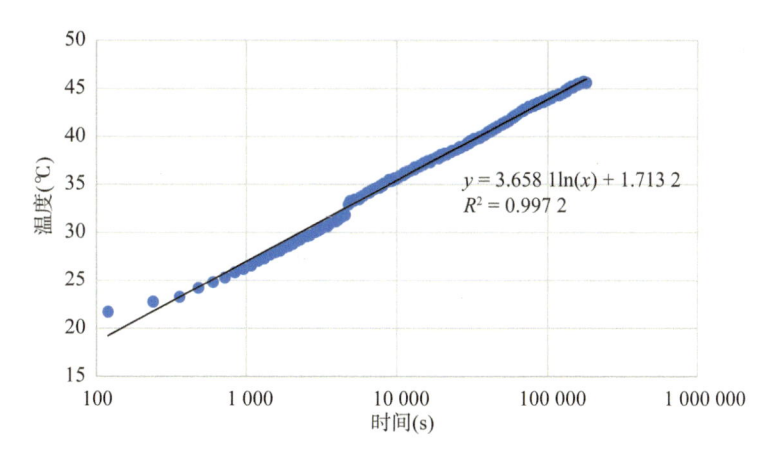

图 4.58　HA02 孔高功率稳定流测试及对数拟合曲线图

由试验数据可得,循环介质与 U 形管内壁的对流换热系数为:

$$K = Nu_f \frac{\lambda_f}{d_i} = 0.023 \frac{\lambda_f}{d_i} Re_f^{0.8} Pr_f^{0.3}$$
$$= 0.023 \times 0.639\,806\,711 \times 21\,407.510\,13^{0.8} \times 4.271\,999\,432^{0.3}/0.026$$
$$\approx 2\,549.44 \text{ W/(m}^2 \cdot \text{℃)}$$

其中,λ_f 为循环介质水在平均温度下的导热系数;Nu_f 为水的努塞尔数;Re_f 为水的雷诺数;Pr_f 为水的普朗特数。由对数曲线图中的直线可得 $k=3.658\,1$,则导热系数为:

$$\lambda_s = \frac{q_l}{4\pi k} = \frac{34.89}{4 \times 3.141\,592\,6 \times 3.658\,1} \approx 0.76 \text{ W/(m} \cdot \text{℃)}$$

钻孔内传热热阻为:

$$R_b = \frac{1}{2}\left\{\frac{1}{2\pi\lambda_b}\left[\ln\left(\frac{d_b}{d_o}\right) + \ln\left(\frac{d_b}{D}\right) + \frac{\lambda_b - \lambda_s}{\lambda_b + \lambda_s}\ln\left(\frac{d_b^4}{d_b^4 - D^4}\right)\right] + \frac{1}{2\pi\lambda_p}\ln\left(\frac{d_o}{d_i}\right) + \frac{1}{\pi d_i K}\right\} = 0.5 \times$$
$$\left\{\frac{1}{2 \times 3.141\,592\,6 \times 2.25}\left[\ln\left(\frac{0.11}{0.032}\right) + \ln\left(\frac{0.11}{0.07}\right) + \frac{2.25 - 0.76}{2.25 + 0.76}\ln\left(\frac{0.11^4}{0.11^4 - 0.07^4}\right)\right]\right.$$
$$\left. + \frac{1}{2 \times 3.141\,592\,6 \times 0.42}\ln\left(\frac{0.032}{0.026}\right) + \frac{1}{3.141\,592\,6 \times 0.026 \times 2\,549.44}\right\}$$
$$\approx 0.105 \text{ (m} \cdot \text{℃)/W}$$

又 $T_f(\tau) = k\ln(\tau) + b, k = 3.658\,1, b = 1.713\,2$

$$T_f = T_{ff} + q_l\left[R_b + \frac{1}{4\pi\lambda_s}\left[\ln\left(\frac{16\lambda_s\tau}{d_b^2\rho_s c_s}\right) - \gamma\right]\right]$$

$$b = \frac{q_l}{4\pi\lambda_s}\left(\ln\frac{16\lambda_s}{d_b^2\rho_s c_s} - \gamma\right) + q_l R_b + T_{ff}$$
$$= \frac{34.89}{4 \times 3.141\,592\,6 \times 0.76}\left(\ln\frac{16\alpha}{0.11^2} - 0.577\,216\right) + 34.89 \times 0.105 + 17.85 = 1.713\,2$$

可得钻孔外岩土体的热扩散系数:$\alpha \approx 6.03\times10^{-6}$ m²/s

则热容量 $\rho_s c_s = \dfrac{\lambda_s}{\alpha} = 0.13\times10^6$ J/(m³·℃)

单位延米换热量 $q_l = \dfrac{Q}{H} = \dfrac{3\,489}{100} = 34.89$ W/m

其中 $Q = G\times c_w \times(t_g - t_h)$,$G$ 为循环水流量(kg/h),c_w 为水的比热容[J/(kg·℃)],t_g 为回水温度(℃),t_h 为进水温度(℃)。

(三) HA03 孔

2020 年 5 月 26 日研究人员开始对 HA03 孔进行热响应试验,先后进行了初始地温测试、低功率稳定流测试、地温恢复测试和高功率稳定流测试。HA03 孔试验现场图如图 4.59 所示,加热功率曲线图如图 4.60 所示,地温曲线图如图 4.61 所示。

图 4.59　HA03 孔试验现场图

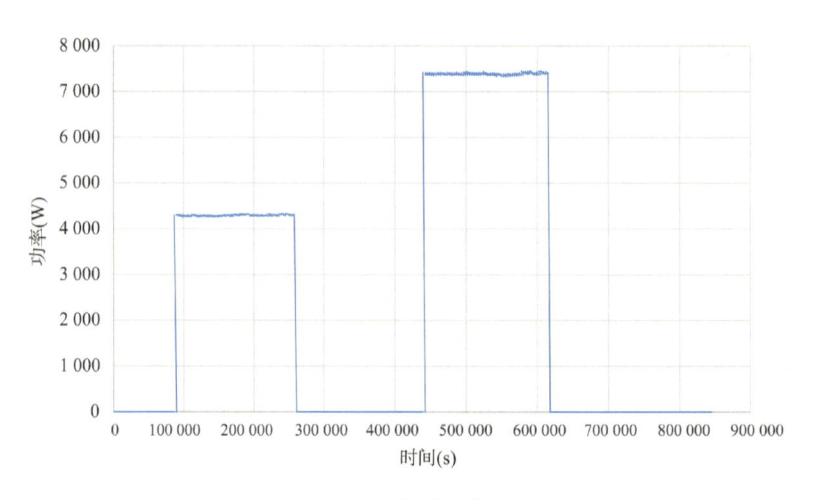

图 4.60　加热功率曲线图

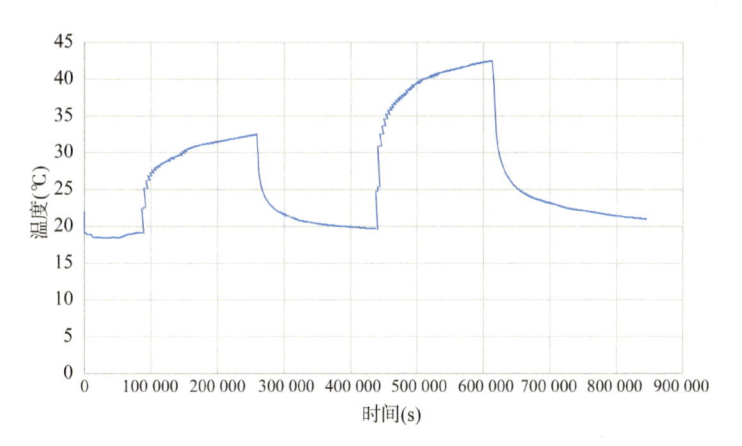

图 4.61　地温曲线图

在测试孔完成并放置 48 h 之后开始试验,采用无功循环法测定土体平均初始温度,温度稳定(变化幅度小于 0.5 ℃)时间大于 24 h 后,观测时间不少于 24 h。HA03 孔初始地温测试曲线见图 4.62。

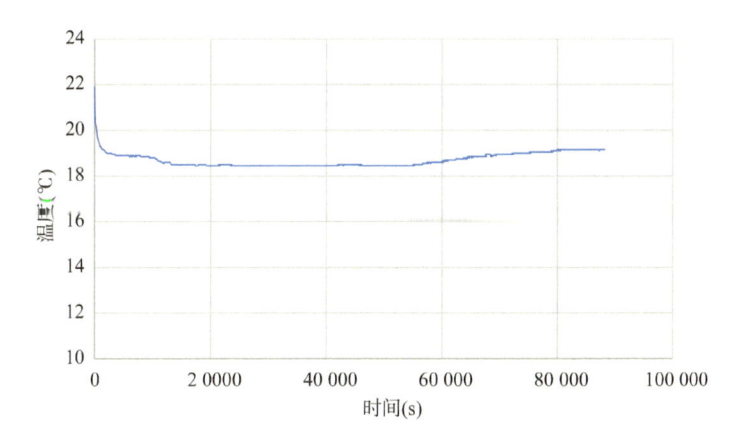

图 4.62　HA03 孔初始地温测试曲线图

2020 年 5 月 27 日开始进行"恒定热流法"测试,实际平均加热功率为 4.3 kW,平均流量为 23.28 L/min(流速为 0.731 m/s),测试设备连续加热,温度稳定(变化幅度小于 1 ℃)时间不少于 12 h,每隔 120 s 记录一次地埋管进、出水温度及流量数据,以获取岩土综合导热系数。图 4.63 为低功率稳定流测试时间-温度曲线,图 4.64 为低功率稳定流测试及对数拟合曲线。

由试验数据可得,循环介质与 U 形管内壁的对流换热系数为:

$$K = Nu_f \frac{\lambda_f}{d_i} = 0.023 \frac{\lambda_f}{d_i} Re_f^{0.8} Pr_f^{0.3}$$

$$= 0.023 \times 0.618\,450\,159 \times 21\,584.280\,97^{0.8} \times 5.414\,671\,478^{0.3}/0.026$$

$$\approx 2\,663.43 \text{ W}/(\text{m}^2 \cdot \text{℃})$$

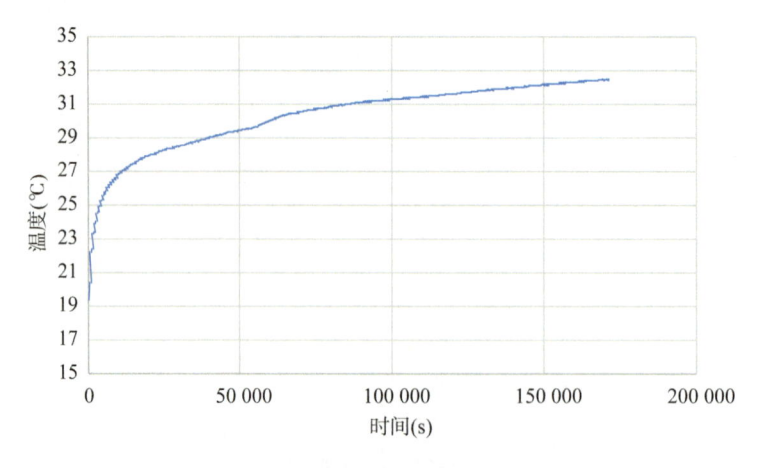

图 4.63　HA03 孔低功率稳定流测试时间-温度曲线图

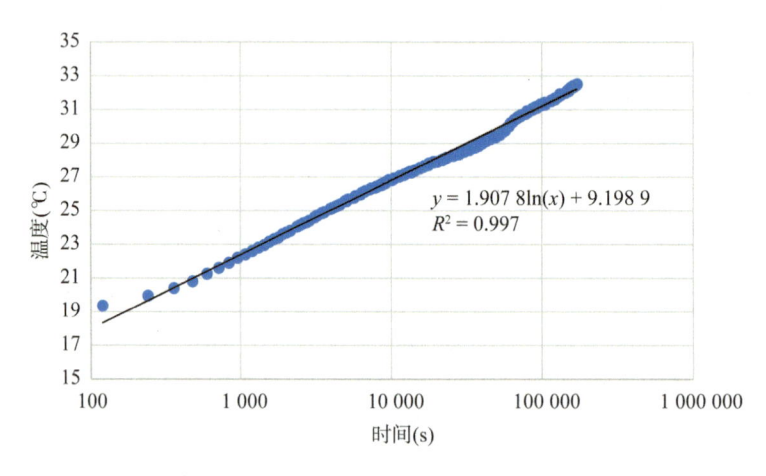

图 4.64　HA03 孔低功率稳定流测试及对数拟合曲线图

其中，λ_f 为循环介质水在平均温度下的导热系数；Nu_f 为水的努塞尔数；Re_f 为水的雷诺数；Pr_f 为水的普朗特数。由对数曲线图中的直线可得 $k=1.9078$，则导热系数为：

$$\lambda_s = \frac{q_l}{4\pi k} = \frac{30.72}{4 \times 3.1415926 \times 1.9078} \approx 1.28 \text{ W/(m·℃)}$$

钻孔内传热热阻为：

$$R_b = \frac{1}{2}\left\{\frac{1}{2\pi\lambda_b}\left[\ln\left(\frac{d_b}{d_o}\right)+\ln\left(\frac{d_b}{D}\right)+\frac{\lambda_b-\lambda_s}{\lambda_b+\lambda_s}\ln\left(\frac{d_b^4}{d_b^4-D^4}\right)\right]+\frac{1}{2\pi\lambda_p}\ln\left(\frac{d_o}{d_i}\right)+\frac{1}{\pi d_i K}\right\} = 0.5 \times$$

$$\left\{\frac{1}{2\times 3.1415926\times 2.25}\left[\ln\left(\frac{0.11}{0.032}\right)+\ln\left(\frac{0.11}{0.07}\right)+\frac{2.25-1.28}{2.25+1.28}\ln\left(\frac{0.11^4}{0.11^4-0.07^4}\right)\right]+\right.$$

$$\left.\frac{1}{2\times 3.1415926\times 0.42}\ln\left(\frac{0.032}{0.026}\right)+\frac{1}{3.1415926\times 0.026\times 2663.43}\right\} \approx 0.103 \text{ (m·℃)/W}$$

又 $T_f(\tau) = k\ln(\tau) + b, k = 1.9078, b = 9.1989$

$$T_f = T_{ff} + q_l\left[R_b + \frac{1}{4\pi\lambda_s}\left[\ln\left(\frac{16\lambda_s\tau}{d_b^2\rho_s c_s}\right) - \gamma\right]\right]$$

$$b = \frac{q_l}{4\pi\lambda_s}\left(\ln\frac{16\lambda_s}{d_b^2\rho_s c_s} - \gamma\right) + q_l R_b + T_{ff}$$

$$= \frac{30.72}{4 \times 3.1415926 \times 1.28}\left(\ln\frac{16\alpha}{0.11^2} - 0.577216\right) + 30.72 \times 0.103 + 18.71 = 9.1989$$

可得钻孔外岩土体的热扩散系数: $\alpha \approx 1.75 \times 10^{-6}$ m²/s

则热容量 $\rho_s c_s = \frac{\lambda_s}{\alpha} = 0.73 \times 10^6$ J/(m³·℃)

单位延米换热量 $q_l = \frac{Q}{H} = \frac{3072}{100} = 30.72$ W/m

其中 $Q = G \times c_w \times (t_g - t_h)$，$G$ 为循环水流量(kg/h)，c_w 为水的比热容[J/(kg·℃)]，t_g 为回水温度(℃)，t_h 为进水温度(℃)。

2020年5月31日再次进行"恒定热流法"测试，实际平均加热功率为7.4 kW，平均流量为23.30 L/min(流速为0.731 m/s)，测试设备连续加热，温度稳定(变化幅度小于1 ℃)时间不少于12 h，每隔120 s记录一次地埋管进、出水温度及流量数据，以获取岩土综合导热系数。图4.65为高功率稳定流测试时间-温度曲线，图4.66为高功率稳定流测试及对数拟合曲线。

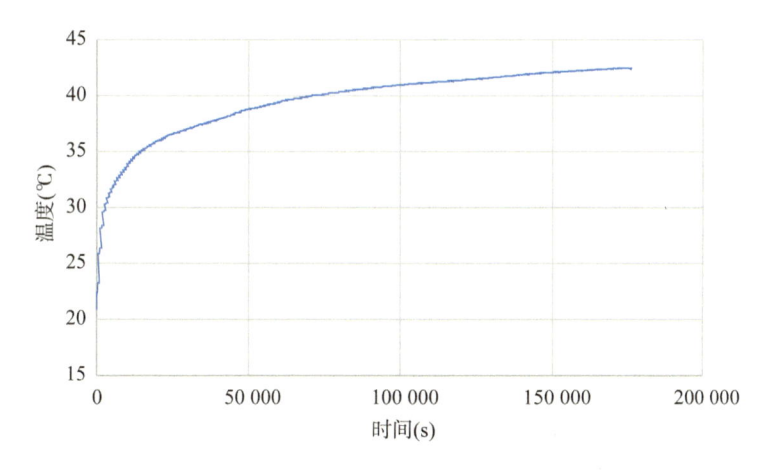

图 4.65　HA03孔高功率稳定流测试时间-温度曲线图

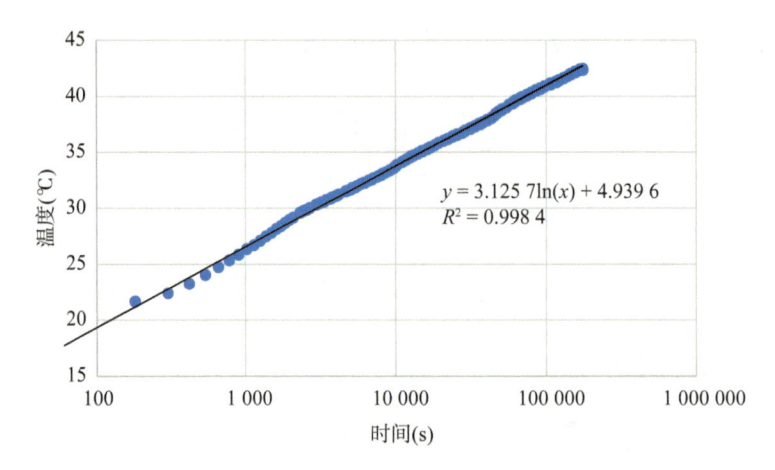

图 4.66　HA03 孔高功率稳定流测试及对数拟合曲线图

由试验数据可得，循环介质与 U 形管内壁的对流换热系数为：

$$K = Nu_f \frac{\lambda_f}{d_i} = 0.023 \frac{\lambda_f}{d_i} Re_f^{0.8} Pr_f^{0.3}$$

$$= 0.023 \times 0.635\,081\,696 \times 22\,229.350\,19^{0.8} \times 4.463\,815\,256^{0.3} / 0.026$$

$$= 2\,642.64 \text{ W/(m}^2 \cdot \text{℃)}$$

其中，λ_f 为循环介质水在平均温度下的导热系数；Nu_f 为水的努塞尔数；Re_f 为水的雷诺数；Pr_f 为水的普朗特数。由对数曲线图中的直线可得 $k = 3.125\,7$，则导热系数为：

$$\lambda_s = \frac{q_l}{4\pi k} = \frac{57.06}{4 \times 3.141\,592\,6 \times 3.125\,7} \approx 1.45 \text{ W/(m} \cdot \text{℃)}$$

钻孔内传热热阻为：

$$R_b = \frac{1}{2}\left\{\frac{1}{2\pi\lambda_b}\left[\ln\left(\frac{d_b}{d_o}\right) + \ln\left(\frac{d_b}{D}\right) + \frac{\lambda_b - \lambda_s}{\lambda_b + \lambda_s}\ln\left(\frac{d_b^4}{d_b^4 - D^4}\right)\right] + \frac{1}{2\pi\lambda_p}\ln\left(\frac{d_o}{d_i}\right) + \frac{1}{\pi d_i K}\right\} = 0.5 \times$$

$$\left\{\frac{1}{2 \times 3.141\,592\,6 \times 2.25}\left[\ln\left(\frac{0.11}{0.032}\right) + \ln\left(\frac{0.11}{0.07}\right) + \frac{2.25 - 1.45}{2.25 + 1.45}\ln\left(\frac{0.11^4}{0.11^4 - 0.07^4}\right)\right] + \right.$$

$$\left.\frac{1}{2 \times 3.141\,592\,6 \times 0.42}\ln\left(\frac{0.032}{0.026}\right) + \frac{1}{3.141\,592\,6 \times 0.026 \times 2\,642.64}\right\}$$

$$\approx 0.103 \text{ (m} \cdot \text{℃)/W}$$

又 $T_f(\tau) = k\ln(\tau) + b$，$k = 3.125\,7$，$b = 4.939\,6$

$$T_f = T_{ff} + q_l\left[R_b + \frac{1}{4\pi\lambda_s}\left[\ln\left(\frac{16\lambda_s\tau}{d_b^2\rho_s c_s}\right) - \gamma\right]\right]$$

$$b = \frac{q_l}{4\pi\lambda_s}\left(\ln\frac{16\lambda_s}{d_b^2\rho_s c_s} - \gamma\right) + q_l R_b + T_{ff}$$

$$= \frac{57.06}{4 \times 3.141\,592\,6 \times 1.45}\left(\ln\frac{16\alpha}{0.11^2} - 0.577\,216\right) + 57.06 \times 0.103 + 18.71 = 4.939\,6$$

可得钻孔外岩土体的热扩散系数:$\alpha \approx 2.52 \times 10^{-6}$ m²/s

则热容量 $\rho_s c_s = \dfrac{\lambda_s}{\alpha} = 0.58 \times 10^6$ J/(m³·℃)

单位延米换热量 $q_l = \dfrac{Q}{H} = \dfrac{5\ 706}{100} = 57.06$ W/m

其中 $Q = G \times c_w \times (t_g - t_h)$，$G$ 为循环水流量(kg/h)，c_w 为水的比热容[J/(kg·℃)]，t_g 为回水温度(℃)，t_h 为进水温度(℃)。

四、徐州市

（一）XZ01 孔

2020 年 5 月 13 日研究人员开始对 XZ01 孔进行热响应试验，先后进行了初始地温测试、低功率稳定流测试、地温恢复测试和高功率稳定流测试。XZ01 孔试验现场图如图 4.67 所示，加热功率曲线图如图 4.68 所示，地温曲线图如图 4.69 所示。

图 4.67　XZ01 孔试验现场图

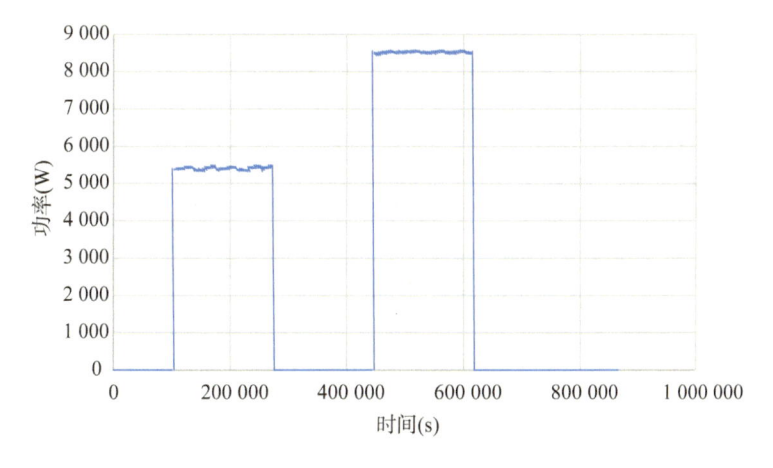

图 4.68　加热功率曲线图

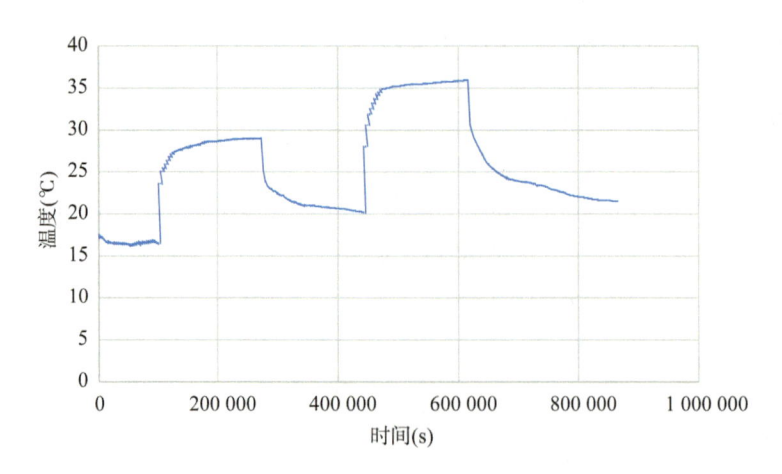

图 4.69　地温曲线图

在测试孔完成并放置 48 h 之后开始试验,采用无功循环法测定土体平均初始温度,温度稳定(变化幅度小于 0.5 ℃)时间大于 24 h 后,观测时间不少于 24 h。XZ01 孔初始地温测试曲线见图 4.70。

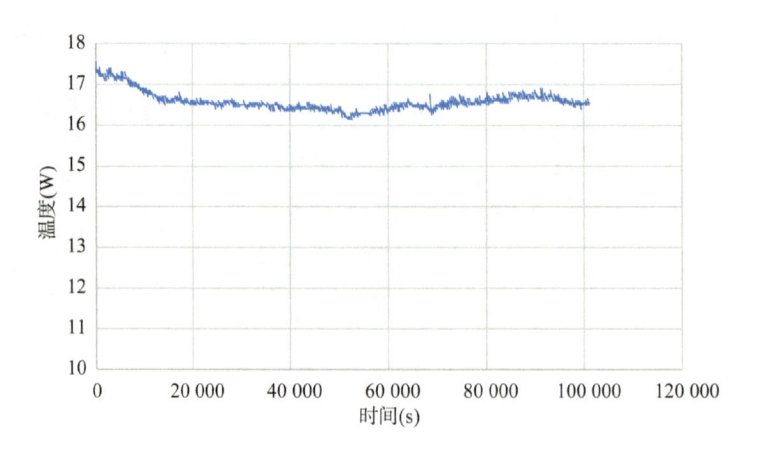

图 4.70　XZ01 孔初始地温测试曲线图

2020 年 5 月 14 日研究人员开始进行"恒定热流法"测试,实际平均加热功率为 5.4 kW,平均流量为 13.88 L/min(流速为 0.436 m/s),测试设备连续加热,温度稳定(变化幅度小于 1 ℃)时间不少于 12 h,每隔 60 s 记录一次地埋管进、出水温度及流量数据,以获取岩土综合导热系数。图 4.71 为低功率稳定流测试时间-温度曲线,图 4.72 为低功率稳定流测试及对数拟合曲线。

由试验数据可得,循环介质与 U 形管内壁的对流换热系数为:

$$K = Nu_f \frac{\lambda_f}{d_i} = 0.023 \frac{\lambda_f}{d_i} Re_f^{0.8} Pr_f^{0.3}$$

$$= 0.023 \times 0.614\,234\,519 \times 12\,571.322\,24^{0.8} \times 5.722\,092\,035^{0.3}/0.026$$

$$\approx 1\,745.26 \text{ W}/(\text{m}^2 \cdot \text{℃})$$

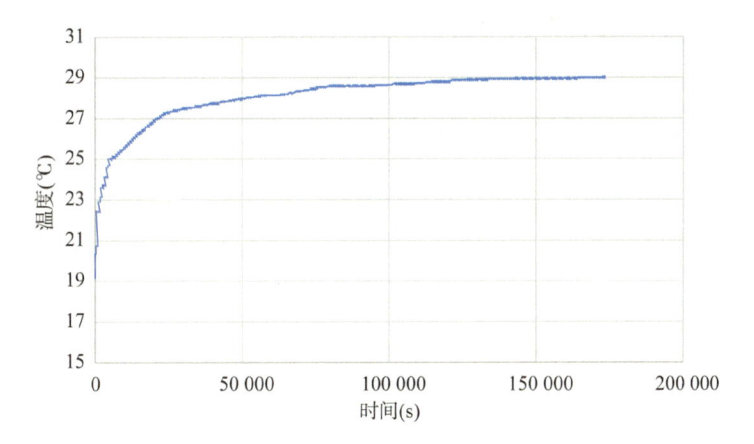

图 4.71　XZ01 孔低功率稳定流测试时间-温度曲线图

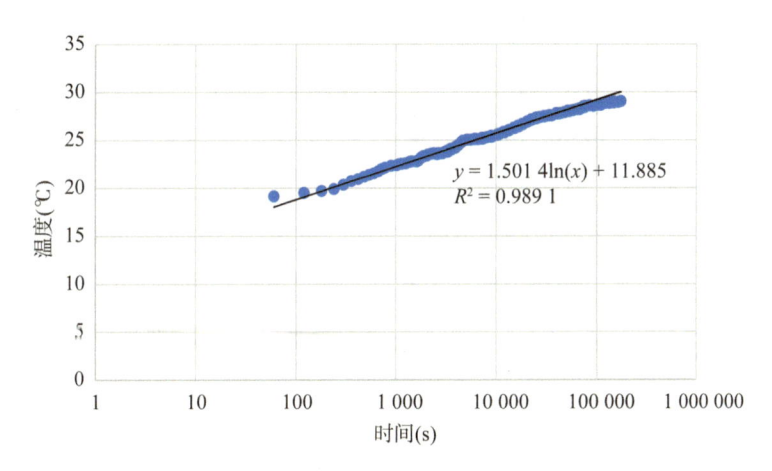

图 4.72　XZ01 孔低功率稳定流测试及对数拟合曲线图

其中，λ_f 为循环介质水在平均温度下的导热系数；Nu_f 为水的努塞尔数；Re_f 为水的雷诺数；Pr_f 为水的普朗特数。由对数曲线图中的直线可得 $k=1.501\,4$，则导热系数为：

$$\lambda_s = \frac{q_l}{4\pi k} = \frac{41.59}{4\times 3.141\,592\,6 \times 1.501\,4} \approx 2.20\ \text{W/(m·℃)}$$

钻孔内传热热阻为：

$$R_b = \frac{1}{2}\left\{\frac{1}{2\pi\lambda_b}\left[\ln\left(\frac{d_b}{d_o}\right)+\ln\left(\frac{d_b}{D}\right)+\frac{\lambda_b-\lambda_s}{\lambda_b+\lambda_s}\ln\left(\frac{d_b^4}{d_b^4-D^4}\right)\right]+\frac{1}{2\pi\lambda_p}\ln\left(\frac{d_o}{d_i}\right)+\frac{1}{\pi d_i K}\right\} = 0.5\times$$

$$\left\{\frac{1}{2\times 3.141\,592\,6 \times 2.25}\left[\ln\left(\frac{0.11}{0.032}\right)+\ln\left(\frac{0.11}{0.07}\right)+\frac{2.25-2.20}{2.25+2.20}\ln\left(\frac{0.11^4}{0.11^4-0.07^4}\right)\right]+\right.$$

$$\left.\frac{1}{2\times 3.141\,592\,6 \times 0.42}\ln\left(\frac{0.032}{0.026}\right)+\frac{1}{3.141\,592\,6 \times 0.026 \times 1\,745.26}\right\}$$

$$\approx 0.103\ (\text{m·℃})/\text{W}$$

又 $T_f(\tau)=k\ln(\tau)+b, k=1.501\ 4, b=11.885$

$$T_f=T_{ff}+q_l\left[R_b+\frac{1}{4\pi\lambda_s}\left[\ln\left(\frac{16\lambda_s\tau}{d_b^2\rho_s c_s}\right)-\gamma\right]\right]$$

$$b=\frac{q_l}{4\pi\lambda_s}\left(\ln\frac{16\lambda_s}{d_b^2\rho_s c_s}-\gamma\right)+q_l R_b+T_{ff}$$

$$=\frac{41.59}{4\times3.141\ 592\ 6\times2.20}\left(\ln\frac{16\alpha}{0.11^2}-0.577\ 216\right)+41.59\times0.103+16.58=11.885$$

可得钻孔外岩土体的热扩散系数:$\alpha\approx3.45\times10^{-6}\ m^2/s$

则热容量 $\rho_s c_s=\frac{\lambda_s}{\alpha}=0.64\times10^6\ J/(m^3\cdot℃)$

单位延米换热量 $q_l=\frac{Q}{H}=\frac{4\ 159}{100}=41.59\ W/m$

其中 $Q=G\times c_w\times(t_g-t_h)$,$G$ 为循环水流量(kg/h),c_w 为水的比热容[J/(kg·℃)],t_g 为回水温度(℃),t_h 为进水温度(℃)。

2020年5月19日再次进行"恒定热流法"测试,实际平均加热功率为8.5 kW,平均流量为13.76 L/min(流速为0.432 m/s),测试设备连续加热,温度稳定(变化幅度小于1 ℃)时间不少于12 h,每隔60 s记录一次地埋管进、出水温度及流量数据,以获取岩土综合导热系数。图4.73为高功率稳定流测试时间-温度曲线,图4.74为高功率稳定流测试及对数拟合曲线。

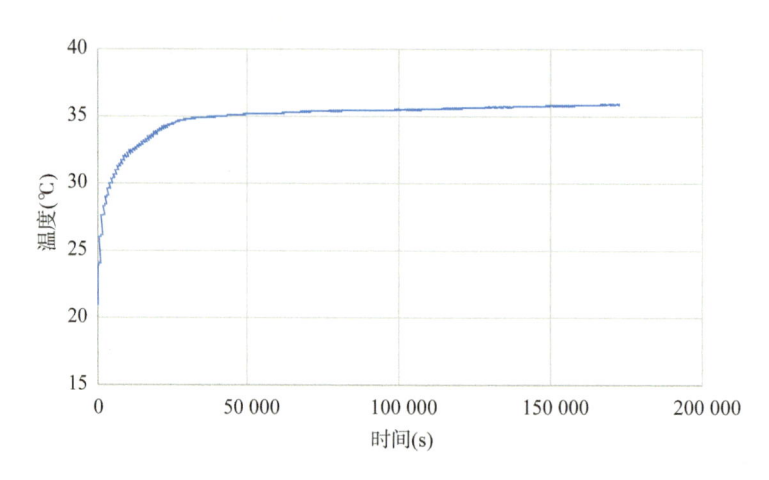

图 4.73 XZ01 孔高功率稳定流测试时间-温度曲线图

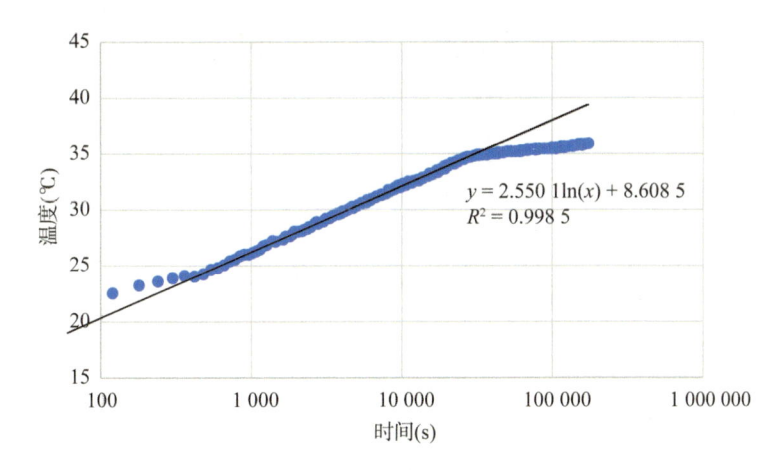

图 4.74　XZ01 孔高功率稳定流测试及对数拟合曲线图

由试验数据可得,循环介质与 U 形管内壁的对流换热系数为:

$$K = Nu_f \frac{\lambda_f}{d_i} = 0.023 \frac{\lambda_f}{d_i} Re_f^{0.8} Pr_f^{0.3}$$

$$= 0.023 \times 0.627\,059\,975 \times 13\,136.558\,36^{0.8} \times 4.869\,783\,899^{0.3}/0.026$$

$$\approx 1\,758.34 \text{ W}/(\text{m}^2 \cdot \text{°C})$$

其中,λ_f 为循环介质水在平均温度下的导热系数;Nu_f 为水的努塞尔数;Re_f 为水的雷诺数;Pr_f 为水的普朗特数。由对数曲线图中的直线可得 $k = 2.550\,1$,则导热系数为:

$$\lambda_s = \frac{q_l}{4\pi k} = \frac{79.36}{4 \times 3.141\,592\,6 \times 2.550\,1} \approx 2.48 \text{ W}/(\text{m} \cdot \text{°C})$$

钻孔内传热热阻为:

$$R_b = \frac{1}{2}\left\{\frac{1}{2\pi\lambda_b}\left[\ln\left(\frac{d_b}{d_o}\right) + \ln\left(\frac{d_b}{D}\right) + \frac{\lambda_b - \lambda_s}{\lambda_b + \lambda_s}\ln\left(\frac{d_b^4}{d_b^4 - D^4}\right)\right] + \frac{1}{2\pi\lambda_p}\ln\left(\frac{d_o}{d_i}\right) + \frac{1}{\pi d_i K}\right\} = 0.5 \times$$

$$\left\{\frac{1}{2 \times 3.141\,592\,6 \times 2.25}\left[\ln\left(\frac{0.11}{0.032}\right) + \ln\left(\frac{0.11}{0.07}\right) + \frac{2.25 - 2.48}{2.25 + 2.48}\ln\left(\frac{0.11^4}{0.11^4 - 0.07^4}\right)\right] + \right.$$

$$\left. \frac{1}{2 \times 3.141\,592\,6 \times 0.42}\ln\left(\frac{0.032}{0.026}\right) + \frac{1}{3.141\,592\,6 \times 0.026 \times 1\,758.34}\right\}$$

$$\approx 0.102 \text{ (m} \cdot \text{°C)/W}$$

又 $T_f(\tau) = k\ln(\tau) + b$, $k = 2.550\,1$, $b = 8.608\,5$

$$T_f = T_{ff} + q_l\left[R_b + \frac{1}{4\pi\lambda_s}\left[\ln\left(\frac{16\lambda_s\tau}{d_b^2\rho_s c_s}\right) - \gamma\right]\right]$$

$$b = \frac{q_l}{4\pi\lambda_s}\left(\ln\frac{16\lambda_s}{d_b^2\rho_s c_s} - \gamma\right) + q_l R_b + T_{ff}$$

$$= \frac{79.36}{4 \times 3.141\,592\,6 \times 2.48}\left(\ln\frac{16\alpha}{0.11^2} - 0.577\,216\right) + 79.36 \times 0.102 + 16.58 = 8.608\,5$$

可得钻孔外岩土体的热扩散系数：$\alpha \approx 2.46 \times 10^{-6}$ m²/s

则热容量 $\rho_s c_s = \dfrac{\lambda_s}{\alpha} = 1.00 \times 10^6$ J/(m³·℃)

单位延米换热量 $q_l = \dfrac{Q}{H} = \dfrac{7\,936}{100} = 79.36$ W/m

其中 $Q = G \times c_w \times (t_g - t_h)$，$G$ 为循环水流量(kg/h)，c_w 为水的比热容[J/(kg·℃)]，t_g 为回水温度(℃)，t_h 为进水温度(℃)。

（二）XZ02 孔

2020 年 5 月 25 日研究人员开始对 XZ02 孔进行热响应试验，先后进行了初始地温测试、低功率稳定流测试、地温恢复测试和高功率稳定流测试。XZ02 孔试验现场图如图 4.75 所示，加热功率曲线图如图 4.76 所示，地温曲线图如图 4.77 所示。

图 4.75　XZ02 孔试验现场图

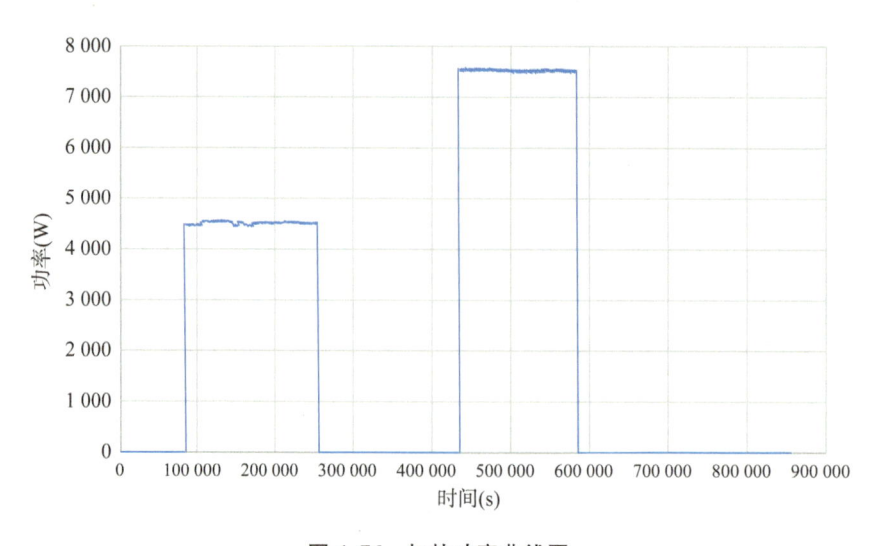

图 4.76　加热功率曲线图

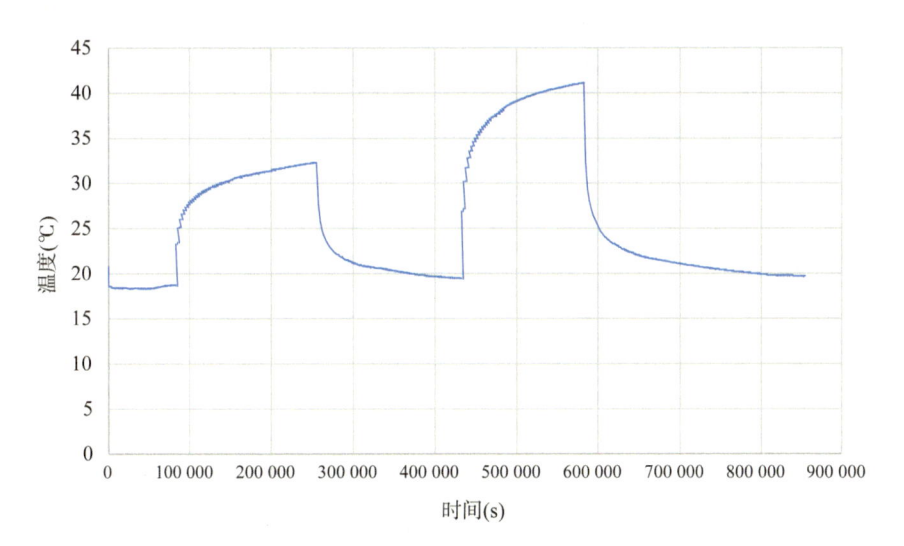

图 4.77 地温曲线图

在测试孔完成并放置 48 h 之后开始试验,采用无功循环法测定土体平均初始温度,温度稳定(变化幅度小于 0.5 ℃)时间大于 24 h 后,观测时间不少于 24 h。XZ02 孔初始地温测试曲线见图 4.78。

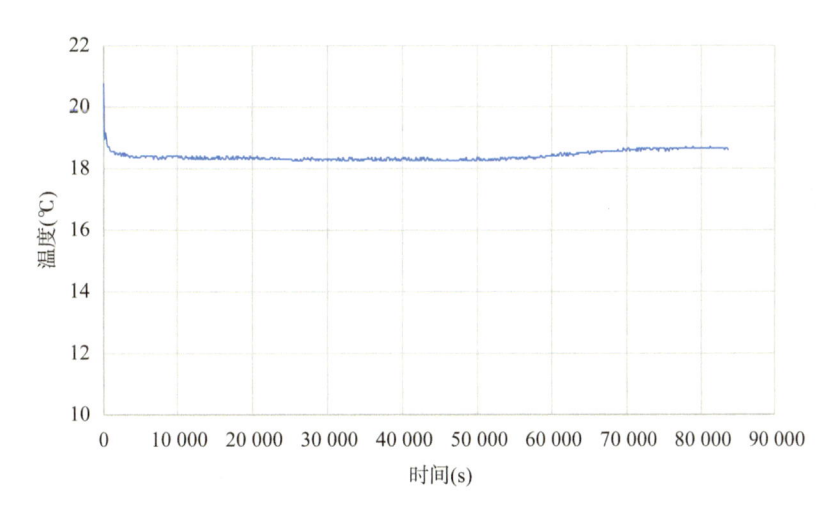

图 4.78 XZ02 孔初始地温测试曲线图

2020 年 5 月 26 日研究人员开始进行"恒定热流法"测试,实际平均加热功率为 4.5 kW,平均流量为 18.31 L/min(流速为 0.575 m/s),测试设备连续加热,温度稳定(变化幅度小于 1 ℃)时间不少于 12 h,每隔 120 s 记录一次地埋管进、出水温度及流量数据,以获取岩土综合导热系数。图 4.79 为低功率稳定流测试时间-温度曲线,图 4.80 为低功率稳定流测试及对数拟合曲线。

由试验数据可得,循环介质与 U 形管内壁的对流换热系数为:

$$K = Nu_f \frac{\lambda_f}{d_i} = 0.023 \frac{\lambda_f}{d_i} Re_f^{0.8} Pr_f^{0.3}$$

$$= 0.023 \times 0.618\ 431\ 216 \times 16\ 976.461\ 42^{0.8} \times 5.415\ 993\ 296^{0.3} / 0.026$$

$$\approx 2\ 198.00\ \text{W}/(\text{m}^2 \cdot \text{℃})$$

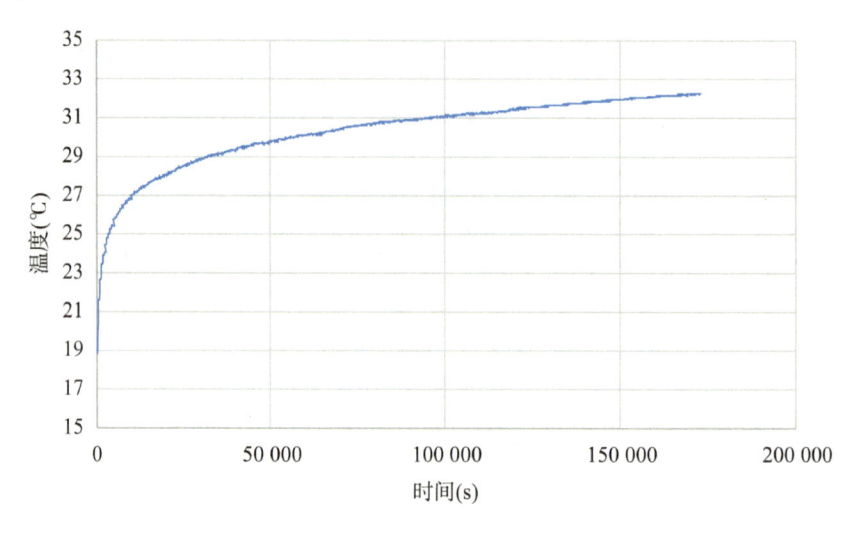

图 4.79　XZ02 孔低功率稳定流测试时间-温度曲线图

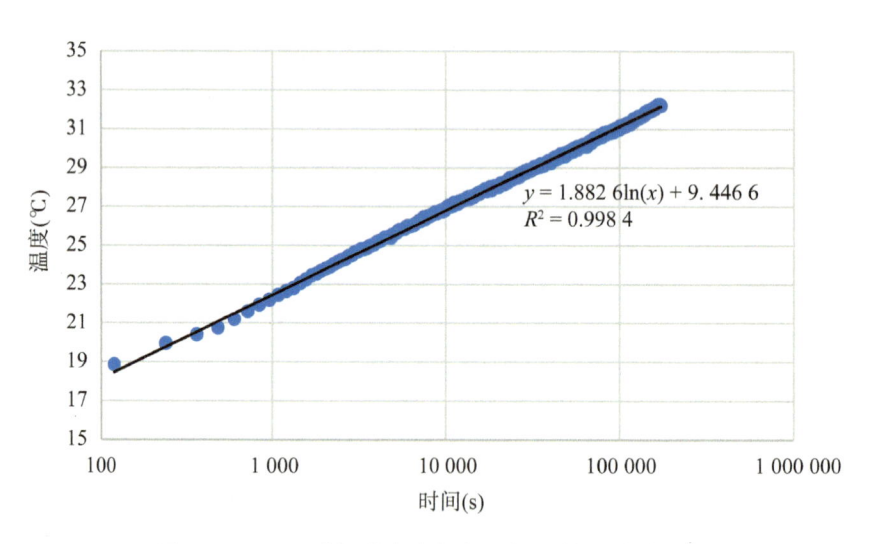

图 4.80　XZ02 孔低功率稳定流测试及对数拟合曲线图

其中，λ_f 为循环介质水在平均温度下的导热系数；Nu_f 为水的努塞尔数；Re_f 为水的雷诺数；Pr_f 为水的普朗特数。由对数曲线图中的直线可得 $k=1.882\ 6$，则导热系数为：

$$\lambda_s = \frac{q_l}{4\pi k} = \frac{26.91}{4 \times 3.1415926 \times 1.8826} \approx 1.14 \text{ W/(m·℃)}$$

钻孔内传热热阻为：

$$R_b = \frac{1}{2}\left\{\frac{1}{2\pi\lambda_b}\left[\ln\left(\frac{d_b}{d_o}\right) + \ln\left(\frac{d_b}{D}\right) + \frac{\lambda_b - \lambda_s}{\lambda_b + \lambda_s}\ln\left(\frac{d_b^4}{d_b^4 - D^4}\right)\right] + \frac{1}{2\pi\lambda_p}\ln\left(\frac{d_o}{d_i}\right) + \frac{1}{\pi d_i K}\right\} = 0.5 \times$$

$$\left\{\frac{1}{2 \times 3.1415926 \times 2.25}\left[\ln\left(\frac{0.11}{0.032}\right) + \ln\left(\frac{0.11}{0.07}\right) + \frac{2.25 - 1.14}{2.25 + 1.14}\ln\left(\frac{0.11^4}{0.11^4 - 0.07^4}\right)\right] + \right.$$

$$\left.\frac{1}{2 \times 3.1415926 \times 0.42}\ln\left(\frac{0.032}{0.026}\right) + \frac{1}{3.1415926 \times 0.026 \times 2198.00}\right\}$$

$$\approx 0.104 \text{ (m·℃)/W}$$

又 $T_f(\tau) = k\ln(\tau) + b, k = 1.8826, b = 9.4466$

$$T_f = T_{ff} + q_l\left[R_b + \frac{1}{4\pi\lambda_s}\left[\ln\left(\frac{16\lambda_s\tau}{d_b^2 \rho_s c_s}\right) - \gamma\right]\right]$$

$$b = \frac{q_l}{4\pi\lambda_s}\left(\ln\frac{16\lambda_s}{d_b^2 \rho_s c_s} - \gamma\right) + q_l R_b + T_{ff}$$

$$= \frac{26.91}{4 \times 3.1415926 \times 1.14}\left(\ln\frac{16\alpha}{0.11^2} - 0.577216\right) + 26.91 \times 0.104 + 18.40 = 9.4466$$

可得钻孔外岩土体的热扩散系数：$\alpha \approx 2.63 \times 10^{-6} \text{ m}^2/\text{s}$

则热容量 $\rho_s c_s = \frac{\lambda_s}{\alpha} = 0.43 \times 10^6 \text{ J/(m}^3\text{·℃)}$

单位延米换热量 $q_l = \frac{Q}{H} = \frac{2691}{100} = 26.91 \text{ W/m}$

其中 $Q = G \times c_w \times (t_g - t_h)$，$G$ 为循环水流量(kg/h)，c_w 为水的比热容[J/(kg·℃)]，t_g 为回水温度(℃)，t_h 为进水温度(℃)。

2020 年 5 月 30 日研究人员再次进行"恒定热流法"测试，实际平均加热功率为 7.5 kW，平均流量为 19.08 L/min(流速为 0.599 m/s)，测试设备连续加热，温度稳定(变化幅度小于 1 ℃)时间不少于 12 h，每隔 120 s 记录一次地埋管进、出水温度及流量数据，以获取岩土综合导热系数。图 4.81 为高功率稳定流测试时间-温度曲线，图 4.82 为高功率稳定流测试及对数拟合曲线。

由试验数据可得，循环介质与 U 形管内壁的对流换热系数为：

$$K = Nu_f \frac{\lambda_f}{d_i} = 0.023 \frac{\lambda_f}{d_i} Re_f^{0.8} Pr_f^{0.3}$$

$$= 0.023 \times 0.633067775 \times 18265.15557^{0.8} \times 4.556353381^{0.3}/0.026$$

$$\approx 2265.11 \text{ W/(m}^2\text{·℃)}$$

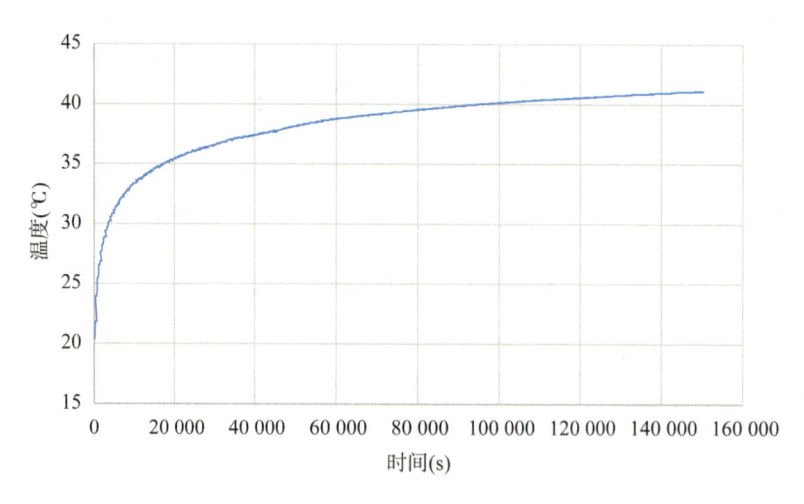

图 4.81　XZ02 孔高功率稳定流测试时间-温度曲线图

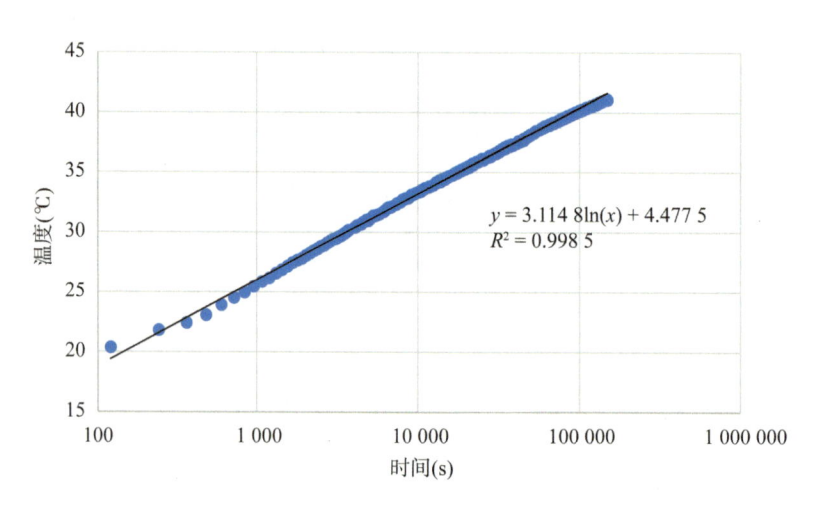

图 4.82　XZ02 孔高功率稳定流测试及对数拟合曲线图

其中，λ_f 为循环介质水在平均温度下的导热系数；Nu_f 为水的努塞尔数；Re_f 为水的雷诺数；Pr_f 为水的普朗特数。由对数曲线图中的直线可得 $k=3.1148$，则导热系数为：

$$\lambda_s = \frac{q_l}{4\pi k} = \frac{44.60}{4 \times 3.1415926 \times 3.1148} \approx 1.14 \text{ W/(m·℃)}$$

钻孔内传热热阻为：

$$R_b = \frac{1}{2}\left\{\frac{1}{2\pi\lambda_b}\left[\ln\left(\frac{d_b}{d_o}\right)+\ln\left(\frac{d_b}{D}\right)+\frac{\lambda_b-\lambda_s}{\lambda_b+\lambda_s}\ln\left(\frac{d_b^4}{d_b^4-D^4}\right)\right]+\frac{1}{2\pi\lambda_p}\ln\left(\frac{d_o}{d_i}\right)+\frac{1}{\pi d_i K}\right\} = 0.5 \times$$

$$\left\{\frac{1}{2\times 3.1415926\times 2.25}\left[\ln\left(\frac{0.11}{0.032}\right)+\ln\left(\frac{0.11}{0.07}\right)+\frac{2.25-1.14}{2.25+1.14}\ln\left(\frac{0.11^4}{0.11^4-0.07^4}\right)\right]+\right.$$

$$\frac{1}{2\times 3.141\,592\,6\times 0.42}\ln\left(\frac{0.032}{0.026}\right)+\frac{1}{3.141\,592\,6\times 0.026\times 2\,265.11}\right\}\approx 0.104\ (\text{m}\cdot\text{°C})/\text{W}$$

又 $T_f(\tau)=k\ln(\tau)+b, k=3.114\,8, b=4.477\,5$

$$T_f=T_{ff}+q_l\left[R_b+\frac{1}{4\pi\lambda_s}[\ln\left(\frac{16\lambda_s\tau}{d_b^2\rho_s c_s}\right)-\gamma]\right]$$

$$b=\frac{q_l}{4\pi\lambda_s}\left(\ln\frac{16\lambda_s}{d_b^2\rho_s c_s}-\gamma\right)+q_l R_b+T_{ff}$$

$$=\frac{44.60}{4\times 3.141\,592\,6\times 1.14}\left(\ln\frac{16\alpha}{0.11^2}-0.577\,216\right)+44.60\times 0.104+18.40=4.477\,5$$

可得钻孔外岩土体的热扩散系数：$\alpha\approx 3.49\times 10^{-6}$ m²/s

则热容量 $\rho_s c_s=\dfrac{\lambda_s}{\alpha}=0.33\times 10^6$ J/(m³·°C)

单位延米换热量 $q_l=\dfrac{Q}{H}=\dfrac{4\,460}{100}=44.60$ W/m

其中 $Q=G\times c_w\times(t_g-t_h)$，$G$ 为循环水流量(kg/h)，c_w 为水的比热容[J/(kg·°C)]，t_g 为回水温度(°C)，t_h 为进水温度(°C)。

(三) XZ03 孔

2020 年 5 月 7 日研究人员开始对 XZ03 孔进行热响应试验，先后进行了初始地温测试、低功率稳定流测试、地温恢复测试和高功率稳定流测试。XZ03 孔试验现场图如图 4.83 所示，加热功率曲线图如图 4.84 所示，地温曲线图如图 4.85 所示。

图 4.83　XZ03 孔试验现场图

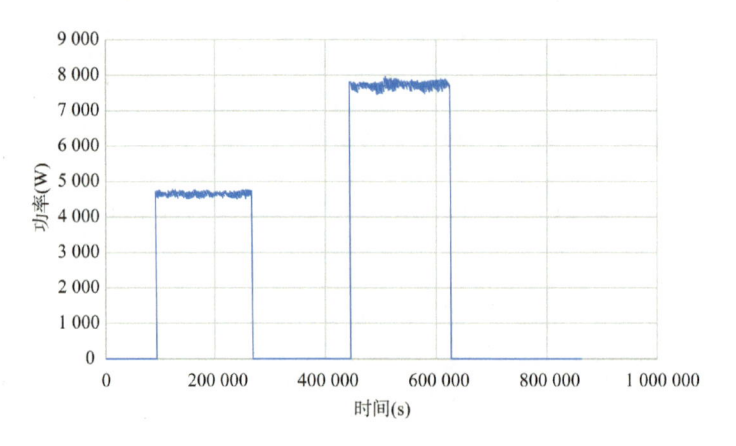

图 4.84　加热功率曲线图

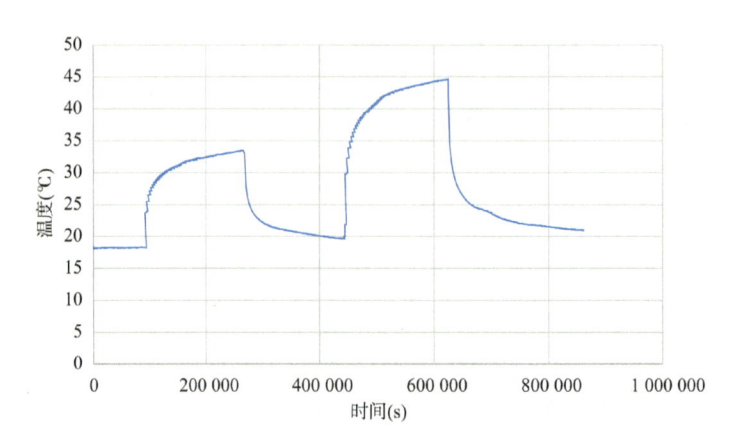

图 4.85　地温曲线图

在测试孔完成并放置 48 h 之后开始试验，采用无功循环法测定土体平均初始温度，温度稳定(变化幅度小于 0.5 ℃)时间大于 24 h 后，观测时间不少于 24 h。XZ03 孔初始地温测试曲线见图 4.86。

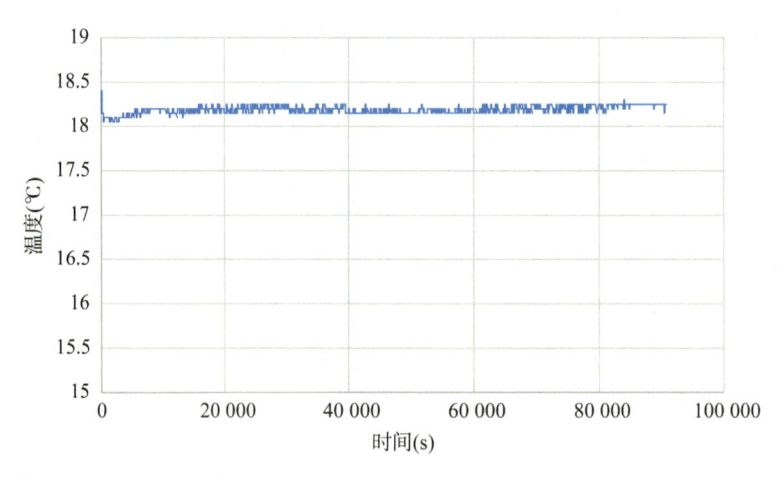

图 4.86　XZ03 孔初始地温测试曲线图

2020 年 5 月 8 日研究人员开始进行"恒定热流法"测试,实际平均加热功率为 4.6 kW,平均流量为 21.72 L/min(流速为 0.682 m/s),测试设备连续加热,温度稳定(变化幅度小于 1 ℃)时间不少于 12 h,每隔 120 s 记录一次地埋管进、出水温度及流量数据,以获取岩土综合导热系数。图 4.87 为低功率稳定流测试时间-温度曲线,图 4.88 为低功率稳定流测试及对数拟合曲线。

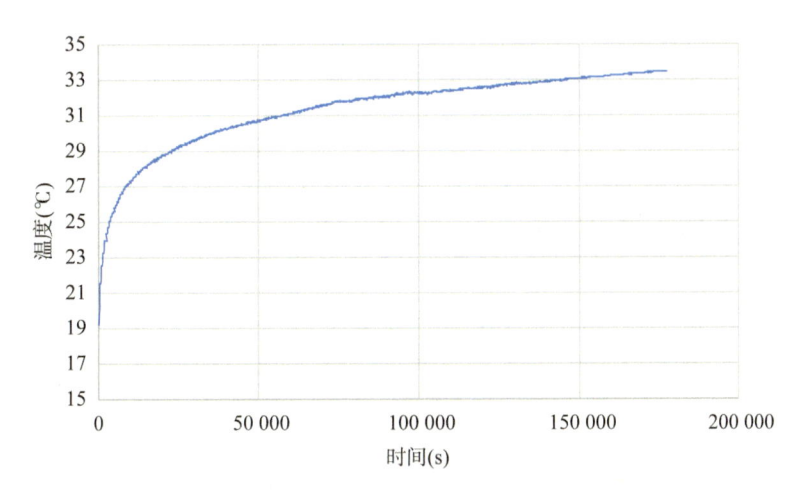

图 4.87　XZ03 孔低功率稳定流测试时间-温度曲线图

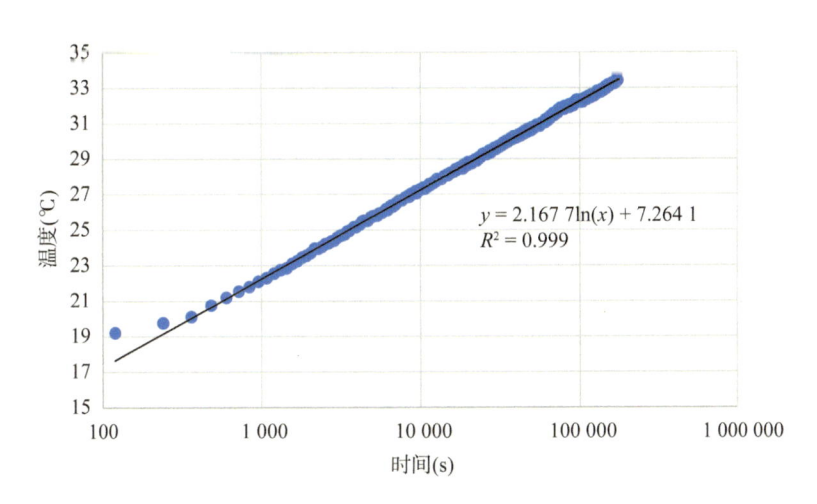

图 4.88　XZ03 孔低功率稳定流测试及对数拟合曲线图

由试验数据可得,循环介质与 U 形管内壁的对流换热系数为:

$$K = Nu_f \frac{\lambda_f}{d_i} = 0.023 \frac{\lambda_f}{d_i} Re_f^{0.8} Pr_f^{0.3}$$

$$= 0.023 \times 0.620\,353\,1 \times 20\,316.199\,84^{0.8} \times 5.284\,630\,327^{0.3} / 0.026$$

$$\approx 2\,526.81\ \text{W}/(\text{m}^2 \cdot ℃)$$

其中,λ_f 为循环介质水在平均温度下的导热系数;Nu_f 为水的努塞尔数;Re_f 为水的雷诺数;Pr_f 为水的普朗特数。由对数曲线图中的直线可得 $k=2.1677$,则导热系数为:

$$\lambda_s = \frac{q_l}{4\pi k} = \frac{25.32}{4 \times 3.1415926 \times 2.1677} \approx 0.93 \text{ W}/(\text{m} \cdot \text{°C})$$

钻孔内传热热阻为:

$$R_b = \frac{1}{2}\left\{\frac{1}{2\pi\lambda_b}\left[\ln\left(\frac{d_b}{d_o}\right) + \ln\left(\frac{d_b}{D}\right) + \frac{\lambda_b - \lambda_s}{\lambda_b + \lambda_s}\ln\left(\frac{d_b^4}{d_b^4 - D^4}\right)\right] + \frac{1}{2\pi\lambda_p}\ln\left(\frac{d_o}{d_i}\right) + \frac{1}{\pi d_i K}\right\} = 0.5 \times$$

$$\left\{\frac{1}{2 \times 3.1415926 \times 2.25}\left[\ln\left(\frac{0.11}{0.032}\right) + \ln\left(\frac{0.11}{0.07}\right) + \frac{2.25 - 0.93}{2.25 + 0.93}\ln\left(\frac{0.11^4}{0.11^4 - 0.07^4}\right)\right] + \right.$$

$$\left.\frac{1}{2 \times 3.1415926 \times 0.42}\ln\left(\frac{0.032}{0.026}\right) + \frac{1}{3.1415926 \times 0.026 \times 2526.81}\right\} \approx 0.104 \text{ (m} \cdot \text{°C)}/\text{W}$$

又 $T_f(\tau) = k\ln(\tau) + b, k = 2.1677, b = 7.2641$

$$T_f = T_{ff} + q_l\left[R_b + \frac{1}{4\pi\lambda_s}\left[\ln\left(\frac{16\lambda_s \tau}{d_b^2 \rho_s c_s}\right) - \gamma\right]\right]$$

$$b = \frac{q_l}{4\pi\lambda_s}\left(\ln\frac{16\lambda_s}{d_b^2 \rho_s c_s} - \gamma\right) + q_l R_b + T_{ff}$$

$$= \frac{25.32}{4 \times 3.1415926 \times 0.93}\left(\ln\frac{16\alpha}{0.11^2} - 0.577216\right) + 25.32 \times 0.104 + 18.19 = 7.2641$$

可得钻孔外岩土体的热扩散系数:$\alpha \approx 2.59 \times 10^{-6} \text{ m}^2/\text{s}$

则热容量 $\rho_s c_s = \frac{\lambda_s}{\alpha} = 0.36 \times 10^6 \text{ J}/(\text{m}^3 \cdot \text{°C})$

单位延米换热量 $q_l = \frac{Q}{H} = \frac{2532}{100} = 25.32 \text{ W/m}$

其中 $Q = G \times c_w \times (t_g - t_h)$,$G$ 为循环水流量(kg/h),c_w 为水的比热容[J/(kg·°C)],t_g 为回水温度(°C),t_h 为进水温度(°C)。

2020年5月12日研究人员再次进行"恒定热流法"测试,实际平均加热功率为7.7 kW,平均流量为22.21 L/min(流速为0.697 m/s),测试设备连续加热,温度稳定(变化幅度小于1 °C)时间不少于12 h,每隔120 s记录一次地埋管进、出水温度及流量数据,以获取岩土综合导热系数。图4.89为高功率稳定流测试时间-温度曲线,图4.90为高功率稳定流测试及对数拟合曲线。

由试验数据可得,循环介质与U形管内壁的对流换热系数为:

$$K = Nu_f \frac{\lambda_f}{d_i} = 0.023 \frac{\lambda_f}{d_i} Re_f^{0.8} Pr_f^{0.3}$$

$$= 0.023 \times 0.638293836 \times 21018.02751^{0.8} \times 4.329508481^{0.3}/0.026$$

$$\approx 2516.40 \text{ W}/(\text{m}^2 \cdot \text{°C})$$

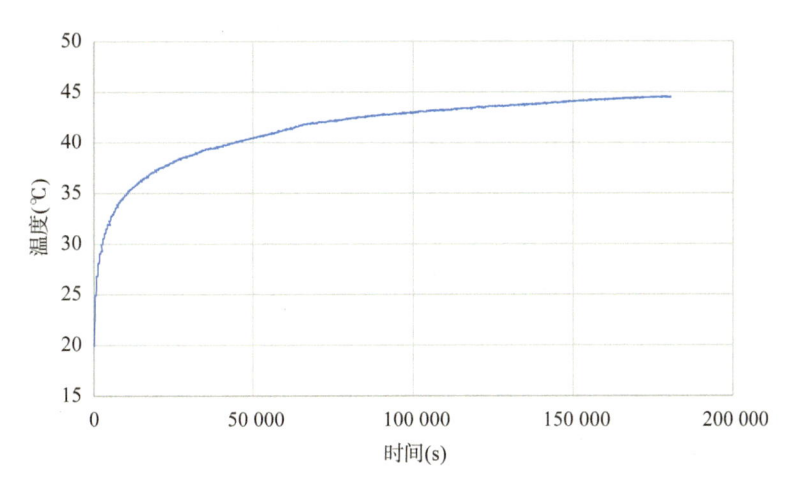

图 4.89 XZ03 孔高功率稳定流测试时间-温度曲线图

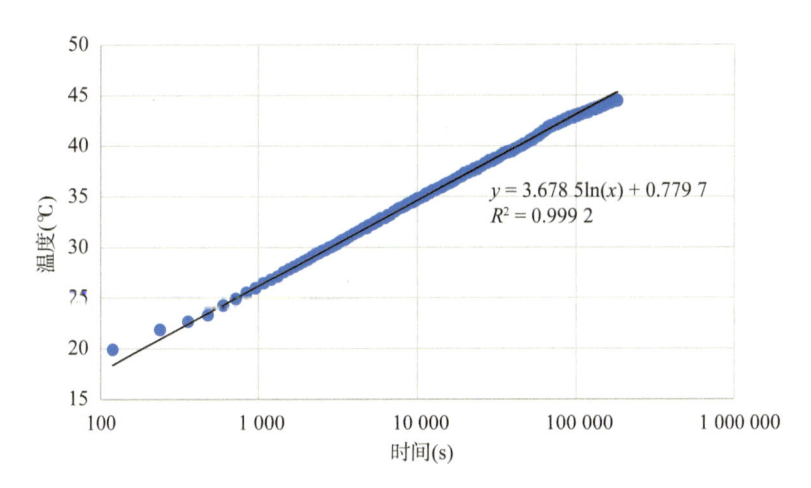

图 4.90 XZ03 孔高功率稳定流测试及对数拟合曲线图

其中,λ_f 为循环介质水在平均温度下的导热系数;Nu_f 为水的努塞尔数;Re_f 为水的雷诺数;Pr_f 为水的普朗特数。由对数曲线图中的直线可得 $k=3.7435$,则导热系数为:

$$\lambda_s = \frac{q_l}{4\pi k} = \frac{45.46}{4 \times 3.1415926 \times 3.6785} \approx 0.98 \ \text{W/(m·℃)}$$

钻孔内传热热阻为:

$$R_b = \frac{1}{2}\left\{\frac{1}{2\pi\lambda_b}\left[\ln\left(\frac{d_b}{d_o}\right) + \ln\left(\frac{d_b}{D}\right) + \frac{\lambda_b - \lambda_s}{\lambda_b + \lambda_s}\ln\left(\frac{d_b^4}{d_b^4 - D^4}\right)\right] + \frac{1}{2\pi\lambda_p}\ln\left(\frac{d_o}{d_i}\right) + \frac{1}{\pi d_i K}\right\} = 0.5 \times$$

$$\left\{\frac{1}{2 \times 3.1415926 \times 2.25}\left[\ln\left(\frac{0.11}{0.032}\right) + \ln\left(\frac{0.11}{0.07}\right) + \frac{2.25 - 0.98}{2.25 + 0.98}\ln\left(\frac{0.11^4}{0.11^4 - 0.07^4}\right)\right] + \right.$$

$$\frac{1}{2\times3.1415926\times0.42}\ln\left(\frac{0.032}{0.026}\right)+\frac{1}{3.1415926\times0.026\times2516.40}\Big\}\approx0.104\ (\mathrm{m\cdot{}^\circ\!C})/\mathrm{W}$$

又 $T_f(\tau)=k\ln(\tau)+b, k=3.6785, b=0.7797$

$$T_f=T_{ff}+q_l\left[R_b+\frac{1}{4\pi\lambda_s}[\ln\left(\frac{16\lambda_s\tau}{d_b^2\rho_s c_s}\right)-\gamma]\right]$$

$$b=\frac{q_l}{4\pi\lambda_s}\left(\ln\frac{16\lambda_s}{d_b^2\rho_s c_s}-\gamma\right)+q_l R_b+T_{ff}$$

$$=\frac{45.46}{4\times3.1415926\times0.98}\left(\ln\frac{16\alpha}{0.11^2}-0.577216\right)+45.46\times0.104+18.19=0.7797$$

可得钻孔外岩土体的热扩散系数：$\alpha\approx3.28\times10^{-6}\ \mathrm{m^2/s}$

则热容量 $\rho_s c_s=\dfrac{\lambda_s}{\alpha}=0.30\times10^6\ \mathrm{J/(m^3\cdot{}^\circ\!C)}$

单位延米换热量 $q_l=\dfrac{Q}{H}=\dfrac{4\,546}{100}=45.46\ \mathrm{W/m}$

其中 $Q=G\times c_w\times(t_g-t_h)$，$G$ 为循环水流量(kg/h)，c_w 为水的比热容[J/(kg·°C)]，t_g 为回水温度(°C)，t_h 为进水温度(°C)。

五、沭阳市

SQ01 孔

2020年5月10日研究人员开始对 SQ01 孔进行热响应试验，先后进行了初始地温测试、低功率稳定流测试、地温恢复测试和高功率稳定流测试。SQ01 孔试验现场图如图 4.91 所示，加热功率曲线图如图 4.92 所示，地温曲线图如图 4.93 所示。

图 4.91　SQ01 孔试验现场图

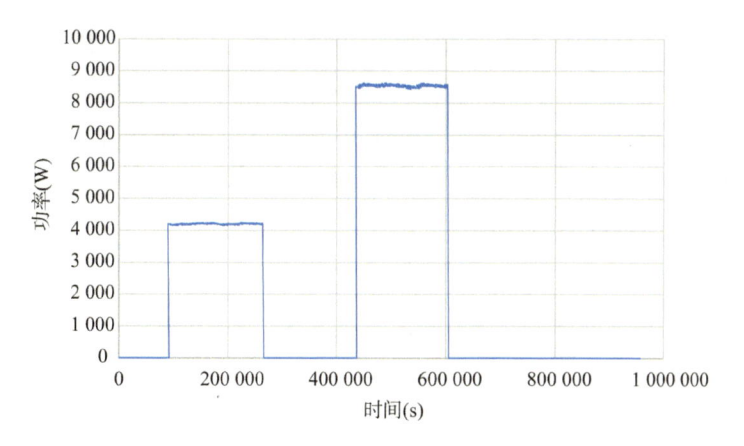

图 4.92　加热功率曲线图

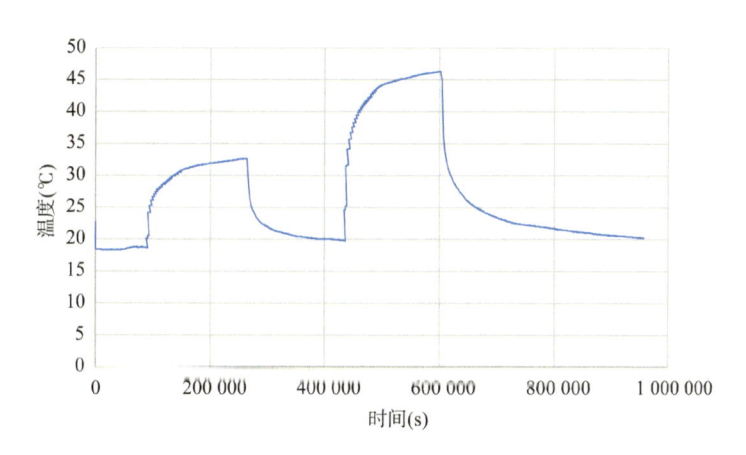

图 4.93　地温曲线图

在测试孔完成并放置 48 h 之后开始试验,采用无功循环法测定土体平均初始温度,温度稳定(变化幅度小于 0.5 ℃)时间大于 24 h 后,观测时间不少于 24 h。SQ01 孔初始地温测试曲线见图 4.94。

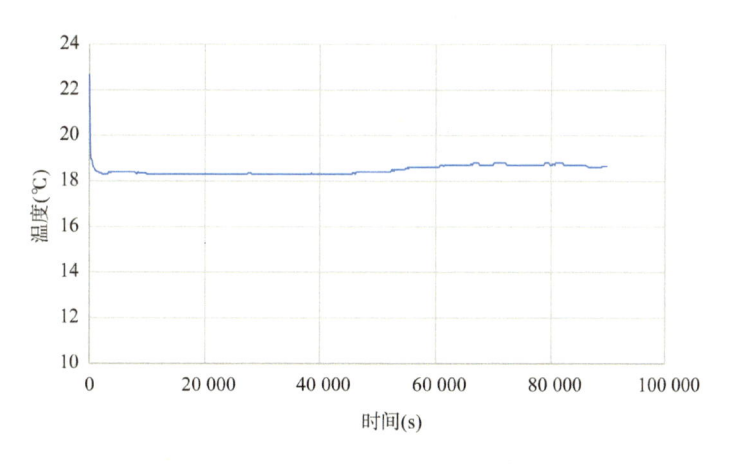

图 4.94　SQ01 孔初始地温测试曲线图

2020年5月11日研究人员开始进行"恒定热流法"测试,实际平均加热功率为4.2 kW,平均流量为22.66 L/min(流速为0.711 m/s),测试设备连续加热,温度稳定(变化幅度小于1 ℃)时间不少于12 h,每隔120 s记录一次地埋管进、出水温度及流量数据,以获取岩土综合导热系数。图4.95为低功率稳定流测试时间-温度曲线,图4.96为低功率稳定流测试及对数拟合曲线。

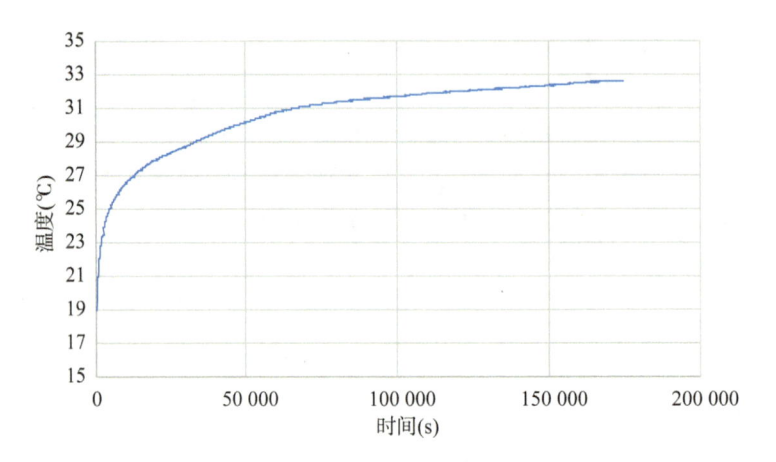

图4.95　SQ01孔低功率稳定流测试时间-温度曲线图

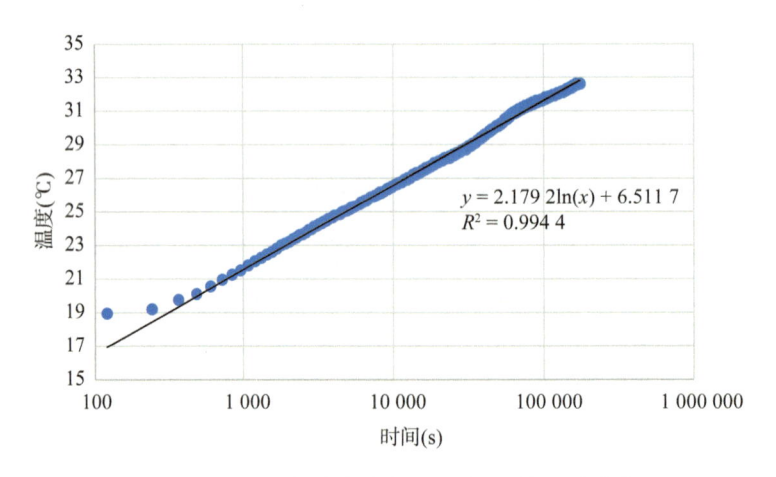

图4.96　SQ01孔低功率稳定流测试及对数拟合曲线图

由试验数据可得,循环介质与U形管内壁的对流换热系数为:

$$K = Nu_f \frac{\lambda_f}{d_i} = 0.023 \frac{\lambda_f}{d_i} Re_f^{0.8} Pr_f^{0.3}$$

$$= 0.023 \times 0.619\,130\,775 \times 21\,063.186\,85^{0.8} \times 5.367\,536\,033^{0.3}/0.026$$

$$\approx 2\,607.89 \text{ W/(m}^2 \cdot \text{℃)}$$

其中,λ_f为循环介质水在平均温度下的导热系数;Nu_f为水的努塞尔数;Re_f为水的雷诺数；Pr_f 为水的普朗特数。由对数曲线图中的直线可得 $k=2.1792$,则导热系数为：

$$\lambda_s = \frac{q_l}{4\pi k} = \frac{34.77}{4 \times 3.1415926 \times 2.1792} \approx 1.27 \text{ W/(m·℃)}$$

钻孔内传热热阻为：

$$R_b = \frac{1}{2}\left\{\frac{1}{2\pi\lambda_b}\left[\ln\left(\frac{d_b}{d_o}\right) + \ln\left(\frac{d_b}{D}\right) + \frac{\lambda_b - \lambda_s}{\lambda_b + \lambda_s}\ln\left(\frac{d_b^4}{d_b^4 - D^4}\right)\right] + \frac{1}{2\pi\lambda_p}\ln\left(\frac{d_o}{d_i}\right) + \frac{1}{\pi d_i K}\right\} = 0.5 \times$$

$$\left\{\frac{1}{2 \times 3.1415926 \times 2.25}\left[\ln\left(\frac{0.11}{0.032}\right) + \ln\left(\frac{0.11}{0.07}\right) + \frac{2.25-1.27}{2.25+1.27}\ln\left(\frac{0.11^4}{0.11^4 - 0.07^4}\right)\right] + \right.$$

$$\left.\frac{1}{2 \times 3.1415926 \times 0.42}\ln\left(\frac{0.032}{0.026}\right) + \frac{1}{3.1415926 \times 0.026 \times 2607.89}\right\} \approx 0.103 \text{ (m·℃)/W}$$

又 $T_f(\tau) = k\ln(\tau) + b$, $k=2.1792$, $b=6.5117$

$$T_f = T_{ff} + q_l\left[R_b + \frac{1}{4\pi\lambda_s}\left[\ln\left(\frac{16\lambda_s\tau}{d_b^2\rho_s c_s}\right) - \gamma\right]\right]$$

$$b = \frac{q_l}{4\pi\lambda_s}\left(\ln\frac{16\lambda_s}{d_b^2\rho_s c_s} - \gamma\right) + q_l R_b + T_{ff}$$

$$= \frac{34.77}{4 \times 3.1415926 \times 1.27}\left(\ln\frac{16\alpha}{0.11^2} - 0.577216\right) + 34.77 \times 0.103 + 18.48 = 6.5117$$

可得钻孔外岩土体的热扩散系数：$\alpha \approx 1.07 \times 10^{-6} \text{ m}^2/\text{s}$

则热容量 $\rho_s c_s = \frac{\lambda_s}{\alpha} = 1.18 \times 10^6 \text{ J/(m}^3\text{·℃)}$

单位延米换热量 $q_l = \frac{Q}{H} = \frac{3477}{100} = 34.77 \text{ W/m}$

其中 $Q = G \times c_w \times (t_g - t_h)$,$G$ 为循环水流量(kg/h),c_w 为水的比热容[J/(kg·℃)],t_g 为回水温度(℃),t_h 为进水温度(℃)。

2020 年 5 月 15 日研究人员再次进行"恒定热流法"测试,实际平均加热功率为 8.5 kW,平均流量为 22.23 L/min(流速为 0.698 m/s),测试设备连续加热,温度稳定 (变化幅度小于 1 ℃)时间不少于 12 h,每隔 120 s 记录一次地埋管进、出水温度及流量数据,以获取岩土综合导热系数。图 4.97 为高功率稳定流测试时间-温度曲线,图 4.98 为高功率稳定流测试及对数拟合曲线。

由试验数据可得,循环介质与 U 形管内壁的对流换热系数为：

$$K = Nu_f \frac{\lambda_f}{d_i} = 0.023 \frac{\lambda_f}{d_i} Re_f^{0.8} Pr_f^{0.3}$$

$$= 0.023 \times 0.641384759 \times 20777.06441^{0.8} \times 4.216001422^{0.3} / 0.026$$

$$\approx 2485.48 \text{ W/(m}^2\text{·℃)}$$

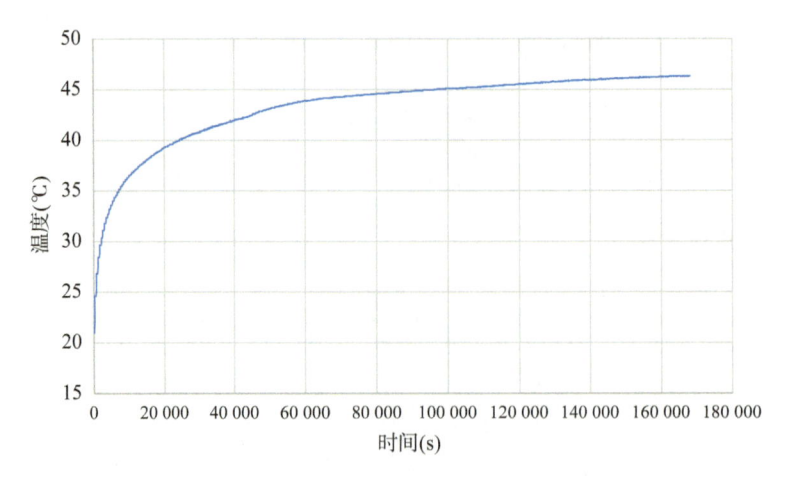

图 4.97　SQ01 孔高功率稳定流测试时间-温度曲线图

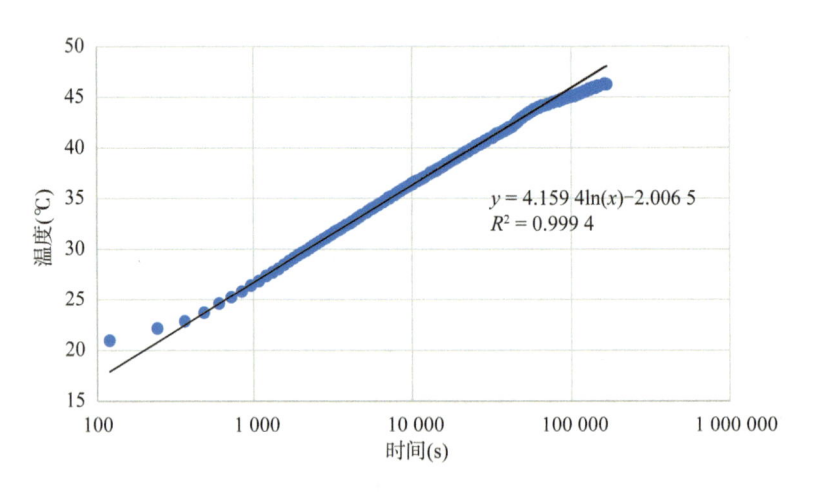

图 4.98　SQ01 孔高功率稳定流测试及对数拟合曲线图

其中，λ_f 为循环介质水在平均温度下的导热系数；Nu_f 为水的努塞尔数；Re_f 为水的雷诺数；Pr_f 为水的普朗特数。由对数曲线图中的直线可得 $k=4.159\,4$，则导热系数为：

$$\lambda_s = \frac{q_l}{4\pi k} = \frac{63.05}{4 \times 3.141\,592\,6 \times 4.159\,4} \approx 1.21 \text{ W/(m} \cdot \text{℃)}$$

钻孔内传热热阻为：

$$R_b = \frac{1}{2}\left\{\frac{1}{2\pi\lambda_b}\left[\ln\left(\frac{d_b}{d_o}\right) + \ln\left(\frac{d_b}{D}\right) + \frac{\lambda_b - \lambda_s}{\lambda_b + \lambda_s}\ln\left(\frac{d_b^4}{d_b^4 - D^4}\right)\right] + \frac{1}{2\pi\lambda_p}\ln\left(\frac{d_o}{d_i}\right) + \frac{1}{\pi d_i K}\right\} = 0.5 \times$$

$$\left\{\frac{1}{2 \times 3.141\,592\,6 \times 2.25}\left[\ln\left(\frac{0.11}{0.032}\right) + \ln\left(\frac{0.11}{0.07}\right) + \frac{2.25 - 1.21}{2.25 + 1.21}\ln\left(\frac{0.11^4}{0.11^4 - 0.07^4}\right)\right] + \right.$$

$$\left.\frac{1}{2 \times 3.141\,592\,6 \times 0.42}\ln\left(\frac{0.032}{0.026}\right) + \frac{1}{3.141\,592\,6 \times 0.026 \times 2\,485.48}\right\} \approx 0.103 \text{ (m} \cdot \text{℃)/W}$$

又 $T_f(\tau)=k\ln(\tau)+b, k=4.1594, b=-2.0065$

$$T_f = T_{ff} + q_l\left[R_b + \frac{1}{4\pi\lambda_s}[\ln\left(\frac{16\lambda_s\tau}{d_b^2\rho_s c_s}\right)-\gamma]\right]$$

$$b = \frac{q_l}{4\pi\lambda_s}\left(\ln\frac{16\lambda_s}{d_b^2\rho_s c_s}-\gamma\right)+q_l R_b + T_{ff}$$

$$= \frac{63.05}{4\times 3.1415926\times 1.21}\left(\ln\frac{16\alpha}{0.11^2}-0.577216\right)+63.05\times 0.103+18.48$$

$$= -2.0065$$

可得钻孔外岩土体的热扩散系数:$\alpha\approx 2.04\times 10^{-6}$ m²/s

则热容量 $\rho_s c_s = \frac{\lambda_s}{\alpha} = 0.59\times 10^6$ J/(m³·℃)

单位延米换热量 $q_l = \frac{Q}{H} = \frac{6305}{100} = 63.05$ W/m

其中 $Q=G\times c_w\times(t_g-t_h)$，$G$ 为循环水流量(kg/h)，c_w 为水的比热容[J/(kg·℃)]，t_g 为回水温度(℃)，t_h 为进水温度(℃)。

六、连云港市

(一) LYG01 孔

2020 年 6 月 24 日研究人员开始对 LYG01 孔进行热响应试验,先后进行了初始地温测试、低功率稳定流测试、地温恢复测试和高功率稳定流测试。LYG01 孔试验现场图如图 4.99 所示,加热功率曲线图如图 4.100 所示,地温曲线图如图 4.101 所示。

图 4.99 LYG01 孔试验现场图

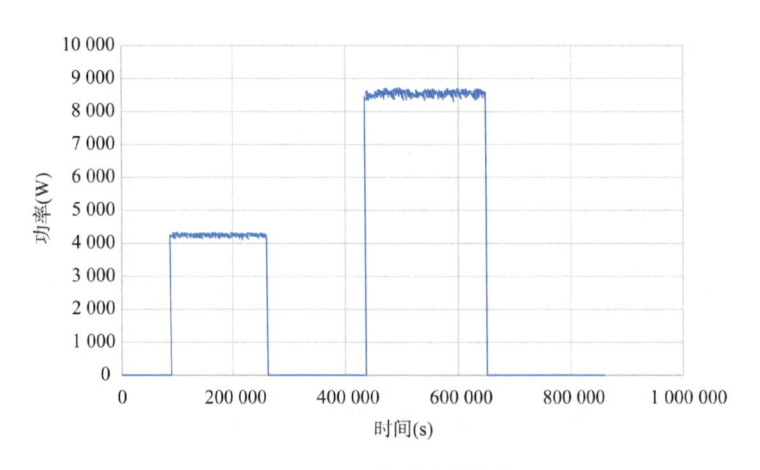

图 4.100　加热功率曲线图

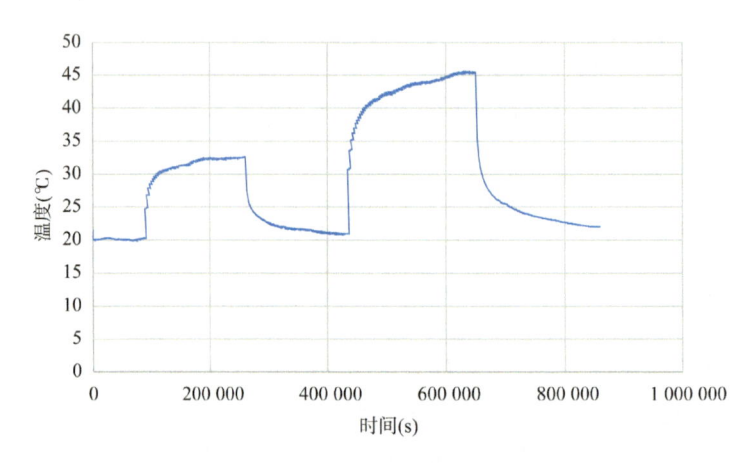

图 4.101　地温曲线图

在测试孔完成并放置 48 h 之后开始试验,采用无功循环法测定土体平均初始温度,温度稳定(变化幅度小于 0.5 ℃)时间大于 24 h 后,观测时间不少于 24 h。LYG01 孔初始地温测试曲线见图 4.102。

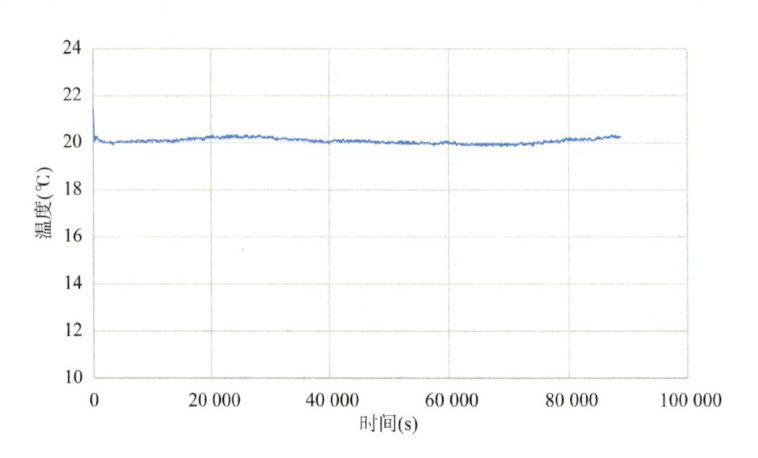

图 4.102　LYG01 孔初始地温测试曲线图

2020 年 5 月 25 日研究人员开始进行"恒定热流法"测试,实际平均加热功率为 4.2 kW,平均流量为 17.00 L/min(流速为 0.534 m/s),测试设备连续加热,温度稳定(变化幅度小于 1 ℃)时间不少于 12 h,每隔 120 s 记录一次地埋管进、出水温度及流量数据,以获取岩土综合导热系数。图 4.103 为低功率稳定流测试时间-温度曲线,图 4.104 为低功率稳定流测试及对数拟合曲线。

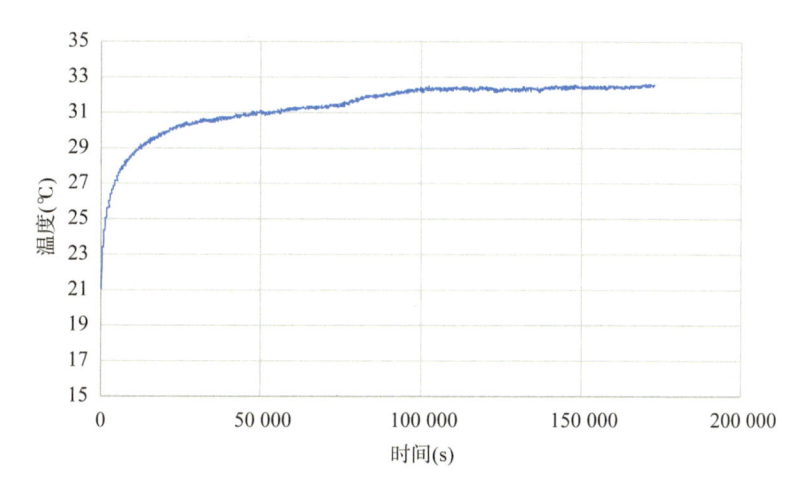

图 4.103　LYG01 孔低功率稳定流测试时间-温度曲线图

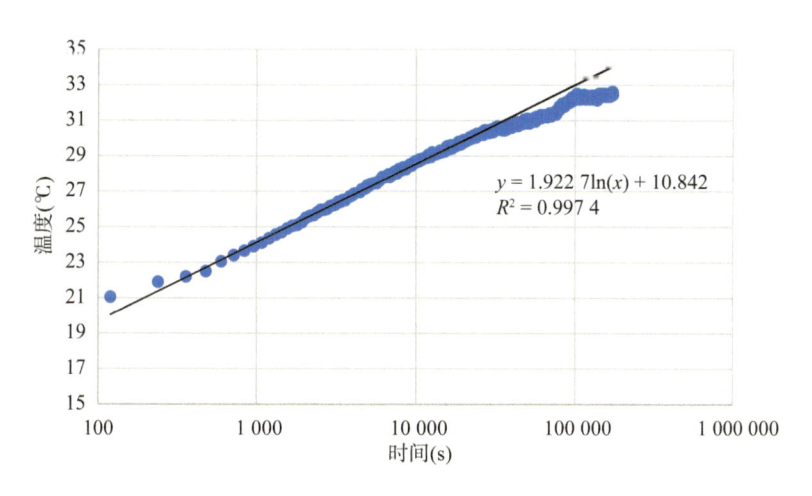

图 4.104　LYG01 孔低功率稳定流测试及对数拟合曲线图

由试验数据可得,循环介质与 U 形管内壁的对流换热系数为:

$$K = Nu_f \frac{\lambda_f}{d_i} = 0.023 \frac{\lambda_f}{d_i} Re_f^{0.8} Pr_f^{0.3}$$

$$= 0.023 \times 0.620\ 390\ 576 \times 15\ 909.974\ 91^{0.8} \times 5.282\ 123\ 917^{0.3}/0.026$$

$$\approx 2\ 077.77\ W/(m^2 \cdot ℃)$$

其中，λ_f 为循环介质水在平均温度下的导热系数；Nu_f 为水的努塞尔数；Re_f 为水的雷诺数；Pr_f 为水的普朗特数。由对数曲线图中的直线可得 $k=1.9227$，则导热系数为：

$$\lambda_s = \frac{q_l}{4\pi k} = \frac{18.94}{4 \times 3.1415926 \times 1.9227} \approx 0.78 \text{ W/(m·℃)}$$

钻孔内传热热阻为：

$$R_b = \frac{1}{2}\left\{\frac{1}{2\pi\lambda_b}\left[\ln\left(\frac{d_b}{d_o}\right)+\ln\left(\frac{d_b}{D}\right)+\frac{\lambda_b-\lambda_s}{\lambda_b+\lambda_s}\ln\left(\frac{d_b^4}{d_b^4-D^4}\right)\right]+\frac{1}{2\pi\lambda_p}\ln\left(\frac{d_o}{d_i}\right)+\frac{1}{\pi d_i K}\right\} = 0.5 \times$$

$$\left\{\frac{1}{2\times 3.1415926 \times 2.25}\left[\ln\left(\frac{0.11}{0.032}\right)+\ln\left(\frac{0.11}{0.07}\right)+\frac{2.25-0.78}{2.25+0.78}\ln\left(\frac{0.11^4}{0.11^4-0.07^4}\right)\right]+\right.$$

$$\left.\frac{1}{2\times 3.1415926 \times 0.42}\ln\left(\frac{0.032}{0.026}\right)+\frac{1}{3.1415926 \times 0.026 \times 2077.77}\right\} \approx 0.105 \text{ (m·℃)/W}$$

又 $T_f(\tau) = k\ln(\tau)+b$，$k=1.9227$，$b=10.842$

$$T_f = T_{ff} + q_l\left[R_b + \frac{1}{4\pi\lambda_s}\left[\ln\left(\frac{16\lambda_s\tau}{d_b^2\rho_s c_s}\right)-\gamma\right]\right]$$

$$b = \frac{q_l}{4\pi\lambda_s}\left(\ln\frac{16\lambda_s}{d_b^2\rho_s c_s}-\gamma\right)+q_l R_b + T_{ff}$$

$$= \frac{18.94}{4\times 3.1415926 \times 0.78}\left(\ln\frac{16\alpha}{0.11^2}-0.577216\right)+18.94\times 0.105+20.07 = 6.3656$$

可得钻孔外岩土体的热扩散系数：$\alpha \approx 3.94 \times 10^{-6}$ m²/s

则热容量 $\rho_s c_s = \dfrac{\lambda_s}{\alpha} = 0.20 \times 10^6$ J/(m³·℃)

单位延米换热量 $q_l = \dfrac{Q}{H} = \dfrac{1894}{100} = 18.94$ W/m

其中 $Q=G\times c_w \times (t_g-t_h)$，$G$ 为循环水流量(kg/h)，c_w 为水的比热容[J/(kg·℃)]，t_g 为回水温度(℃)，t_h 为进水温度(℃)。

2020年6月29日研究人员再次进行"恒定热流法"测试，实际平均加热功率为8.5 kW，平均流量为17.06 L/min(流速为0.535 m/s)，测试设备连续加热，温度稳定(变化幅度小于1 ℃)时间不少于12 h，每隔120 s记录一次地埋管进、出水温度及流量数据，以获取岩土综合导热系数。图4.105为高功率稳定流测试时间-温度曲线，图4.106为高功率稳定流测试及对数拟合曲线。

由试验数据可得，循环介质与U形管内壁的对流换热系数为：

$$K = Nu_f \frac{\lambda_f}{d_i} = 0.023 \frac{\lambda_f}{d_i} Re_f^{0.8} Pr_f^{0.3}$$

$$= 0.023 \times 0.640186464 \times 16014.63674^{0.8} \times 4.258149511^{0.3}/0.026$$

$$\approx 2020.42 \text{ W/(m}^2\text{·℃)}$$

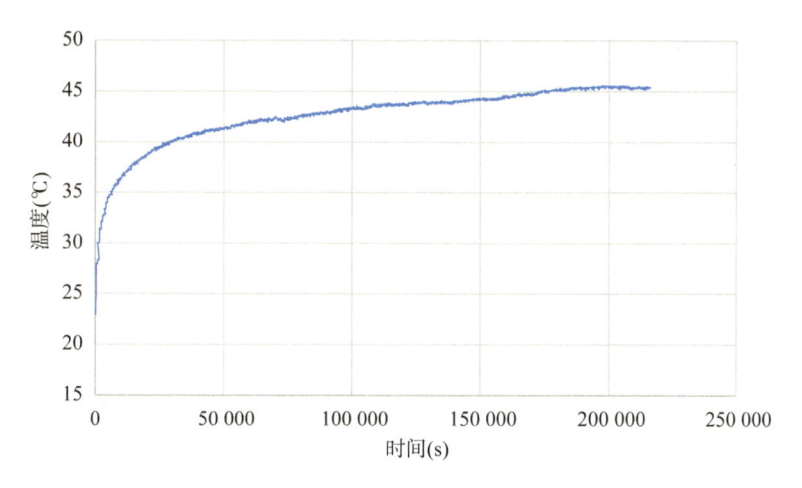

图 4.105　LYG01 孔高功率稳定流测试时间-温度曲线图

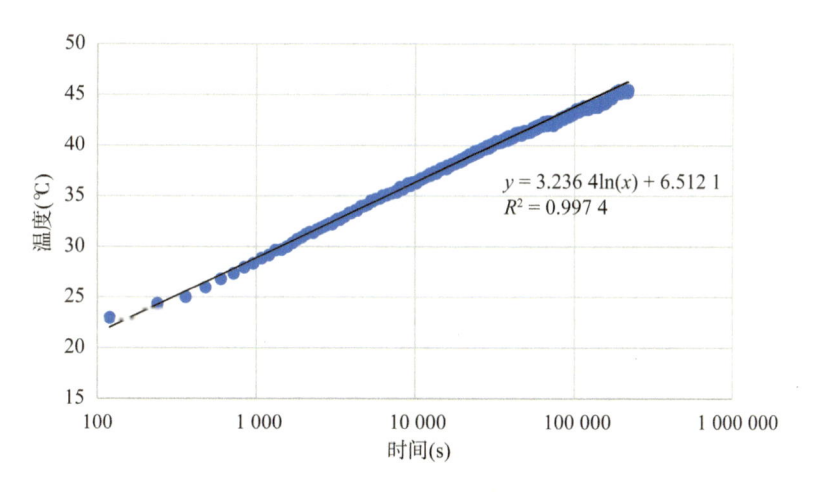

图 4.106　LYG01 孔高功率稳定流测试及对数拟合曲线图

其中，λ_f 为循环介质水在平均温度下的导热系数；Nu_f 为水的努塞尔数；Re_f 为水的雷诺数；Pr_f 为水的普朗特数。由对数曲线图中的直线可得 $k=3.236\ 4$，则导热系数为：

$$\lambda_s = \frac{q_l}{4\pi k} = \frac{41.67}{4 \times 3.141\ 592\ 6 \times 3.236\ 4} \approx 1.02\ \text{W}/(\text{m} \cdot \text{℃})$$

钻孔内传热热阻为：

$$R_b = \frac{1}{2}\left\{\frac{1}{2\pi\lambda_b}\left[\ln\left(\frac{d_b}{d_o}\right) + \ln\left(\frac{d_b}{D}\right) + \frac{\lambda_b - \lambda_s}{\lambda_b + \lambda_s}\ln\left(\frac{d_b^4}{d_b^4 - D^4}\right)\right] + \frac{1}{2\pi\lambda_p}\ln\left(\frac{d_o}{d_i}\right) + \frac{1}{\pi d_i K}\right\} = 0.5 \times$$

$$\left\{\frac{1}{2 \times 3.141\ 592\ 6 \times 2.25}\left[\ln\left(\frac{0.11}{0.032}\right) + \ln\left(\frac{0.11}{0.07}\right) + \frac{2.25 - 1.02}{2.25 + 1.02}\ln\left(\frac{0.11^4}{0.11^4 - 0.07^4}\right)\right] + \right.$$

$$\left.\frac{1}{2 \times 3.141\ 592\ 6 \times 0.42}\ln\left(\frac{0.032}{0.026}\right) + \frac{1}{3.141\ 592\ 6 \times 0.026 \times 2\ 020.42}\right\} \approx 0.104\ (\text{m} \cdot \text{℃})/\text{W}$$

又 $T_f(\tau) = k\ln(\tau) + b, k = 3.2364, b = 6.5121$

$$T_f = T_{ff} + q_l\left[R_b + \frac{1}{4\pi\lambda_s}\left[\ln\left(\frac{16\lambda_s\tau}{d_b^2\rho_s c_s}\right) - \gamma\right]\right]$$

$$b = \frac{q_l}{4\pi\lambda_s}\left(\ln\frac{16\lambda_s}{d_b^2\rho_s c_s} - \gamma\right) + q_l R_b + T_{ff}$$

$$= \frac{41.67}{4\times 3.1415926\times 1.02}\left(\ln\frac{16\alpha}{0.11^2} - 0.577216\right) + 41.67\times 0.104 + 20.07 = 6.5121$$

可得钻孔外岩土体的热扩散系数:$\alpha \approx 5.32\times 10^{-6}$ m²/s

则热容量 $\rho_s c_s = \frac{\lambda_s}{\alpha} = 0.20\times 10^6$ J/(m³·℃)

单位延米换热量 $q_l = \frac{Q}{H} = \frac{4167}{100} = 41.67$ W/m

其中 $Q = G\times c_w\times(t_g - t_h)$, G 为循环水流量(kg/h), c_w 为水的比热容[J/(kg·℃)], t_g 为回水温度(℃), t_h 为进水温度(℃)。

（二）LYG02 孔

2020 年 5 月 19 日研究人员开始对 LYG02 孔进行热响应试验,先后进行了初始地温测试、低功率稳定流测试、地温恢复测试和高功率稳定流测试。LYG02 孔试验现场图如图 4.107 所示,加热功率曲线图如图 4.108 所示,地温曲线图如图 4.109 所示。

图 4.107　LYG02 孔试验现场图

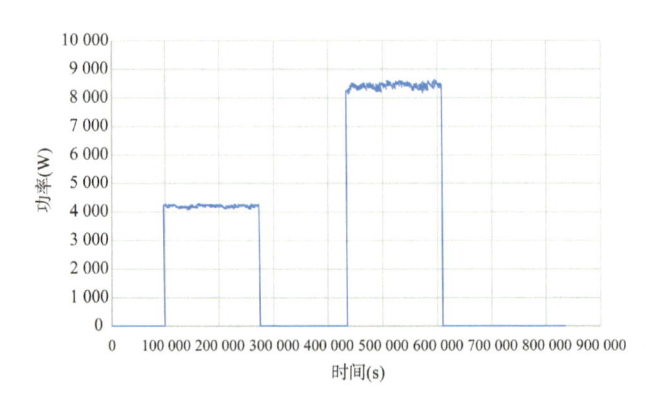

图 4.108　加热功率曲线图

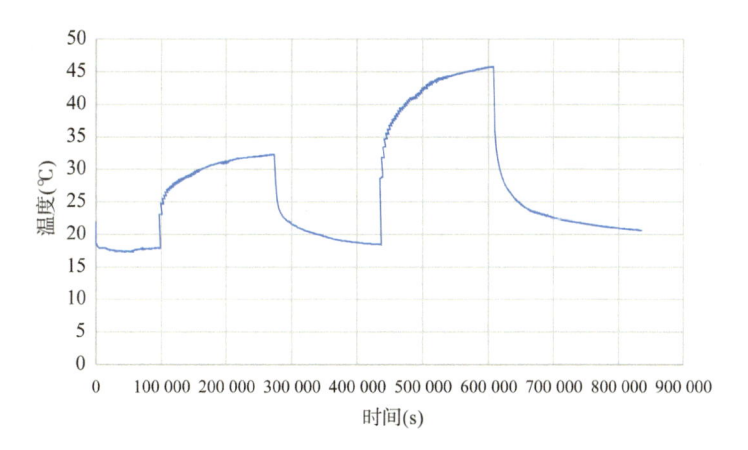

图 4.109　地温曲线图

在测试孔完成并放置 48 h 之后开始试验,采用无功循环法测定土体平均初始温度,温度稳定(变化幅度小于 0.5 ℃)时间大于 24 h 后,观测时间不少于 24 h。LYG02 孔初始地温测试曲线见图 4.110。

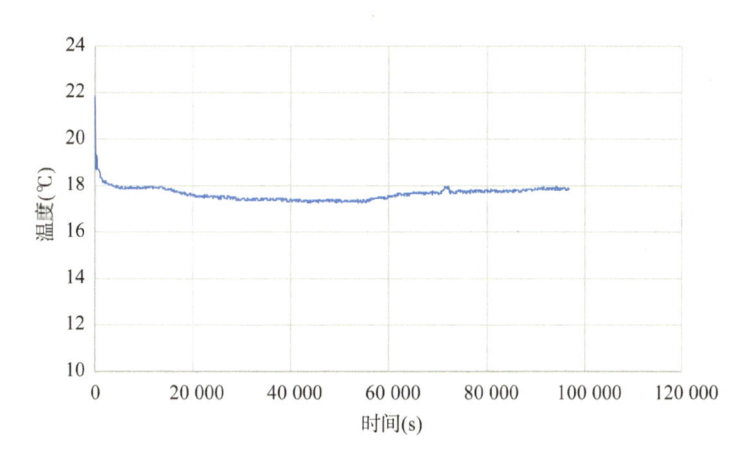

图 4.110　LYG02 孔初始地温测试曲线图

2020 年 5 月 20 日研究人员开始进行"恒定热流法"测试,实际平均加热功率为 4.2 kW,平均流量为 18.11 L/min(流速为 0.569 m/s),测试设备连续加热,温度稳定(变化幅度小于 1 ℃)时间不少于 12 h,每隔 120 s 记录一次地埋管进、出水温度及流量数据,以获取岩土综合导热系数。图 4.111 为低功率稳定流测试时间-温度曲线,图 4.112 为低功率稳定流测试及对数拟合曲线。

由试验数据可得,循环介质与 U 形管内壁的对流换热系数为:

$$K = Nu_f \frac{\lambda_f}{d_i} = 0.023 \frac{\lambda_f}{d_i} Re_f^{0.8} Pr_f^{0.3}$$

$$= 0.023 \times 0.618\ 089\ 9 \times 16\ 770.504\ 04^{0.8} \times 5.439\ 902\ 092^{0.3}/0.026$$

$$\approx 2\ 178.31\ \text{W}/(\text{m}^2 \cdot \text{℃})$$

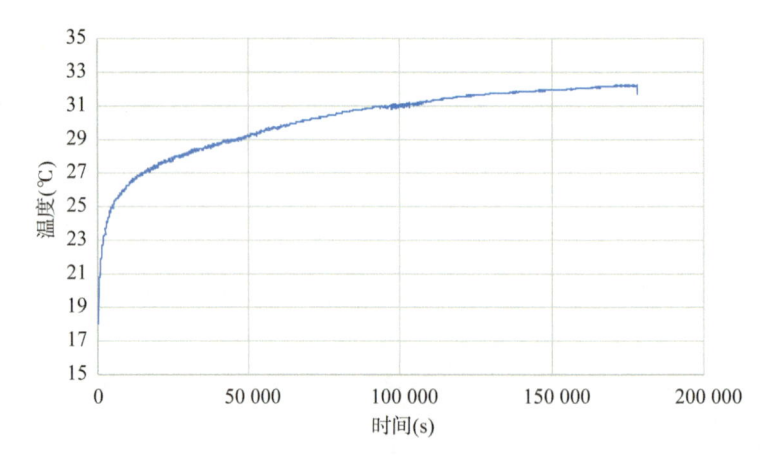

图 4.111　LYG02 孔低功率稳定流测试时间-温度曲线图

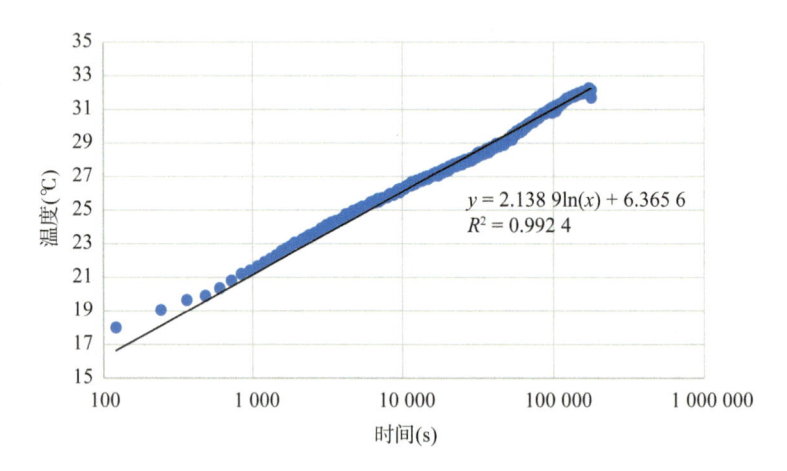

图 4.112　LYG02 孔低功率稳定流测试及对数拟合曲线图

其中，λ_f 为循环介质水在平均温度下的导热系数；Nu_f 为水的努塞尔数；Re_f 为水的雷诺数；Pr_f 为水的普朗特数。由对数曲线图中的直线可得 $k=2.1389$，则导热系数为：

$$\lambda_s = \frac{q_l}{4\pi k} = \frac{18.16}{4 \times 3.1415926 \times 2.1389} \approx 0.68 \text{ W/(m·℃)}$$

钻孔内传热热阻为：

$$R_b = \frac{1}{2}\left\{\frac{1}{2\pi\lambda_b}\left[\ln\left(\frac{d_b}{d_o}\right) + \ln\left(\frac{d_b}{D}\right) + \frac{\lambda_b - \lambda_s}{\lambda_b + \lambda_s}\ln\left(\frac{d_b^4}{d_b^4 - D^4}\right)\right] + \frac{1}{2\pi\lambda_p}\ln\left(\frac{d_o}{d_i}\right) + \frac{1}{\pi d_i K}\right\} = 0.5 \times$$

$$\left\{\frac{1}{2 \times 3.1415926 \times 2.25}\left[\ln\left(\frac{0.11}{0.032}\right) + \ln\left(\frac{0.11}{0.07}\right) + \frac{2.25 - 0.68}{2.25 + 0.68}\ln\left(\frac{0.11^4}{0.11^4 - 0.07^4}\right)\right] + \right.$$

$$\left.\frac{1}{2 \times 3.1415926 \times 0.42}\ln\left(\frac{0.032}{0.026}\right) + \frac{1}{3.1415926 \times 0.026 \times 2178.31}\right\} \approx 0.105 \text{ (m·℃)/W}$$

又 $T_f(\tau) = k\ln(\tau) + b, k = 2.138\,9, b = 6.365\,6$

$$T_f = T_{ff} + q_l\left[R_b + \frac{1}{4\pi\lambda_s}\left[\ln\left(\frac{16\lambda_s\tau}{d_b^2\rho_s c_s}\right) - \gamma\right]\right]$$

$$\begin{aligned}b &= \frac{q_l}{4\pi\lambda_s}\left(\ln\frac{16\lambda_s}{d_b^2\rho_s c_s} - \gamma\right) + q_l R_b + T_{ff}\\ &= \frac{18.16}{4\times 3.141\,592\,6\times 0.68}\left(\ln\frac{16\alpha}{0.11^2} - 0.577\,216\right) + 18.16\times 0.105 + 17.64\\ &= 6.365\,6\end{aligned}$$

可得钻孔外岩土体的热扩散系数：$\alpha \approx 2.83\times 10^{-6}\ \text{m}^2/\text{s}$

则热容量 $\rho_s c_s = \dfrac{\lambda_s}{\alpha} = 0.24\times 10^6\ \text{J}/(\text{m}^3\cdot\text{°C})$

单位延米换热量 $q_l = \dfrac{Q}{H} = \dfrac{1\,816}{100} = 18.16\ \text{W/m}$

其中 $Q = G\times c_w\times(t_g - t_h)$，$G$ 为循环水流量(kg/h)，c_w 为水的比热容[J/(kg·°C)]，t_g 为回水温度(°C)，t_h 为进水温度(°C)。

2020 年 5 月 24 日再次进行"恒定热流法"测试，实际平均加热功率为 8.4 kW，平均流量为 16.84 L/min(流速为 0.529 m/s)，测试设备连续加热，温度稳定(变化幅度小于 1 °C)时间不少于 12 h，每隔 120 s 记录一次地埋管进、出水温度及流量数据，以获取岩土综合导热系数。图 4.113 为高功率稳定流测试时间-温度曲线，图 4.114 为高功率稳定流测试及对数拟合曲线。

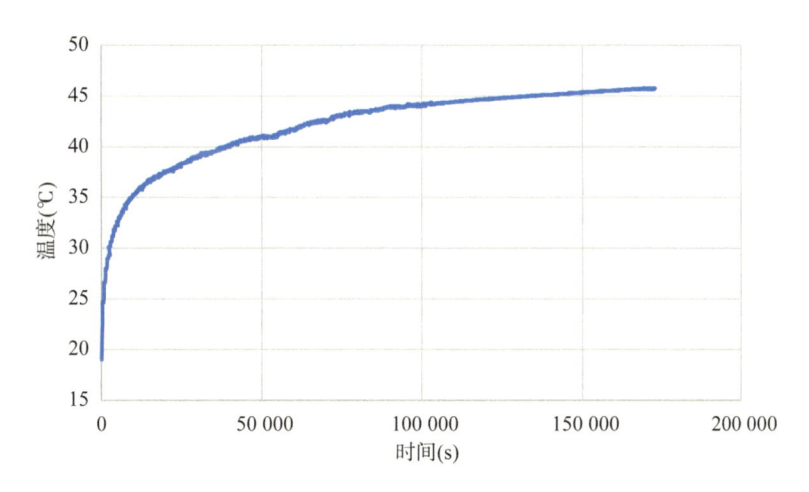

图 4.113 LYG02 孔高功率稳定流测试时间-温度曲线图

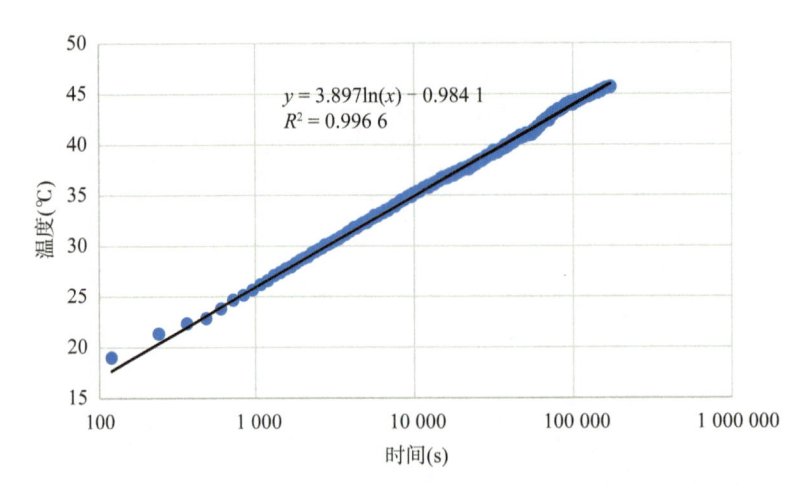

图 4.114 LYG02 孔高功率稳定流测试及对数拟合曲线图

由试验数据可得,循环介质与 U 形管内壁的对流换热系数为:

$$K = Nu_f \frac{\lambda_f}{d_i} = 0.023 \frac{\lambda_f}{d_i} Re_f^{0.8} Pr_f^{0.3}$$

$$= 0.023 \times 0.639\,475\,631 \times 15\,882.243\,67^{0.8} \times 4.284\,266\,616^{0.3}/0.026$$

$$\approx 2\,008.50 \text{ W/(m}^2 \cdot \text{℃)}$$

其中,λ_f 为循环介质水在平均温度下的导热系数;Nu_f 为水的努塞尔数;Re_f 为水的雷诺数;Pr_f 为水的普朗特数。由对数曲线图中的直线可得 $k=3.897$,则导热系数为:

$$\lambda_s = \frac{q_l}{4\pi k} = \frac{31.11}{4 \times 3.141\,592\,6 \times 3.897} \approx 0.64 \text{ W/(m} \cdot \text{℃)}$$

钻孔内传热热阻为:

$$R_b = \frac{1}{2}\left\{\frac{1}{2\pi\lambda_b}\left[\ln\left(\frac{d_b}{d_o}\right) + \ln\left(\frac{d_b}{D}\right) + \frac{\lambda_b - \lambda_s}{\lambda_b + \lambda_s}\ln\left(\frac{d_b^4}{d_b^4 - D^4}\right)\right] + \frac{1}{2\pi\lambda_p}\ln\left(\frac{d_o}{d_i}\right) + \frac{1}{\pi d_i K}\right\} = 0.5 \times$$

$$\left\{\frac{1}{2 \times 3.141\,592\,6 \times 2.25}\left[\ln\left(\frac{0.11}{0.032}\right) + \ln\left(\frac{0.11}{0.07}\right) + \frac{2.25 - 0.64}{2.25 + 0.64}\ln\left(\frac{0.11^4}{0.11^4 - 0.07^4}\right)\right] + \right.$$

$$\left.\frac{1}{2 \times 3.141\,592\,6 \times 0.42}\ln\left(\frac{0.032}{0.026}\right) + \frac{1}{3.141\,592\,6 \times 0.026 \times 2\,008.50}\right\} \approx 0.106 \text{ (m} \cdot \text{℃)/W}$$

又 $T_f(\tau) = k\ln(\tau) + b, k = 3.897, b = -0.984\,1$

$$T_f = T_{ff} + q_l\left[R_b + \frac{1}{4\pi\lambda_s}\left[\ln\left(\frac{16\lambda_s\tau}{d_b^2\rho_s c_s}\right) - \gamma\right]\right]$$

$$b = \frac{q_l}{4\pi\lambda_s}\left(\ln\frac{16\lambda_s}{d_b^2\rho_s c_s} - \gamma\right) + q_l R_b + T_{ff} =$$

$$\frac{31.11}{4\times 3.141\,592\,6\times 0.64}\left(\ln\frac{16\alpha}{0.11^2}-0.577\,216\right)+31.11\times 0.106+17.64=-0.984\,1$$

可得钻孔外岩土体的热扩散系数:$\alpha\approx 4.87\times 10^{-6}\ \mathrm{m^2/s}$

则热容量 $\rho_s c_s=\dfrac{\lambda_s}{\alpha}=0.13\times 10^6\ \mathrm{J/(m^3\cdot ℃)}$

单位延米换热量 $q_l=\dfrac{Q}{H}=\dfrac{3\,111}{100}=31.11\ \mathrm{W/m}$

其中 $Q=G\times c_w\times(t_g-t_h)$，$G$ 为循环水流量(kg/h)，c_w 为水的比热容[J/(kg·℃)]，t_g 为回水温度(℃)，t_h 为进水温度(℃)。

（三）LYG03 孔

2020 年 6 月 8 日研究人员开始对 LYG03 孔进行热响应试验，先后进行了初始地温测试、低功率稳定流测试、地温恢复测试和高功率稳定流测试。LYG03 孔试验现场图如图 4.115 所示，加热功率曲线图如图 4.116 所示，地温曲线图如图 4.117 所示。

图 4.115　LYG03 孔试验现场图

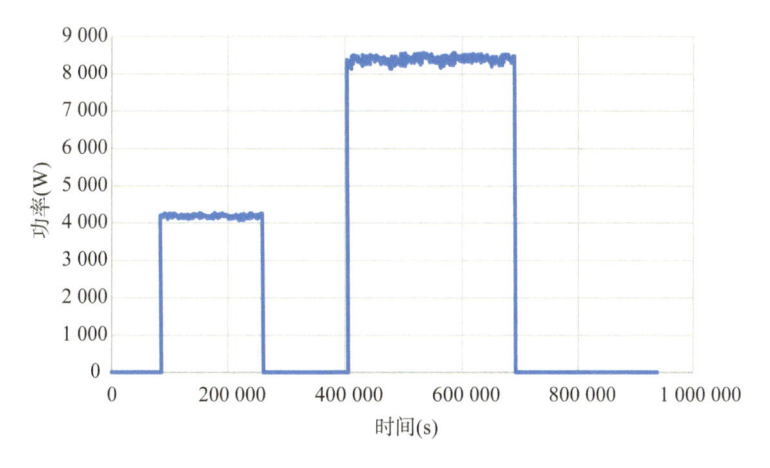

图 4.116　加热功率曲线图

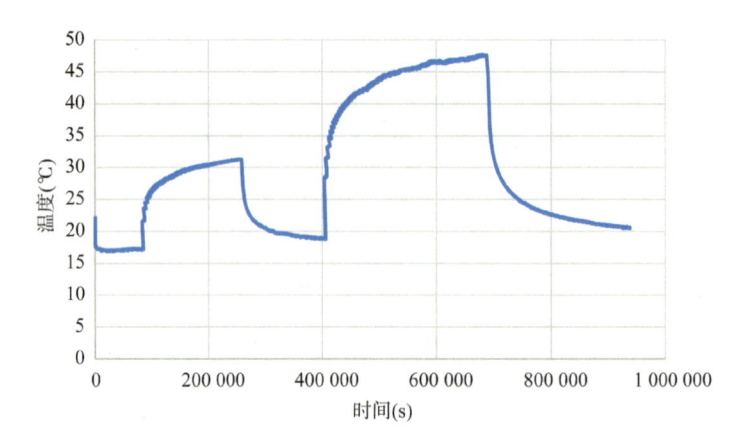

图 4.117　地温曲线图

在测试孔完成并放置 48 h 之后开始试验,采用无功循环法测定土体平均初始温度,温度稳定(变化幅度小于 0.5 ℃)时间大于 24 h 后,观测时间不少于 24 h。LYG03 孔初始地温测试曲线见图 4.118。

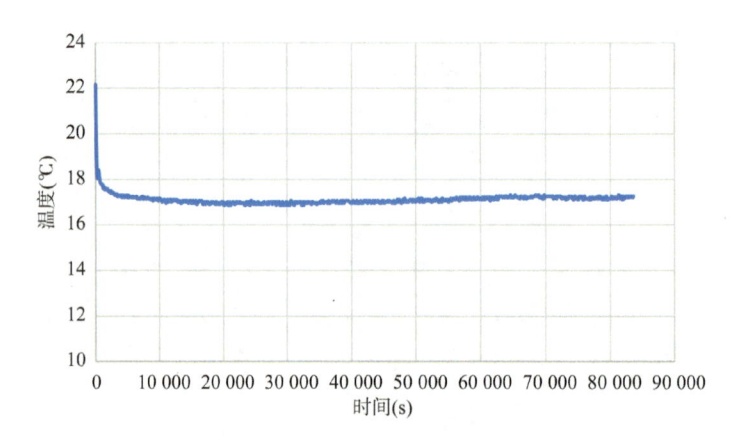

图 4.118　LYG03 孔初始地温测试曲线图

2020 年 6 月 9 日开始进行"恒定热流法"测试,实际平均加热功率为 4.2 kW,平均流量为 17.53 L/min(流速为 0.550 m/s),测试设备连续加热,温度稳定(变化幅度小于 1 ℃)时间不少于 12 h,每隔 120 s 记录一次地埋管进、出水温度及流量数据,以获取岩土综合导热系数。图 4.119 为低功率稳定流测试时间-温度曲线,图 4.120 为低功率稳定流测试及对数拟合曲线。

由试验数据可得,循环介质与 U 形管内壁的对流换热系数为:

$$K = Nu_f \frac{\lambda_f}{d_i} = 0.023 \frac{\lambda_f}{d_i} Re_f^{0.8} Pr_f^{0.3}$$

$$= 0.023 \times 0.616\,277\,775 \times 16\,053.266\,08^{0.8} \times 5.569\,764\,245^{0.3}/0.026$$

$$\approx 2\,112.19\ \text{W}/(\text{m}^2 \cdot \text{℃})$$

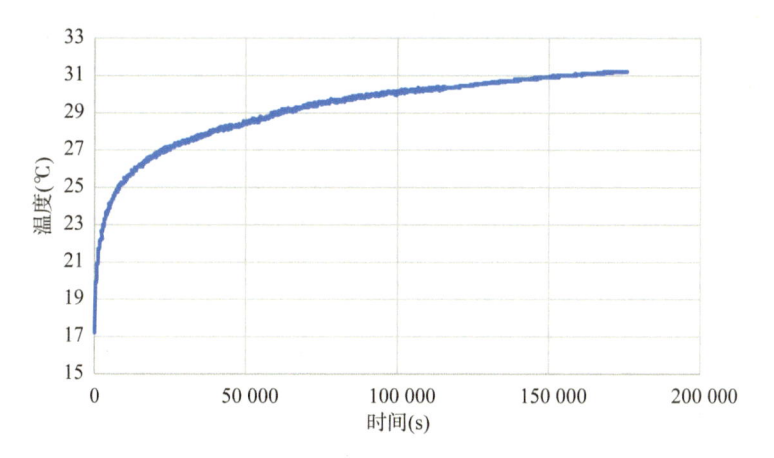

图 4.119　LYG03 孔低功率稳定流测试时间-温度曲线图

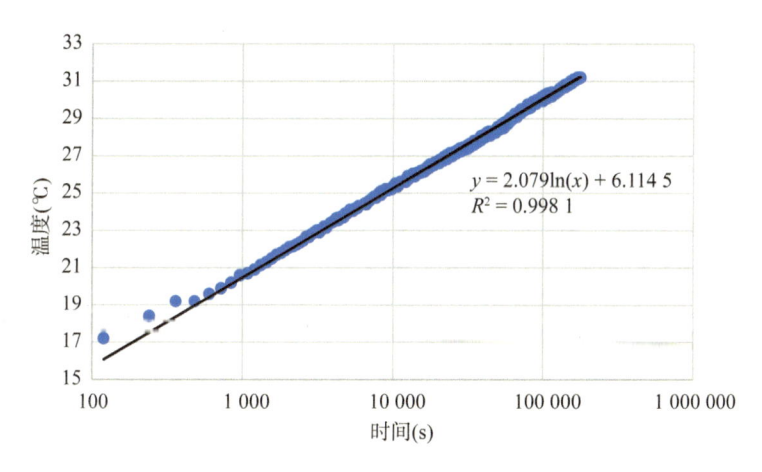

图 4.120　LYG03 孔低功率稳定流测试及对数拟合曲线图

其中，λ_f 为循环介质水在平均温度下的导热系数；Nu_f 为水的努塞尔数；Re_f 为水的雷诺数；Pr_f 为水的普朗特数。由对数曲线图中的直线可得 $k=2.079$，则导热系数为：

$$\lambda_s = \frac{q_l}{4\pi k} = \frac{21.66}{4 \times 3.1415926 \times 2.079} \approx 0.83 \text{ W/(m} \cdot \text{℃)}$$

钻孔内传热热阻为：

$$R_b = \frac{1}{2}\left\{\frac{1}{2\pi\lambda_b}\left[\ln\left(\frac{d_b}{d_o}\right) + \ln\left(\frac{d_b}{D}\right) + \frac{\lambda_b - \lambda_s}{\lambda_b + \lambda_s}\ln\left(\frac{d_b^4}{d_b^4 - D^4}\right)\right] + \frac{1}{2\pi\lambda_p}\ln\left(\frac{d_o}{d_i}\right) + \frac{1}{\pi d_i K}\right\} = 0.5 \times$$

$$\left\{\frac{1}{2 \times 3.1415926 \times 2.25}\left[\ln\left(\frac{0.11}{0.032}\right) + \ln\left(\frac{0.11}{0.07}\right) + \frac{2.25 - 0.83}{2.25 + 0.83}\ln\left(\frac{0.11^4}{0.11^4 - 0.07^4}\right)\right] + \frac{1}{2 \times 3.1415926 \times 0.42}\ln\left(\frac{0.032}{0.026}\right) + \frac{1}{3.1415926 \times 0.026 \times 2112.19}\right\} \approx 0.105 \text{ (m} \cdot \text{℃)/W}$$

又 $T_f(\tau)=k\ln(\tau)+b, k=2.079, b\approx 6.1145$

$$T_f = T_{ff} + q_l\left[R_b + \frac{1}{4\pi\lambda_s}\left[\ln\left(\frac{16\lambda_s\tau}{d_b^2\rho_s c_s}\right)-\gamma\right]\right]$$

$$b = \frac{q_l}{4\pi\lambda_s}\left(\ln\frac{16\lambda_s}{d_b^2\rho_s c_s}-\gamma\right)+q_l R_b + T_{ff}$$

$$= \frac{21.66}{4\times 3.1415926\times 0.83}\left(\ln\frac{16\alpha}{0.11^2}-0.577216\right)+21.66\times 0.105+17.11$$

$$= 6.1145$$

可得钻孔外岩土体的热扩散系数：$\alpha \approx 2.28\times 10^{-6}$ m²/s

则热容量 $\rho_s c_s = \frac{\lambda_s}{\alpha} = 0.36\times 10^6$ J/(m³·℃)

单位延米换热量 $q_l = \frac{Q}{H} = \frac{2166}{2\times 50} = 21.66$ W/m

其中 $Q=G\times c_w\times(t_g-t_h)$，$G$ 为循环水流量(kg/h)，c_w 为水的比热容[J/(kg·℃)]，t_g 为回水温度(℃)，t_h 为进水温度(℃)。

2020 年 6 月 13 日再次进行"恒定热流法"测试，实际平均加热功率为 8.4 kW，平均流量为 17.93 L/min(流速为 0.563 m/s)，测试设备连续加热，温度稳定(变化幅度小于 1 ℃)时间不少于 12 h，每隔 120 s 记录一次地埋管进、出水温度及流量数据，以获取岩土综合导热系数。图 4.121 为高功率稳定流测试时间-温度曲线，图 4.122 为高功率稳定流测试及对数拟合曲线。

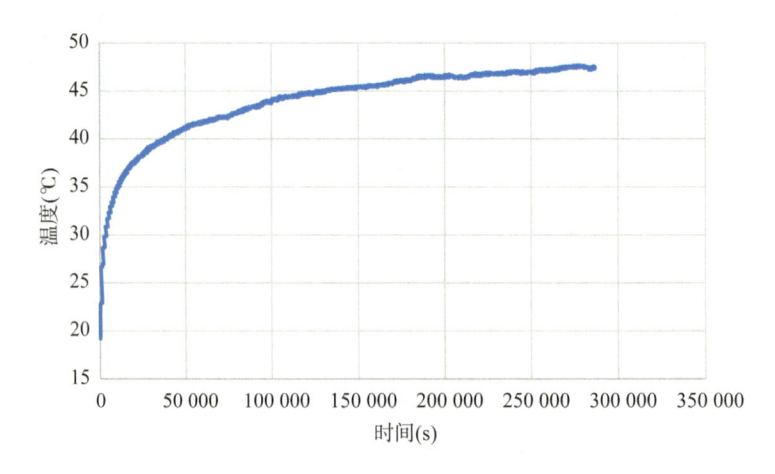

图 4.121 LYG03 孔高功率稳定流测试时间-温度曲线图

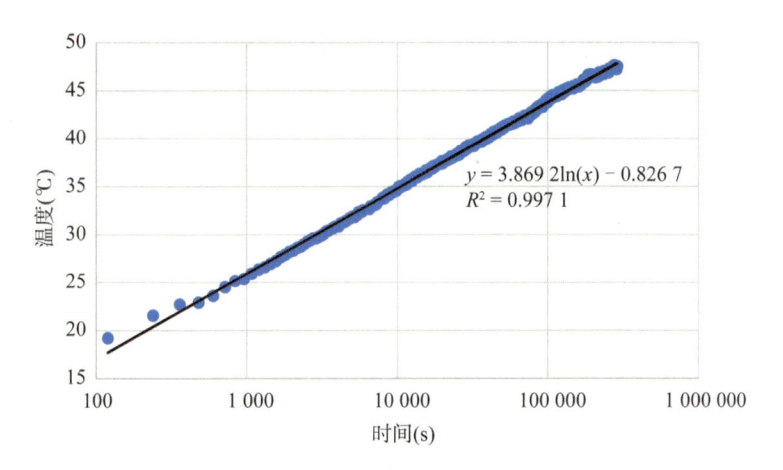

图 4.122　LYG03 孔高功率稳定流测试及对数拟合曲线图

由试验数据可得,循环介质与 U 形管内壁的对流换热系数为:

$$K = Nu_f \frac{\lambda_f}{d_i} = 0.023 \frac{\lambda_f}{d_i} Re_f^{0.8} Pr_f^{0.3}$$

$$= 0.023 \times 0.642\,442\,764 \times 16\,665.512\,27^{0.8} \times 4.180\,766\,724^{0.3}/0.026$$

$$= 2\,081.71\ \text{W}/(\text{m}^2 \cdot \text{℃})$$

其中,λ_f 为循环介质水在平均温度下的导热系数;Nu_f 为水的努塞尔数;Re_f 为水的雷诺数;Pr_f 为水的普朗特数。由对数曲线图中的直线可得 $k = 3.869\,2$,则导热系数为:

$$\lambda_s = \frac{q_l}{4\pi k} = \frac{48.09}{4 \times 3.141\,592\,6 \times 3.869\,2} \approx 0.99\ \text{W}/(\text{m} \cdot \text{℃})$$

钻孔内传热热阻为:

$$R_b = \frac{1}{2}\left\{\frac{1}{2\pi\lambda_b}\left[\ln\left(\frac{d_b}{d_o}\right) + \ln\left(\frac{d_b}{D}\right) + \frac{\lambda_b - \lambda_s}{\lambda_b + \lambda_s}\ln\left(\frac{d_b^4}{d_b^4 - D^4}\right)\right] + \frac{1}{2\pi\lambda_p}\ln\left(\frac{d_o}{d_i}\right) + \frac{1}{\pi d_i K}\right\} = 0.5 \times$$

$$\left\{\frac{1}{2 \times 3.141\,592\,6 \times 2.25}\left[\ln\left(\frac{0.11}{0.032}\right) + \ln\left(\frac{0.11}{0.07}\right) + \frac{2.25 - 0.99}{2.25 + 0.99}\ln\left(\frac{0.11^4}{0.11^4 - 0.07^4}\right)\right] + \right.$$

$$\left.\frac{1}{2 \times 3.141\,592\,6 \times 0.42}\ln\left(\frac{0.032}{0.026}\right) + \frac{1}{3.141\,592\,6 \times 0.026 \times 2\,081.71}\right\} \approx 0.104\ (\text{m} \cdot \text{℃})/\text{W}$$

又 $T_f(\tau) = k\ln(\tau) + b, k = 3.869\,2, b = -0.826\,7$

$$T_f = T_{ff} + q_l\left[R_b + \frac{1}{4\pi\lambda_s}\left[\ln\left(\frac{16\lambda_s\tau}{d_b^2\rho_s c_s}\right) - \gamma\right]\right]$$

$$b = \frac{q_l}{4\pi\lambda_s}\left(\ln\frac{16\lambda_s}{d_b^2\rho_s c_s} - \gamma\right) + q_l R_b + T_{ff}$$

$$= \frac{48.09}{4 \times 3.141\,592\,6 \times 0.99}\left(\ln\frac{16\alpha}{0.11^2} - 0.577\,216\right) + 48.09 \times 0.104 + 17.11 = -0.826\,7$$

可得钻孔外岩土体的热扩散系数：$\alpha \approx 3.57 \times 10^{-6}$ m²/s

则热容量 $\rho_s c_s = \dfrac{\lambda_s}{\alpha} = 0.27 \times 10^6$ J/(m³·℃)

单位延米换热量 $q_l = \dfrac{Q}{H} = \dfrac{4\,809}{2 \times 50} = 48.09$ W/m

其中 $Q = G \times c_w \times (t_g - t_h)$，$G$ 为循环水流量(kg/h)，c_w 为水的比热容[J/(kg·℃)]，t_g 为回水温度(℃)，t_h 为进水温度(℃)。

(四) LYG04 孔

2020 年 5 月 29 日研究人员开始对 LYG04 孔进行热响应试验，先后进行了初始地温测试、低功率稳定流测试、地温恢复测试和高功率稳定流测试。LYG04 孔试验现场图如图 4.123 所示，加热功率曲线图如图 4.124 所示，地温曲线图如图 4.125 所示。

图 4.123　LYG04 孔试验现场图

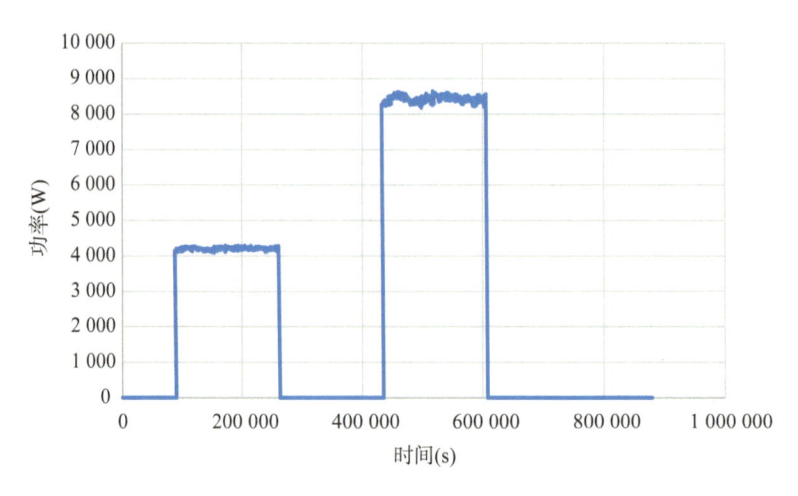

图 4.124　加热功率曲线图

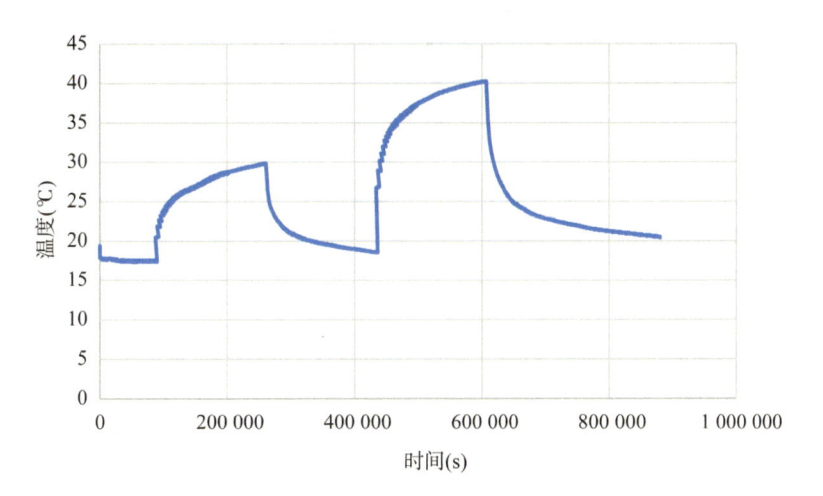

图 4.125 地温曲线图

在测试孔完成并放置 48 h 之后开始试验,采用无功循环法测定土体平均初始温度,温度稳定(变化幅度小于 0.5 ℃)时间大于 24 h 后,观测时间不少于 24 h。LYG04 孔初始地温测试曲线见图 4.126。

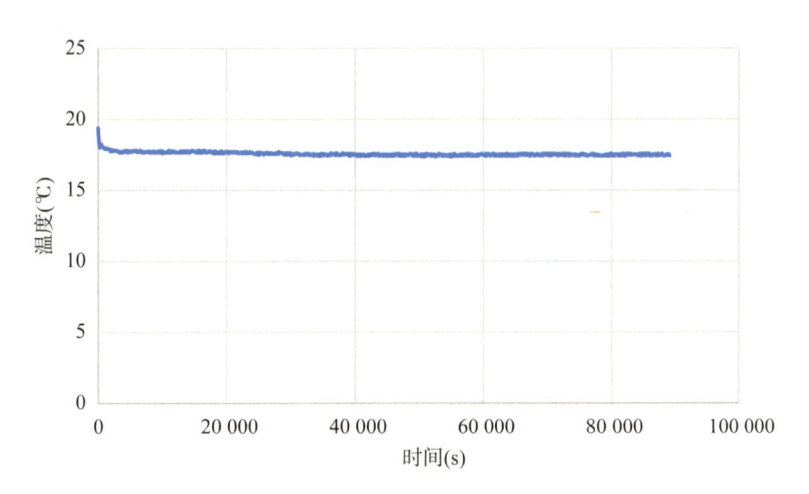

图 4.126 LYG04 孔初始地温测试曲线图

2020 年 5 月 30 日开始进行"恒定热流法"测试,实际平均加热功率为 4.2 kW,平均流量为 19.38 L/min(流速为 0.570 m/s),测试设备连续加热,温度稳定(变化幅度小于 1 ℃)时间不少于 12 h,每隔 120 s 记录一次地埋管进、出水温度及流量数据,以获取岩土综合导热系数。图 4.127 为低功率稳定流测试时间-温度曲线,图 4.128 为低功率稳定流测试及对数拟合曲线。

由试验数据可得,循环介质与 U 形管内壁的对流换热系数为:

$$K = Nu_f \frac{\lambda_f}{d_i} = 0.023 \frac{\lambda_f}{d_i} Re_f^{0.8} Pr_f^{0.3}$$

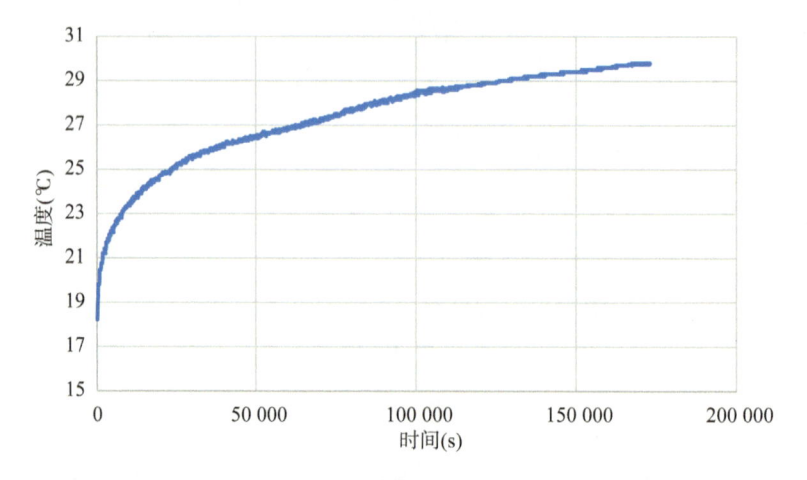

$$= 0.023 \times 0.612\,833\,831 \times 16\,286.296\,23^{0.8} \times 5.830\,129\,68^{0.3}/0.026$$
$$\approx 2\,154.06 \text{ W/(m}^2 \cdot \text{℃)}$$

图 4.127　LYG04 孔低功率稳定流测试时间-温度曲线图

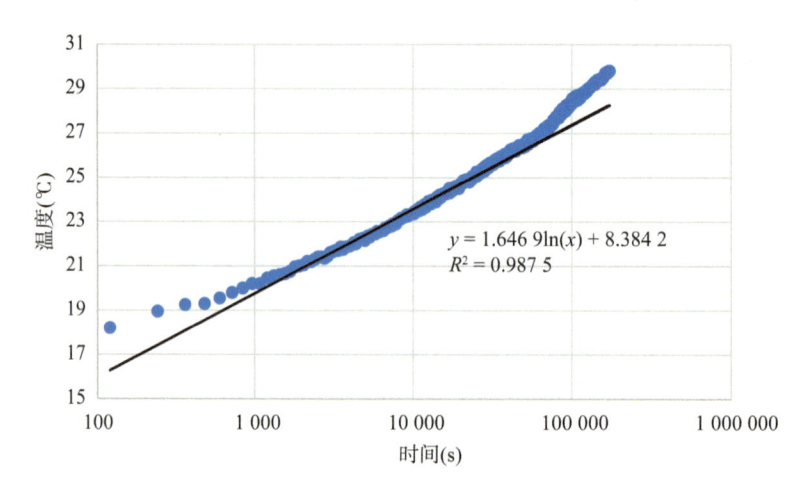

图 4.128　LYG04 孔低功率稳定流测试及对数拟合曲线图

其中，λ_f 为循环介质水在平均温度下的导热系数；Nu_f 为水的努塞尔数；Re_f 为水的雷诺数；Pr_f 为水的普朗特数。由对数曲线图中的直线可得 $k = 1.646\,9$，则导热系数为：

$$\lambda_s = \frac{q_l}{4\pi k} = \frac{17.75}{4 \times 3.141\,592\,6 \times 1.646\,9} \approx 0.86 \text{ W/(m} \cdot \text{℃)}$$

钻孔内传热热阻为：

$$R_b = \frac{1}{2}\left\{\frac{1}{2\pi\lambda_b}\left[\ln\left(\frac{d_b}{d_o}\right) + \ln\left(\frac{d_b}{D}\right) + \frac{\lambda_b - \lambda_s}{\lambda_b + \lambda_s}\ln\left(\frac{d_b^4}{d_b^4 - D^4}\right)\right] + \frac{1}{2\pi\lambda_p}\ln\left(\frac{d_o}{d_i}\right) + \frac{1}{\pi d_i K}\right\} = 0.5 \times$$

$$\left\{\frac{1}{2\times 3.141\,592\,6\times 2.25}\left[\ln\left(\frac{0.11}{0.025\times 2}\right)+\ln\left(\frac{0.11}{0.07}\right)+\frac{2.25-0.86}{2.25+0.86}\ln\left(\frac{0.11^4}{0.11^4-0.07^4}\right)\right]\right.$$
$$\left.+\frac{1}{2\times 3.141\,592\,6\times 0.42}\ln\left(\frac{0.025\times 2}{0.019\times 2}\right)+\frac{1}{3.141\,592\,6\times 0.019\times 2\,268.20}\right\}$$
$$\approx 0.103\,(\text{m}\cdot\text{℃})/\text{W}$$

又 $T_f(\tau)=k\ln(\tau)+b, k=1.646\,9, b=8.384\,2$

$$T_f=T_{ff}+q_l\left[R_b+\frac{1}{4\pi\lambda_s}\left[\ln\left(\frac{16\lambda_s\tau}{d_b^2\rho_s c_s}\right)-\gamma\right]\right]$$

$$b=\frac{q_l}{4\pi\lambda_s}\left(\ln\frac{16\lambda_s}{d_b^2\rho_s c_s}-\gamma\right)+q_l R_b+T_{ff}$$

$$=\frac{17.75}{4\times 3.141\,592\,6\times 0.86}\left(\ln\frac{16\alpha}{0.11^2}-0.577\,216\right)+17.75\times 0.103+17.55$$

$$=8.384\,2$$

可得钻孔外岩土体的热扩散系数:$\alpha\approx 1.71\times 10^{-6}\,\text{m}^2/\text{s}$

则热容量 $\rho_s c_s=\dfrac{\lambda_s}{\alpha}=0.50\times 10^6\,\text{J}/(\text{m}^3\cdot\text{℃})$

单位延米换热量 $q_l=\dfrac{Q}{H}=\dfrac{1\,775}{100}=17.75\,\text{W/m}$

其中 $Q=G\times c_w\times(t_g-t_h)$,$G$ 为循环水流量(kg/h),c_w 为水的比热容[J/(kg·℃)],t_g 为回水温度(℃),t_h 为进水温度(℃)。

2020年5月31日再次进行"恒定热流法"测试,实际平均加热功率为8.4 kW,平均流量为20.96 L/min(流速为0.616 m/s),测试设备连续加热,温度稳定(变化幅度小于1 ℃)时间不少于12 h,每隔120 s记录一次地埋管进、出水温度及流量数据,以获取岩土综合导热系数。图4.129为高功率稳定流测试时间-温度曲线,图4.130为高功率稳定流测试及对数拟合曲线。

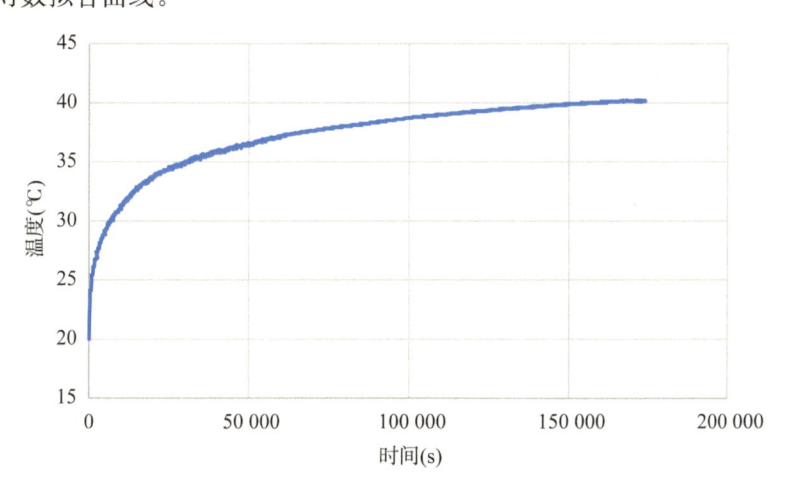

图4.129 LYG04孔高功率稳定流测试时间-温度曲线图

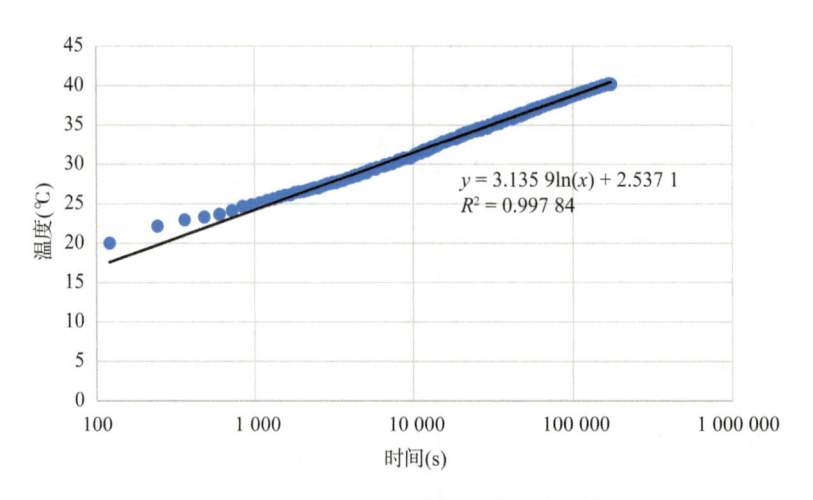

图 4.130　LYG04 孔高功率稳定流测试及对数拟合曲线图

由试验数据可得，循环介质与 U 形管内壁的对流换热系数为：

$$K = Nu_f \frac{\lambda_f}{d_i} = 0.023 \frac{\lambda_f}{d_i} Re_f^{0.8} Pr_f^{0.3}$$
$$= 0.023 \times 0.631\,166\,924 \times 18\,799.564\,22^{0.8} \times 4.649\,504\,467^{0.3}/0.026$$
$$\approx 2\,325.09\ \text{W}/(\text{m}^2 \cdot \text{℃})$$

其中，λ_f 为循环介质水在平均温度下的导热系数；Nu_f 为水的努塞尔数；Re_f 为水的雷诺数；Pr_f 为水的普朗特数。由对数曲线图中的直线可得 $k = 3.135\,9$，则导热系数为：

$$\lambda_s = \frac{q_l}{4\pi k} = \frac{43.32}{4 \times 3.141\,592\,6 \times 3.135\,9} \approx 1.10\ \text{W}/(\text{m} \cdot \text{℃})$$

钻孔内传热热阻为：

$$R_b = \frac{1}{2}\left\{\frac{1}{2\pi\lambda_b}\left[\ln\left(\frac{d_b}{d_o}\right) + \ln\left(\frac{d_b}{D}\right) + \frac{\lambda_b - \lambda_s}{\lambda_b + \lambda_s}\ln\left(\frac{d_b^4}{d_b^4 - D^4}\right)\right] + \frac{1}{2\pi\lambda_p}\ln\left(\frac{d_o}{d_i}\right) + \frac{1}{\pi d_i K}\right\} = 0.5 \times$$
$$\left\{\frac{1}{2 \times 3.141\,592\,6 \times 2.25}\left[\ln\left(\frac{0.11}{0.025 \times 2}\right) + \ln\left(\frac{0.11}{0.07}\right) + \frac{2.25 - 1.10}{2.25 + 1.10}\ln\left(\frac{0.11^4}{0.11^4 - 0.07^4}\right)\right]\right.$$
$$\left. + \frac{1}{2 \times 3.141\,592\,6 \times 0.42}\ln\left(\frac{0.025 \times 2}{0.019 \times 2}\right) + \frac{1}{3.141\,592\,6 \times 0.019 \times 2\,451.07}\right\}$$
$$\approx 0.102\ (\text{m} \cdot \text{℃})/\text{W}$$

又 $T_f(\tau) = k\ln(\tau) + b, k = 3.135\,9, b = 2.537\,1$

$$T_f = T_{ff} + q_l\left[R_b + \frac{1}{4\pi\lambda_s}\left[\ln\left(\frac{16\lambda_s \tau}{d_b^2 \rho_s c_s}\right) - \gamma\right]\right]$$

$$b = \frac{q_l}{4\pi\lambda_s}\left(\ln\frac{16\lambda_s}{d_b^2\rho_s c_s} - \gamma\right) + q_l R_b + T_{ff}$$

$$= \frac{43.32}{4\times 3.1415926\times 1.10}\left(\ln\frac{16\alpha}{0.11^2} - 0.577216\right) + 43.32\times 0.102 + 17.55 = 2.5371$$

可得钻孔外岩土体的热扩散系数:$\alpha \approx 2.76\times 10^{-6}\ \text{m}^2/\text{s}$

则热容量 $\rho_s c_s = \dfrac{\lambda_s}{\alpha} = 0.40\times 10^6\ \text{J}/(\text{m}^3\cdot\text{℃})$

单位延米换热量 $q_l = \dfrac{Q}{H} = \dfrac{4332}{100} = 43.32\ \text{W/m}$

其中 $Q = G\times c_w\times (t_g - t_h)$,$G$ 为循环水流量(kg/h),c_w 为水的比热容[J/(kg·℃)],t_g 为回水温度(℃),t_h 为进水温度(℃)。

第五节 试验结果

根据上述线热源模型,得出调查区 16 个热响应试验孔的重要参数(见表 4.6)。

表 4.6 热响应试验孔重要参数计算表

地理位置	试验孔号	整体功率	初始平均温度(℃)	加热功率(kW)	导热系数[W/(m·℃)]	热扩散系数(10^{-6} m²/s)	体积热容[10^6 J/(m³·℃)]
盐城市	YC01	低功率	17.49	4.6	1.14	2.28	0.50
		高功率		7.7	1.03	4.58	0.23
	YC02	低功率	16.82	4.1	1.12	1.49	0.75
		高功率		8.0	1.32	3.44	0.38
	YC03	低功率	17.35	4.2	1.46	1.06	1.38
		高功率		8.0	1.58	1.82	0.86
扬州市	YZ01	低功率	16.65	4.2	1.10	2.40	0.46
		高功率		8.5	1.10	3.46	0.32
	YZ02	低功率	18.24	4.1	1.41	1.07	0.13
		高功率		8.0	1.35	2.02	0.67
淮安市	HA01	低功率	18.68	4.6	1.02	3.14	0.32
		高功率		7.7	1.06	3.79	0.28
	HA02	低功率	17.85	4.2	0.66	2.34	0.28
		高功率		8.5	0.76	6.03	0.13
	HA03	低功率	18.71	4.3	1.28	1.75	0.73
		高功率		7.4	1.45	2.52	0.58

续表

地理位置	试验孔号	整体功率	初始平均温度(℃)	加热功率(kW)	导热系数[W/(m·℃)]	热扩散系数(10^{-6} m²/s)	体积热容[10^6 J/(m³·℃)]
徐州市	XZ01	低功率	16.58	5.4	2.20	3.45	0.64
		高功率		8.5	2.48	2.46	1.00
	XZ02	低功率	18.40	4.5	1.14	2.63	0.43
		高功率		7.5	1.14	3.49	0.33
	XZ03	低功率	18.19	4.6	0.93	2.59	0.36
		高功率		7.7	0.98	3.28	0.30
沭阳	SQ01	低功率	18.48	4.2	1.27	1.07	1.18
		高功率		8.5	1.21	2.04	0.59
连云港市	LYG01	低功率	20.07	4.2	0.78	3.94	0.20
		高功率		8.5	1.02	5.32	0.20
	LYG02	低功率	17.64	4.2	0.68	2.83	0.24
		高功率		8.4	0.64	4.87	0.13
	LYG03	低功率	17.11	4.2	0.83	2.28	0.36
		高功率		8.4	0.99	3.57	0.27
	LYG04	低功率	17.55	4.2	0.86	1.71	0.50
		高功率		8.4	1.10	2.76	0.40

导热系数表征地层的热传导能力,对埋管系统的换热性能有着重要影响,决定单孔的换热量,影响后期换热孔数、换热孔深、施工综合设计等。从表4.6可以看出,在钻孔埋管深度范围内,岩土体的导热系数在0.64~2.48 W/(m·℃)之间,HA02与LYG02孔导热系数较小,导热系数平均值分别为0.71 W/(m·℃)、0.66 W/(m·℃),XZ01孔导热系数较大,导热系数平均值为2.34 W/(m·℃)。

表4.7给出的钻孔单位延米(孔深)换热量为以上工况条件下的计算结果。

表4.7 钻孔单位延米换热量计算表

地理位置	试验孔号	埋管类型	整体功率	初始平均温度(℃)	加热功率(kW)	单位延米换热量(W/m)
盐城市	YC01	单U	低功率	17.49	4.6	29.61
			高功率		7.7	45.58
	YC02	单U	低功率	16.82	4.1	29.09
			高功率		8.0	61.30
	YC03	单U	低功率	17.35	4.2	36.23
			高功率		8.0	75.00

续表

地理位置	试验孔号	埋管类型	整体功率	初始平均温度(℃)	加热功率(kW)	单位延米换热量(W/m)
扬州市	YZ01	单U	低功率	16.65	4.2	28.00
			高功率		8.5	57.50
	YZ02	单U	低功率	18.24	4.1	34.43
			高功率		8.0	65.88
淮安市	HA01	单U	低功率	18.68	4.6	26.22
			高功率		7.7	49.92
	HA02	单U	低功率	17.85	4.2	17.77
			高功率		8.5	34.89
	HA03	单U	低功率	18.71	4.3	30.72
			高功率		7.4	57.06
徐州市	XZ01	单U	低功率	16.58	5.4	41.59
			高功率		8.5	79.36
	XZ02	单U	低功率	18.40	4.5	26.91
			高功率		7.5	44.60
	XZ03	单U	低功率	18.19	4.6	25.32
			高功率		7.7	45.46
沭阳	SQ01	单U	低功率	18.48	4.2	34.77
			高功率		8.5	63.05
连云港市	LYG01	单U	低功率	20.07	4.2	18.94
			高功率		8.5	41.67
	LYG02	单U	低功率	17.64	4.2	18.16
			高功率		8.4	31.11
	LYG03	单U	低功率	17.11	4.2	21.66
			高功率		8.4	48.09
	LYG04	双U	低功率	17.55	4.2	17.75
			高功率		8.4	43.32

第五章

浅层地热能开发利用适宜性分区

浅层地热能的储集、运移、传导、开发利用都受到区域地质、水文地质及工程地质条件的制约，不同区域的资源规模和利用方式存在较大差异。

地埋管地源热泵系统是获取浅层地热能的一种方式，其工作原理是传热介质（主要是水或乙二醇）在密闭的竖直或水平地埋管中循环，利用传热介质与地下岩土层、地下水之间的温差进行热交换，达到利用浅层地热能的目的，并进而通过热泵技术实现对建筑物的供暖和制冷。

地埋管地源热泵系统适宜性分区的原则是：以地质条件为基础，以水文地质条件为依托，开发利用与地质环境保护相结合，经济与效益相结合。

第一节 分区的目的与任务

浅层地热能虽然分布广泛，但并不是说所有地区都适用于热泵技术，热泵技术应用受到地质及水文地质条件的限制。使用地埋管热泵空调系统，应确保在钻进技术条件和经济成本允许的前提下，地下岩土层具备可持续的循环换热效力，且对地下温度场不会产生明显的影响。因此，地埋管地源热泵系统开发利用适宜性分区对规划浅层地热能资源开发利用和实际工程具有指导意义。

本次进行地埋管地源热泵的开发利用适宜性分区研究，总结调查区不同区域的开发利用地质条件，实现如下目的：

（1）为浅层地热能勘查评价提供前提条件；
（2）为具体工程勘察、设计选择提供依据；
（3）为政府浅层地热能开发利用规划、项目的管理、审批提供依据。

第二节 层次分析法

影响地埋管地源热泵适宜性分区的因素很多，每种因素对适宜性的影响程度也不尽相同，较为复杂，本次采用层次分析法进行分区。

层次分析法（Analytic Hierarchy Process）是美国运筹学家 Thomas L. Saaty 等人于 20 世纪 70 年代提出的，是一种定量与定性相结合的分析方法，适用于解决较为复杂、较为模糊、难以用定量分析方法求解的问题。层次分析法的主要思路是将研究的问题按各因素之间的关系，建立系统的递阶层次结构（图 5.1），根据层次结构，分析各层之间及层次间各个因素的相对重要性，进行两两比较（表 5.1），确定权重，然后计算，根据计算结果与指标判断确定地源热泵应用的适宜性分区等级。

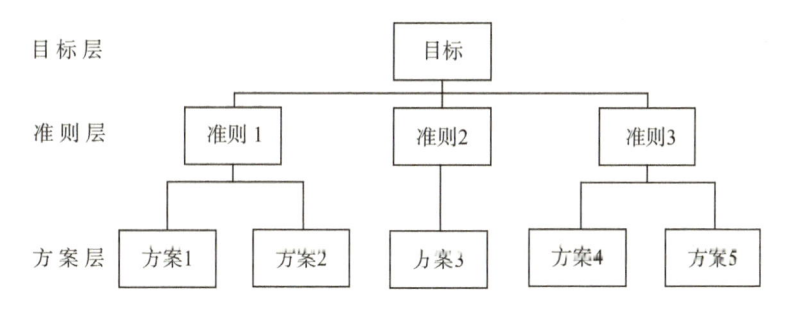

图 5.1　层次分析法结构模型

表 5.1　层次分析法两因素比值标度及含义

标度	含义
1	表示两个因素相比，具有相同的重要性
3	表示两个因素相比，前者比后者稍重要
5	表示两个因素相比，前者比后者明显重要
7	表示两个因素相比，前者比后者强烈重要
9	表示两个因素相比，前者比后者极端重要
2,4,6,8	表示上述相邻判断的中间值
倒数	若因素 i 与因素 j 的重要性之比为 a_{ij}，那么因素 j 与因素 i 重要性之比为 $a_{ji}=\dfrac{1}{a_{ij}}$

运用层次分析法构造系统模型，大体可以按下面四个步骤（图 5.2）进行：
① 建立递阶层次结构模型；
② 构造出各层次中的所有判断矩阵；
③ 层次单排序及一致性检验；

④ 层次总排序及一致性检验。

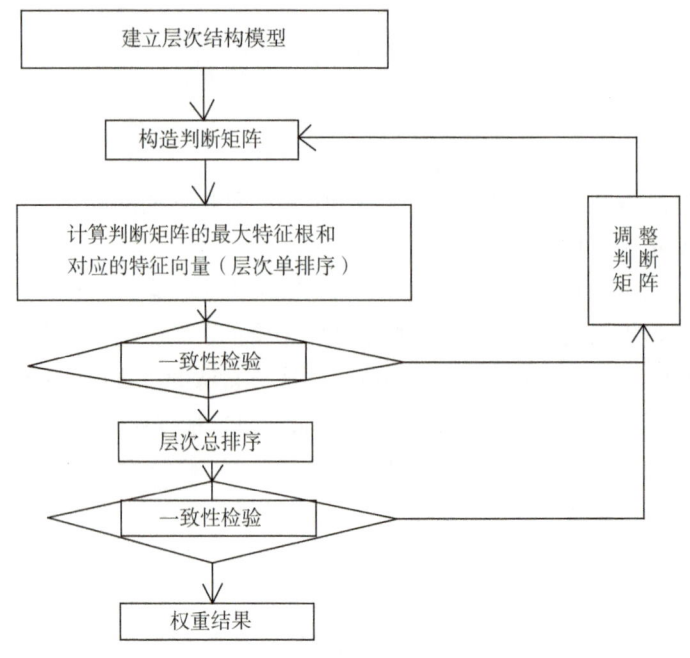

图 5.2　层次分析法计算步骤程序图

第三节　地埋管地源热泵适宜性分区

根据《浅层地热能勘查评价规范》(DZ/T 0225—2009)(见表5.2)及《浅层地温能资源评价》的分区要求，依据本调查区地质及水文地质的实际情况，本项研究制定出一套适合本区特点的适宜性区划指标，将地埋管地源热泵系统适宜性划分为适宜区、较适宜区以及不适宜区。需要说明的是，从节约地下空间的角度，本次评价工作只考虑竖直地埋管方式。

表 5.2　(竖直)地埋管换热适宜性分区

分区	分区指标(地表以下 200 m 范围内)			综合评判标准
	第四系厚度(m)	卵石层总厚度(m)	含水层总厚度(m)	
适宜区	>100	<5	>30	三项指标均应满足
较适宜区	<30 或 50～100	50～100	10～30	不符合适宜区和不适宜区分区条件
不适宜区	30～50	>10	<10	至少二项指标符合

一、选取评价因子

结合工作区的区域地质条件，选择地质及水文地质条件、地层热物性、施工条件三个评价指标进行地埋管地源热泵系统适宜性分区。

1. 地质及水文地质条件

在对第四系厚度、地下含水层的分布、地下水径流条件及地下水水质状况等情况进行深入调查研究的基础上，才能明确地埋管的适宜性的换热效果，进行地埋管布井设计，并尽量避免地下含水层水质污染事件发生。

(1) 第四系厚度：第四系松散层的分布直接决定地层的热属性及经济性，因此在地埋管式地源热泵适宜性评价指标中占重要比例。

(2) 含水层厚度：第四系松散孔隙含水层中的砂层厚度与地下水的储存量有直接的关系，而地下水作为地层中热储存和热传导的媒介，一定程度地参与影响到冷、热能的扩散，在地埋管式地源热泵适宜性评价指标中占有一定比例。

(3) 地下水径流条件：地层中地下水径流条件的优劣直接影响到冷、热能的扩散速度，在地埋管式地源热泵适宜性评价指标中占有比较重要的比例。

(4) 地下水水质：热泵工程对水质可能造成一定的影响，因此将水质的优劣也纳入地埋管式地源热泵适宜性评价指标当中。

2. 地层热物性

地下埋管处岩土的地温场和热物性参数（平均比热容、地温梯度、综合导热系数）对地埋管换热性能有着重要影响，决定单位井深换热量，影响开发利用换热孔深、施工综合设计等。

(1) 地温梯度：在恒温带以下，土壤温度主要取决于当地的地温梯度。地温梯度对一个地区单孔换热能力有着一定的影响。

(2) 平均比热容：岩土体的比热容表征地层的热储值，对埋管系统的换热性能有着较大影响。

(3) 综合导热系数：导热系数表征地层的热传导能力，对埋管系统的换热性能有着重要影响，决定单孔的换热量，影响后期换热孔数、换热孔深、施工综合设计等。

3. 钻进条件

地层岩性的分布及颗粒大小直接影响热泵系统的初期投资及运行成本，是影响地源热泵适宜性的重要因素。基岩钻进条件和砾石层的厚度影响施工的进度和成本，即对地埋管热泵工程的经济性有着重要的影响。

二、建立评价体系

地埋管式地源热泵适宜性区划，采用层次分析法建立评价体系。评价体系由三层构成，从顶层至底层分别为系统目标层（O，Object）、属性层（A，Attribute）和要素指标层（F，Factor）。O层是系统的总目标，即地埋管式地源热泵适宜性区划。A层由地质及水文地质条件、温度场及地层热物性、钻进条件三个指标构成。F层由第四系厚度、含水层有效砂层厚度、地下水径流条件、地下水质状况、地层综合导热系数、岩土平均比热容、地温梯度、钻进条件8个因子构成，见图5.3。

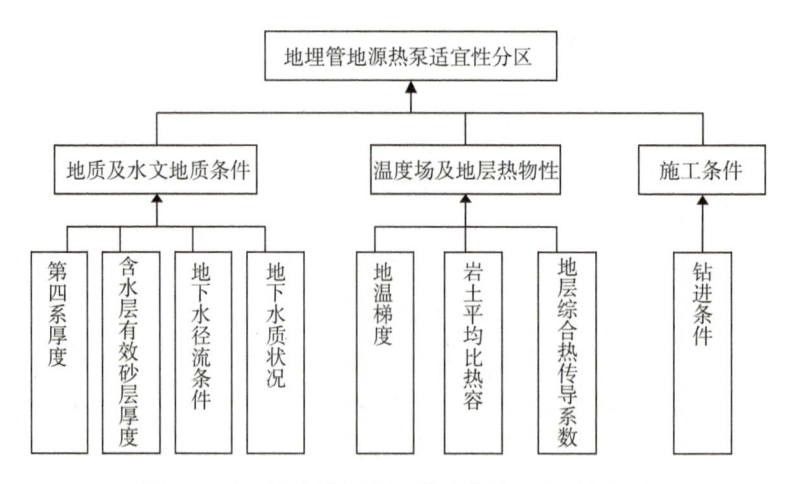

```
                        地埋管地源热泵适宜性分区
                                 ↑
        ┌────────────────────────┼────────────────────────┐
   地质及水文地质条件          温度场及地层热物性              施工条件
        ↑                        ↑                        ↑
  ┌──┬──┬──┬──┐          ┌──────┬──────┬──────┐           │
 第  含  地  地          地      岩      地                钻
 四  水  下  下          温      土      层                进
 系  层  水  水          梯      平      综                条
 厚  有  径  质          度      均      合                件
 度  效  流  状                  比      热
     砂  条  况                  热      传
     层  件                      容      导
     厚                                  系
     度                                  数
```

图 5.3 地埋管地源热泵系统适宜性分区评价体系

三、权重的确定

地埋管地源热泵适宜性分区因子权重的确定采用层次分析赋权法，按照层次分析法（AHP）的要求，在一级评价体系的层次隶属关系（图 5.3）的基础上，通过统计和研究分析，采用 1～9 标度法，分别比较属性层和要素层中各因素的重要性（对适宜区划分影响较大的因素重要性就越大），构成比较矩阵。通过计算，检验比较矩阵的一致性，必要时对比较矩阵进行修改，以达到可以接受的一致性。最后求出要素层中各个要素在目标层中所占的权重。具体的建立过程和结果见表 5.3 至表 5.6（矩阵构建及计算采用 Yaahp 软件完成）。通过表 5.3 至表 5.6 可以看到，在属性指标层中地质及水文地质条件占有一半以上的权重（57.93%）。因为在市场经济条件下，当地面以上设备、设施固定投资不变的前提下，地下部分投资就是影响整个系统投资的主要方面，则经济性主要指的是地埋管地源热泵系统地下换热部分的投资成本，所以地埋管地源热泵项目的经济性主要取决于区域的地质及水文地质条件。

表 5.3 地埋管地源热泵系统适宜性条件影响因素重要程度比较表

（判断矩阵一致性比例：0.051 8；对总目标的权重：1.000 0）

适宜性分区条件	地质、水文地质条件	热物性	施工条件	W_i
地质、水文地质条件	1	2	4	0.579 4
热物性	0.5	1	1	0.234 1
施工条件	0.25	1	1	0.186 5

表 5.4 地质、水文地质条件影响因素重要程度比较表

（判断矩阵一致性比例：0.090 8；对总目标的权重：0.579 4）

地质、水文地质条件	第四系厚度	含水层厚度	地下水径流条件	地下水矿化度	W_i
第四系厚度	1	5	1	3	0.403 8

续表

地质、水文地质条件	第四系厚度	含水层厚度	地下水径流条件	地下水矿化度	Wi
含水层厚度	0.2	1	0.5	3	0.158 5
地下水径流条件	1	2	1	5	0.355 4
地下水矿化度	0.33	0.33	0.2	1	0.082 2

表5.5 热物性影响因素重要程度比较表

(判断矩阵一致性比例:0.005 3;对总目标的权重:0.234 1)

热物性	比热容	综合导热系数	地温梯度	Wi
比热容	1	0.5	5	0.325 8
综合导热系数	2	1	8	0.603 9
地温梯度	0.2	0.125	1	0.070 3

表5.6 要素层各要素的有效权重表

评价要素	权重
第四系厚度	0.233 9
含水层厚度	0.091 8
地下水径流条件	0.205 9
地下水矿化度	0.047 7
地温梯度	0.016 5
平均比热容	0.076 3
综合导热系数	0.141 4
钻进条件	0.186 5

在要素指标层中,第四系厚度、地下水径流条件和综合导热系数这三个指标的权重较高。因为在热泵空调运行期间,周期性变化的空调负荷是系统的输入,加上过渡季节空调系统的停运,引起了土壤换热器周围的土壤温度场总处在"升温→降温→升温"的循环变化过程中。而土壤的散热包括两方面,一方面地下水迁移会带走热量,另一方面土壤的热传导会带走热量。

以是否适宜建设地埋管地源热泵系统作为比较标准,对每一幅图件中的各个区域范围在1~9之间进行属性赋值,越有利于地埋管地源热泵系统应用则所获分值越高,从而将所有数据转化为介于1~9之间可以互相比较运算的无量纲数值。各要素的具体赋值见表5.7。

表5.7 地埋管式地源热泵各指标赋值表

项目	分级	赋值	项目	分级	赋值
第四系地层厚度(m)	30~50	3	地下水径流条件	较差	3
	0~30 或 50~100	6		一般	6
	<100	9		较好	9

续表

项目	分级	赋值	项目	分级	赋值
含水层厚度(m)	<30	3	地下水矿化度(g/L)	>10	0
	30~50	5		3~10	3
	50~70	7		1~3	6
	>70	9		<1	9
地温梯度(℃/100 m)	<2.7	6	平均比热容[kJ/(kg·℃)]	<1.3	3
	2.7~3.2	7		1.3~1.4	5
	3.2~3.7	8		1.4~1.5	7
	>3.7	9		>1.5	9
综合导热系数[W/(m·℃)]	<1.6	3	钻进难度	低	9
	1.6~1.8	5		较低	7
	1.8~2.1	7		一般	5
	>2.1	9		差	3

四、要素指标层

1. 第四系厚度

第四系厚度是评价钻进条件与施工条件的指标,也是影响地层导热性能和蓄热性能的重要指标。本项研究在综合分析地质研究资料的基础上,绘制工作区第四系厚度分区图(见图5.4),结合《浅层地热能勘查评价规范》(DZ/T 0225—2009)确定各分区赋值。

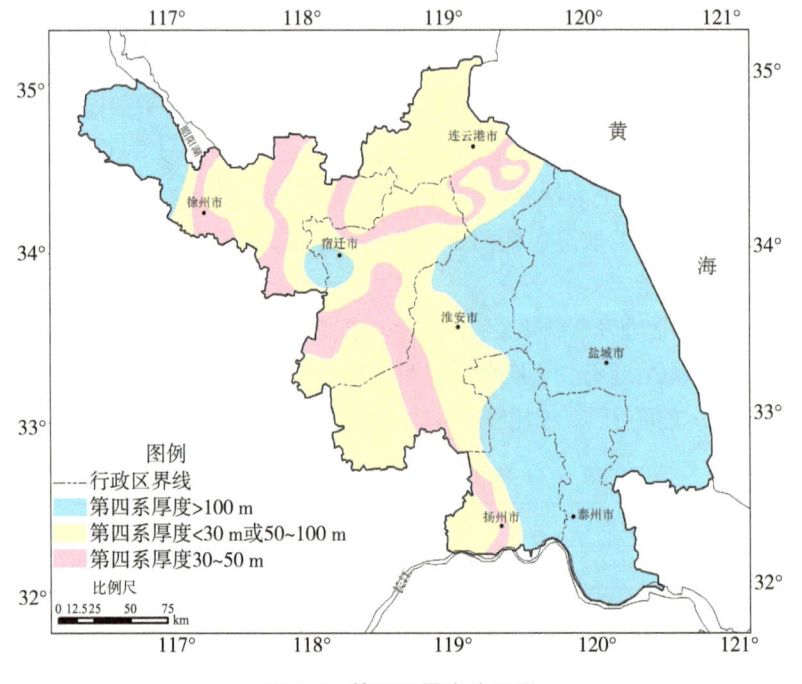

图5.4 第四系厚度分区图

2. 第四系松散孔隙含水层有效砂层厚度

第四系松散孔隙含水层中的砂层厚度与地下水的储存量有直接的关系，一定程度上影响到冷、热能的扩散。综合分析水文地质研究资料，绘制工作区第四系松散孔隙含水层有效砂层厚度，见图 5.5。

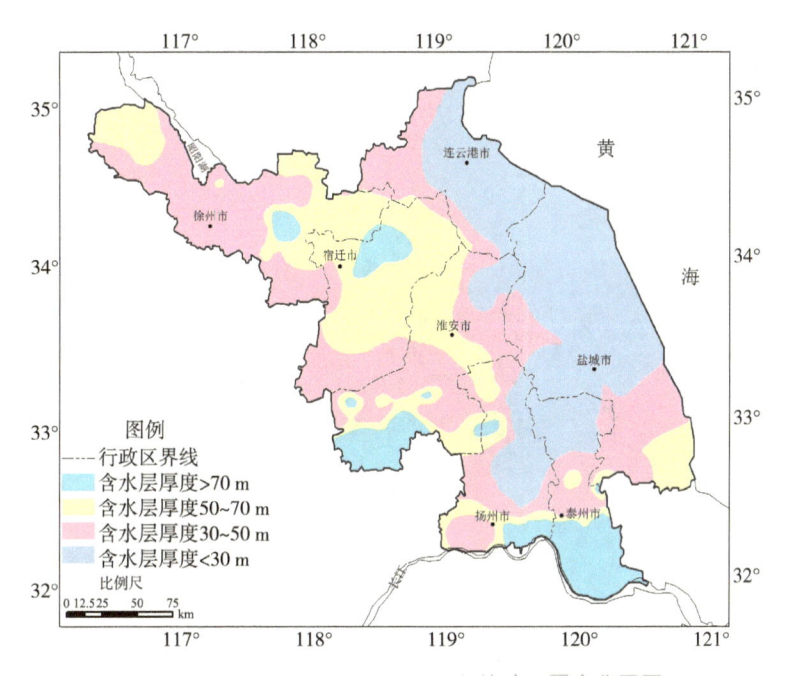

图 5.5　第四系松散孔隙含水层有效砂层厚度分区图

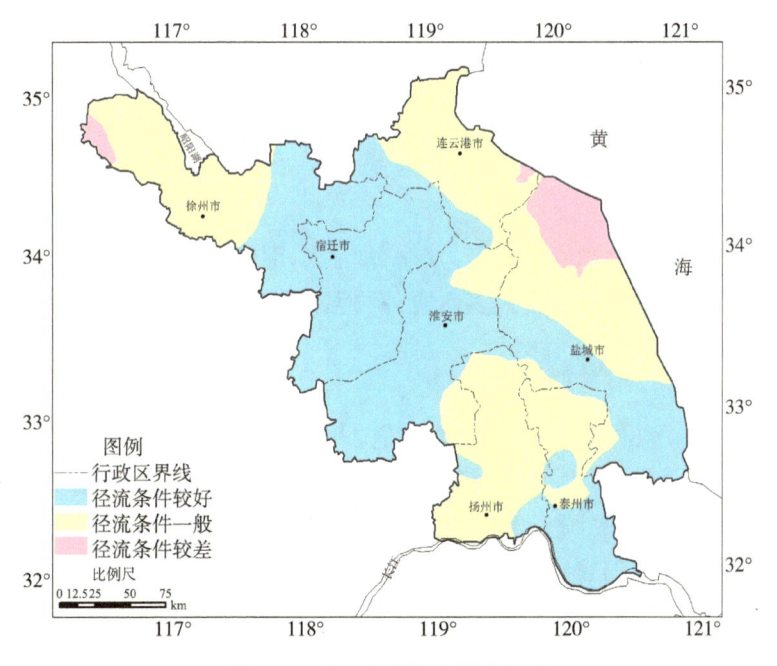

图 5.6　地下水径流条件分区图

3. 地下水径流条件

地下水径流条件的优劣直接影响到冷、热能的扩散。综合分析水文地质研究资料中工作区地下水补径排及动态特征,绘制工作区地下水径流条件,见图5.6。地下水径流条件越好,适宜性分区指标赋值越大,反之越小。

4. 地下水矿化度

矿化度体现了水中含盐量的多少,表示水的矿化程度,是地下水化学成分的重要标志。工作区内矿化度由西向东呈现增高的趋势,在盐城、连云港东部地区达 10 g/L 以上,见图5.7。

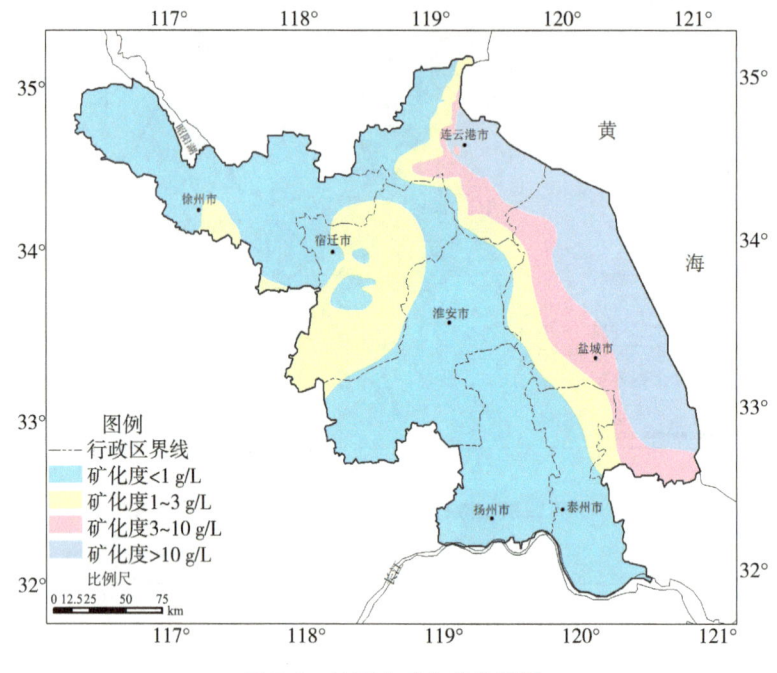

图 5.7 地下水矿化度分区图

5. 地温梯度

地温梯度对一个地区单孔换热能力影响非常大,地温梯度越大越有利于地埋管式地源热泵系统的开发。通过本项研究多次野外测温数据计算得出工作区地温梯度范围为 1.70～4.92 ℃/100 m,见图5.8。

6. 平均比热容

本项研究对每个热响应试验孔测试获得的每段岩土热物性样品比热容按照 100 m 有效厚度进行加权计算,得出 100 m 有效深度的平均比热容,在此数据基础上绘制生成全区平均比热容分布图,见图5.9。在地埋管热泵中,岩土体的平均比热容越大,则单位质量岩土体吸收或释放的热量就越多,越有利于建造地埋管热泵;相反,岩土体的平均比热容越小,就越不利于建造地埋管热泵。岩土平均比热容数值越高,适宜性分区指标赋值越大,反之越小。

第五章
浅层地热能开发利用适宜性分区

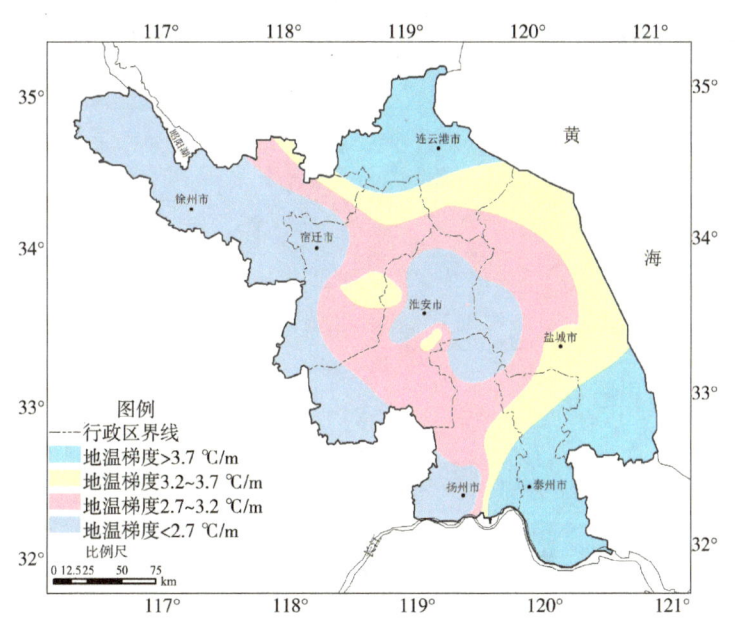

图 5.8　地温梯度分区图

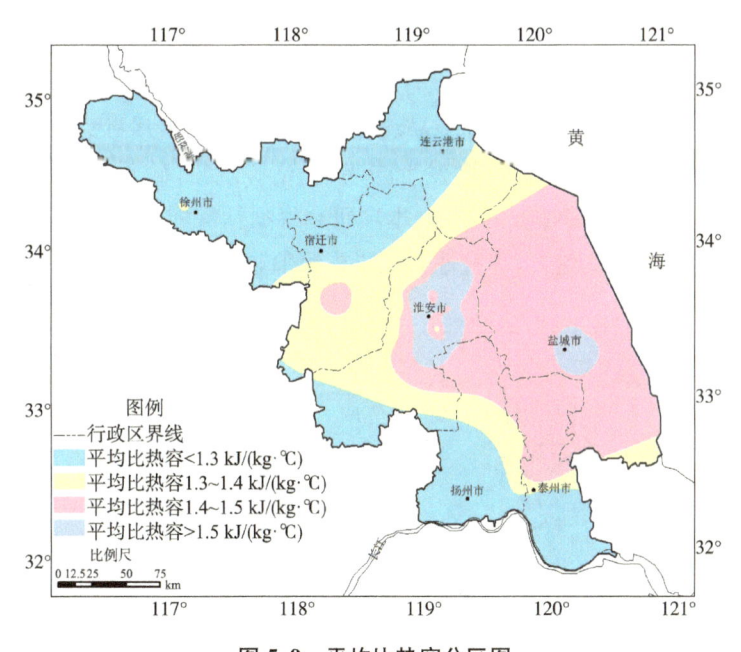

图 5.9　平均比热容分区图

7. 综合导热系数

综合导热系数是体现岩土体热物性的重要指标，岩土体的导热系数与地埋管换热器的性能有密切的联系，决定单孔的换热量，影响后期换热孔数、换热孔深、施工综合设计等。本项研究对每个试验孔热响应试验得出的数据进行分析计算，得到综合导热系数，在此数据基础上绘制生成全区综合导热系数分布图（见图 5.10）。综合导热系数越大，

141

适宜性分区指标赋值越大,反之越小。

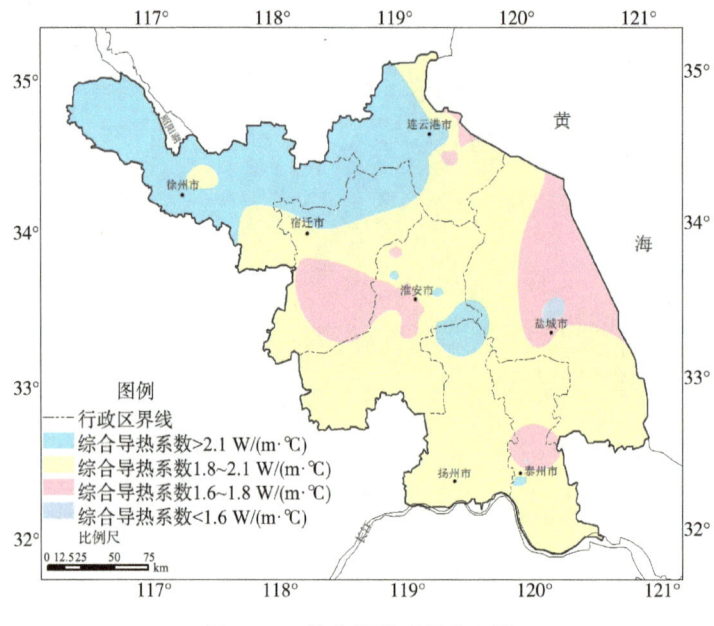

图 5.10 综合导热系数分区图

8. 钻进条件

砂砾石层多为松散层,钻进过程中易塌孔,强风化泥岩、泥质砂岩、砂质泥岩等由于岩性较破碎,多呈碎块状,钻进过程常发生漏浆、卡钻等现象,砂砾石层及强风化岩总厚度对工程的进度及成本有着重要的影响,本项研究根据钻探施工报告获取钻进难度分区图(见图 5.11)。钻进难度越大,适宜性分区指标赋值越小,反之越大。

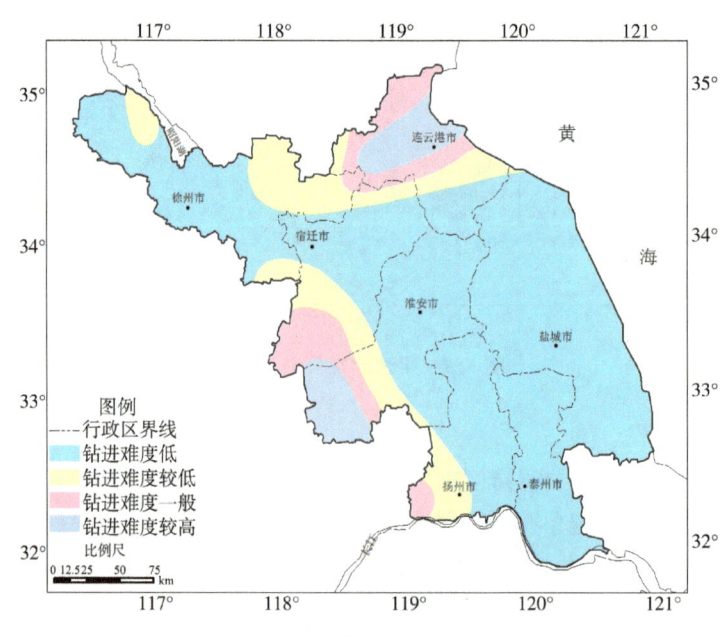

图 5.11 钻进条件分区图

五、综合评价

采用综合指数法进行计算。综合指数法是将一组相同或不同指数值通过统计学处理,使不同计量单位、性质的指标值标准化,最后转化成一个综合指数,以准确地评价工作的综合水平,其具体做法为:将每个评价单元上的属性赋值与其相对应的权重值相乘,然后求和,即可得出每个单元上的综合分值。

应用 ArcMap 空间分析将要素评分赋予对应的面图元,对各要素土层进行叠加分析,对各单元的评分值进行运算分析,即得地埋管式地源热泵系统的适宜性评价图,见图5.12。

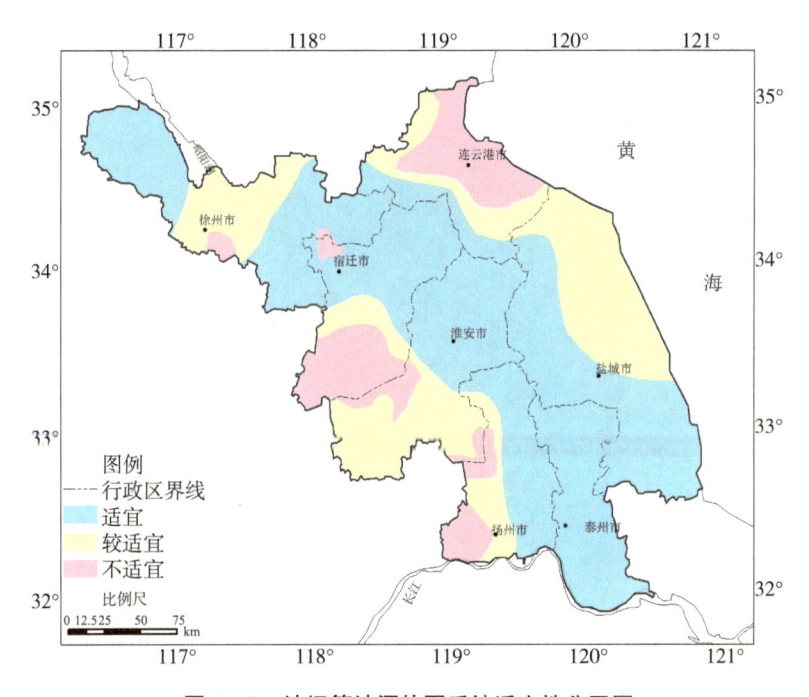

图 5.12 地埋管地源热泵系统适宜性分区图

根据综合评价所得适宜性分区指标值的分布情况,将地源热泵各个适宜区的分数范围值划定为:0~6 为地埋管开发利用不适宜区;6~7 为地埋管开发利用较适宜区;7~9 为地埋管开发利用适宜区(表 5.8)。

表 5.8 地埋管地源热泵适宜性分区指标值

指标	0~6	6~7	7~9
适宜类型	不适宜区	较适宜区	适宜区

地埋管地源热泵适宜区主要分布于工作区中部和东南部的冲积、湖积平原,面积为 38 369.098 km², 占工作区总面积的 57.06%。该区域第四系松散层的厚度一般 > 100 m, 少部分地区 > 50 m,地下水径流条件一般较好,钻进难度低,地层热储蓄和热传递等条

件好，适合布置 100 m 地埋管。

地埋管地源热泵较适宜区主要分布于工作区西南部的波状平原区以及东北部的冲海积平原区，面积为 20 939.353 km²，占工作区总面积的 31.14%。该区域第四系厚度一般 > 100 m，部分地区第四系厚度 < 30 m，是地埋管式地源热泵开发的较适宜区。

地埋管地源热泵不适宜区主要分布于连云港市的低山丘陵区，扬州市、宿迁市和徐州市也有少量分布，面积为 7 935.423 km²，占工作区总面积的 11.80%。该区域多为基岩裸露区或者第四系厚度 < 30 m，地层热储量低，且松散层下伏的基岩钻进难度较高，不适宜布置地埋管。

第六章

浅层地热能资源评价

浅层地热能资源评价主要进行两个方面的工作：一是浅层地热能热容量评价计算；二是浅层地热能换热功率评价计算。

第一节 浅层地热能热容量计算

浅层地热能热容量计算实际上是在开发利用适宜性分区的基础上和不考虑开发利用方式的情况下，计算得出工作区的浅层地热能总资源量，该值可看作是理论上的最大资源量。

一、计算方法

据本次调查，淮河经济带江苏段区域的包气带厚度均较薄，一般为 1.4~2.4 m。考虑到地源热泵系统施工利用特点，开发利用工程建设时的基础开挖深度往往就在 2 m 以上，有地下室、地下停车场的则可能更深，因此储存在包气带中的浅层地热能没有开发利用的可能性，本次只计算包气带以下的岩土体中的浅层地热容量，储量评价框架图见图 6.1。

本次计算采用体积法，具体计算公式为：

$$Q_R = Q_s + Q_w \tag{6.1}$$

式中：Q_R 为浅层地热能热容量，kJ/℃；Q_s 为岩土体骨架的热容量，kJ/℃；Q_w 为岩土体所含水中的热容量，kJ/℃。

Q_s 和 Q_w 的计算公式如下：

$$Q_s = \rho_s C_s (1-\phi) M d \tag{6.2}$$

$$Q_w = \rho_w C_w \phi M d \tag{6.3}$$

式中：ρ_s 为岩土体颗粒（骨架）的密度，kg/m³；C_s 为岩土体骨架的比热容，kJ/(kg·℃)；ϕ 为岩土体的孔隙率；M 为计算面积，m²；d 为计算厚度，m；ρ_w 为水的密度，kg/m³；C_w 为水的比热容，kJ/(kg·℃)。

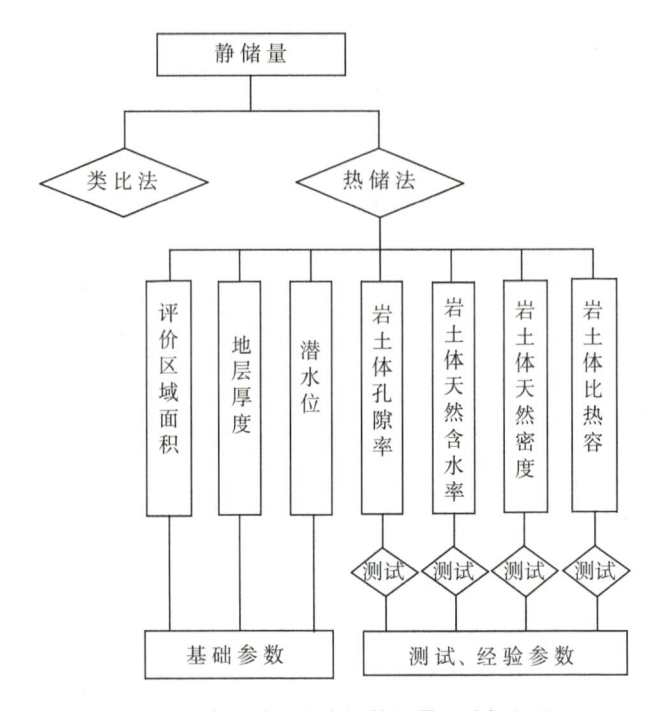

图 6.1 浅层地热能资源静储量评价框架图

在实际计算过程中，按照地埋管地源热泵适宜性分区结果以及行政区界线，对工作区进行划分。由于岩土样品的热物性测试往往只得到岩土体的综合比热容（即岩土体骨架和孔隙中所含水分的混合比热容），一般情况下需要通过换算才能得到岩土体骨架的容积比热容 $\rho_S C_S$。具体的换算关系为：

$$\rho_S C_S = \frac{\rho_m C_m - \rho_w C_w \phi}{1 - \phi} \tag{6.4}$$

式中：ρ_m 为岩土体的密度，kg/m³；C_m 为岩土体的比热容，kJ/(kg·℃)。

二、主要参数选取与计算分区

（一）主要参数选取

1. 评价深度（d）

根据《浅层地热能勘查评价规范》(DZ/T 0225—2009)和工作区的地质条件、开发利用实际情况,确定工作区的浅层地热能热容量的计算评价深度为 100 m。

2. 岩土体参数(ρ_m、C_m、ϕ)

工作区岩土体密度、岩土体比热容和岩土体孔隙度主要依据本项研究中岩土体的取样分析成果,并参考前人研究工作成果,结合《浅层地热能勘查评价规范》(DZ/T 0225—2009)确定各单层土体参数,再根据垂向土体结构组合特征进行加权平均,确定计算深度的平均参数,最终确定的各储存量计算参数见表 6.1。

表 6.1 各钻孔 100 m 以浅物理指标值统计表

ID	密度(kg/m³)	比热容[kJ/(kg·℃)]	孔隙率
RZK1	2 296	1.326	0.421
RZK2	2 624	1.199	0.404
RZK3	2 550	1.174	0.237
RZK4	2 451	1.212	0.409
RZK5	2 190	1.212	0.296
HA1	1 910	1.657	0.413
HA2	1 938	1.481	0.389
HA3	1 950	1.445	0.377
HA4	1 935	1.445	0.372
HA5	1 936	1.496	0.391
HA6	1 965	1.453	0.375
SGH01	2 011	1.180	0.356
SGH02	2 006	1.345	0.378
SGH03	1 980	1.712	0.356
SGH04	2 012	1.369	0.393
SGH05	1 984	1.399	0.397
SGH06	2 010	1.574	0.390
SGH07	1 980	1.664	0.399
SGH08	2 017	1.395	0.386
SGH09	2 000	1.709	0.387
SGH10	1 994	1.444	0.383
SGH11	2 010	1.622	0.385
SGH12	2 026	1.354	0.383
YZDK02	2 375	0.904	0.196
YZDK03	1 983	1.299	0.394
YZDK04	1 970	1.383	0.411

续表

ID	密度(kg/m³)	比热容[kJ/(kg·℃)]	孔隙率
YZDK05	1 969	1.387	0.431
CSK01	2 012	1.071	0.371
CSK03	1 967	1.033	0.384
CSK04	1 981	1.474	0.423
CSK06	2 026	1.496	0.406
YC01	1 926	1.497	0.434
YC02	1 938	1.518	0.438
YC03	1 920	1.504	0.441
SQ1	2 330	1.012	0.188
SQ2	1 980	1.342	0.398
SQ3	1 990	1.259	0.395
SQ4	2 010	1.433	0.403
YC03	1 968	1.415	0.429
YC01	1 937	1.470	0.447
YZ01	1 963	1.453	0.430
YC02	1 976	1.423	0.428
XZ01	2 004	1.353	0.408
YZ02	1 963	1.401	0.427
HA02	1 999	1.282	0.394
HA01	2 072	1.185	0.364
SQ01	1 912	1.094	0.419
LYG02	1 943	1.204	0.432
HA03	1 963	0.923	0.404
XZ02	2 214	0.894	0.269
XZ03	1 959	1.029	0.395
LYG04	1 959	1.225	0.423
LYG01	2 577	0.721	0.058
YC03	1 968	1.415	0.429

(二) 计算分区

本次浅层地热能热容量计算基于地埋管地源热泵的适宜性分区以及行政区划分,划分情况见图 6.2。分别计算各行政区的地埋管地源热泵适宜区以及较适宜区浅层地热能热容量,不适宜区不参与计算,其中适宜区面积为 38 369.098 km²,较适宜区面积为 20 939.353 km²,计算总面积为 59 308.451 km²。

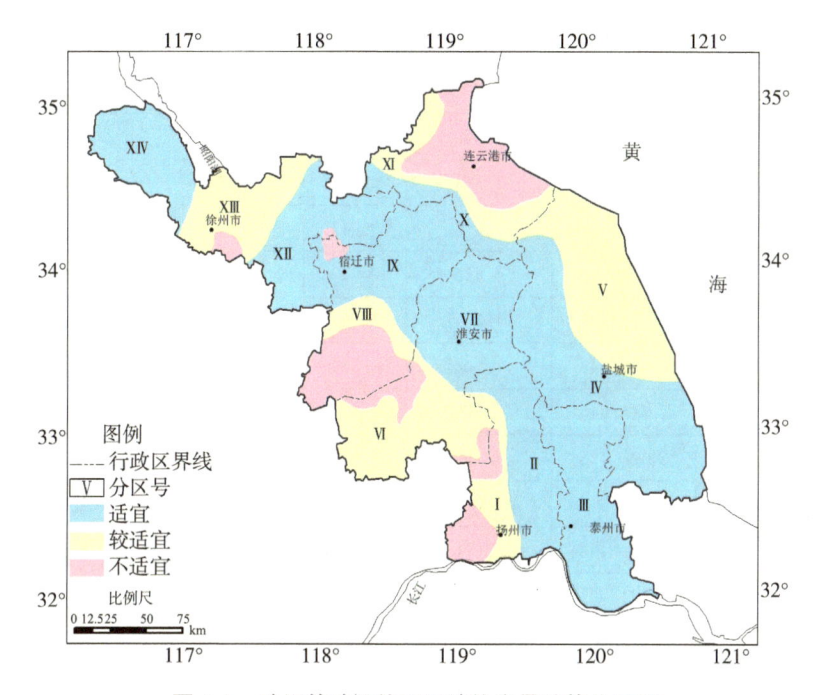

图 6.2 地埋管地源热泵系统热容量计算分区图

三、计算结果

100 m 以浅的浅层地热能热容量分区计算

淮河生态经济带江苏段总面积约 67 243.874 km²,适宜进行浅层地热能开发利用的区域约为 59 308.451 km²。通过对实验数据的整理发现,土层物性参数在水平方向存在明显的差异性,因此,利用 ArcMap 的空间分析功能将钻孔中获取的物理指标值转化为数字栅格图像,再通过其空间分析统计功能获取各分区中土层密度 ρ_m、土层比热容 C_m 及土层孔隙率 ϕ 的算术平均值,最后统计得到不同计算参数子区域共 14 个。根据公式计算各子区域热容量,并通过叠加最终获得总热容量,见表 6.2。

根据计算结果,工作区 100 m 深度范围内浅层地热能热容量为 1.58×10^{16} kJ/℃。其中,岩土体骨架的热容量为 6.31×10^{15} kJ/℃,岩土体中所含水的热容量为 9.48×10^{15} kJ/℃。在 100 m 以浅实现冬夏两季的全部开发和循环利用,按 5 ℃的换热温差,不考虑在冬季或夏季的换热间歇过程中地层温度的自然恢复,则工作区每年可开发利用的浅层地热能为 1.58×10^{17} kJ,相当于燃烧约 8.98×10^5 万 t 标准煤获得的能量。

表6.2 100 m以浅岩土体部分热容量区划属性表

ID	面积 (km²)	密度 (kg/m³)	比热容 [kJ/(kg·℃)]	孔隙率	浅层地热能热容量 (kJ/℃)	岩土骨架热容量 (kJ/℃)	地下水热容量 (kJ/℃)
Ⅰ	1 624.772	2 099.239	1.238	0.343	4.22×10¹⁴	1.88×10¹⁴	2.34×10¹⁴
Ⅱ	4 002.281	1 989.418	1.375	0.398	1.09×10¹⁵	4.26×10¹⁴	6.69×10¹⁴
Ⅲ	5 787.361	1 989.835	1.321	0.404	1.52×10¹⁵	5.39×10¹⁴	9.82×10¹⁴
Ⅳ	8 983.366	1 974.234	1.415	0.411	2.51×10¹⁵	9.60×10¹⁴	1.55×10¹⁵
Ⅴ	7 947.924	1 967.243	1.418	0.414	2.22×10¹⁵	8.35×10¹⁴	1.38×10¹⁵
Ⅵ	4 564.455	2 017.865	1.337	0.382	1.23×10¹⁵	4.98×10¹⁴	7.33×10¹⁴
Ⅶ	5 064.624	1 978.846	1.444	0.387	1.45×10¹⁵	6.23×10¹⁴	8.23×10¹⁴
Ⅷ	1 131.444	2 016.645	1.37	0.382	3.13×10¹⁴	1.31×10¹⁴	1.81×10¹⁴
Ⅸ	4 856.331	2 028.478	1.193	0.363	1.18×10¹⁵	4.35×10¹⁴	7.41×10¹⁴
Ⅹ	1 629.009	2 114.346	1.083	0.319	3.73×10¹⁴	1.55×10¹⁴	2.18×10¹⁴
Ⅺ	2 353.180	2 150.444	1.076	0.3	5.44×10¹⁴	2.48×10¹⁴	2.96×10¹⁴
Ⅻ	4 561.872	2 134.631	1.09	0.33	1.06×10¹⁵	4.29×10¹⁴	6.33×10¹⁴
ⅩⅢ	3 317.588	2 315.44	1.178	0.345	9.05×10¹⁴	4.24×10¹⁴	4.81×10¹⁴
ⅩⅣ	3 484.254	2 193.513	1.277	0.379	9.76×10¹⁴	4.22×10¹⁴	5.54×10¹⁴
合计	59 308.461				1.58×10¹⁶	6.31×10¹⁵	9.48×10¹⁵

第二节 地埋管地源热泵换热功率计算

一、计算方法

(一) 单孔换热功率(D)的计算方法

U形地埋管地源热泵换热功率的计算重点在于确定单孔换热功率,根据本次热响应试验的情况以及搜集到的浅层地热能开发利用工程的参数,运用如下2种方法进行了单孔换热功率计算。

(1) 对于层状均匀的土壤或岩石,稳定传热条件下U形地埋管的单孔换热功率按下式计算:

$$D = \frac{2\pi L \left| t_1 - t_4 \right|}{\frac{1}{\lambda_1}\ln\frac{r_2}{r_1} + \frac{1}{\lambda_2}\ln\frac{r_3}{r_2} + \frac{1}{\lambda_3}\ln\frac{r_4}{r_3}} \quad (6.5)$$

式中：D 为单孔换热功率，W；λ_1 为地埋管材料的热导率，W/(m·℃)，PE 管的热导率为 0.42 W/(m·℃)；λ_2 为换热孔中回填料的热导率，W/(m·℃)；λ_3 为换热孔周围岩土体的平均热导率，W/(m·℃)；L 为地埋管换热器长度，m；r_1 为地埋管束的等效半径，m，单 U 管的等效半径为管内径的 $\sqrt{2}$ 倍，双 U 管的等效半径为管内径的 2 倍；r_2 为地埋管束的等效外径（等效半径 r_1＋管材壁厚），m；r_3 为换热孔平均半径，m；r_4 为换热孔温度影响半径，m，可通过现场热响应试验时观测孔求取或根据数值模拟软件计算求得；t_1 为地埋管内流体的平均温度，℃；t_4 为温度影响半径之外岩土体的温度，℃。

该方法的缺陷在于其不需要热响应试验数据的支持，仅靠理论数据即可计算得出单孔换热功率，单孔换热温度影响半径 r_4 的物理意义不够明确，难以准确求取，且地下水对流对换热的影响未能体现，与实际的换热情况有差距。根据现场测试经验，随着换热试验的持续进行，U 形管内的循环水的平均温度一直持续升高，换热孔的影响范围显然也在持续扩大。即使地埋管内的平均温度逐渐趋于稳定，影响范围理论上也处于不断扩大的趋势，难以准确确定影响半径。

（2）对于本次热响应试验数据，也可运用 U 形地埋管换热器综合传热系数 k_s，计算单孔换热功率。

$$D = k_s \times L \times | t_1 - t_4 | \tag{6.6}$$

式中：k_s 为地埋管换热器传热系数，W/(m·℃)，即单位长度换热器、单位温差换热功率。

该方法物理意义简单明确，主要用于分析恒定功率工况法的数据，也可用于分析恒定热流法的数据，但应取恒定热流法后期温度曲线达到近稳定后的数据。

（二）区域地埋管地源热泵换热功率（Q_h）计算方法

根据求得的各 U 形地埋管单孔换热功率，分区计算工作区的换热功率。

$$Q_h = D \times n \times 10^{-3} \tag{6.7}$$

式中：Q_h 为换热功率，kW；n 为计算区域面积内换热孔数。换热孔的数量主要通过区域面积和土地的利用情况来推算。

二、参数取值

根据地埋管地源热泵分布及行政区界线进行分区，各计算分区范围见图 6.3。基于地层地质结构、土地利用系数、初始平均地温、地埋管地源热泵换热功率和适宜性分区等指标，对工作区地埋管地源热泵换热功率进行了分区计算。

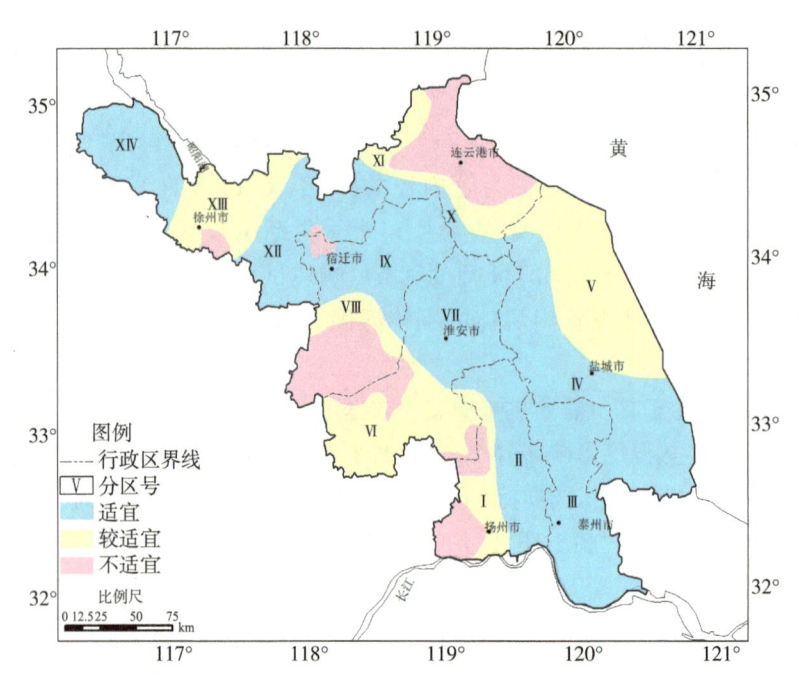

图 6.3　地埋管地源热泵系统换热功率计算分区图

1. 地埋管的长度(L)

埋管深度与松散层厚度和基岩岩性有较大关系。由于工作区松散层厚度分布不均,大部分地区的厚度在 70 m 以上,本次综合考虑地质条件以及钻探技术与经济条件,确定本次用于评价计算的地埋管长度为 100 m。

2. 地埋管进出口平均温度(t_1)与换热温差

根据《地源热泵系统工程技术规程》(DGJ32/TJ 89—2009),制冷工况下地源侧进出水温度为 30/35 ℃,取夏季的地埋管进出口平均温度为 32.5 ℃;制热工况下地源侧进出水温度为 10/5 ℃,取冬季的地埋管进出口平均温度为 7.5 ℃。

由热响应试验及地温监测资料得出工作区 100 m 深度范围内初始地层温度为 17.06~18.53 ℃,则夏季的换热温差一般为 13.97~15.44 ℃,冬季的换热温差一般为 9.56~11.03 ℃。

3. 单孔换热功率(D)

对比式 6.5 和式 6.6 的计算结果可以发现,两种计算方法的结果差异比较明显:式 6.6 现场测试法中涉及的初始参数为实测值,而式 6.5 中涉及的初始参数较多,并且其中的多个导热系数均为理论值,这就造成了计算结果的误差较大。因此,本次研究采用现场测试获得的地埋管换热器传热系数计算单孔换热功率。已经通过热响应试验或模拟计算结果获得地埋管换热器传热系数,见表 6.3、表 6.4;对于工作区内已完成不同功率下的热响应试验孔,根据试验数据计算地埋管换热器传热系数的平均值,见表 6.5;对于模拟了夏季排热以及冬季取热工况的热响应试验资料,则分别计算不同工况下的地埋管换热器传热系数,见表 6.6。一般来说,地埋管换热器传热系数在不同工况下(夏季工况与冬季工况)会有所差异,为保证计算结果更加贴合实际,工作区内的热响应试验数据均加以利用,本次计算发现各热响应试验孔地埋管传热系数k_s一般在1.178~5.410[W/(m·℃)]。

表6.3 工作区地埋管综合传热系数统计表

钻孔编号	孔深(m)	初始地温(℃)	地埋管传热系数[W/(m·℃)]
RZK1	100	17.7	4.700
RZK2	100	16.3	4.610
RZK3	100	17.0	4.020
RZK4	120	18.1	5.410
RZK5	100	18.1	3.460
HRK1	100	18.7	3.903
HRK2	100	18.7	2.953
HRK3	100	18.4	3.715
HRK4	100	18.3	4.365
HRK5	100	18.7	4.502

表6.4 工作区模拟不同工况下地埋管综合传热系数统计表

钻孔编号	初始地温(℃)	夏季工况 进出口平均温度(℃)	夏季工况 单位延米换热功率(W/m)	夏季工况 地埋管传热系数[W/(m·℃)]	冬季工况 进出口平均温度(℃)	冬季工况 单位延米换热功率(W/m)	冬季工况 地埋管传热系数[W/(m·℃)]
HA1	17.85	32.5	56.62	3.865	7.5	47.35	4.575
HA2	17.55	32.5	63.76	4.265	7.5	50.58	5.033
HA3	18.1	32.5	56.92	3.953	7.5	51.62	4.870
HA4	18.6	32.5	51.09	3.676	7.5	50.33	4.534
HA5	18.15	32.5	53.88	3.755	7.5	49.35	4.634
HA6	17.45	32.5	59.31	3.941	7.5	48.28	4.852
YCZ01	16.8	35	58.8	3.231	5	38.1	3.229
YCZ02	17.9	35	52.7	3.082	5	39.7	3.078
YCZ03	18	35	52.8	3.106	5	40.4	3.108
YCZ04	16.6	35	64.2	3.489	5	40.5	3.491

表6.5 工作区地埋管综合传热系数计算表

钻孔编号	初始地温(℃)	高功率 进出口平均温度(℃)	高功率 单位延米换热功率(W/m)	高功率 地埋管传热系数[W/(m·℃)]	低功率 进出口平均温度(℃)	低功率 单位延米换热功率(W/m)	低功率 地埋管传热系数[W/(m·℃)]	均值[W/(m·℃)]
YZDK01	18.57	39.85	68.38	3.213	28.20	34.69	3.602	3.408
YZDK02	18.01	41.10	84.61	3.664	29.30	42.34	3.750	3.707
YZDK03	18.88	41.65	91.52	4.019	28.00	26.90	2.950	3.484

续表

钻孔编号	初始地温(℃)	高功率 进出口平均温度(℃)	高功率 单位延米换热功率(W/m)	高功率 地埋管传热系数[W/(m·℃)]	低功率 进出口平均温度(℃)	低功率 单位延米换热功率(W/m)	低功率 地埋管传热系数[W/(m·℃)]	均值[W/(m·℃)]
YZDK04	18.26	39.70	83.87	3.912	29.60	41.98	3.702	3.807
YZDK05	18.37	42.50	99.28	4.114	30.40	44.79	3.723	3.919
YC03	17.35	42.70	75.00	2.703	31.00	36.23	2.448	2.575
YZ01	16.65	45.80	57.50	1.852	30.00	28.00	1.944	1.898
YC02	16.80	44.35	61.30	2.074	30.15	29.09	2.041	2.058
YC01	17.49	43.75	45.58	1.651	32.35	29.61	1.891	1.771
YZ02	18.24	43.35	65.88	2.430	30.55	34.43	2.558	2.494
HA02	17.85	44.55	34.89	1.255	31.10	17.77	1.290	1.273
HA01	18.68	44.65	49.92	1.807	33.65	26.22	1.657	1.732
XZ03	18.19	43.15	45.46	1.728	32.6	25.32	1.659	1.694
SQ01	18.48	44.6	63.05	2.266	31.5	34.77	2.462	2.364
XZ01	16.58	31.75	79.36	4.108	26.85	41.59	3.349	3.728
LYG02	17.64	44.45	31.11	1.109	31.45	18.16	1.247	1.178
XZ02	18.40	39.45	44.60	1.967	31.20	26.91	1.943	1.955
HA03	18.71	40.70	57.06	2.404	31.55	30.72	2.236	2.320
LYG01	20.07	43.6	41.67	1.645	31.75	18.94	1.518	1.581

表6.6 工作区夏、冬季工况下地埋管综合传热系数计算表

钻孔编号	初始地温(℃)	夏季工况 进出口平均温度(℃)	夏季工况 单位延米换热功率(W/m)	夏季工况 地埋管传热系数[W/(m·℃)]	冬季工况 进出口平均温度(℃)	冬季工况 单位延米换热功率(W/m)	冬季工况 地埋管传热系数[W/(m·℃)]
CSK01	18	34.2	54.12	3.341	6.75	35.25	3.133
CSK02	17.9	35.65	64.7	3.645	7.45	47.83	4.577
CSK03	18.1	34.3	62	3.827	8.4	40.36	4.161
CSK04	18.1	35.2	53.25	3.114	6.6	34.33	2.985
CSK05	18	34.2	51.18	3.159	9.3	34.73	3.992
CSK06	18.2	38.3	60.33	3.001	6.35	36.16	3.051
YC01	17.4	33.35	55.93	3.507	6.34	43.3	3.915
YC02	17.53	33.45	51.97	3.264	6.31	42.43	3.782
YC03	17.48	33.4	52.6	3.304	6.26	40.95	3.650
SQ1	17.31	32.99	70.39	4.489	6.37	47.96	4.384
SQ2	17.58	33.125	65.61	4.221	6.355	47.5	4.232
SQ3	17.17	33.065	67.78	4.264	6.33	46.57	4.296
SQ4	16.71	33.035	68.83	4.216	6.275	44.62	4.276

第六章 浅层地热能资源评价

将各个孔的初始地温以及地埋管传热系数通过 ArcMap 空间分析功能转化为数字栅格图像,通过其空间分析统计功能获取各分区中的初始温度以及地埋管综合传热系数的平均值(见表 6.7),计算各分区的单孔换热功率,见表 6.8。由表 6.8 可以看出,工作区地埋管的冬季换热功率一般都小于夏季换热功率,排热工况(入口温度/出口温度=30/35 ℃)下,单位孔深排热量为:23.841~51.680 W/m;取热工况(入口温度/出口温度=10/5 ℃)下,单位孔深取热量为:23.219~42.726 W/m。

表 6.7 各分区计算参数

分区号	初始平均地温(℃)	地埋管传热系数 (夏季工况)[W/(m·℃)]	地埋管传热系数 (冬季工况)[W/(m·℃)]
Ⅰ	18.209	3.158	3.505
Ⅱ	18.109	3.150	3.550
Ⅲ	17.966	3.294	3.677
Ⅳ	17.451	2.914	3.175
Ⅴ	17.522	2.657	3.018
Ⅵ	18.127	1.966	2.474
Ⅶ	17.926	3.473	4.098
Ⅷ	17.275	3.422	4.120
Ⅸ	17.852	3.180	3.442
Ⅹ	18.368	1.687	2.188
Ⅺ	18.525	1.813	2.106
Ⅻ	17.944	2.463	3.001
ⅩⅢ	17.597	3.124	3.824
ⅩⅣ	17.061	3.708	3.984

表 6.8 工作区各分区单孔换热功率统计表

分区号	初始温度 (℃)	夏季进出口 平均温度 (℃)	夏季换热 功率(W)	单位孔深 排热量 (W/m)	冬季进出口 平均温度 (℃)	冬季换热 功率(W)	单位孔深 取热量 (W/m)
Ⅰ	18.209	32.5	4 512.682	45.127	7.5	3 753.002	37.530
Ⅱ	18.109	32.5	4 533.146	45.331	7.5	3 766.444	37.664
Ⅲ	17.966	32.5	4 787.669	47.877	7.5	3 848.481	38.485
Ⅳ	17.451	32.5	4 384.502	43.845	7.5	3 160.026	31.600
Ⅴ	17.522	32.5	3 978.990	39.790	7.5	3 024.717	30.247
Ⅵ	18.127	32.5	2 825.986	28.260	7.5	2 629.175	26.292
Ⅶ	17.926	32.5	5 061.352	50.614	7.5	4 272.597	42.726
Ⅷ	17.275	32.5	5 210.133	52.101	7.5	4 027.430	40.274
Ⅸ	17.852	32.5	4 658.885	46.589	7.5	3 562.761	35.628
Ⅹ	18.368	32.5	2 384.119	23.841	7.5	2 377.844	23.778
Ⅺ	18.525	32.5	2 533.063	25.331	7.5	2 321.900	23.219

续表

分区号	初始温度（℃）	夏季进出口平均温度（℃）	夏季换热功率（W）	单位孔深排热量（W/m）	冬季进出口平均温度（℃）	冬季换热功率（W）	单位孔深取热量（W/m）
XII	17.944	32.5	3 585.729	35.857	7.5	3 134.151	31.342
XIII	17.597	32.5	4 656.339	46.563	7.5	3 860.907	38.609
XIV	17.061	32.5	5 168.047	51.680	7.5	3 808.989	38.090

4. 土地利用系数（τ）

地埋管通常布置于城乡建设用地，包括城镇工矿用地以及农村居民点用地。根据工作区内各行政区2006—2020年土地利用规划分析，得到2020年城乡建设用地面积，见表6.9。此外，考虑到浅层地热能的长远开发利用，未来在城市化的进程中，浅层地热能的开发利用空间还很大，故不考虑土地利用系数，另外进行一次地埋管地源热泵系统总换热功率的评价计算。

表6.9　各行政区地埋管地源热泵系统土地利用系数表

行政区	总面积（km²）	城乡建设用地面积（km²）	土地利用系数
徐州市	11 764.884	1 740.112	0.176
宿迁市	8 524.294	1 037.655	0.122
淮安市	7 615.295	1 429.715	0.143
泰州市	10 029.54	887.237	0.178
扬州市	16 931.29	990.238	0.166
盐城市	6 591.21	1 620.645	0.126
连云港市	5 787.361	1 169.662	0.154
合计	67 243.874	8 875.264	

5. 有效面积系数

有效面积为实际能布置换热孔的面积，一般情况不在建筑物覆盖和道路下布置换热孔。即工程的实际面积应在城乡居民点和工矿用地总面积中，扣除建筑和道路等占地面积，同时考虑到地埋管需占用大量地下空间，为保证城市地下空间开发利用的协调发展，有效面积系数取0.15。

6. 埋管间距

埋管间距对合理开发利用浅层地热能具有重要的意义。埋管距离过小，则容易导致换热孔之间的热干扰，不利于地下换热过程的正常进行，易导致热（冷）堆积问题，进而使地质环境失衡和热泵节能效果显著下降甚至报废；埋管间距过大，则不利于开发利用工程的优化布局和浅层地热能的高效利用，造成建设用地的浪费。根据国内经验值，埋管间距取5 m。

三、计算结果

1. 考虑土地利用系数的地埋管地源热泵系统换热功率分区计算

考虑土地利用系数即考虑城市地形地貌、道路、建筑的分布等对城镇工矿用地的影响,将地埋管布置于城乡建设用地,包括城镇工矿用地以及农村居民点用地。

在考虑土地利用系数的情况下对各个分区的换热功率进行计算。各分区换热功率计算成果见表 6.10 和表 6.11。

表 6.10　工作区地埋管地源热泵系统换热功率计算表

行政区	分区号	适宜性	面积(km^2)	夏季换热功率(kW)	冬季换热功率(kW)
淮安市	VI	较适宜	4 564.455	$1.103×10^7$	$1.026×10^7$
	VII	适宜	5 064.624	$2.192×10^7$	$1.851×10^7$
连云港市	XI	较适宜	2 353.180	$5.493×10^6$	$5.035×10^6$
	X	适宜	1 629.009	$3.579×10^6$	$3.570×10^6$
宿迁市	VIII	较适宜	1 131.444	$4.306×10^6$	$3.328×10^6$
	IX	适宜	4 856.331	$1.652×10^7$	$1.264×10^7$
泰州市	III	适宜	5 787.361	$2.960×10^7$	$2.379×10^7$
徐州市	XIII	较适宜	3 317.588	$1.636×10^7$	$1.356×10^7$
	XII	适宜	4 561.872	$1.732×10^7$	$1.514×10^7$
	XIV	适宜	3 484.254	$1.907×10^7$	$1.405×10^7$
盐城市	V	较适宜	7 947.924	$2.397×10^7$	$1.822×10^7$
	IV	适宜	8 983.366	$2.986×10^7$	$2.152×10^7$
扬州市	I	较适宜	1 624.772	$7.346×10^6$	$6.109×10^6$
	II	适宜	4 002.281	$1.818×10^7$	$1.510×10^7$
合计			59 308.401	$2.246×10^8$	$1.808×10^8$

表 6.11　工作区单位面积地埋管地源热泵系统换热功率计算表

行政区	分区号	适宜性	面积(km^2)	夏季单位面积换热功率(kW/km^2)	冬季单位面积换热功率(kW/km^2)
淮安市	VI	较适宜	4 564.455	2 417.073	2 248.740
	VII	适宜	5 064.624	4 328.986	3 654.362
连云港市	XI	较适宜	2 353.180	2 334.376	2 139.777
	X	适宜	1 629.009	2 197.115	2 191.332
宿迁市	VIII	较适宜	1 131.444	3 805.350	2 941.533
	IX	适宜	4 856.331	3 402.733	2 602.151
泰州市	III	适宜	5 787.361	5 114.346	4 111.074
徐州市	XIII	较适宜	3 317.588	4 931.051	4 088.690
	XII	适宜	4 561.872	3 797.278	3 319.058
	XIV	适宜	3 484.254	5 472.949	4 033.710
盐城市	V	较适宜	7 947.924	7 947.924	3 016.453
	IV	适宜	8 983.366	3 323.870	2 395.601

续表

行政区	分区号	适宜性	面积(km^2)	夏季单位面积换热功率(kW/km^2)	冬季单位面积换热功率(kW/km^2)
扬州市	I	较适宜	1 624.772	4 521.247	3 760.125
	II	适宜	4 002.281	4 541.750	3 773.592

工作区 100 m 地埋管地源热泵系统的夏季总换热功率为 $2.246×10^8$ kW,冬季总换热功率为 $1.808×10^8$ kW。其中不同区域的单位面积换热功率有较大的差异,单位面积的地埋管地源热泵系统的夏季换热功率可达 2 197.115~5 472.949 (kW/km^2),冬季换热功率可达 2 139.777~4 111.074 (kW/km^2)。

2. 不考虑土地利用系数的地埋管地源热泵系统换热功率分区计算

不考虑土地利用系数即假设了一种不考虑城市地形地貌、道路、建筑的分布等对城镇工矿用地的影响,分区内的所有建设用地均能埋设地埋管的理想情况,由此计算得出的地埋管地源热泵系统换热功率为基于建设用地规划的理论换热功率(表6.12)。

由表6.12可以看出,在不考虑土地利用系数的情况下求得的地埋管总换热功率是考虑土地利用系数情况的 45 倍。夏季总换热功率约为 $1.004×10^{10}$ kW,冬季总换热功率约为 $8.043×10^9$ kW。

表6.12 工作区地埋管地源热泵系统换热功率计算表(不考虑土地利用系数)

行政区	分区号	适宜性	面积(km^2)	夏季换热功率(kW)	冬季换热功率(kW)
淮安市	VI	较适宜	4 564.455	$5.160×10^8$	$4.800×10^8$
	VII	适宜	5 064.624	$1.025×10^9$	$8.656×10^8$
连云港市	XI	较适宜	2 353.180	$2.384×10^8$	$2.186×10^8$
	X	适宜	1 629.009	$1.554×10^8$	$1.549×10^8$
宿迁市	VIII	较适宜	1 131.444	$2.358×10^8$	$1.823×10^8$
	IX	适宜	4 856.331	$9.050×10^8$	$6.921×10^8$
泰州市	III	适宜	5 787.361	$1.108×10^9$	$8.909×10^8$
徐州市	XIII	较适宜	3 317.588	$6.179×10^8$	$5.124×10^8$
	XII	适宜	4 561.872	$6.543×10^8$	$5.719×10^8$
	XVI	适宜	3 484.254	$7.203×10^8$	$5.309×10^8$
盐城市	V	较适宜	7 947.924	$1.265×10^9$	9.616E+08
	IV	适宜	8 983.366	$1.576×10^9$	$1.136×10^9$
扬州市	I	较适宜	1 624.772	$2.933×10^8$	$2.439×10^8$
	II	适宜	4 002.281	$7.257×10^8$	$6.030×10^8$
合计			59 308.461	$1.004×10^{10}$	$8.044×10^9$

第七章

地下水非稳定渗流与热量运移三维耦合数值模拟

第一节 工作区地下水渗流与热量运移概念模型

根据资料的收集、野外调查与试验研究结果，在对工作区地质、水文地质条件、地下水动态及地温场特征分析的基础上，建立工作区地下水渗流与热量运移概念模型。

在模拟计算平面上以徐州市、连云港市、淮安市、盐城市、宿迁市、扬州市、泰州市行政区域作为模型计算区域（见图7.1）。垂向上按地层岩性结构由上至下概化为五层，第

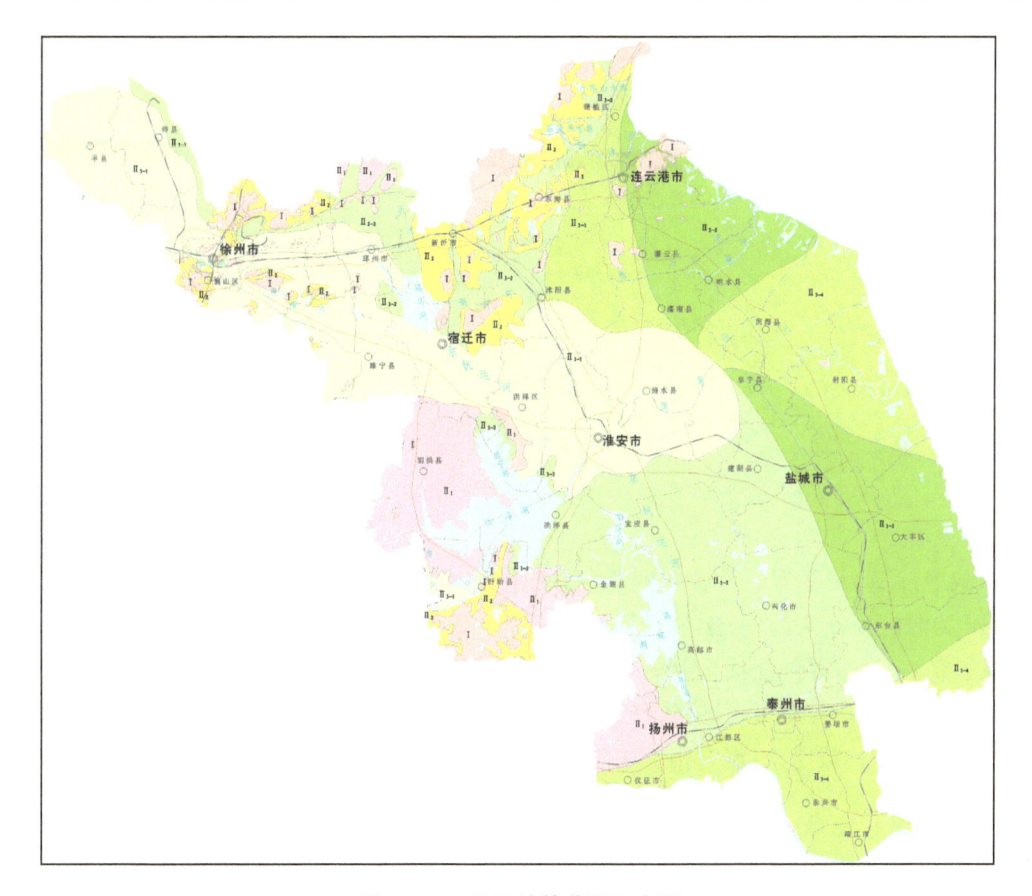

图 7.1 工作区计算范围示意图

一层为潜水含水层(组)、第三层为第Ⅰ承压含水层(组)、第五层为第Ⅱ承压含水层(组)及部分基岩裂隙水,第二层及第四层均为第四系粉质黏土与淤泥质黏土组成的隔水层。为方便计算,地埋管地源热泵计算深度均取100 m。各含水层均概化为非均质各向异性,各层之间均发生水力联系,地下水流态为三维非稳定流。顶部一方面接受大气降雨的补给,是一补给边界;另一方面地下水又通过其蒸发,是一排泄边界,系统的底部为隔水边界。各层边界上水力交换密切,均概化为通用水头边界。

设定计算范围内地下水和含水介质骨架的热动平衡瞬时完成,即含水介质骨架与周围地下水具有相同的温度,忽略由于温度差引起水的密度不同而引起的上下自然对流的影响,并将热储层四周概化为通用热量边界。

第二节 地下水非稳定渗流与热量运移三维耦合数学模型

根据上述概化的工作区地下水渗流与热量运移概念模型,取坐标轴方向与含水层各向异性主渗透系数方向一致,建立工作区地下水非稳定渗流与热量运移三维耦合数学模型如下:

$$\begin{cases} \dfrac{\partial}{\partial x}\left(K_{xx}\dfrac{\partial h}{\partial x}\right)+\dfrac{\partial}{\partial y}\left(K_{yy}\dfrac{\partial h}{\partial y}\right)+\dfrac{\partial}{\partial z}\left(K_{zz}\dfrac{\partial h}{\partial z}\right)+W=S_s\dfrac{\partial h}{\partial t} & (x,y,z)\in\Omega \\ h(x,y,z,t)\big|_{t=t_0}=h_0(x,y,z,t_0) & (x,y,z)\in\Omega \\ h(x,y,z,t)\big|_{\Gamma_1}=h_1(x,y,z,t) & (x,y,z)\in\Gamma_1 \\ K_{xx}\dfrac{\partial h}{\partial x}\cos(n,x)+K_{yy}\dfrac{\partial h}{\partial x}\cos(n,y)+K_{zz}\dfrac{\partial h}{\partial x}\cos(n,z)\bigg|_{\Gamma_2}=q(x,y,z,t) & (x,y,z)\in\Gamma_2 \\ h(x,y,z,t)=z(x,y,t) & (x,y,z)\in\Gamma_3 \\ K\dfrac{\partial h}{\partial n}\bigg|_{\Gamma_3}=-\mu\dfrac{\partial h}{\partial t}\cos\theta & (x,y,z)\in\Gamma_3 \end{cases}$$

(7.1)

式中:K_{xx}、K_{yy}、K_{zz}为各向异性主方向渗透系数;h为点(x,y,z)在t时刻的水头值;W为源汇项;t为时间;Ω为计算域;S_s为储水率;$h_0(x,y,z,t_0)$为点(x,y,z)处初始水头值;n为边界外法线向量;$q(x,y,z,t)$为第二类边界上单位面积的补给量;$\cos(n,x)$、$\cos(n,y)$、$\cos(n,z)$为流量边界外法线方向与坐标轴方向夹角的余弦;μ为饱和差(自由面上升)或给水度(自由面下降);Γ_1、Γ_2、Γ_3为第一类边界、第二类边界和自由面边界。

$$\begin{cases} \dfrac{\partial}{\partial x}\left(\lambda_x \dfrac{\partial T}{\partial x}\right)+\dfrac{\partial}{\partial y}\left(\lambda_y \dfrac{\partial T}{\partial y}\right)+\dfrac{\partial}{\partial z}\left(\lambda_z \dfrac{\partial T}{\partial z}\right) \\ -c_w\left[\dfrac{\partial(v_x T)}{\partial x}+\dfrac{\partial(v_y T)}{\partial y}+\dfrac{\partial(v_z T)}{\partial z}\right]+Q_c = c\dfrac{\partial T}{\partial t} & (x,y,z)\in\Omega \\ T(x,y,z,t)\big|_{t=0}=T_0(x,y,z) & (x,y,z)\in\Omega \\ T(x,y,z,t)\big|_{\Gamma_1=1}=T_1(x,y,z) & (x,y,z)\in\Gamma_1 \\ \lambda_x\dfrac{\partial T}{\partial x}\cos(n,x)+\lambda_y\dfrac{\partial T}{\partial y}\cos(n,y)+\lambda_z\dfrac{\partial T}{\partial z}\cos(n,z)\big|_{\Gamma_2}=Q(x,y,z,t) & (x,y,z)\in\Gamma_2 \end{cases}$$

(7.2)

式中：λ_x、λ_y、λ_z 为各方向水的热动力弥散系数；c_w 为水的热容量；c 为含水介质的热容量；v_x、v_y、v_z 为地下水渗流速度分量；$T_0(x,y,z)$ 为点 (x,y,z) 处初始温度值；$T_1(x,y,z)$ 为第一类边界的温度函数；Γ_1 为第一类边界；Q_c 为热源汇项，$Q_c=c_w W(T_Q-T)$，T_Q 为源汇项的温度；n 为边界外法线向量；$Q(x,y,z,t)$ 为第二类边界上已知的热量或热流函数；Γ_2 为第二类边界。

地下水流运动方程为：

$$\vec{v}=-K_x\dfrac{\partial h}{\partial x}-K_y\dfrac{\partial h}{\partial y}-K_z\dfrac{\partial h}{\partial z} \qquad (7.3)$$

将式(7.1)与式(7.2)通过地下水流运动方程式(7.3)耦合在一起，构成工作区地下水非稳定渗流与热量运移三维耦合数学模型。

第三节 模型的识别、验证

上述模型采用伽辽金有限元方法进行求解，平面上将计算域剖分成 142 511 个三角形单元，每层节点 71 888 个，垂向上考虑到地层结构和岩性以及抽水井、观测井和层厚的影响，从上往下将潜水、第Ⅰ承压、第Ⅱ承压含水层及各含水层之间的黏土弱含水层剖分成独立的层位参与计算。故垂向上共分为 5 个含水层、6 个计算层面，共计 712 555 个单元、431 328 个节点。计算域平面与空间单元剖分见图 7.2 与图 7.3。

数值模拟采用一年内实测水位变化进行水位拟合。根据实测水位资料，选取时段 2019 年 1 月 1 日至 2019 年 12 月 31 日作为模型渗流场的识别验证阶段，共 12 个应力期，每个应力期为 1 个时间步长。识别验证阶段采用 2019 年 1 月 1 日各含水层实测水位作为模型各层的初始水位值。

数值模拟采用热响应试验孔地温监测数据进行温度拟合。根据热响应测试运行期间所取得的地温监测资料，反演土体热物性参数，选取时段 2019 年 12 月 28 日至 2020

年7月4日作为模型温度场的识别验证时段，共378个应力期，每个应力期为1个时间步长。识别验证阶段采用2019年12月1日各含水层的实测水位作为模型各层的初始水位值，各含水层实测温度作为模型各层的初始温度值。

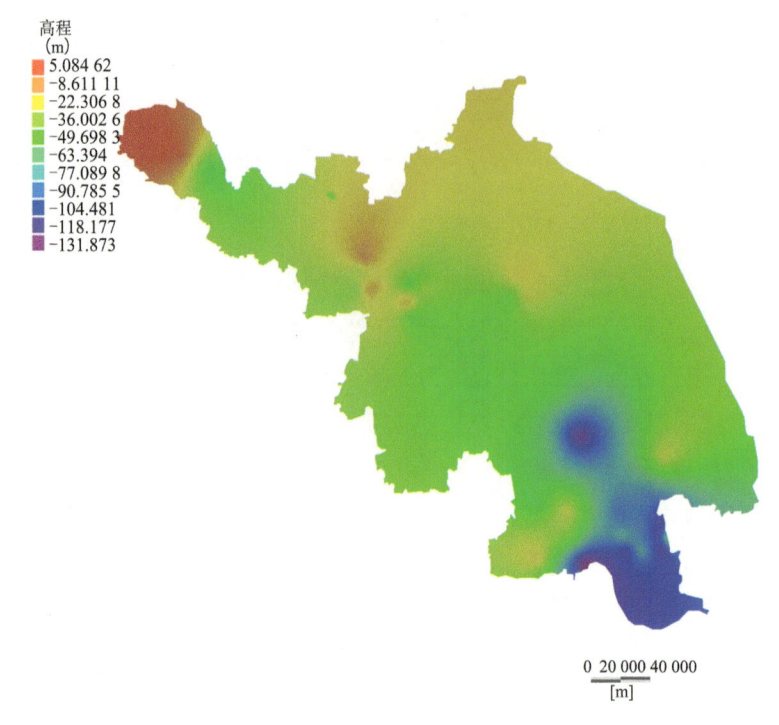

图7.2 计算域平面剖分图

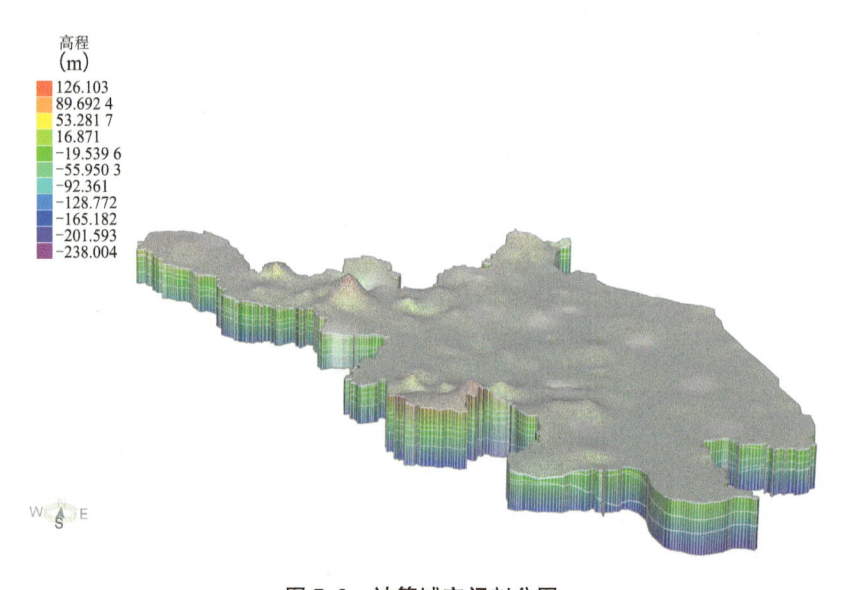

图7.3 计算域空间剖分图

第七章
地下水非稳定渗流与热量运移三维耦合数值模拟

经模型的识别验证,各含水层水文地质参数与热物性参数分区见图 7.4 至图 7.8。通过反演求参,各参数分区的参数值列表见表 7.1。识别验证阶段水位观测值与计算值拟合图见图 7.9 至图 7.26,各地温监测孔温度观测值与计算值拟合情况见图 7.27 至图 7.40。

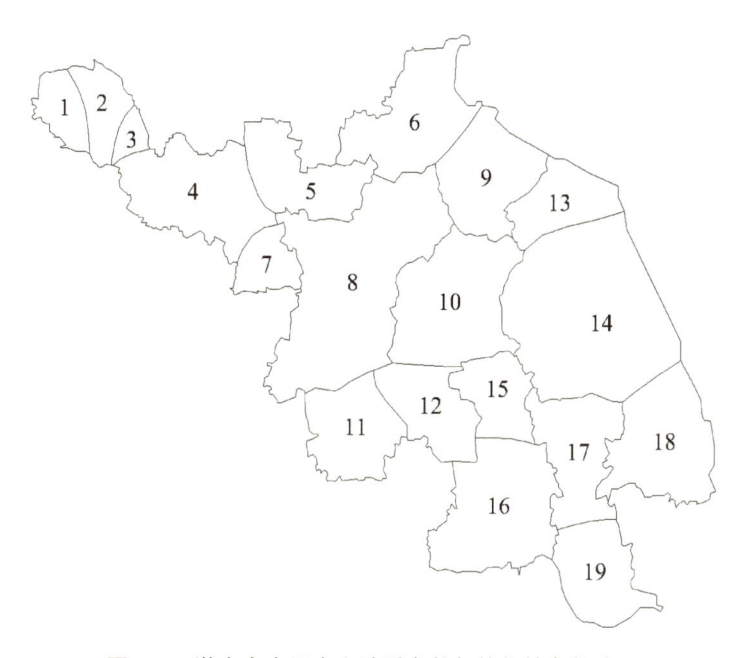

图 7.4 潜水含水层水文地质参数与热物性参数分区

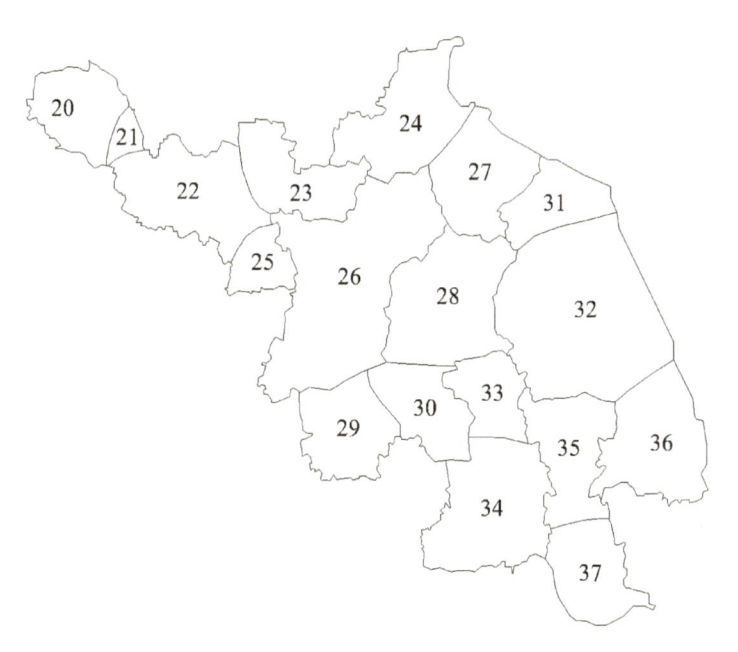

图 7.5 第 Ⅰ 黏性土弱含水层水文地质参数与热物性参数分区

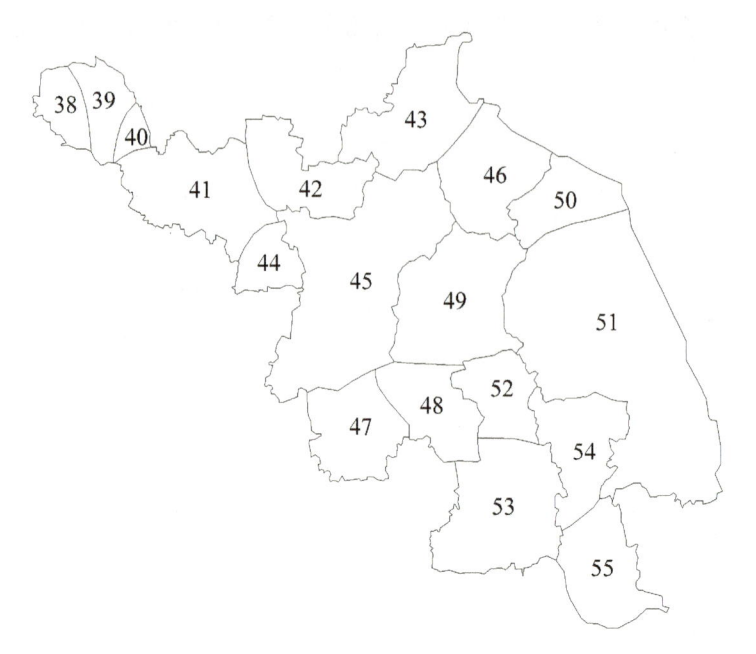

图 7.6　第Ⅰ承压含水层水文地质参数与热物性参数分区

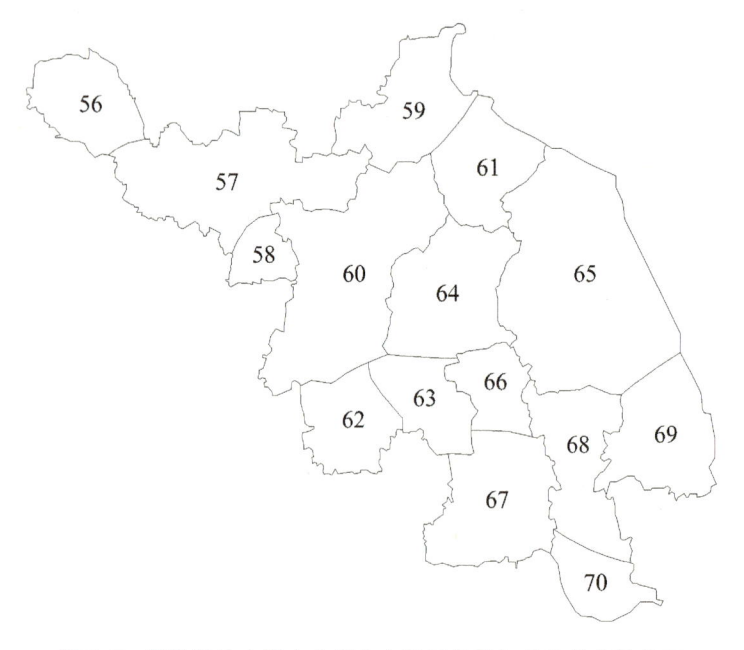

图 7.7　第Ⅱ黏性土弱含水层水文地质参数与热物性参数分区

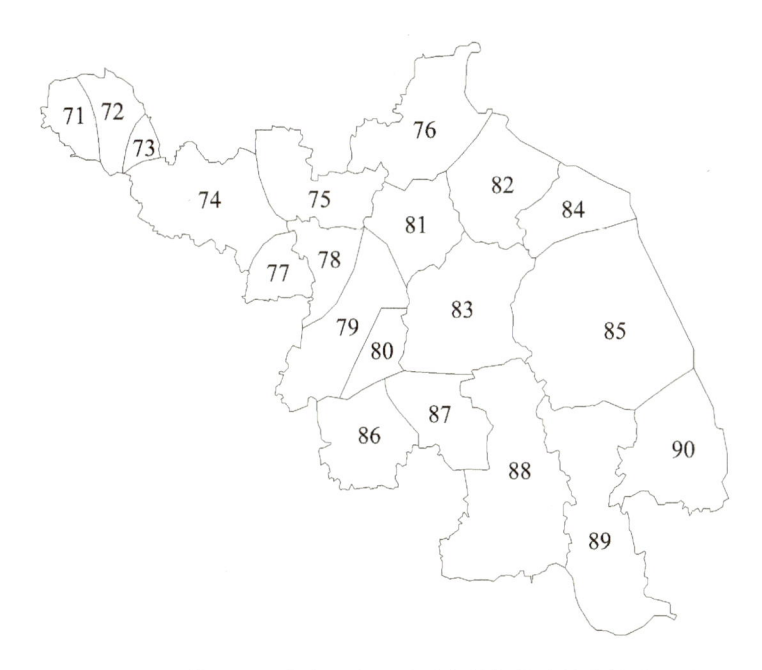

图 7.8　第Ⅱ承压含水层水文地质参数与热物性参数分区

表 7.1　各层位各参数分区参数一览表

分区	主轴方向渗透系数 (m/d) K_x	K_y	K_z	给水度 μ	储水率 (1/m) S_s	热容量 $[10^6 J/(m^3 \cdot ℃)]$ c	导热系数 $[J/(m \cdot s \cdot ℃)]$ $\lambda_x、\lambda_y、\lambda_z$
1	0.132	0.132	0.013	0.11	—	1.629	4.123
2	0.269	0.269	0.026 9	0.086	—	1.629	4.123
3	0.16	0.16	0.016	0.106	—	1.629	4.123
4	0.005 3	0.005 3	0.000 53	0.28	—	0.954	1.645
5	0.24	0.24	0.024	0.28	—	0.954	1.645
6	0.68	0.68	0.068	0.218	—	0.569	0.826
7	0.31	0.31	0.031	0.28	—	0.549	1.692
8	0.35	0.35	0.035	0.355	—	0.973	3.735
9	0.68	0.68	0.068	0.218	—	0.569	0.683
10	0.435	0.435	0.043 5	0.194	—	0.952	2.067
11	0.435	0.435	0.043 5	0.194	—	1.235	1.569
12	0.435	0.435	0.043 5	0.194	—	0.952	0.786
13	0.13	0.13	0.013	0.26	—	1.76	3.92
14	0.15	0.15	0.015	0.35	—	1.76	3.92
15	0.28	0.28	0.028	0.2	—	1.588	1.632
16	0.28	0.28	0.028	0.2	—	1.054	4.632
17	0.95	0.95	0.095	0.343	—	1.321	2.312

续表

分区	主轴方向渗透系数 (m/d) K_x	K_y	K_z	给水度 μ	储水率 (1/m) S_s	热容量 $[10^6 J/(m^3 \cdot ℃)]$ c	导热系数 $[J/(m \cdot s \cdot ℃)]$ λ_x、λ_y、λ_z
18	0.15	0.15	0.015	0.35	—	1.76	2.62
19	1.12	1.12	0.112	0.343	—	1.321	2.312
20	8.5×10^{-4}	8.5×10^{-4}	8.5×10^{-5}	—	2×10^{-10}	1.542	3.174
21	7×10^{-4}	7×10^{-4}	7×10^{-5}	—	2×10^{-10}	1.542	3.174
22	5.3×10^{-4}	5.3×10^{-4}	5.3×10^{-5}	—	2×10^{-10}	1.147	1.547
23	7×10^{-4}	7×10^{-4}	7×10^{-5}	—	2×10^{-10}	1.147	1.547
24	7.6×10^{-4}	7.6×10^{-4}	7.6×10^{-5}	—	4×10^{-10}	0.621	0.969
25	4×10^{-4}	4×10^{-4}	4×10^{-5}	—	2×10^{-10}	0.637	1.587
26	2.4×10^{-4}	2.4×10^{-4}	2.4×10^{-5}	—	3×10^{-10}	1.367	3.559
27	7.6×10^{-4}	7.6×10^{-4}	7.6×10^{-5}	—	4×10^{-10}	0.621	0.722
28	5.9×10^{-4}	5.9×10^{-4}	5.9×10^{-5}	—	1×10^{-10}	1.047	1.892
29	5.9×10^{-4}	5.9×10^{-4}	5.9×10^{-5}	—	1×10^{-10}	1.326	1.217
30	5.9×10^{-4}	5.9×10^{-4}	5.9×10^{-5}	—	1×10^{-10}	1.044	0.759
31	8×10^{-4}	8×10^{-4}	8×10^{-5}	—	2×10^{-10}	1.62	4.41
32	5×10^{-4}	5×10^{-4}	5×10^{-5}	—	2×10^{-10}	1.62	4.41
33	7.3×10^{-4}	7.3×10^{-4}	7.3×10^{-5}	—	3×10^{-10}	1.684	1.763
34	7.3×10^{-4}	7.3×10^{-4}	7.3×10^{-5}	—	3×10^{-10}	1.078	4.572
35	2×10^{-5}	2×10^{-5}	2×10^{-6}	—	2×10^{-10}	1.427	2.254
36	5×10^{-4}	5×10^{-4}	5×10^{-5}	—	2×10^{-10}	1.62	3.06
37	7×10^{-5}	7×10^{-5}	7×10^{-6}	—	2×10^{-10}	1.427	2.254
38	8.11	8.11	0.811	—	6.4×10^{-5}	1.426	3.279
39	2	2	0.2	—	6.4×10^{-5}	1.426	3.279
40	0.49	0.49	0.049	—	6.4×10^{-5}	1.426	3.279
41	8.96	8.96	0.896	—	6.4×10^{-5}	1.083	1.236
42	5.13	5.13	0.513	—	6.4×10^{-5}	1.083	1.236
43	12	12	1.2	—	3.43×10^{-5}	0.618	1.026
44	4.73	4.73	0.473	—	6.4×10^{-5}	1.083	1.236
45	4.2	4.2	0.42	—	6.14×10^{-5}	0.854	2.263
46	12	12	1.2	—	3.43×10^{-5}	0.527	0.593
47	4.88	4.88	0.488	—	4.62×10^{-5}	1.327	1.189
48	4.88	4.88	0.488	—	4.62×10^{-5}	1.083	0.677

续表

分区	主轴方向渗透系数 (m/d) K_x	K_y	K_z	给水度 μ	储水率 (1/m) S_s	热容量 $[10^6 J/(m^3 \cdot ℃)]$ c	导热系数 $[J/(m \cdot s \cdot ℃)]$ $\lambda_x、\lambda_y、\lambda_z$
49	4.88	4.88	0.488	—	4.62×10^{-5}	0.987	1.493
50	5.2	5.2	0.52	—	8.00×10^{-5}	1.468	1.523
51	5.6	5.6	0.56	—	8.00×10^{-5}	1.468	1.523
52	4.3	4.3	0.43	—	7.61×10^{-5}	1.401	1.49
53	4.3	4.3	0.43	—	7.61×10^{-5}	1.056	4.095
54	2	2	0.2	—	5.66×10^{-5}	1.451	2.086
55	5	5	0.5	—	5.66×10^{-5}	1.451	2.086
56	8×10^{-4}	8×10^{-4}	8.00E−05	—	2×10^{-10}	1.451	3.647
57	8×10^{-4}	8.00E−04	8.00E−05	—	2×10^{-10}	1.243	1.451
58	7×10^{-4}	7.00E−04	7.00E−05	—	2×10^{-10}	0.596	1.693
59	9×10^{-4}	9.00E−04	9.00E−05	—	2×10^{-10}	0.556	0.934
60	6.4×10^{-4}	6.4×10^{-4}	6.4×10^{-5}	—	1×10^{-10}	0.812	3.791
61	9×10^{-4}	9×10^{-4}	9×10^{-5}	—	2×10^{-10}	0.556	0.716
62	6×10^{-4}	6×10^{-4}	6×10^{-5}	—	3×10^{-10}	1.264	1.588
63	6×10^{-4}	6×10^{-4}	6×10^{-5}	—	3×10^{-10}	0.899	0.834
64	6×10^{-4}	6×10^{-4}	6×10^{-5}	—	3×10^{-10}	0.899	2.198
65	2.6×10^{-4}	2.6×10^{-4}	2.6×10^{-5}	—	1×10^{-10}	2.65	4.37
66	3.4×10^{-4}	3.4×10^{-4}	3.4×10^{-5}	—	2×10^{-10}	1.509	1.523
67	3.4×10^{-4}	3.4×10^{-4}	3.4×10^{-5}	—	2×10^{-10}	1.174	4.672
68	3.5×10^{-5}	3.5×10^{-5}	3.5×10^{-6}	—	5×10^{-10}	1.319	2.144
69	2.6×10^{-4}	2.6×10^{-4}	2.6×10^{-5}	—	1×10^{-10}	2.65	3.16
70	7×10^{-5}	7×10^{-5}	7×10^{-6}	—	5×10^{-10}	1.319	2.144
71	3.76	3.76	0.376	—	7.6×10^{-5}	1.256	3.502
72	0.072	0.072	0.0072	—	7.6×10^{-5}	1.256	3.502
73	1.51	1.51	0.151	—	7.6×10^{-5}	1.256	3.502
74	1.13	1.13	0.113	—	7.3×10^{-5}	0.875	1.472
75	1.71	1.71	0.171	—	7.3×10^{-5}	0.875	1.472
76	11	11	1.1	—	3.5×10^{-3}	0.682	0.893
77	1.66	1.66	0.166	—	7.3×10^{-5}	0.472	1.647
78	4.5	4.5	0.45	—	5.31×10^{-5}	1.386	2.307
79	3.2	3.2	0.32	—	5.31×10^{-5}	1.386	2.307

续表

分区	主轴方向渗透系数 (m/d) K_x	K_y	K_z	给水度 μ	储水率 (1/m) S_s	热容量 $[10^6 \text{J}/(\text{m}^3 \cdot \text{℃})]$ c	导热系数 $[\text{J}/(\text{m} \cdot \text{s} \cdot \text{℃})]$ $\lambda_x、\lambda_y、\lambda_z$
80	8.6	8.6	0.86	—	5.31×10^{-5}	1.386	2.307
81	4.5	4.5	0.45	—	5.31×10^{-5}	1.386	2.307
82	11	11	1.1	—	3.5×10^{-3}	0.539	0.684
83	8.89	8.89	0.889	—	6.33×10^{-5}	0.74	1.969
84	2.5	2.5	0.25	—	9.9×10^{-4}	3.31	4.538
85	10	10	1	—	9.9×10^{-4}	3.31	4.538
86	2.24	2.24	0.224	—	6.33×10^{-5}	1.273	1.327
87	2.24	2.24	0.224	—	6.30×10^{-5}	0.935	0.796
88	3.62	3.62	0.362	—	4.35×10^{-5}	1.448	1.84
89	3	3	0.3	—	4.61×10^{-5}	1.533	2.205
90	10	10	1	—	9.9×10^{-4}	3.31	3.08

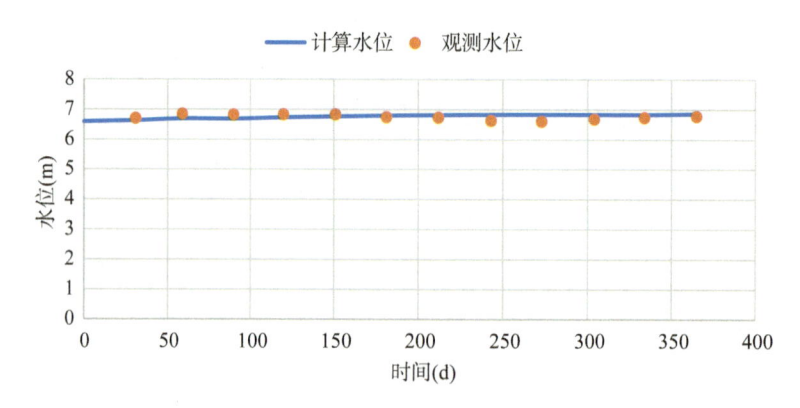

图 7.9　8293 孔（潜水）水位观测值与计算值拟合图

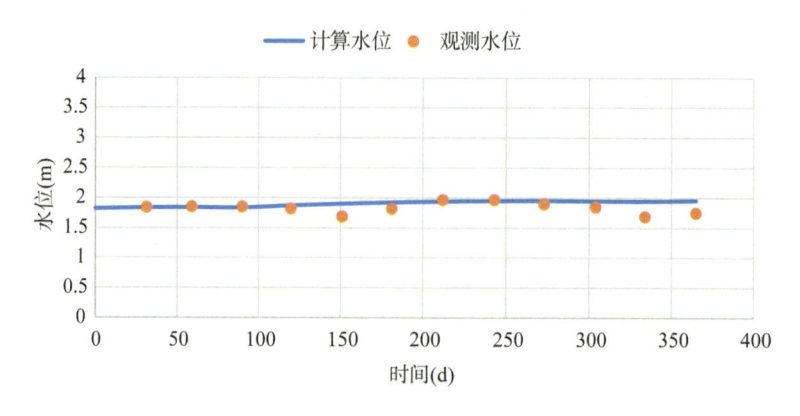

图 7.10　L101 孔（潜水）水位观测值与计算值拟合图

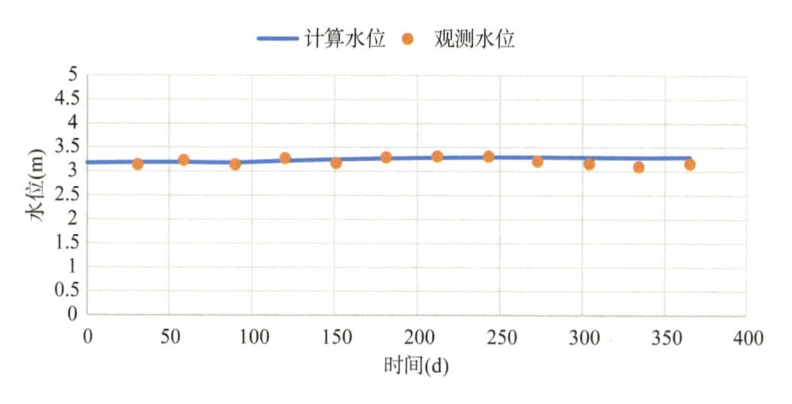

图 7.11　8267 孔（潜水）水位观测值与计算值拟合图

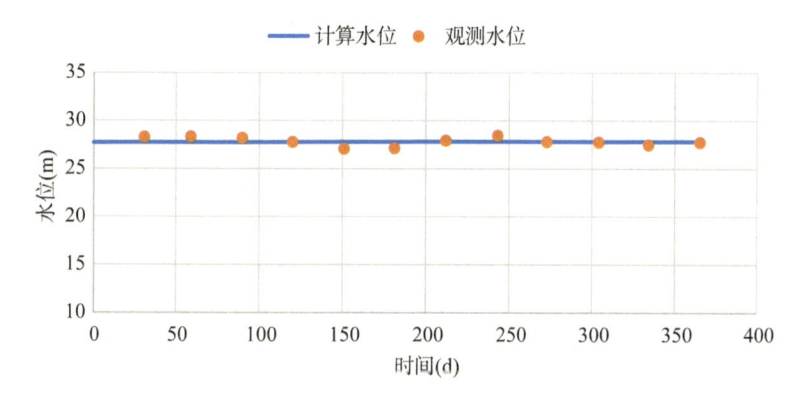

图 7.12　9606 孔（潜水）水位观测值与计算值拟合图

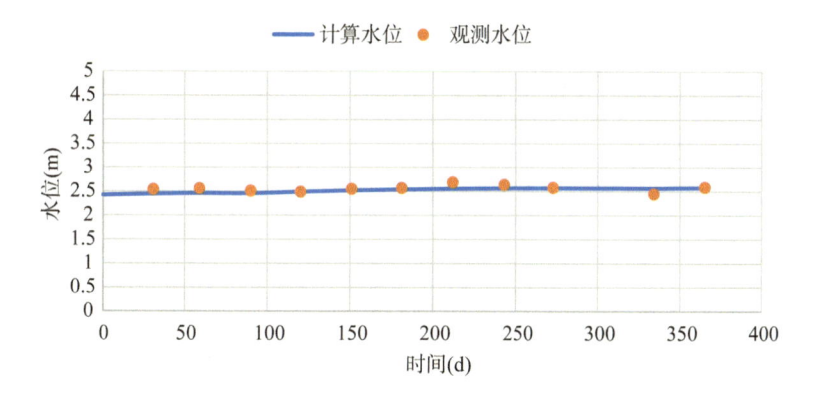

图 7.13　0013 孔（潜水）水位观测值与计算值拟合图

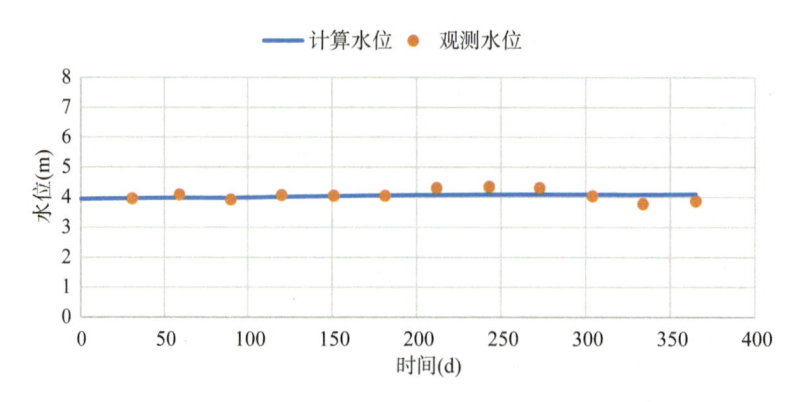

图 7.14　0029 孔（潜水）水位观测值与计算值拟合图

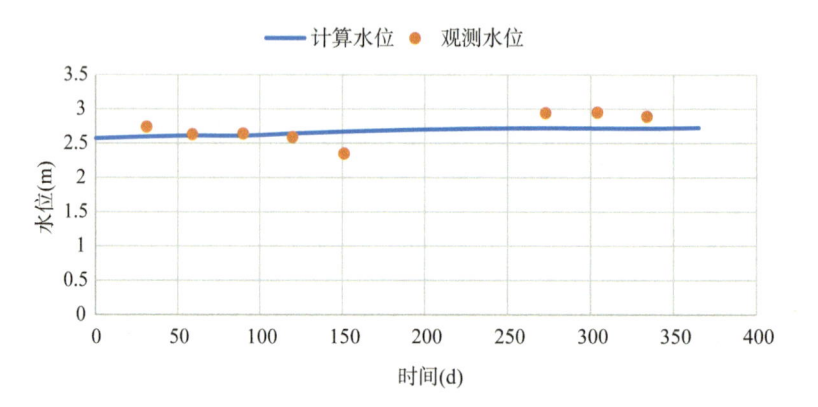

图 7.15　0081 孔（潜水）水位观测值与计算值拟合图

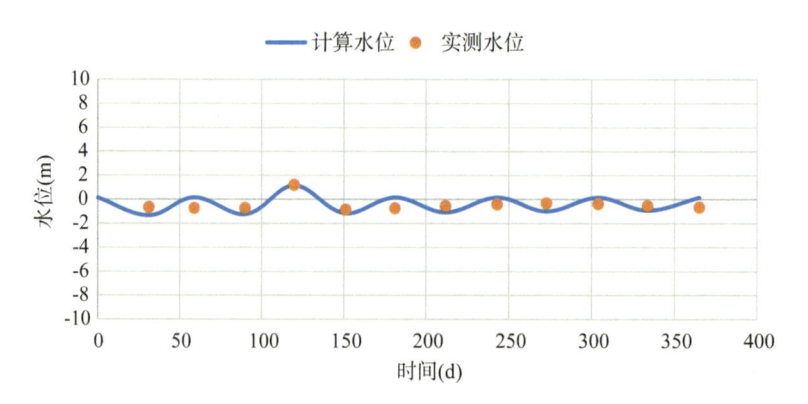

图 7.16　0081 孔（第Ⅰ承压含水层）水位观测值与计算值拟合图

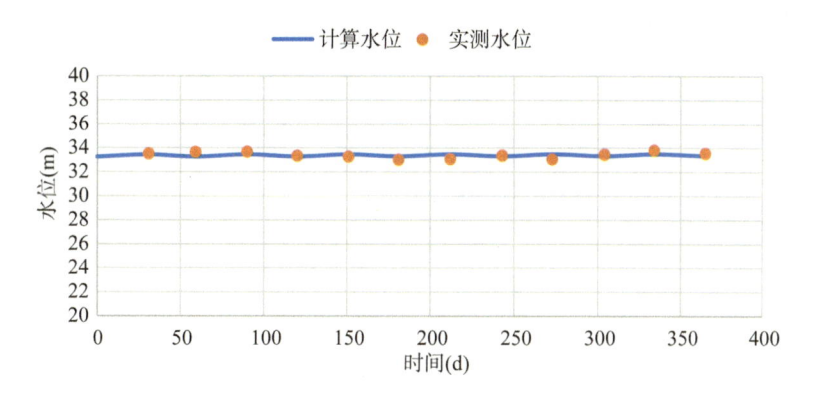

图 7.17　9336 孔（第Ⅰ承压含水层）水位观测值与计算值拟合图

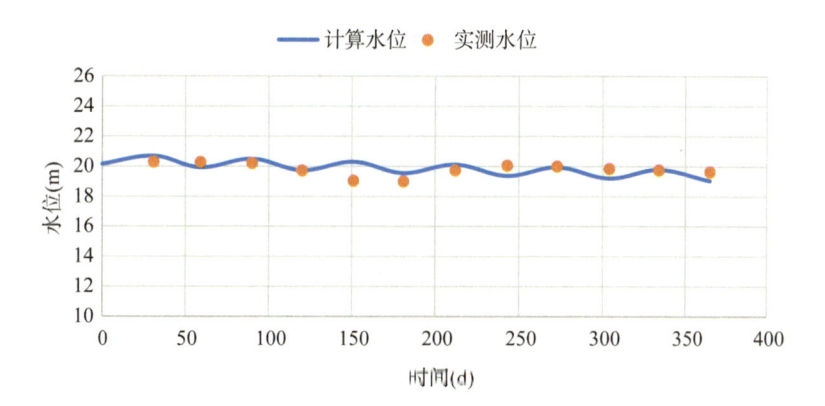

图 7.18　6047 孔（第Ⅰ承压含水层）水位观测值与计算值拟合图

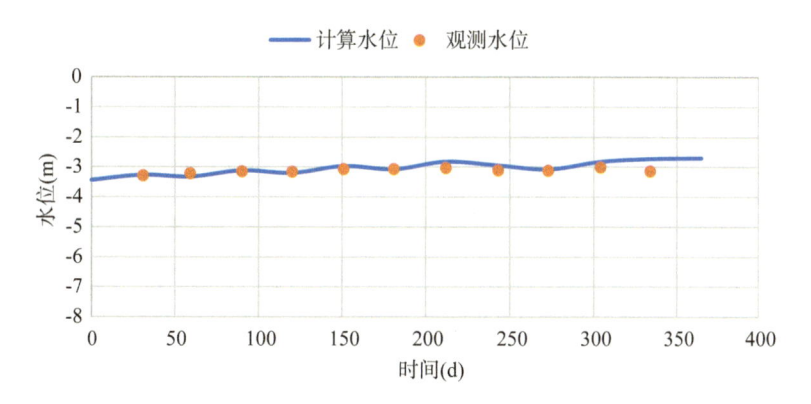

图 7.19　0026 孔（第Ⅰ承压含水层）水位观测值与计算值拟合图

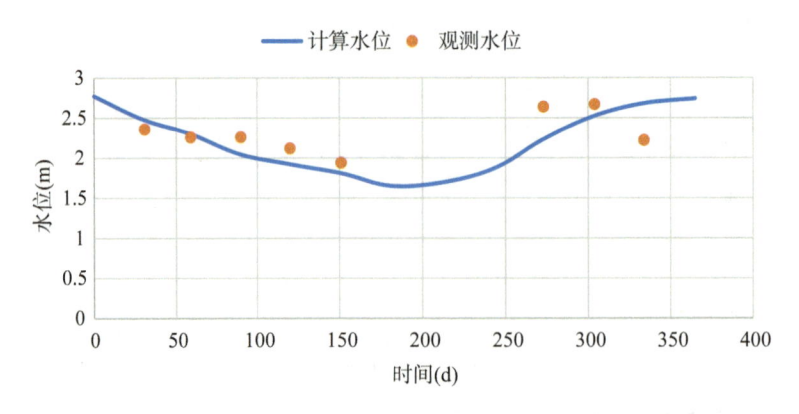

图 7.20　0080 孔(第Ⅰ承压含水层)水位观测值与计算值拟合图

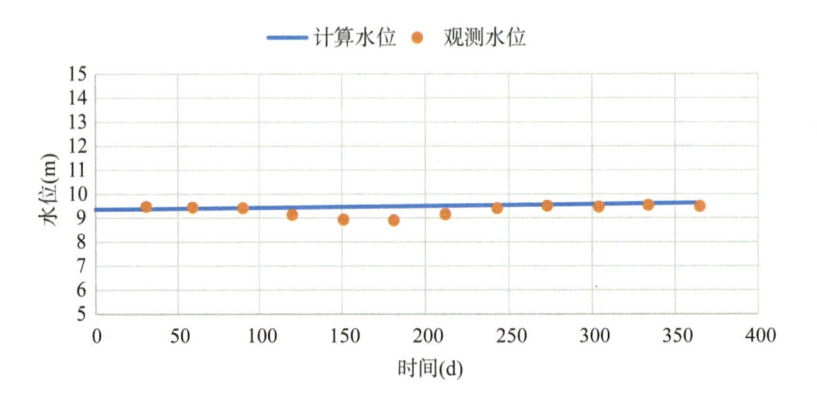

图 7.21　8434 孔(第Ⅱ承压含水层)水位观测值与计算值拟合图

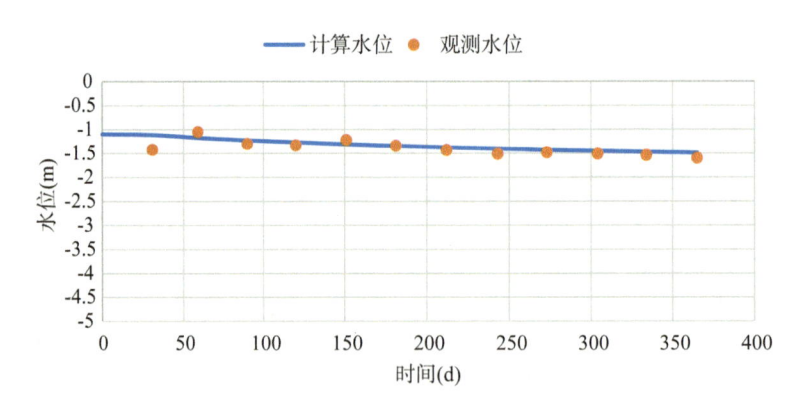

图 7.22　6020 孔(第Ⅱ承压含水层)水位观测值与计算值拟合图

第七章 地下水非稳定渗流与热量运移三维耦合数值模拟

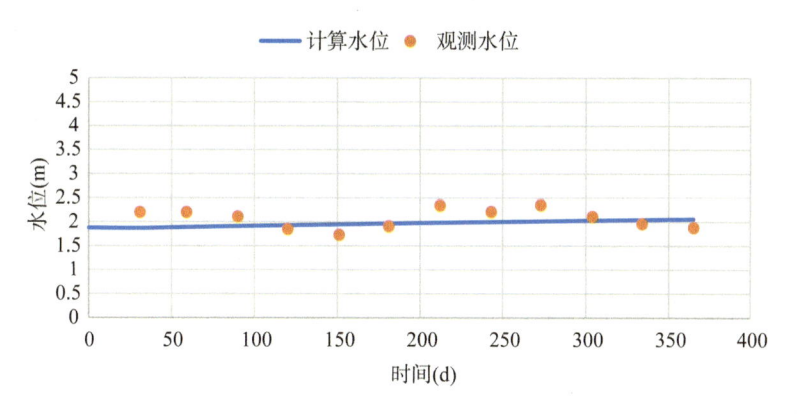

图 7.23　6075 孔（第Ⅱ承压含水层）水位观测值与计算值拟合图

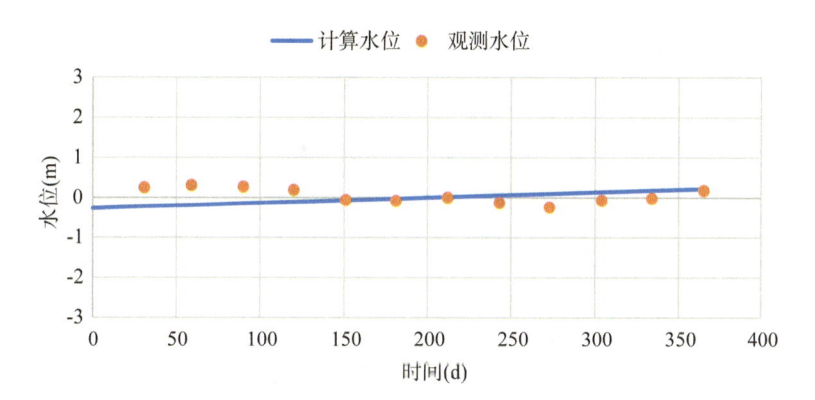

图 7.24　0023 孔（第Ⅱ承压含水层）水位观测值与计算值拟合图

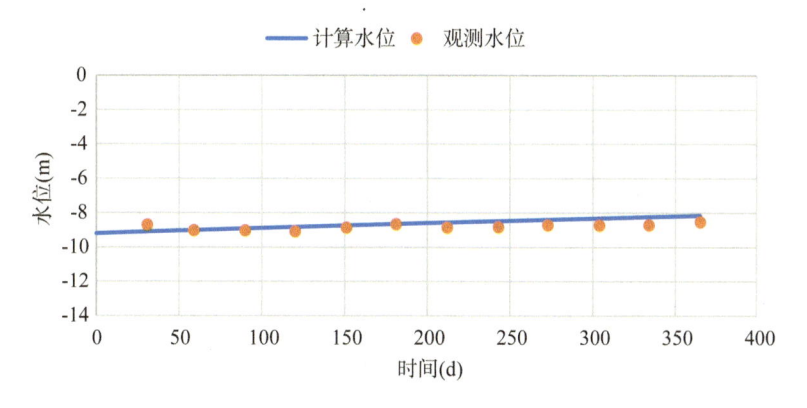

图 7.25　0105 孔（第Ⅱ承压含水层）水位观测值与计算值拟合图

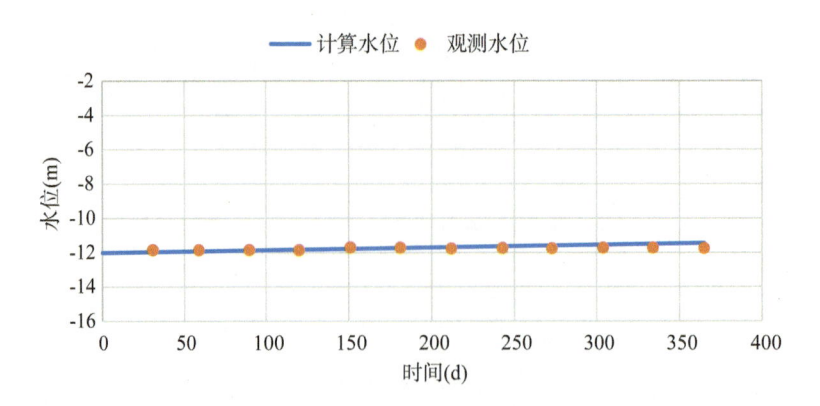

图 7.26　0113 孔（第Ⅱ承压含水层）水位观测值与计算值拟合图

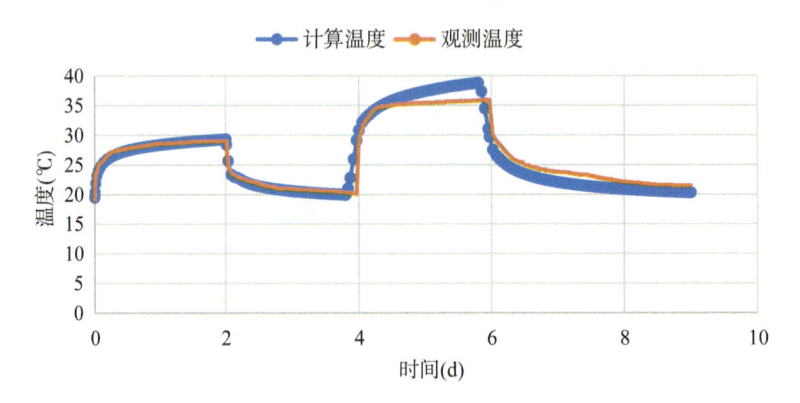

图 7.27　XZ01 孔温度观测值与计算值拟合图

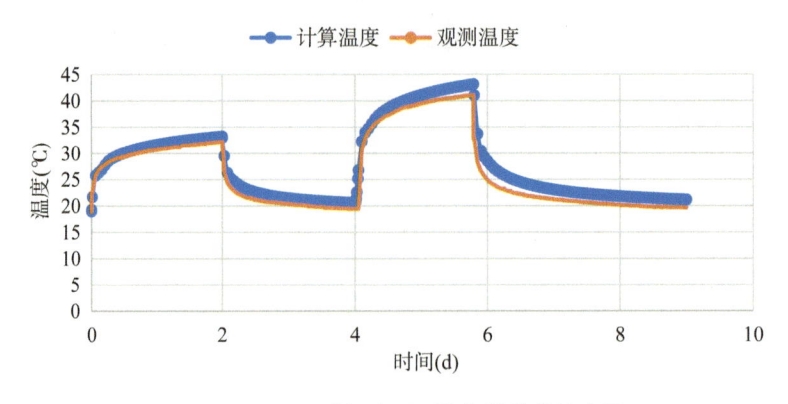

图 7.28　XZ02 孔温度观测值与计算值拟合图

第七章
地下水非稳定渗流与热量运移三维耦合数值模拟

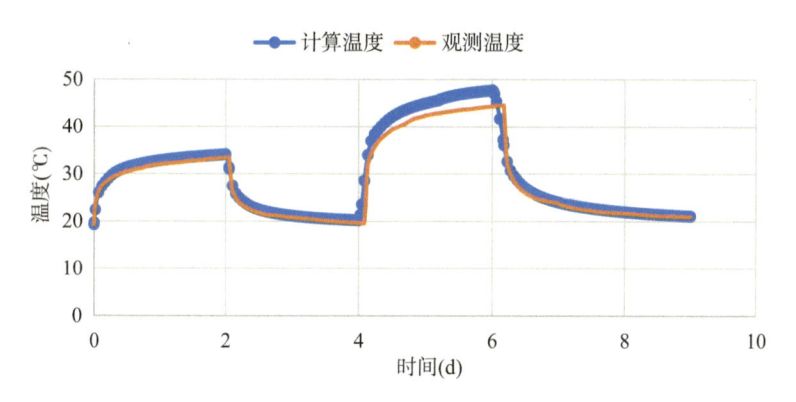

图 7.29 XZ03 孔温度观测值与计算值拟合图

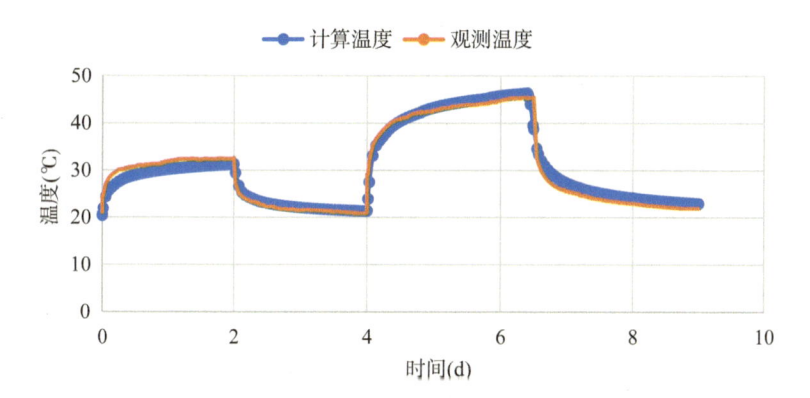

图 7.30 LYG01 孔温度观测值与计算值拟合图

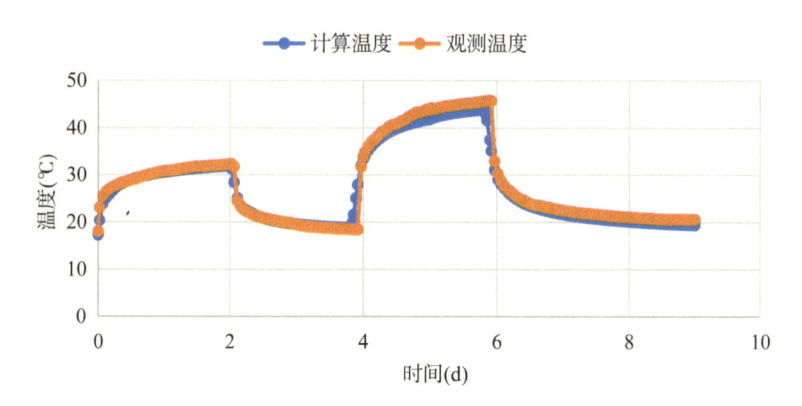

图 7.31 LYG02 孔温度观测值与计算值拟合图

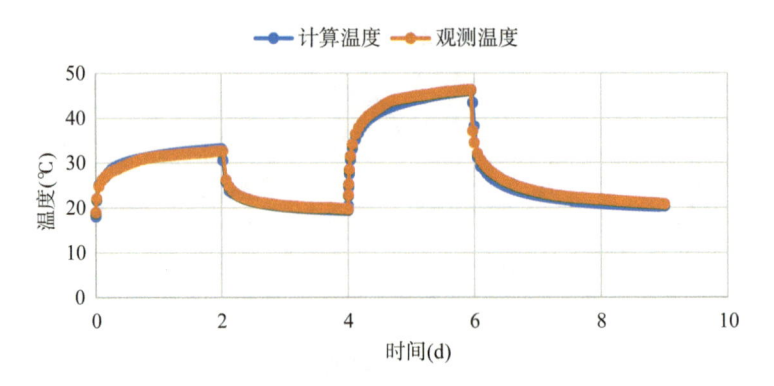

图 7.32　SQ01 孔温度观测值与计算值拟合图

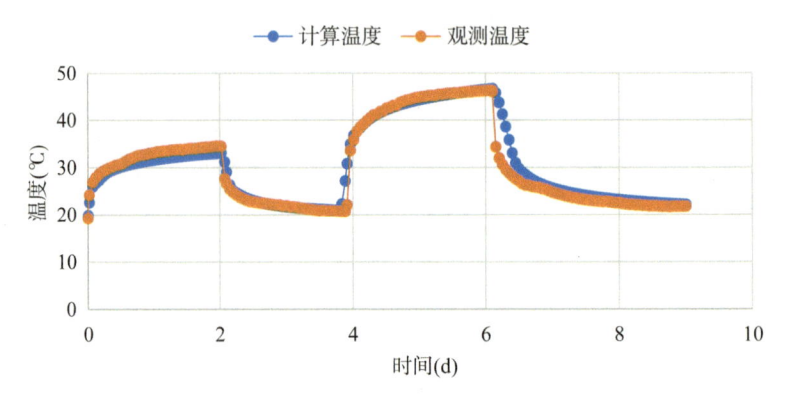

图 7.33　HA01 孔温度观测值与计算值拟合图

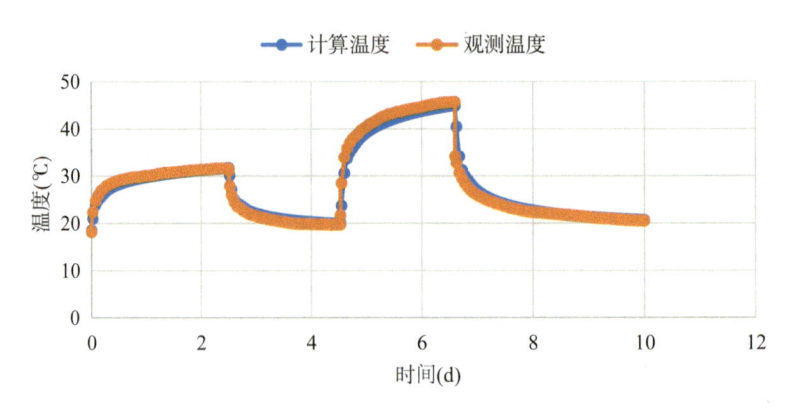

图 7.34　HA02 孔温度观测值与计算值拟合图

第七章 地下水非稳定渗流与热量运移三维耦合数值模拟

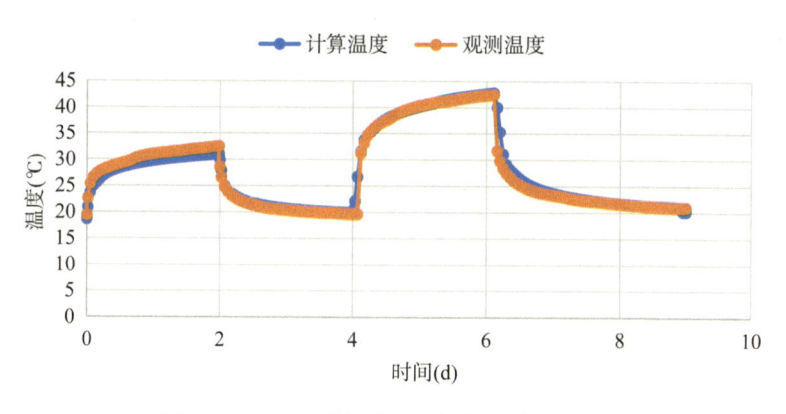

图 7.35　HA03 孔温度观测值与计算值拟合图

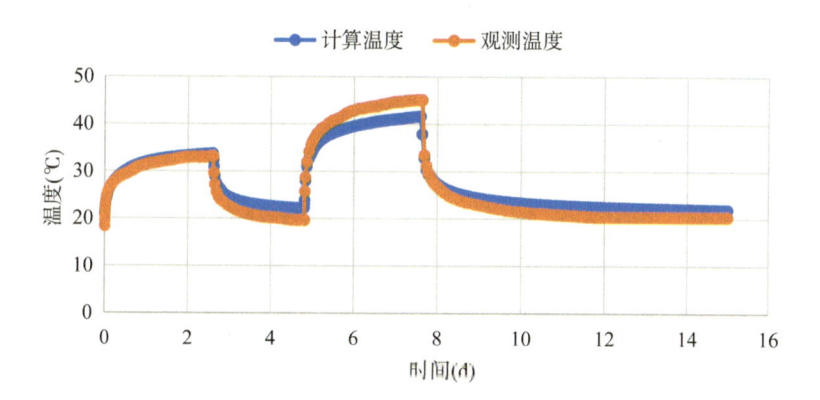

图 7.36　YC01 孔温度观测值与计算值拟合图

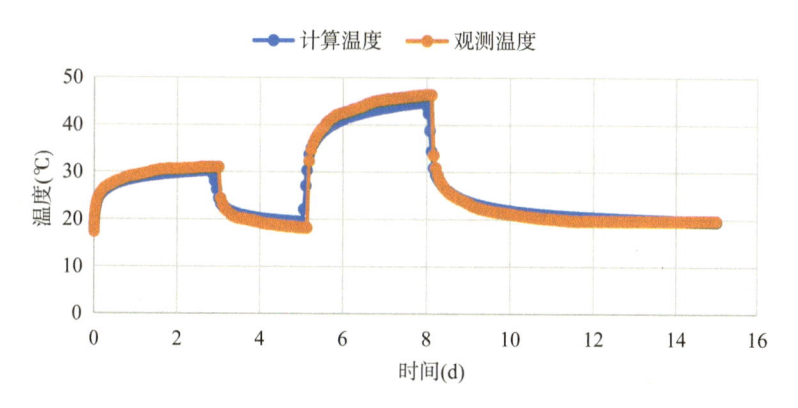

图 7.37　YC02 孔温度观测值与计算值拟合图

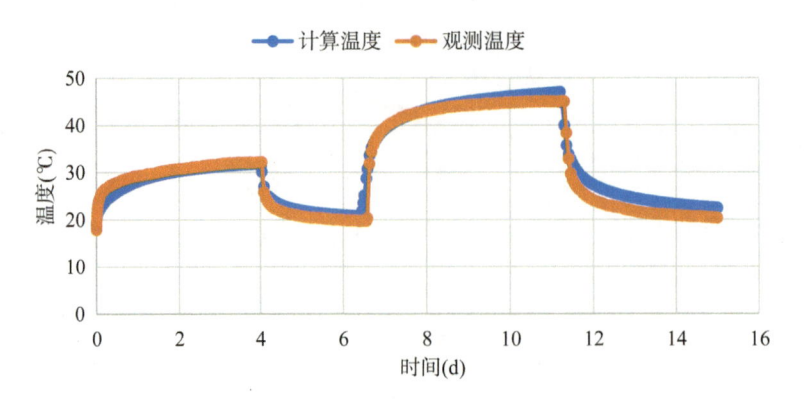

图 7.38　YC03 孔温度观测值与计算值拟合图

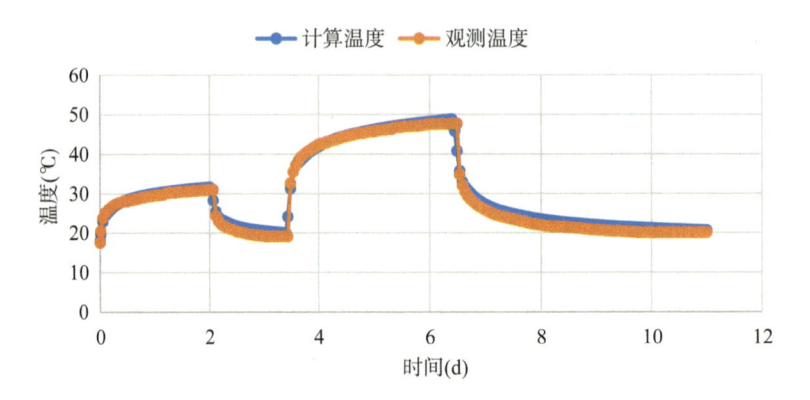

图 7.39　YZ01 孔温度观测值与计算值拟合图

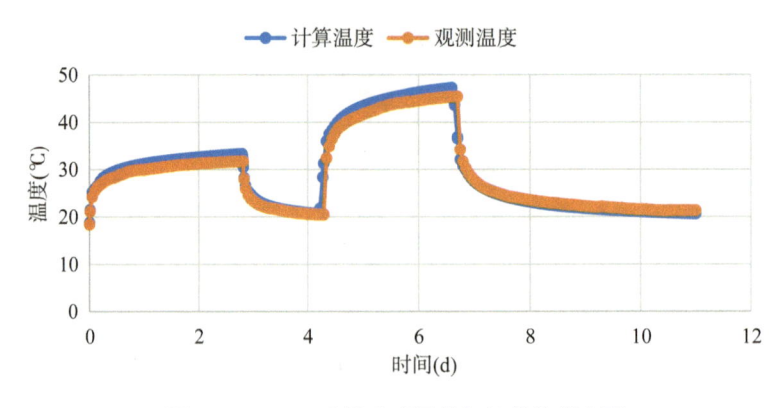

图 7.40　YZ02 孔温度观测值与计算值拟合图

从拟合结果来看,计算曲线与实测曲线拟合精度较好,总体变化趋势一致,水位计算误差在 0.5 m 以下,温度计算误差在 1 ℃ 以下。由此可以验证所建模型正确可靠,模型参数合理,能够比较准确地反映工作区域地下水系统的本质特征,可用于工作区地下水渗流场与温度场的模拟预测。

第八章

浅层地热能可采资源数值模拟规划评价

第一节 热平衡发展趋势预测分析

考虑到淮河生态经济带江苏段的实际自然条件及气候情况,采取了南方地区典型的冷暖联供模式:每年的6—9月为制冷期(122 d),10—11月为停采期(61 d),12月—次年3月为供暖期(121 d),4—5月为停采期(61 d),此为一个运行周期。模拟假设系统连续运行10年,且换热系统全天运行10 h。

根据第六章地埋管地源热泵换热功率计算指标、《地源热泵系统工程技术规程》(DG/TJ08-2119—2013)及热泵工程夏季开机122 d、冬季开机121 d的运行工况,确定Ⅰ区~ⅩⅣ区井间距均为5 m。根据岩土体现场热响应试验及《地源热泵系统工程技术规程》(DGJ32/TJ 89—2009),可知各计算区单孔换热温差及换热功率值,见表8.1。

表8.1 各计算区单孔换热功率及埋管间距统计表

分区	埋管间距(m)	夏季换热温差(℃)	冬季换热温差(℃)	夏季单孔换热功率(kW)	冬季单孔换热功率(kW)
Ⅰ区	5	14.291	10.709	4.513	3.753
Ⅱ区	5	14.391	10.609	4.533	3.766
Ⅲ区	5	14.534	10.466	4.788	3.848
Ⅳ区	5	15.049	9.951	4.385	3.160
Ⅴ区	5	14.978	10.022	3.979	3.025
Ⅵ区	5	14.373	10.627	2.826	2.629
Ⅶ区	5	14.574	10.426	5.061	4.273
Ⅷ区	5	15.225	9.775	5.210	4.027
Ⅸ区	5	14.648	10.352	4.659	3.563
Ⅹ区	5	14.132	10.868	2.384	2.378
Ⅺ区	5	13.975	11.025	2.533	2.322
Ⅻ区	5	14.556	10.444	3.586	3.134
ⅩⅢ区	5	14.903	10.097	4.656	3.861
ⅩⅣ区	5	13.939	9.561	5.168	3.809

在上述工况特征已确定的情况下，预测地埋管地源热泵系统运行10年地下水渗流与热量运移的变化趋势。

预测时间段为2020年6月初至2030年5月底，每年分12个应力期，每个应力期为一个时间步长。各含水层初始水位值根据2019年实测资料给出，各应力期内大气降水入渗补给量取2010年至2019年每月降雨量的平均值；各含水层（组）的初始温度均由地温监测资料进行插值得出，模型各层天然流场图见图8.1至图8.5，天然温度场图见图8.6至图8.10。

在各个适宜性分区内布置温度监控点，随着浅层地热能开发利用的进行，各监控点处温度变化值见表8.2。由于浅层地热能的开发主要集中在第Ⅰ承压含水层，故以第Ⅰ承压含水层温度场为例说明工作区温度变化情况。第5年、第10年的9月30日、11月30日、3月31日及5月31日模型第Ⅰ承压含水层预测地温场见图8.11至图8.18；运行10年各监控点处平均温度历时曲线见图8.19至图8.32。

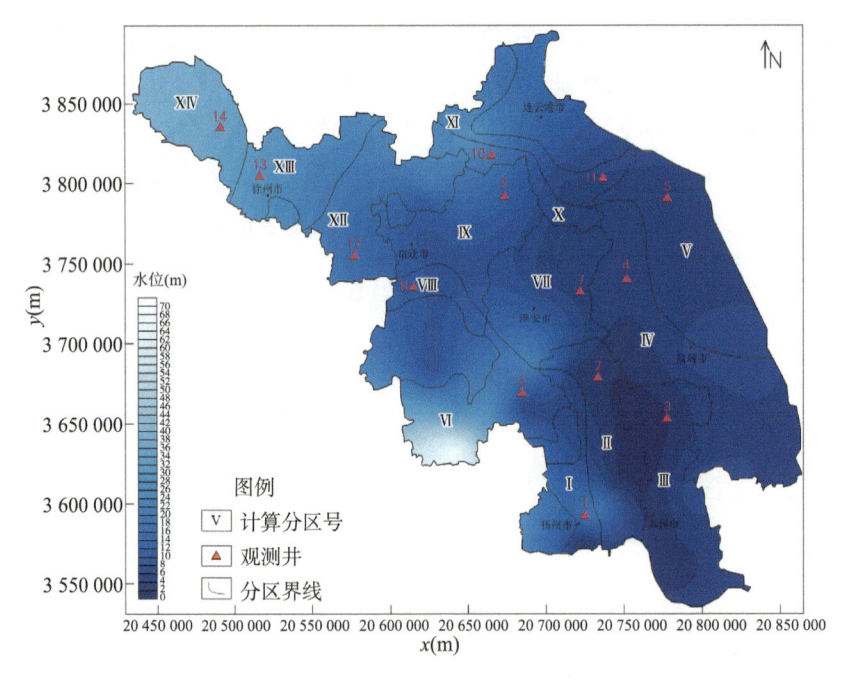

图8.1　2020年6月1日模型潜水含水层天然流场图

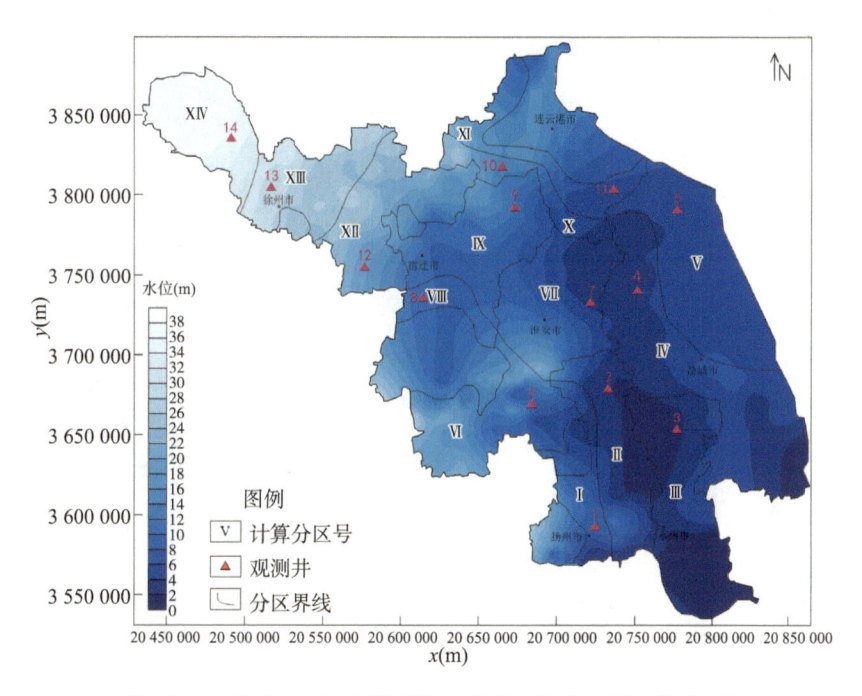

图 8.2　2020 年 6 月 1 日模型第 Ⅰ 黏性土弱含水层天然流场图

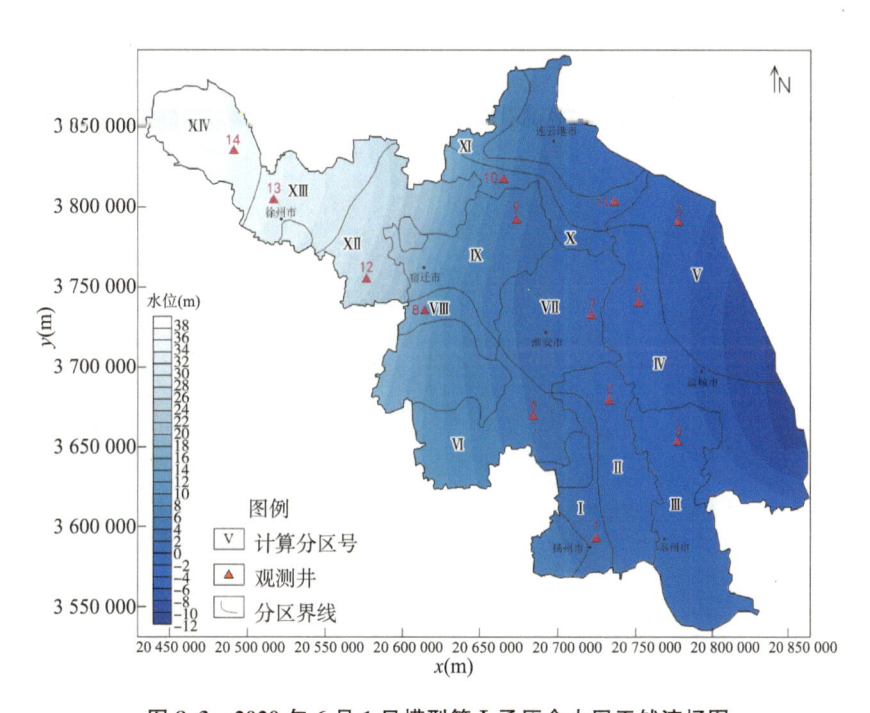

图 8.3　2020 年 6 月 1 日模型第 Ⅰ 承压含水层天然流场图

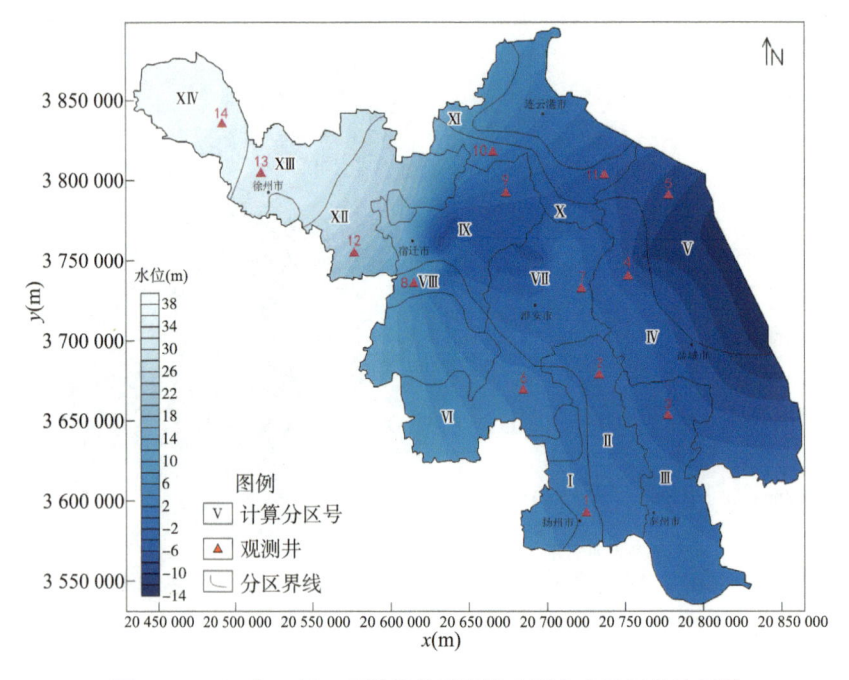

图 8.4　2020 年 6 月 1 日模型第 Ⅱ 黏性土弱含水层天然流场图

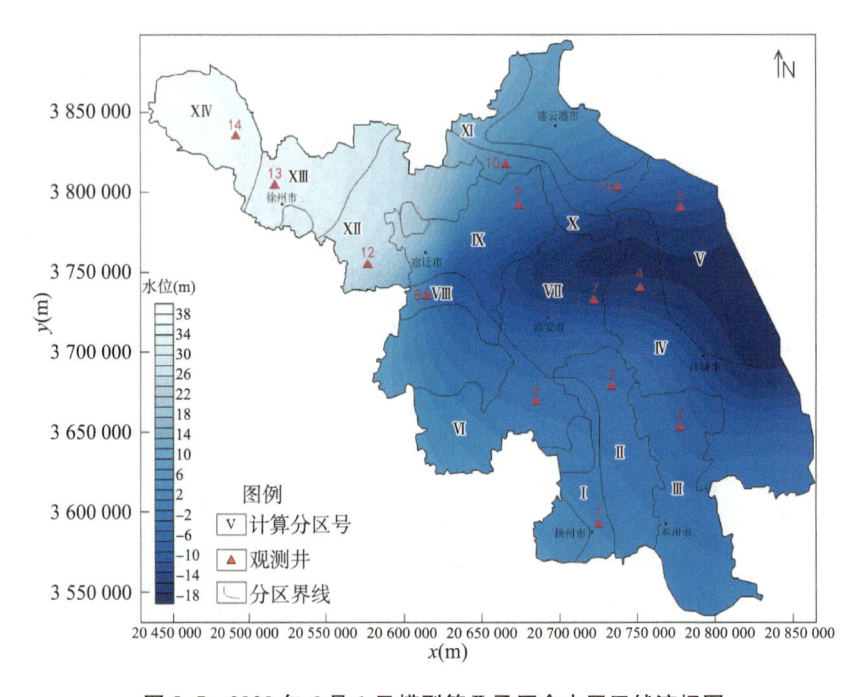

图 8.5　2020 年 6 月 1 日模型第 Ⅱ 承压含水层天然流场图

第八章 浅层地热能可采资源数值模拟规划评价

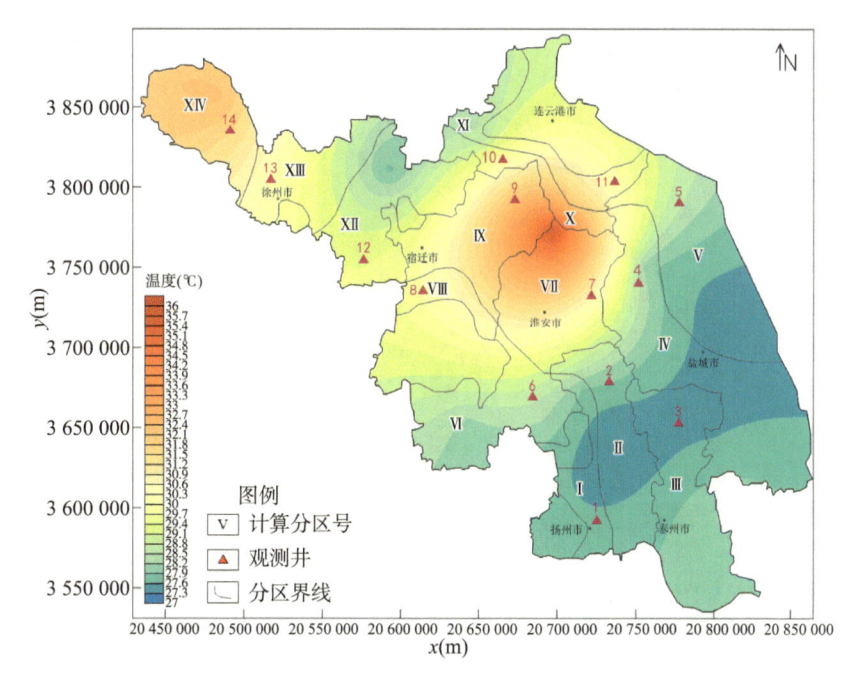

图 8.6 2020 年 6 月 1 日模型潜水含水层天然温度场图

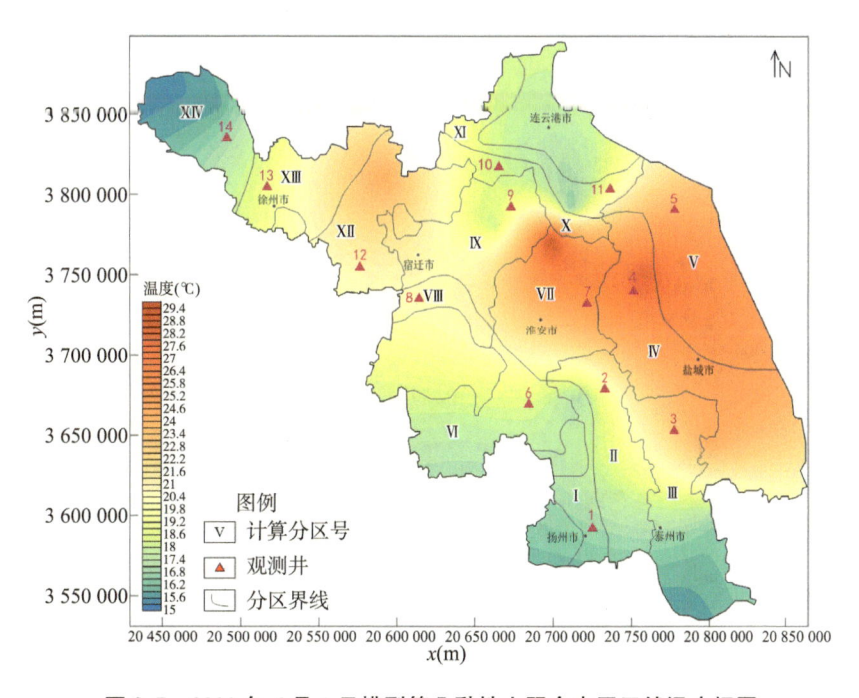

图 8.7 2020 年 6 月 1 日模型第 Ⅰ 黏性土弱含水层天然温度场图

183

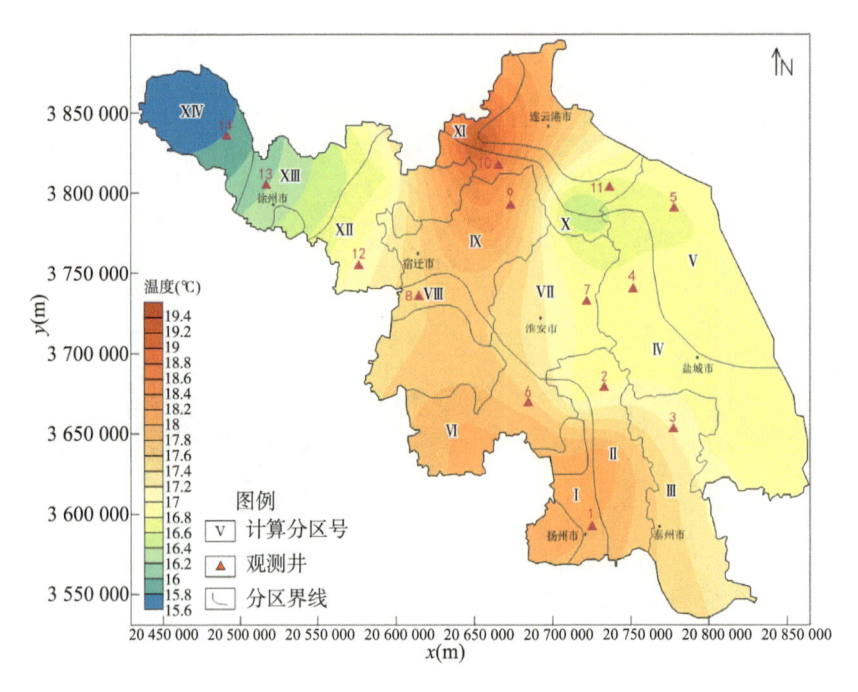

图 8.8　2020 年 6 月 1 日模型第 Ⅰ 承压含水层天然温度场图

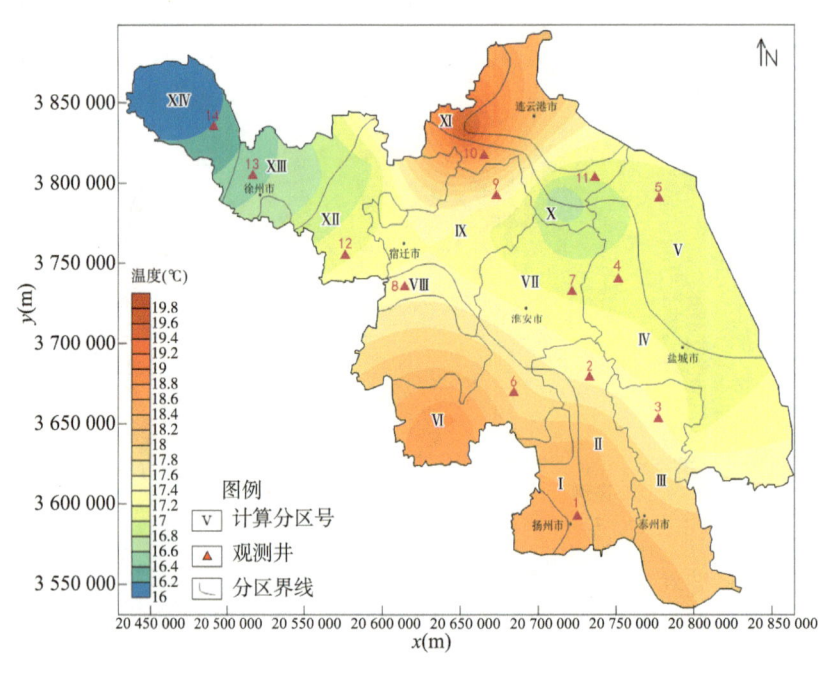

图 8.9　2020 年 6 月 1 日模型第 Ⅱ 黏性土弱含水层天然温度场图

第八章
浅层地热能可采资源数值模拟规划评价

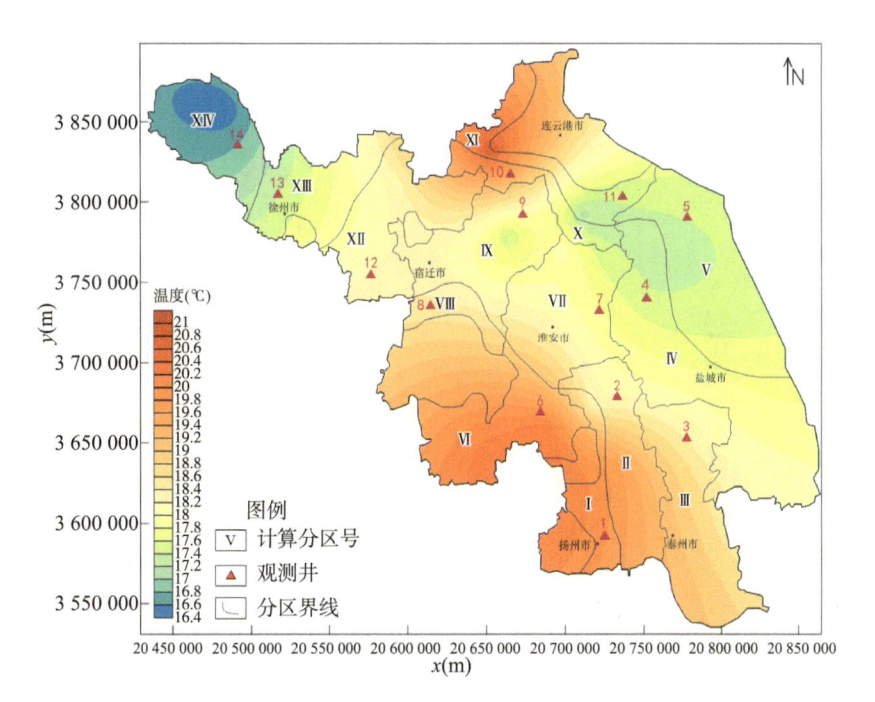

图 8.10　2020 年 6 月 1 日模型第 Ⅱ 承压含水层天然温度场图

表 8.2　运行十年各监控点温度变化值

分区	监控点编号	埋管间距(m)	地层温度增幅(℃)
Ⅰ区	1	5	5.229
Ⅱ区	2	5	5.469
Ⅲ区	3	5	7.341
Ⅳ区	4	5	7.346
Ⅴ区	5	5	11.332
Ⅵ区	6	5	1.594
Ⅶ区	7	5	5.893
Ⅷ区	8	5	25.85
Ⅸ区	9	5	5.437
Ⅹ区	10	5	−0.101
Ⅺ区	11	5	3.879
Ⅻ区	12	5	4.225
ⅩⅢ区	13	5	4.650
ⅩⅣ区	14	5	4.070

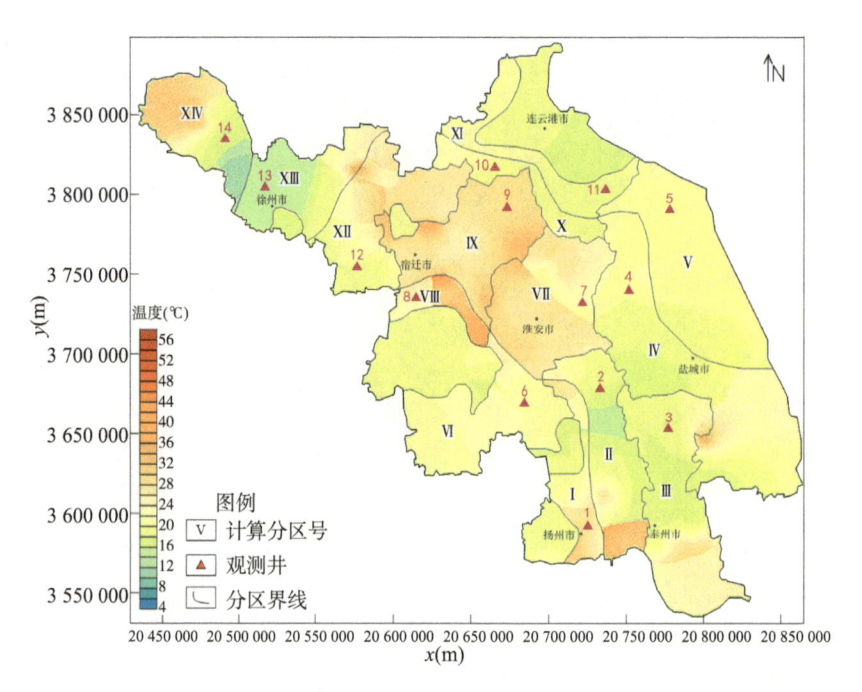

图 8.11　2024 年 9 月 30 日模型第 Ⅰ 承压含水层预测温度场图

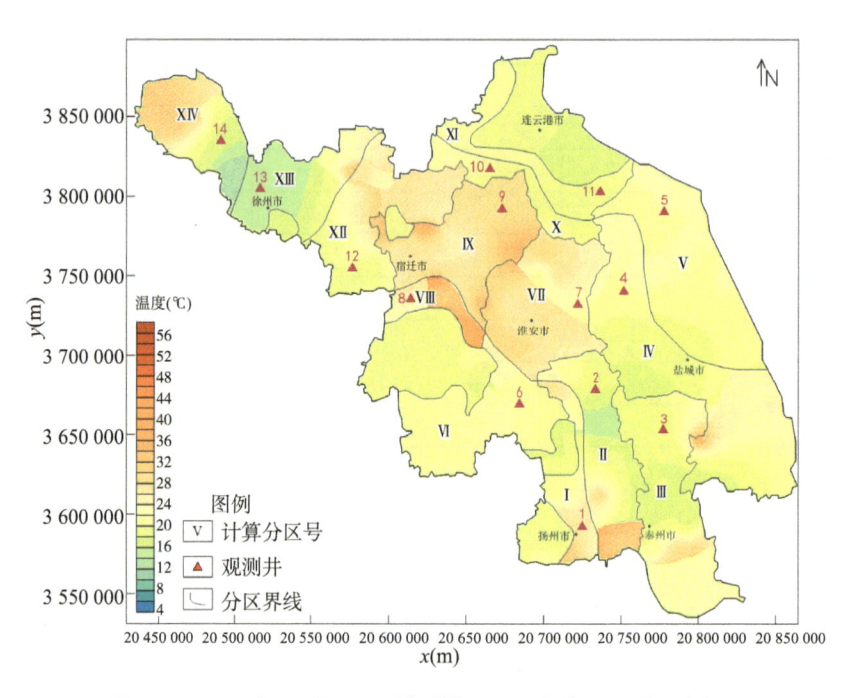

图 8.12　2024 年 11 月 30 日模型第 Ⅰ 承压含水层预测温度场图

第八章
浅层地热能可采资源数值模拟规划评价

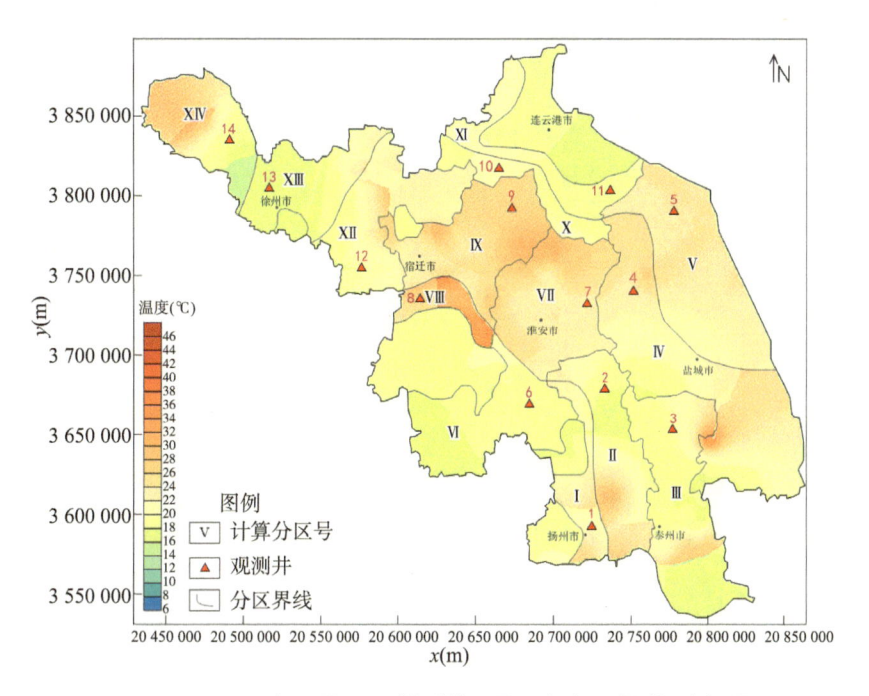

图 8.13　2025 年 3 月 31 日模型第 Ⅰ 承压含水层预测温度场图

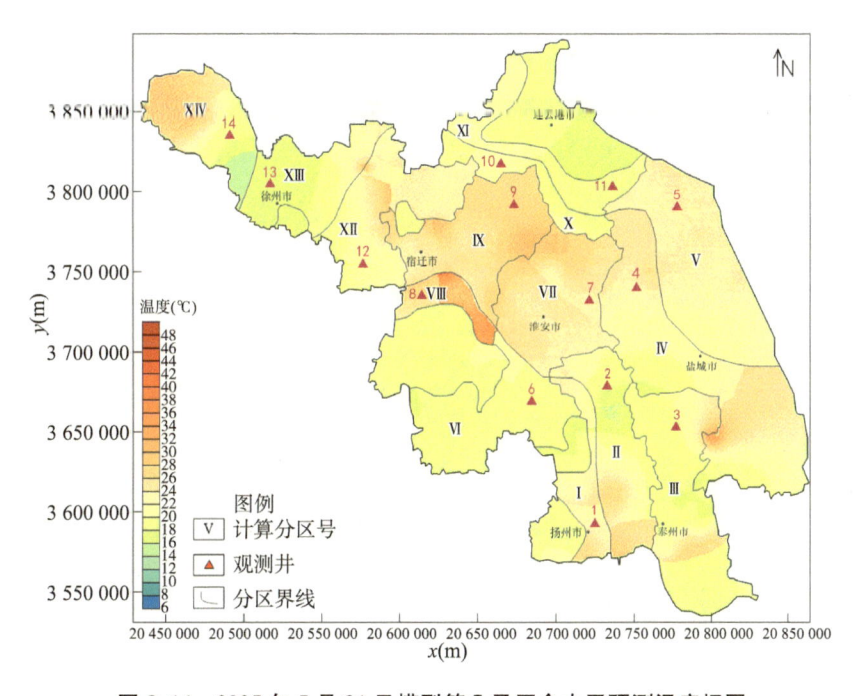

图 8.14　2025 年 5 月 31 日模型第 Ⅰ 承压含水层预测温度场图

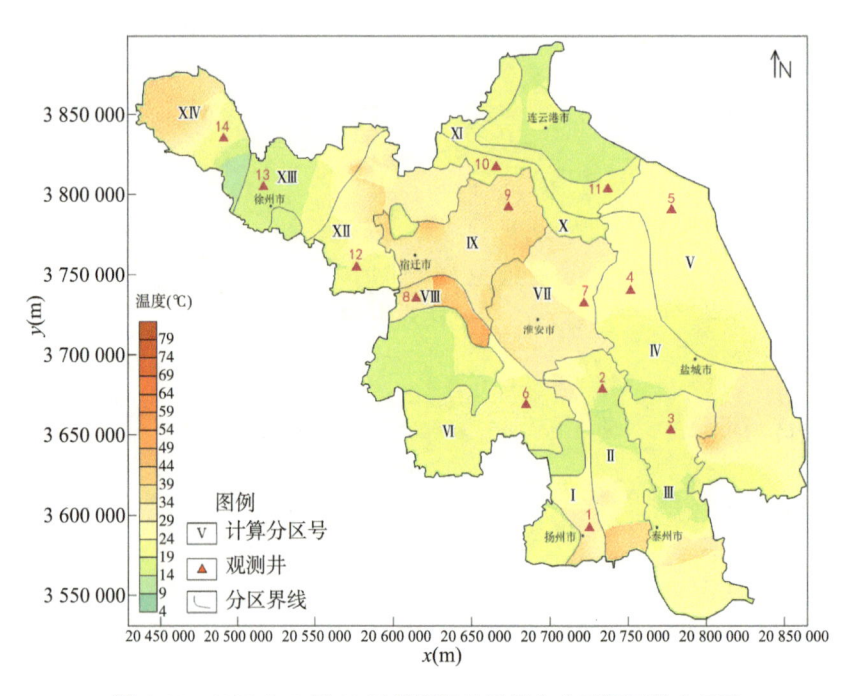

图 8.15　2029 年 9 月 30 日模型第Ⅰ承压含水层预测温度场图

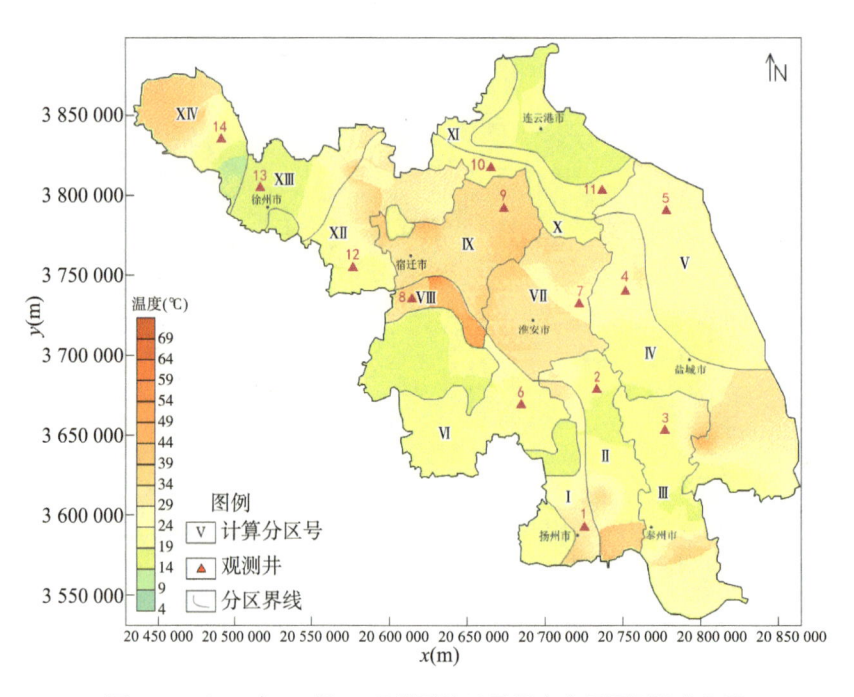

图 8.16　2029 年 11 月 30 日模型第Ⅰ承压含水层预测温度场图

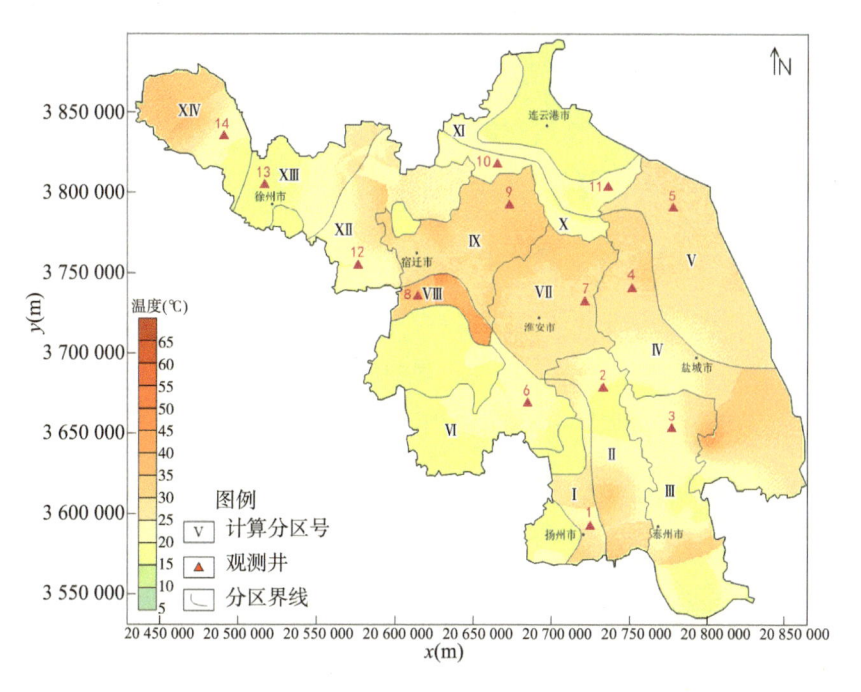

图 8.17 2030 年 3 月 31 日模型第 I 承压含水层预测温度场图

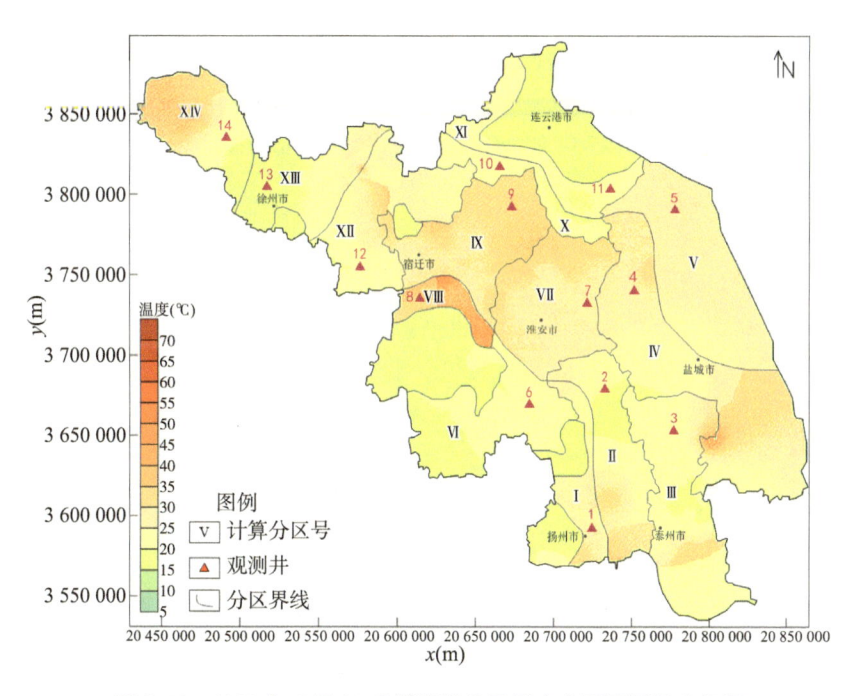

图 8.18 2030 年 5 月 31 日模型第 I 承压含水层预测温度场图

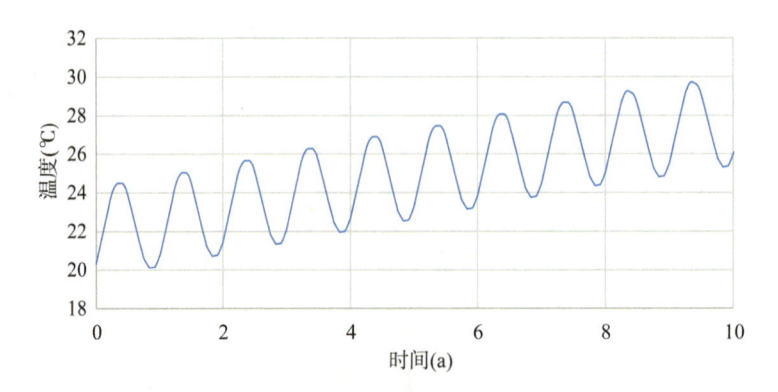

图 8.19　运行 10 年 1 号监测孔处平均地温历时曲线对比图

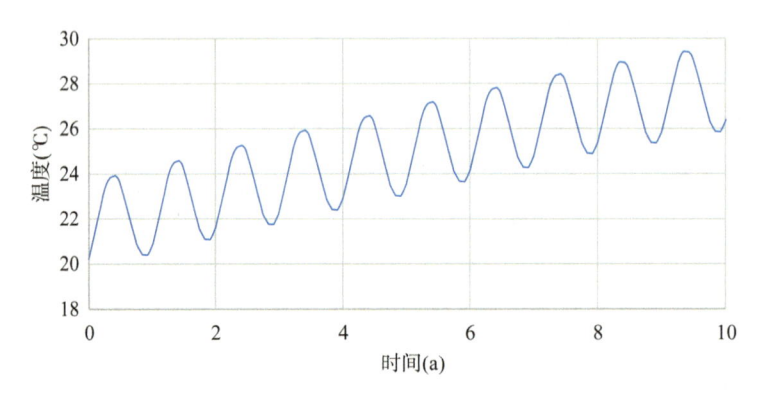

图 8.20　运行 10 年 2 号监测孔处平均地温历时曲线对比图

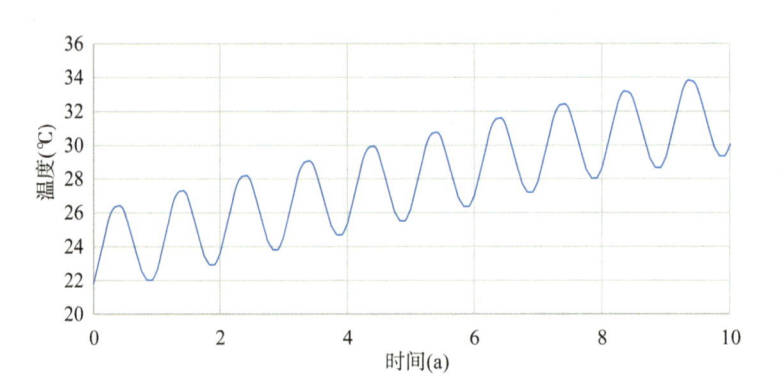

图 8.21　运行 10 年 3 号监测孔处平均地温历时曲线对比图

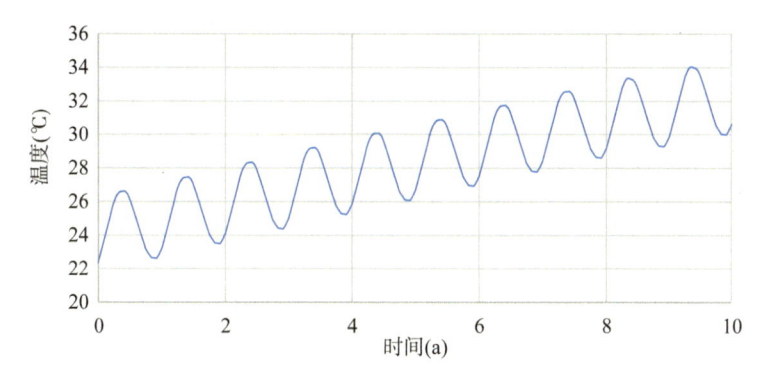

图 8.22　运行 10 年 4 号监测孔处平均地温历时曲线对比图

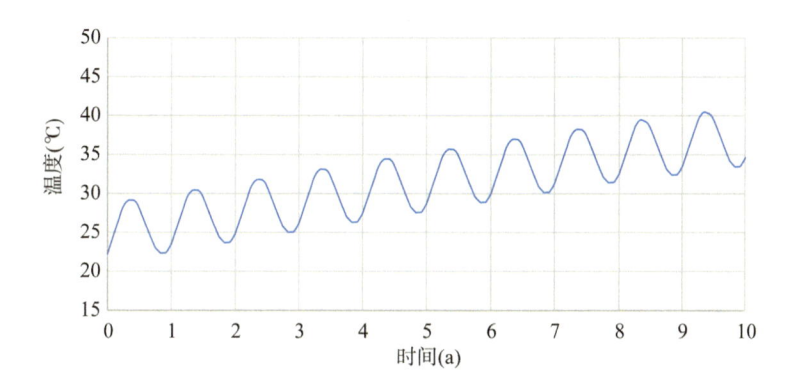

图 8.23　运行 10 年 5 号监测孔处平均地温历时曲线对比图

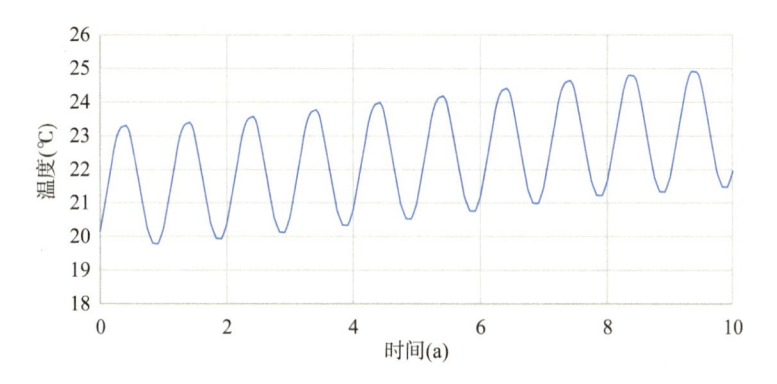

图 8.24　运行 10 年 6 号监测孔处平均地温历时曲线对比图

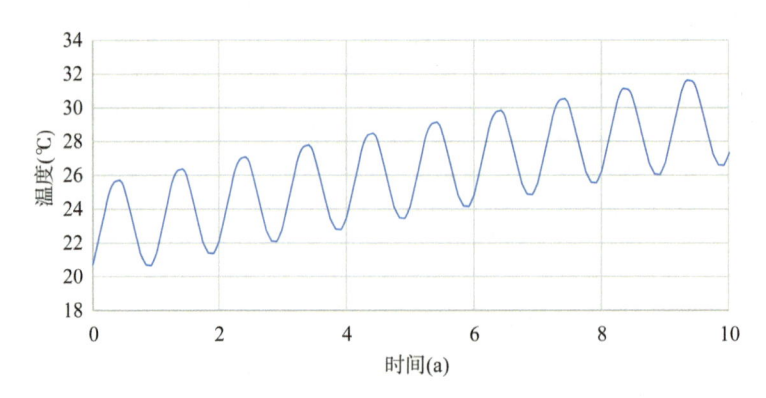

图 8.25　运行 10 年 7 号监测孔处平均地温历时曲线对比图

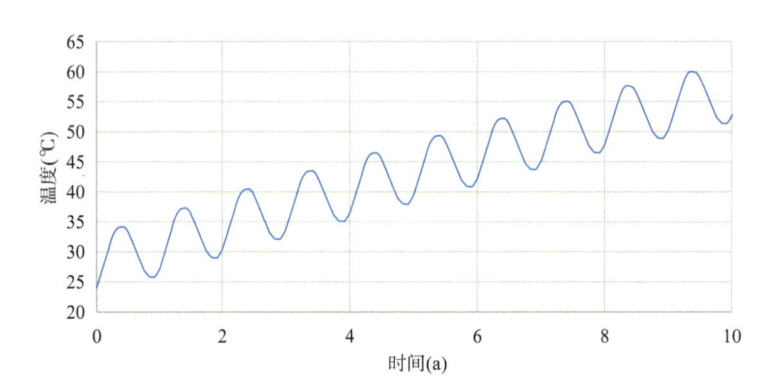

图 8.26　运行 10 年 8 号监测孔处平均地温历时曲线对比图

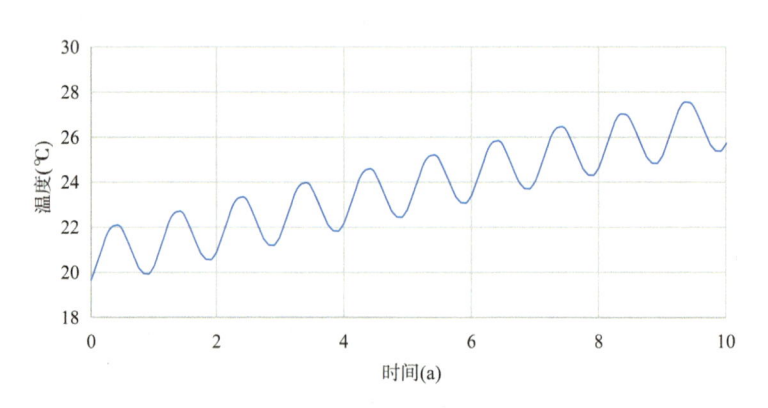

图 8.27　运行 10 年 9 号监测孔处平均地温历时曲线对比图

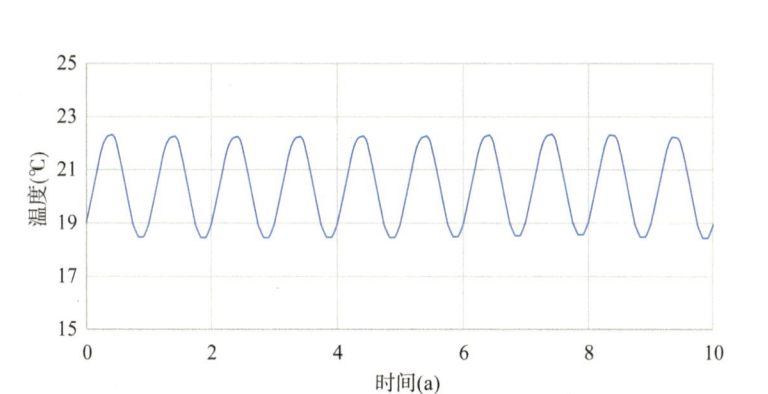

图 8.28　运行 10 年 10 号监测孔处平均地温历时曲线对比图

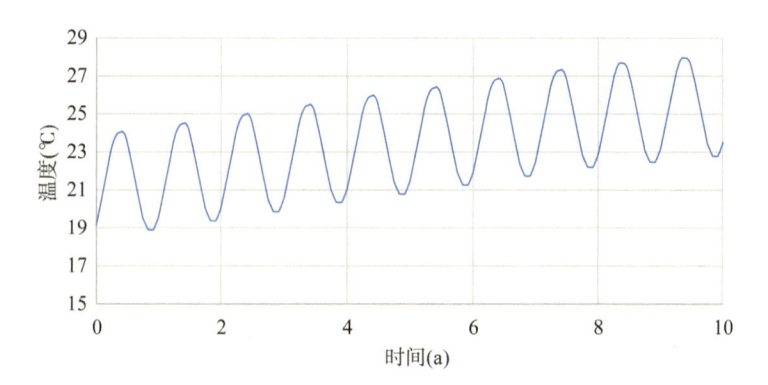

图 8.29　运行 10 年 11 号监测孔处平均地温历时曲线对比图

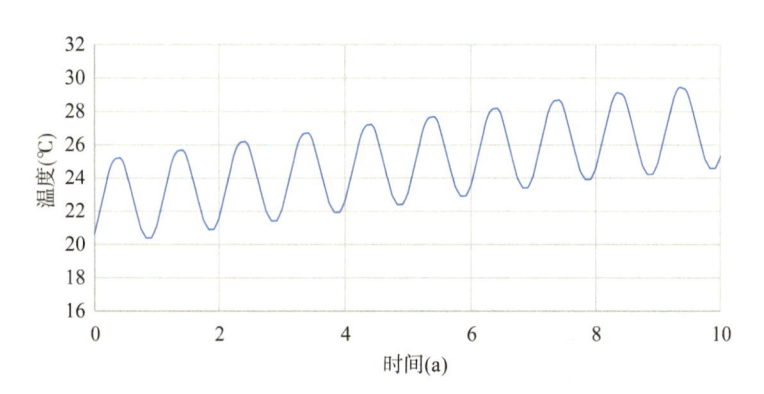

图 8.30　运行 10 年 12 号监测孔处平均地温历时曲线对比图

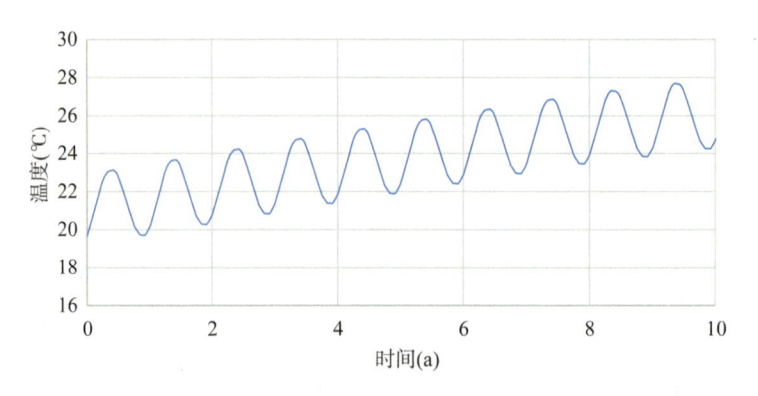

图 8.31　运行 10 年 13 号监测孔处平均地温历时曲线对比图

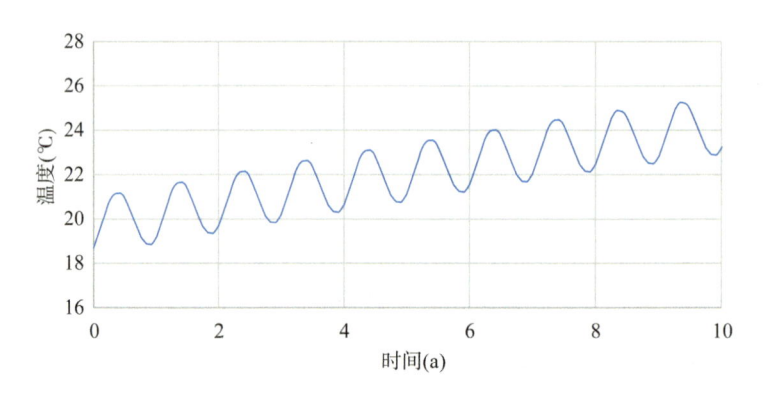

图 8.32　运行 10 年 14 号监测孔处平均地温历时曲线对比图

从计算结果可以看出：地埋管浅层地热能开采 10 年后，由于换热孔间距过近，年内地层温度升幅较大，开采 1 年末、5 年末、10 年末时各区监控点各周期末温度值见表 8.3。

表 8.3　监控点各周期末温度值

分区	监控点号	1 年末温度(℃)	5 年末温度(℃)	10 年末温度(℃)
Ⅰ区	1	20.820	23.240	26.019
Ⅱ区	2	20.890	23.503	26.338
Ⅲ区	3	22.675	26.161	30.000
Ⅳ区	4	23.207	26.653	30.566
Ⅴ区	5	23.428	28.681	34.560
Ⅵ区	6	20.211	20.963	21.910
Ⅶ区	7	21.353	24.134	27.257
Ⅷ区	8	27.157	39.289	52.656
Ⅸ区	9	20.257	22.768	25.704
Ⅹ区	10	18.943	18.929	18.908
Ⅺ区	11	19.561	21.459	23.449

续表

分区	监控点号	1年末温度(℃)	5年末温度(℃)	10年末温度(℃)
Ⅻ区	12	21.054	23.065	25.256
ⅩⅢ区	13	20.186	22.353	24.708
ⅩⅣ区	14	19.179	21.086	23.208

由监控点温度多年历时曲线图可见：随着浅层地热能的逐年开采，各运行周期末地层温度逐年升高，整体上呈现上升的趋势，出现热堆积问题，尤以Ⅷ区最为严重；通过各时段模型第Ⅰ承压含水层天然温度场图(图 8.11 至图 8.18)可知，浅层地热能开发对地下水环境中温度的影响范围在年内不断变化，年内同一时段影响范围逐年扩大。

根据上述计算结果可知，通过地埋管换热的方式进行浅层地热能的开发，随着换热孔的夏季放热和冬季取热，温度在局部范围内将发生较大变化，热量将逐年堆积。由此将对周围水环境产生一系列的影响，也会使地埋管换热系统在第一个运行季节的中期或后期换热效果减弱，换热系统能效降低甚至无法正常运行。

第二节　地埋管地源热泵系统浅层地热能可采资源规划评价

由上述运行方案预测结果可知，由于换热孔间距过近，浅层地热能开发引起热量堆积从而在地下难以消耗，随着时间的推移，热堆积问题越来越严重。

为了保证浅层地热能的可持续开发利用，应用所建立的地埋管换热方式浅层地热能可采资源规划评价模型，在上述运行方案的基础上，研究讨论采用以下 3 种方案减缓热量堆积的程度。

（1）当各计算分区单孔年内取放热量确定时，运行工况不变，针对热堆积问题，模拟计算各分区浅层地热能开发利用的最小换热孔间距。

（2）当各计算分区换热孔间距为 5 m、单孔年内取放热量确定时，适当改变运行工况，针对热堆积问题，模拟计算春秋季需加热生活用水的水量。

（3）当各计算分区换热孔间距为 5 m、单孔年内取放热量确定时，增加冷却塔辅助设备，针对热堆积问题，模拟计算夏季循环介质经冷却塔需冷却温度。

一、方案一

应用前文建立的地埋管换热方式浅层地热能可采资源评价模型，当各计算分区单孔年内取放热量确定时，针对热堆积问题模拟计算各分区浅层地热能开发利用的最小换热孔间距。

通过模拟计算，当Ⅰ区～ⅩⅣ区换热孔间距分别为 11.3 m、11 m、13.2 m、12.1 m、16.7 m、6.1 m、12.3 m、12.7 m、12.5 m、5 m、9.3 m、9.7 m、15.9 m、17.6 m 时，地温场热堆积问题得到有效缓解，各计算分区浅层地热能可开采资源量见表 8.4 和表 8.5，各

监控点 10 年后 100 m 以浅地层平均温度增幅见表 8.6,第 5 年、第 10 年的 9 月 30 日、11 月 30 日、3 月 31 日及 5 月 31 日模型第 Ⅰ 承压含水层预测温度场图见图 8.33 至图 8.40;运行 10 年各监控点处平均温度历时曲线见图 8.41 至图 8.54。

表 8.4 浅层地热能开发利用量统计表(考虑土地利用系数)

分区	面积(km²)	换热孔间距(m)	夏季总排热量(kW)	冬季总取热量(kW)
Ⅰ区	1 624.772	11.3	1 438 247.952	1 196 128.425
Ⅱ区	4 002.281	11	3 755 652.604	3 120 449.648
Ⅲ区	5 787.361	13.2	4 246 809.908	3 413 720.879
Ⅳ区	8 983.366	12.1	5 098 617.085	3 674 707.444
Ⅴ区	7 947.924	16.7	2 149 103.795	1 633 688.453
Ⅵ区	4 564.455	6.1	7 412 402.895	6 896 178.552
Ⅶ区	5 064.624	12.3	3 622 957.293	3 058 360.075
Ⅷ区	1 131.444	12.7	667 360.067 2	515 868.932 8
Ⅸ区	4 856.331	12.5	2 643 967.468	2 021 904.8
Ⅹ区	1 629.009	5	3 579 120.14	3 569 699.555
Ⅺ区	2 353.180	9.3	1 587 815.635	1 455 451.387
Ⅻ区	4 561.872	9.7	4 602 693.494	4 023 041.192
ⅩⅢ区	3 317.588	15.9	1 617 736.105	1 341 381.78
ⅩⅣ区	3 484.254	17.6	1 539 025.555	1 134 303.083
合计	59 308.461		43 961 509.996	37 054 884.206

表 8.5 浅层地热能开发利用量统计表(不考虑土地利用系数)

分区	面积(km²)	换热孔间距(m)	夏季总排热量(kW)	冬季总取热量(kW)
Ⅰ区	1 624.772	11.3	57 420 934.155	47 754 499.810
Ⅱ区	4 002.281	11	149 941 517.817	124 581 532.376
Ⅲ区	5 787.361	13.2	159 021 857.982	127 826 827.335
Ⅳ区	8 983.366	12.1	269 022 516.293	193 891 603.673
Ⅴ区	7 947.924	16.7	113 394 926.712	86 199 644.179
Ⅵ区	4 564.455	6.1	346 656 461.072	322 514 154.372
Ⅶ区	5 064.624	12.3	169 435 144.260	143 030 579.331
Ⅷ区	1 131.444	12.7	36 548 907.015	28 252 283.264
Ⅸ区	4 856.331	12.5	144 800 574.551	110 732 442.901
Ⅹ区	1 629.009	5	155 350 039.617	154 941 143.508
Ⅺ区	2 353.180	9.3	68 918 396.724	63 173 188.316
Ⅻ区	4 561.872	9.7	173 850 977.711	151 956 597.915
ⅩⅢ区	3 317.588	15.9	61 104 438.939	50 666 101.116

续表

分区	面积(km^2)	换热孔间距(m)	夏季总排热量(kW)	冬季总取热量(kW)
XIV区	3 484.254	17.6	58 131 417.579	42 844 412.789
合计	59 308.461		1 963 598 110.390	1 648 365 010.840

表8.6 监控点温度变化值

分区	埋管间距(m)	监控点编号	地层温度增幅(℃)
I区	11.3	1	0.860
II区	11	2	0.900
III区	13.2	3	0.795
IV区	12.1	4	0.984
V区	16.7	5	0.860
VI区	6.1	6	0.820
VII区	12.3	7	0.962
VIII区	12.7	8	0.924
IX区	12.5	9	0.822
X区	5	10	−0.771
XI区	9.3	11	0.85
XII区	9.7	12	0.765
XIII区	15.9	13	0.824
XIV区	17.6	14	0.911

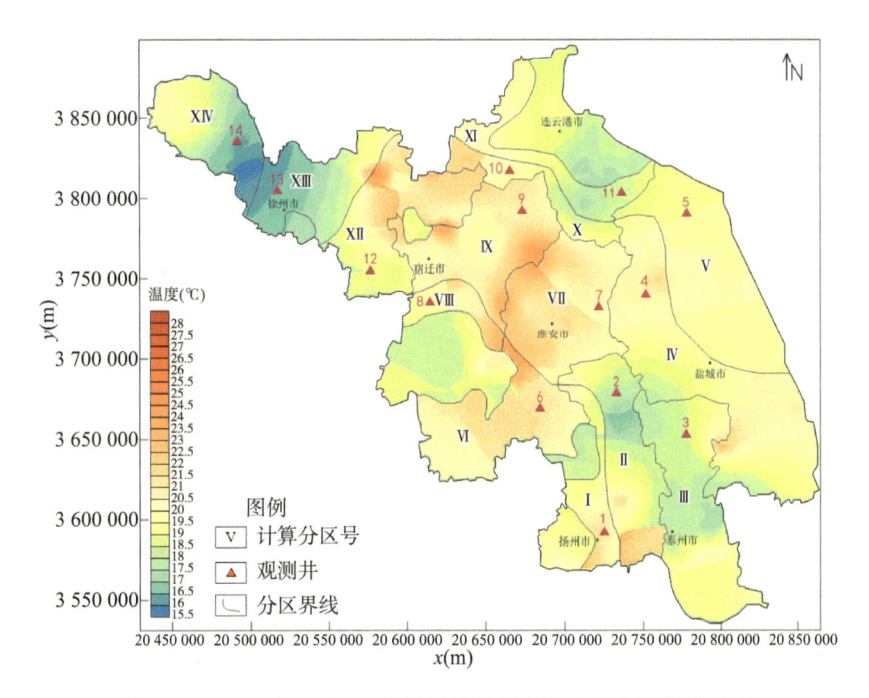

图8.33 2024年9月30日模型第I承压含水层预测温度场图

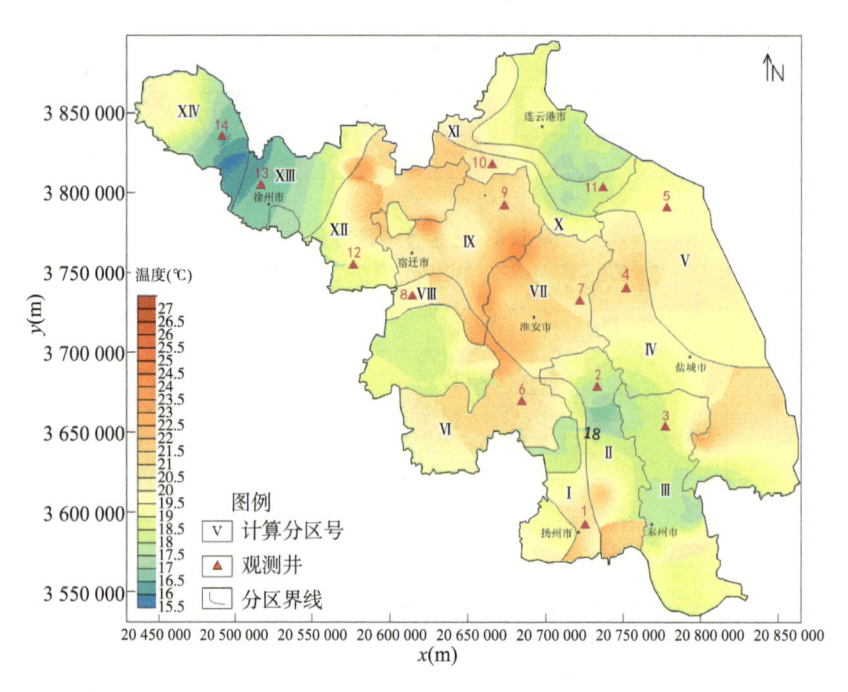

图 8.34　2024 年 11 月 30 日模型第 Ⅰ 承压含水层预测温度场图

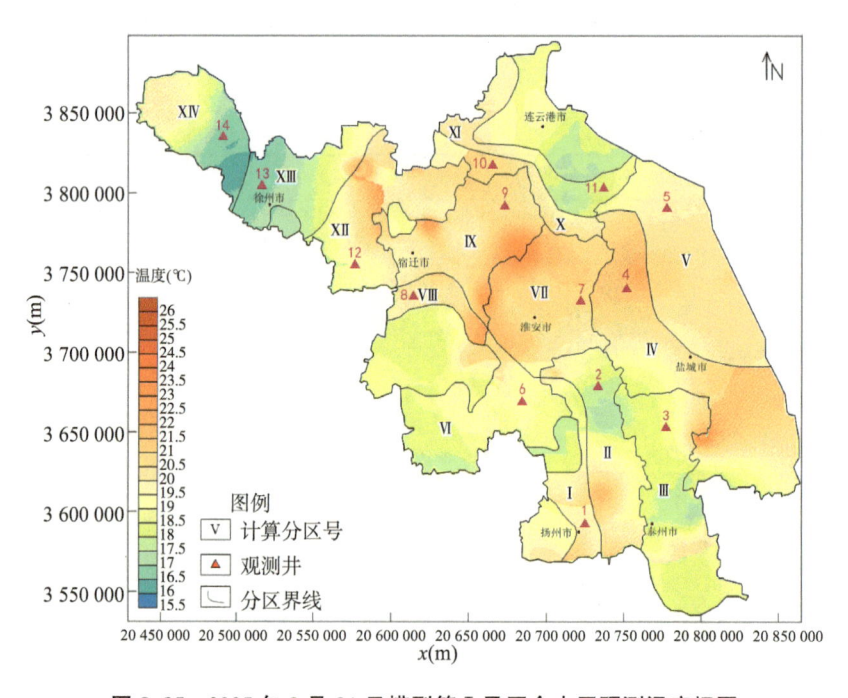

图 8.35　2025 年 3 月 31 日模型第 Ⅰ 承压含水层预测温度场图

第八章
浅层地热能可采资源数值模拟规划评价

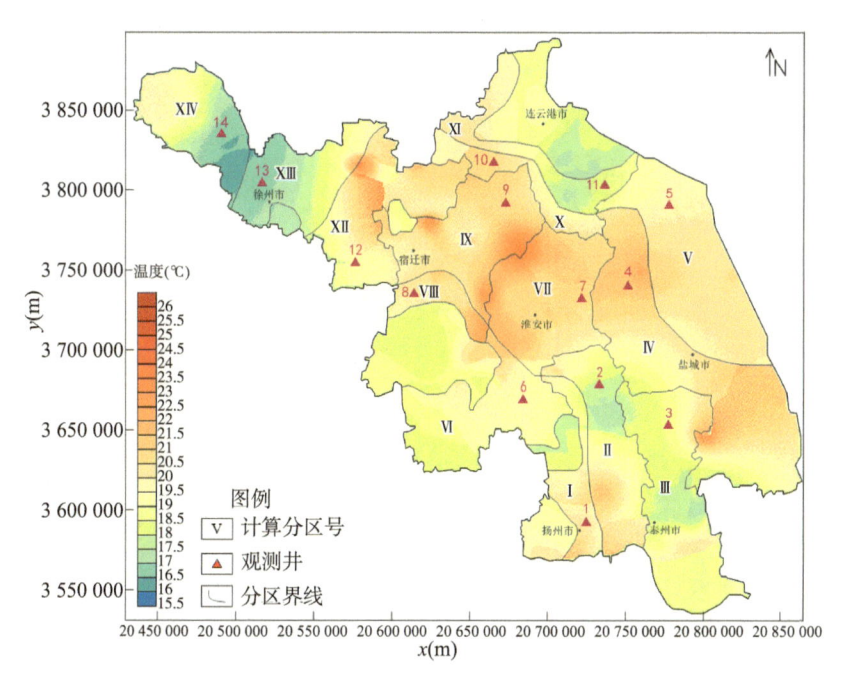

图 8.36　2025 年 5 月 31 日模型第 Ⅰ 承压含水层预测温度场图

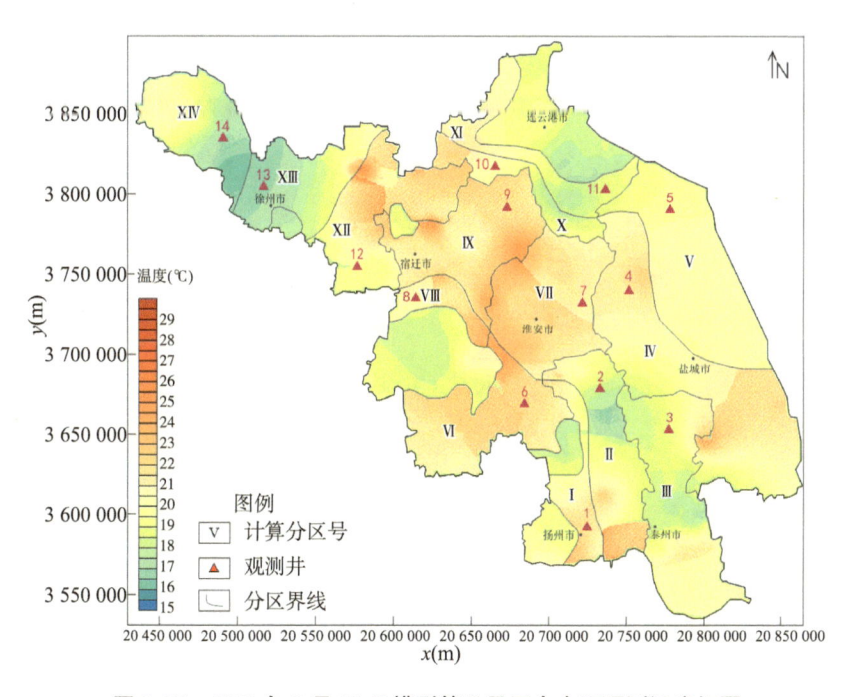

图 8.37　2029 年 9 月 30 日模型第 Ⅰ 承压含水层预测温度场图

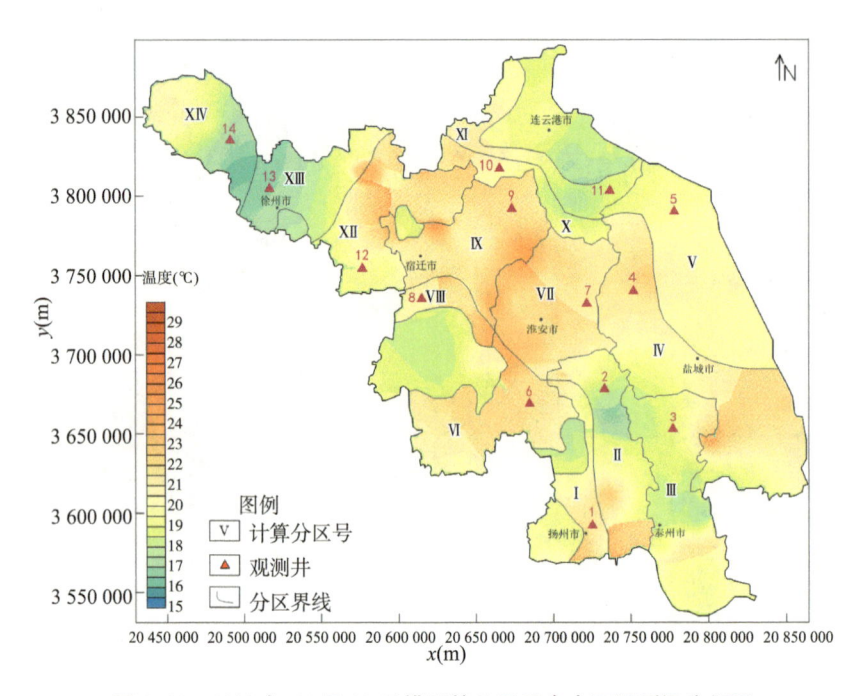

图 8.38　2029 年 11 月 30 日模型第 Ⅰ 承压含水层预测温度场图

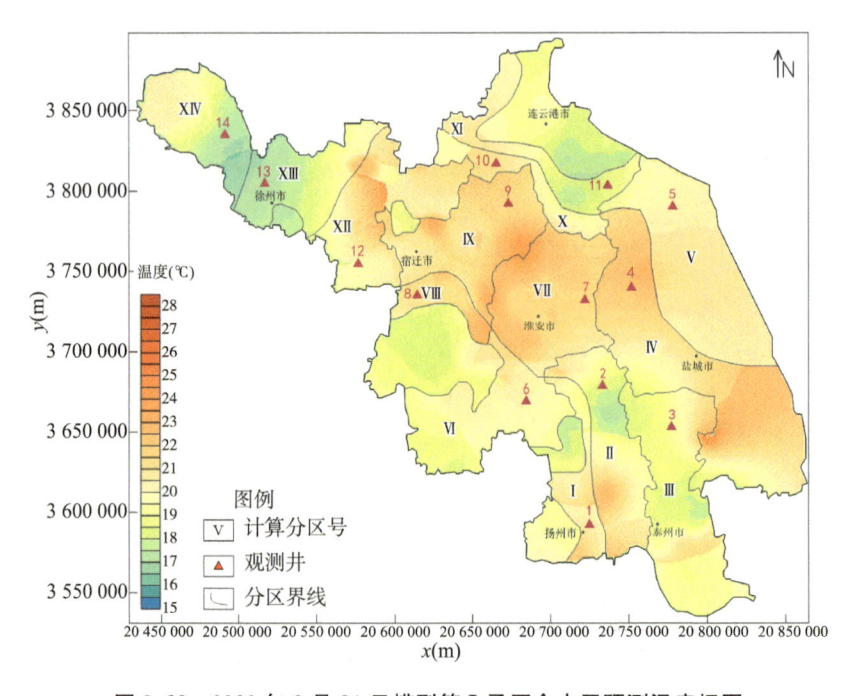

图 8.39　2030 年 3 月 31 日模型第 Ⅰ 承压含水层预测温度场图

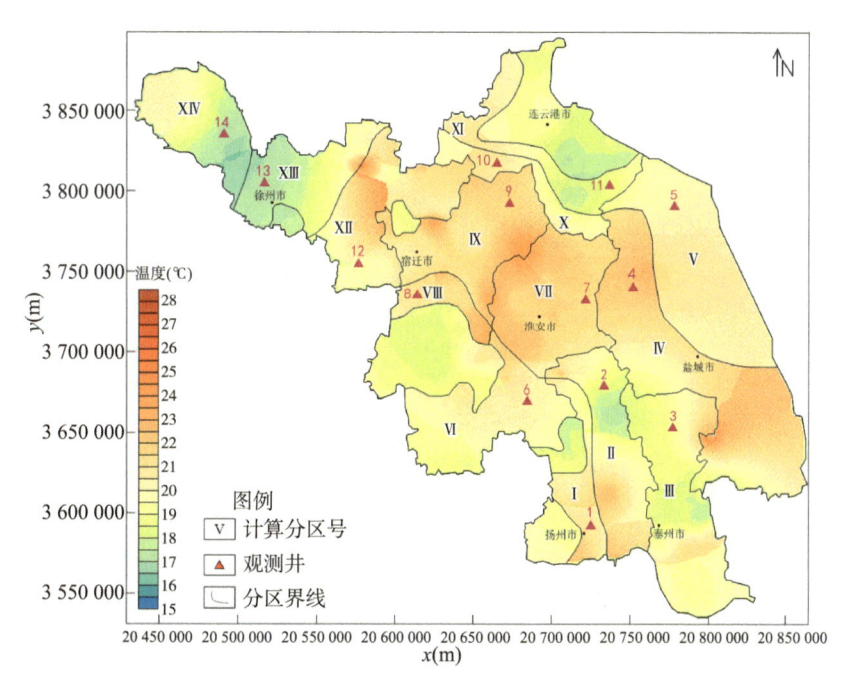

图 8.40　2030 年 5 月 31 日模型第 I 承压含水层预测温度场图

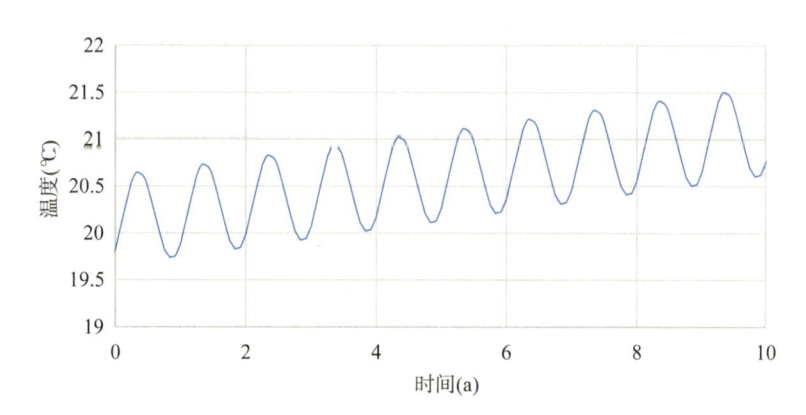

图 8.41　运行 10 年 1 号监测孔处平均地温历时曲线对比图

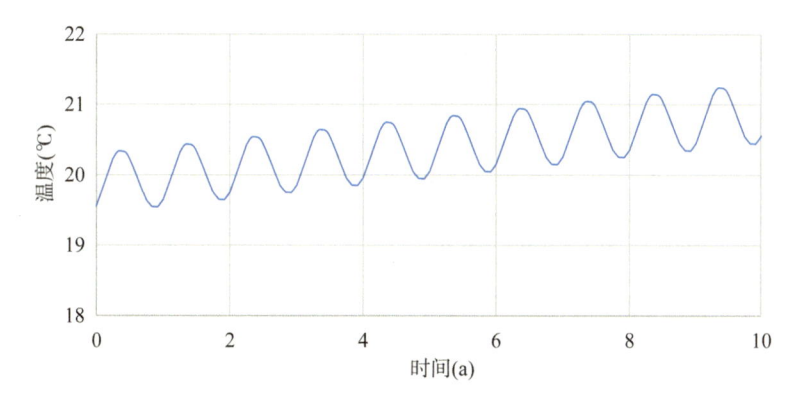

图 8.42　运行 10 年 2 号监测孔处平均地温历时曲线对比图

201

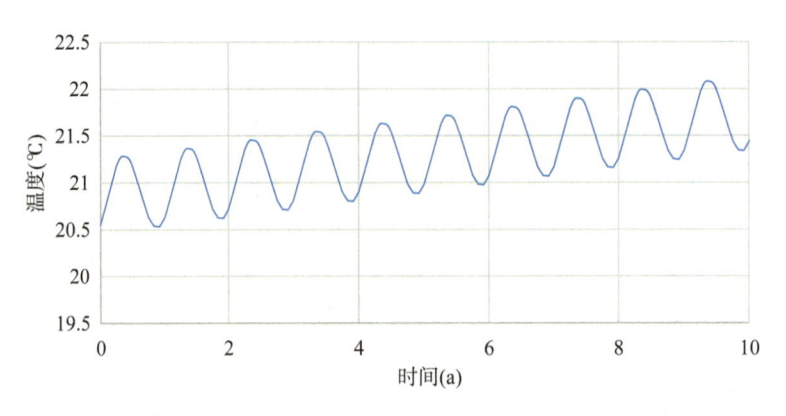

图 8.43　运行 10 年 3 号监测孔处平均地温历时曲线对比图

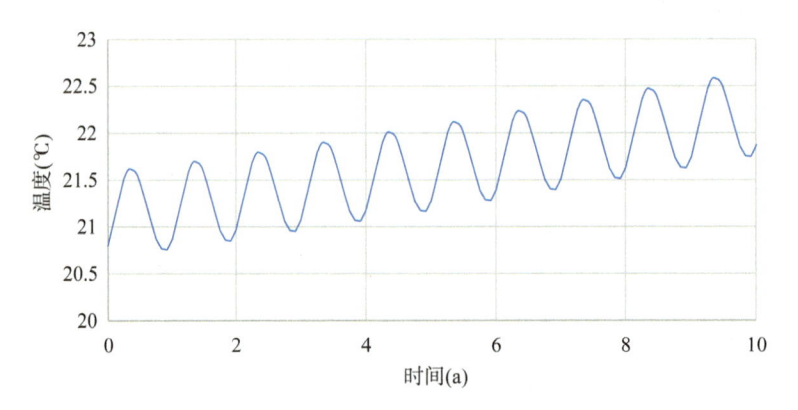

图 8.44　运行 10 年 4 号监测孔处平均地温历时曲线对比图

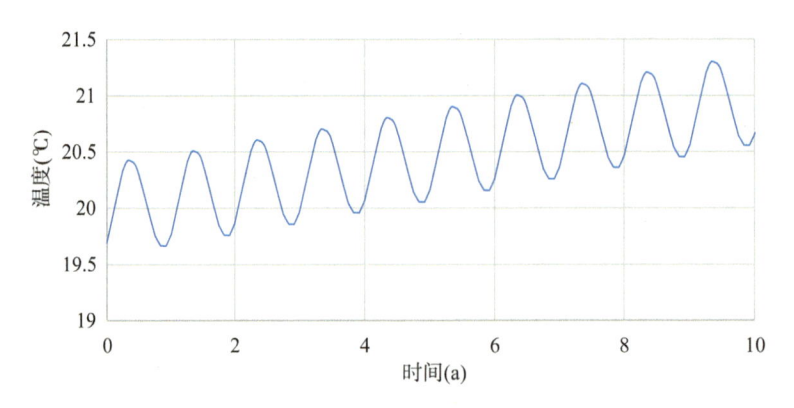

图 8.45　运行 10 年 5 号监测孔处平均地温历时曲线对比图

第八章 浅层地热能可采资源数值模拟规划评价

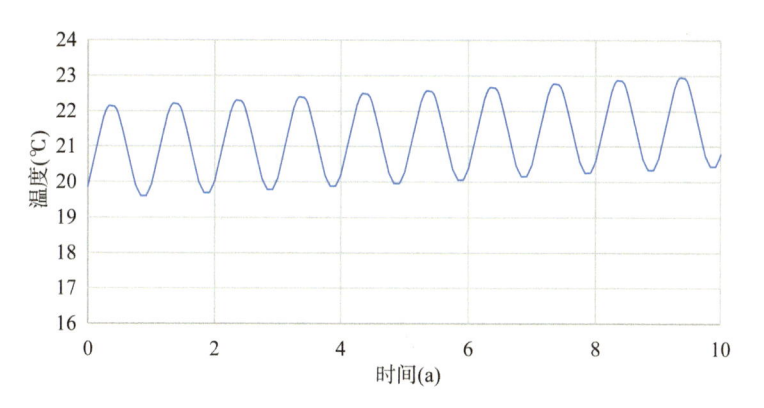

图 8.46　运行 10 年 6 号监测孔处平均地温历时曲线对比图

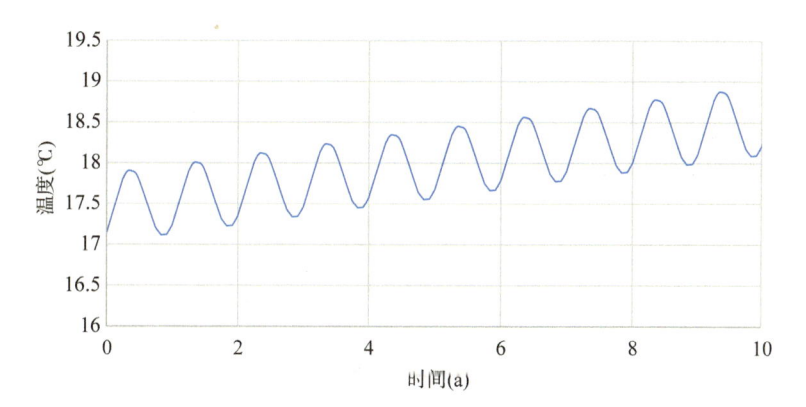

图 8.47　运行 10 年 7 号监测孔处平均地温历时曲线对比图

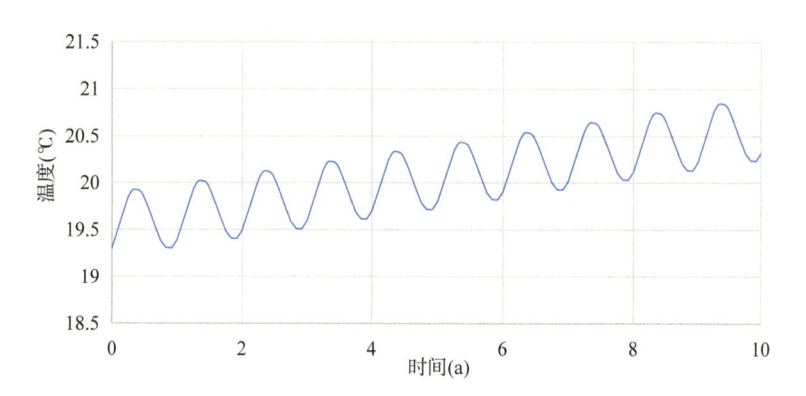

图 8.48　运行 10 年 8 号监测孔处平均地温历时曲线对比图

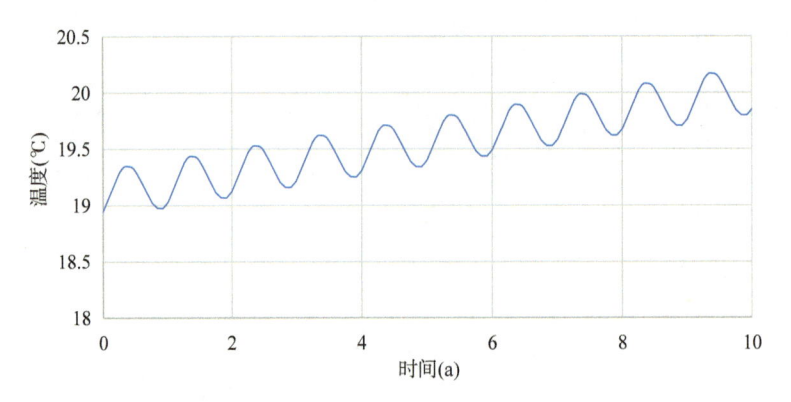

图 8.49　运行 10 年 9 号监测孔处平均地温历时曲线对比图

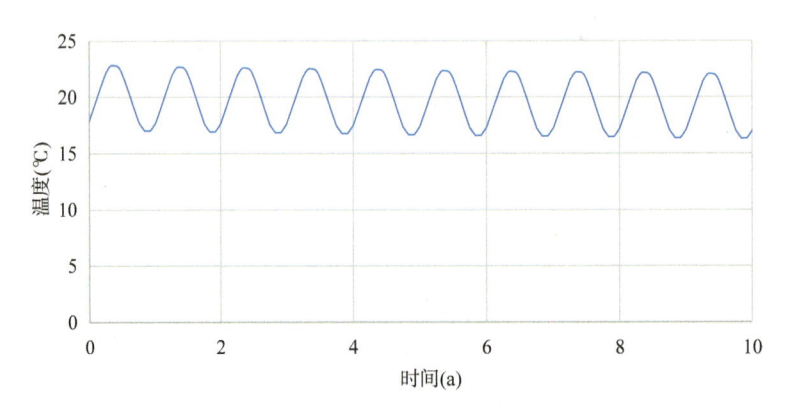

图 8.50　运行 10 年 10 号监测孔处平均地温历时曲线对比图

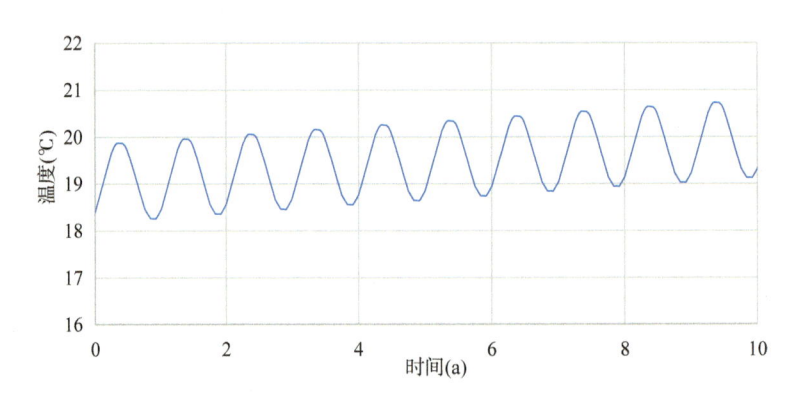

图 8.51　运行 10 年 11 号监测孔处平均地温历时曲线对比图

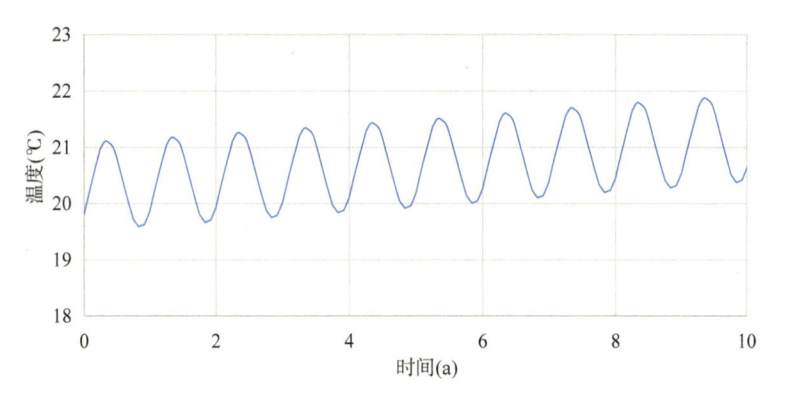

图 8.52　运行 10 年 12 号监测孔处平均地温历时曲线对比图

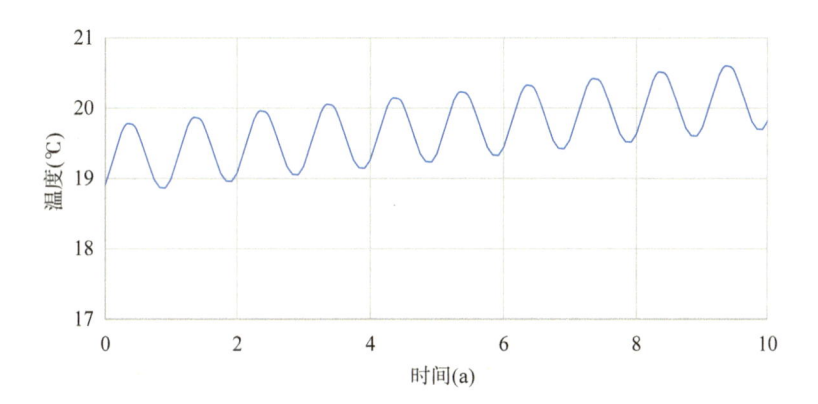

图 8.53　运行 10 年 13 号监测孔处平均地温历时曲线对比图

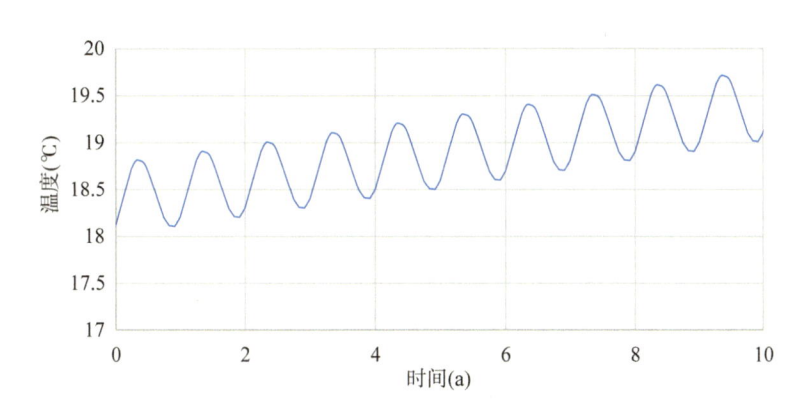

图 8.54　运行 10 年 14 号监测孔处平均地温历时曲线对比图

从计算结果可以看出：地埋管浅层地热能开采 10 年后，由于换热孔间距增加，年内地层温度升幅减小，换热孔运行 1 年末、5 年末、10 年末时各区监控点各年温度变化值见表 8.7。

表 8.7　监控点各年温度变化值

分区	监控点号	1年末温度(℃)	5年末温度(℃)	10年末温度(℃)
Ⅰ区	1	19.885	20.263	20.755
Ⅱ区	2	19.645	20.050	20.549
Ⅲ区	3	20.631	20.982	21.435
Ⅳ区	4	20.868	21.278	21.862
Ⅴ区	5	19.770	20.159	20.659
Ⅵ区	6	19.920	20.278	20.759
Ⅶ区	7	17.232	17.675	18.208
Ⅷ区	8	19.389	19.800	20.321
Ⅸ区	9	19.029	19.396	19.855
Ⅹ区	10	17.706	17.344	17.015
Ⅺ区	11	18.460	18.842	19.324
Ⅻ区	12	19.850	20.180	20.639
ⅩⅢ区	13	18.984	19.352	19.815
ⅩⅣ区	14	18.202	18.597	19.111

由监控点温度多年历时曲线图可见：制冷期内监控点处土壤温度逐渐上升，供热期内监控点处土壤温度逐渐下降，随着浅层地热能的开发利用，土壤温度呈缓慢上升的趋势，且10年内各点处温升均不超过1℃，热堆积问题得到有效缓解。在此方案下浅层地热能开采可以长期有效地持续进行。

由以上数值模拟的结果可以看出，在地埋管换热方式浅层地热能长期开发利用不引起地下温度场热平衡问题的情况下，Ⅰ区换热孔间距应不小于11.3 m，Ⅱ区换热孔间距应不小于11 m，Ⅲ区换热孔间距应不小于13.2 m，Ⅳ区换热孔间距应不小于12.1 m，Ⅴ区换热孔间距应不小于16.7 m，Ⅵ区换热孔间距应不小于6.1 m，Ⅶ区换热孔间距应不小于12.3 m，Ⅷ区换热孔间距应不小于12.7 m，Ⅸ区换热孔间距应不小于12.5 m，Ⅹ区换热孔间距应不小于5 m，Ⅺ区换热孔间距应不小于9.3 m，Ⅻ区换热孔间距应不小于9.7 m，ⅩⅢ区换热孔间距应不小于15.9 m，ⅩⅣ区换热孔间距应不小于17.6 m。

综上所述，扬州市（Ⅰ区、Ⅱ区）夏季/冬季的换热温差分别为14.291/10.709 ℃、14.391/10.609 ℃时，宜选取埋管间距分别为11.3 m、11 m的开发方案；泰州市（Ⅲ区）夏季/冬季的换热温差为14.534/10.466 ℃时，宜选取埋管间距分别为13.2 m的开发方案；盐城市（Ⅳ区、Ⅴ区）夏季/冬季的换热温差分别为15.049/9.951 ℃、14.978/10.022 ℃时，宜选取埋管间距分别为12.1 m、16.7 m的开发方案；淮安市（Ⅵ区、Ⅶ区）夏季/冬季的换热温差分别为14.373/10.627 ℃、14.574/10.426 ℃时，宜选取埋管间距分别为6.1 m、12.3 m的开发方案；宿迁市（Ⅷ区、Ⅸ区）夏季/冬季的换热温差分别为15.225/9.775 ℃、14.648/10.352 ℃时，宜选取埋管间距分别为12.7 m、12.5 m的开发方案；连云港市（Ⅹ区、Ⅺ区）夏季/冬季的换热温差分别为14.132/10.868 ℃、13.975/

11.025 ℃时,宜选取埋管间距分别为 5 m、9.3 m 的开发方案;徐州市(Ⅻ区、ⅩⅢ区、ⅩⅣ区)夏季/冬季的换热温差分别为 14.556/10.444 ℃、14.903/10.097 ℃、13.939/9.561 ℃时,宜选取埋管间距分别为 9.7 m、15.9 m、17.6 m 的开发方案,按此方案各市可获得最大的浅层地热能可采资源量。

在考虑土地利用系数的情况下,淮河生态经济带江苏段 100 m 地埋管换热方式浅层地热能的冬季总取热量为 3.705×10^7 kW,其中扬州市冬季总取热量为 4.317×10^6 kW,泰州市冬季总取热量为 3.414×10^6 kW,盐城市冬季总取热量为 5.308×10^6 kW,淮安市冬季总取热量为 9.955×10^6 kW,宿迁市冬季总取热量为 2.538×10^6 kW,连云港市冬季总取热量为 5.025×10^6 kW,徐州市冬季总取热量为 6.499×10^6 kW;夏季总排热量为 4.397×10^7 kW,其中扬州市夏季总排热量为 5.194×10^6 kW,泰州市夏季总排热量为 4.247×10^6 kW,盐城市夏季总排热量为 7.248×10^6 kW,淮安市夏季总排热量为 1.104×10^7 kW,宿迁市夏季总排热量为 3.311×10^6 kW,连云港市夏季总排热量为 5.167×10^6 kW,徐州市夏季总排热量为 7.759×10^6 kW。在不考虑土地利用系数的情况下,淮河生态经济带江苏段 100 m 地埋管换热方式浅层地热能的冬季总取热量为 1.648×10^9 kW,其中扬州市冬季总取热量为 1.723×10^8 kW,泰州市冬季总取热量为 1.278×10^8 kW,盐城市冬季总取热量为 2.801×10^8 kW,淮安市冬季总取热量为 4.655×10^8 kW,宿迁市冬季总取热量为 1.390×10^8 kW,连云港市冬季总取热量为 2.181×10^8 kW,徐州市冬季总取热量为 2.455×10^8 kW;夏季总排热量为 1.964×10^9 kW,其中扬州市夏季总排热量为 2.074×10^8 kW,泰州市夏季总排热量为 1.590×10^8 kW,盐城市夏季总排热量为 3.824×10^8 kW,淮安市夏季总排热量为 5.161×10^8 kW,宿迁市夏季总排热量为 1.813×10^8 kW,连云港市夏季总排热量为 2.243×10^8 kW,徐州市夏季总排热量为 2.931×10^8 kW。

二、方案二

在地埋管换热孔间距 5 m 不变、单孔年内取放热量确定时,适当改变运行工况,春季(4—5月)61 天,秋季(10月)31 天加热生活用水,模拟计算春秋季需加热生活用水的水量,以缓解热堆积问题。

对各计算分区单孔换热量分别按 5% 损失计算,将生活用水从 15 ℃ 加热至 50 ℃,获得各区加热生活用水量。为减缓热堆积问题,春秋季和冬季总取热量应稍小于夏季总排热量。

通过模拟计算,在换热孔间距为 5 m 时,在增加春秋季加热生活用水 466 531 357.81 m³/d 的运行方案下,地温场热堆积问题得到有效缓解,各计算分区浅层地热能可开采资源量见表 8.8、表 8.9,各监控点 10 年后 100 m 以浅地层平均温度增幅见表 8.10,各月份换热量及春秋季加热生活用水量见表 8.11、表 8.12,第 1 年、第 5 年、第 10 年的 9 月 30 日、11 月 30 日、3 月 31 日及 5 月 31 日模型第Ⅰ承压含水层预测温度场图见图 8.55 至图 8.62;运行 10 年各监控点处平均温度历时曲线见图 8.63 至图 8.76。

表8.8 浅层地热能开发利用量统计表（考虑土地利用系数）

分区	面积（km²）	夏季总排热量（kW）	秋季总取热量（kW）	冬季总取热量（kW）	春季总取热量（kW）
Ⅰ区	1 624.772	7 345 992.996	1 281 634.374	23 792 429.113	83 136 753 732.057
Ⅱ区	4 002.281	18 177 356.597	3 153 480.044	21 520 556.617	503 888 159 779.598
Ⅲ区	5 787.361	29 598 566.134	6 067 482.279	18 224 774.737	1 314 870 831 583.540
Ⅳ区	8 983.366	29 859 541.019	7 244 816.408	10 264 273.065	3 434 019 145 070.940
Ⅴ区	7 947.924	23 974 542.068	6 760 812.227	18 507 970.806	2 835 233 380 443.470
Ⅵ区	4 564.455	11 032 621.446	669 026.868	3 328 180.106	142 814 653 623.570
Ⅶ区	5 064.624	21 924 687.142	3 580 743.185	12 636 906.204	848 126 561 827.255
Ⅷ区	1 131.444	4 305 540.338	1 935 468.469	3 569 699.335	119 931 521 140.333
Ⅸ区	4 856.331	16 524 798.252	4 113 669.626	5 035 279.914	1 094 087 025 168.350
Ⅹ区	1 629.009	3 579 119.920	0.000	15 141 117.566	0.000
Ⅺ区	2 353.180	5 493 207.292	457 657.768	13 564 587.229	46 744 560 256.047
Ⅻ区	4 561.872	17 322 696.932	2 043 177.742	14 054 470.965	352 058 088 416.526
ⅩⅢ区	3 317.588	16 359 192.316	2 739 690.893	180 852 563.966	343 312 091 832.298
ⅩⅣ区	3 484.254	19 069 145.015	4 803 272.206	23 792 429.113	632 138 277 765.000
合计	59 308.461	224 567 007.467	44 850 932.088	21 520 556.617	11 750 361 050 639.000

表8.9 浅层地热能开发利用量统计表（不考虑土地利用系数）

分区	面积（km²）	夏季总排热量（kW）	秋季总取热量（kW）	冬季总取热量（kW）	春季总取热量（kW）
Ⅰ区	1 624.772	293 283 073.74	51 168 258.52	243 910 808.75	51 168 258.52
Ⅱ区	4 002.281	725 716 866.09	125 900 245.33	602 974 550.11	125 900 245.33
Ⅲ区	5 787.361	1 108 318 733.79	227 196 961.03	890 907 849.69	227 196 961.03
Ⅳ区	8 983.366	1 575 503 460.35	382 264 191.96	1 135 506 784.82	382 264 191.96
Ⅴ区	7 947.924	1 264 988 432.51	356 726 282.29	961 608 741.54	356 726 282.29
Ⅵ区	4 564.455	515 963 522.34	31 288 435.01	480 030 109.87	31 288 435.01
Ⅶ区	5 064.624	1 025 353 662.20	167 460 913.55	865 563 805.93	167 460 913.55
Ⅷ区	1 131.444	235 798 935.55	105 998 636.38	182 272 436.16	105 998 636.38
Ⅸ区	4 856.331	905 003 677.13	225 290 867.77	692 077 834.04	225 290 867.77
Ⅹ区	1 629.009	155 350 030.08	0.00	154 941 134.00	0.00
Ⅺ区	2 353.180	238 430 099.33	19 864 421.87	218 553 975.15	19 864 421.87
Ⅻ区	4 561.872	654 305 528.26	77 174 039.17	571 903 841.90	77 174 039.17
ⅩⅢ区	3 317.588	617 912 442.40	103 482 437.19	512 355 809.68	103 482 437.19
ⅩⅣ区	3 484.254	720 271 621.15	181 427 151.34	530 859 489.44	181 427 151.34
合计	59 308.461	10 036 200 084.920	2 055 242 841.410	8 043 467 171.080	2 055 242 841.410

第八章 浅层地热能可采资源数值模拟规划评价

表 8.10 监控点温度变化值

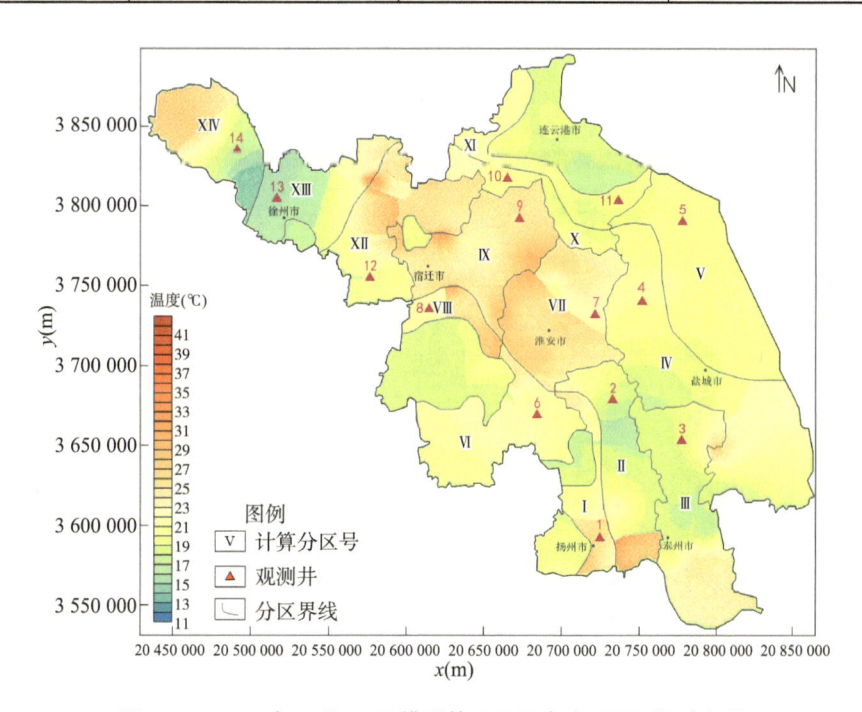

分区	埋管间距(m)	监控点编号	地层温度增幅(℃)
Ⅰ区	5	1	0.967
Ⅱ区	5	2	0.727
Ⅲ区	5	3	0.893
Ⅳ区	5	4	0.622
Ⅴ区	5	5	0.357
Ⅵ区	5	6	0.426
Ⅶ区	5	7	0.974
Ⅷ区	5	8	0.982
Ⅸ区	5	9	0.842
Ⅹ区	5	10	0.158
Ⅺ区	5	11	0.715
Ⅻ区	5	12	0.725
ⅩⅢ区	5	13	0.689
ⅩⅣ区	5	14	0.730

图 8.55 2024 年 9 月 30 日模型第Ⅰ承压含水层预测温度场图

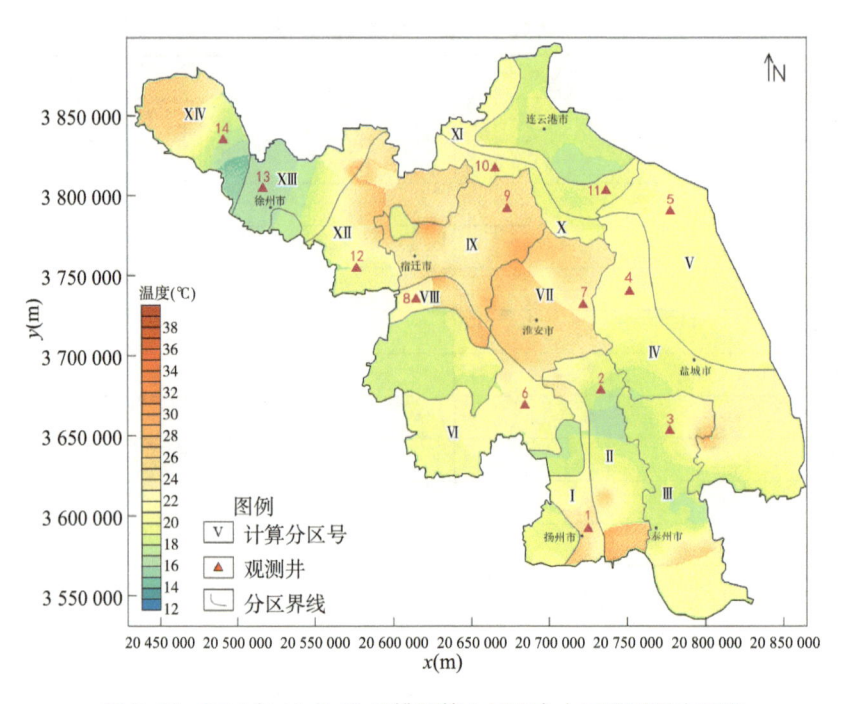

图 8.56　2024 年 11 月 30 日模型第Ⅰ承压含水层预测温度场图

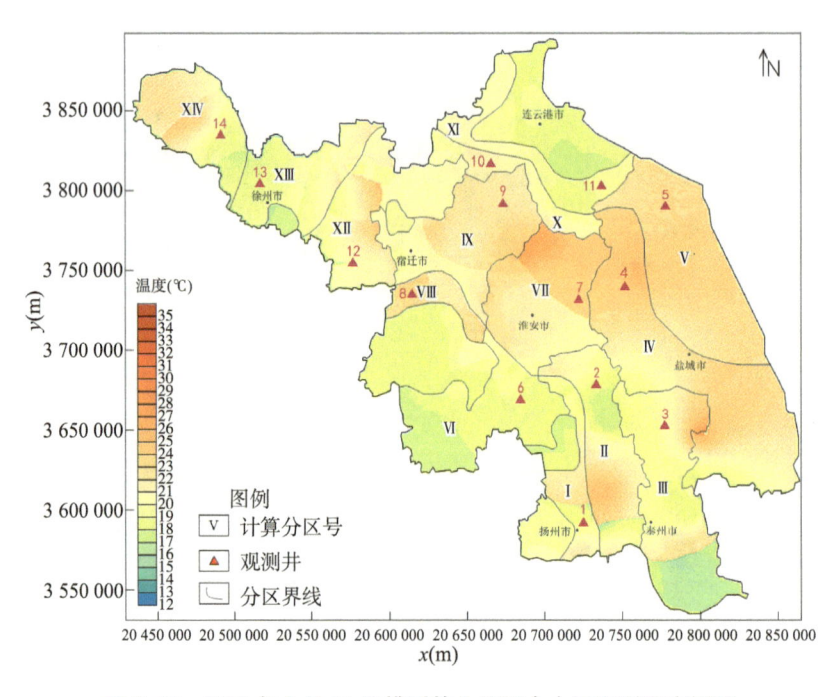

图 8.57　2025 年 3 月 31 日模型第Ⅰ承压含水层预测温度场图

第八章 浅层地热能可采资源数值模拟规划评价

表 8.11 地埋管换热方式浅层地热能运行工况（考虑土地利用系数）

工况		夏季制冷				秋季加热		冬季加热			春季加热	
运行时间		6月	7月	8月	9月	10月	11月	12月	1月	2月	3月	4月	5月
		30天	31天	31天	30天	31天	0天	31天	30天	28天	31天	30天	31天
换热量(kJ/d)		7.07×10^{12}	7.07×10^{12}	7.07×10^{12}	7.07×10^{12}	1.38×10^{12}	0	5.73×10^{12}	5.73×10^{12}	5.73×10^{12}	5.73×10^{12}	1.38×10^{12}	1.38×10^{12}
加热采水需水量 (m³/d)	Ⅰ区	—	—	—	—	1 987 840	—	—	—	—	—	1 987 840	1 987 840
	Ⅱ区	—	—	—	—	4 891 111	—	—	—	—	—	4 891 111	4 891 111
	Ⅲ区	—	—	—	—	9 410 789	—	—	—	—	—	9 410 789	9 410 789
	Ⅳ区	—	—	—	—	11 236 858	—	—	—	—	—	11 236 858	11 236 858
	Ⅴ区	—	—	—	—	10 486 158	—	—	—	—	—	10 486 158	10 486 158
	Ⅵ区	—	—	—	—	1 037 674	—	—	—	—	—	1 037 674	1 037 674
	Ⅶ区	—	—	—	—	5 553 805	—	—	—	—	—	5 553 805	5 553 805
	Ⅷ区	—	—	—	—	3 001 951	—	—	—	—	—	3 001 951	3 001 951
	Ⅸ区	—	—	—	—	6 380 386	—	—	—	—	—	6 380 386	6 380 386
	Ⅹ区	—	—	—	—	0	—	—	—	—	—	0	0
	Ⅺ区	—	—	—	—	709 836.6	—	—	—	—	—	709 836.6	709 836.6
	Ⅻ区	—	—	—	—	3 169 010	—	—	—	—	—	3 169 010	3 169 010
	ⅩⅢ区	—	—	—	—	4 249 316	—	—	—	—	—	4 249 316	4 249 316
	ⅩⅣ区	—	—	—	—	7 449 974	—	—	—	—	—	7 449 974	7 449 974
	合计	—	—	—	—	69 564 709	—	—	—	—	—	69 564 709	69 564 709

211

表 8.12 地埋管换热方式浅层地热能运行工况（不考虑土地利用系数）

工况		夏季制冷				秋季加热		冬季加热				春季加热	
		6月	7月	8月	9月	10月	11月	12月	1月	2月	3月	4月	5月
运行时间		30天	31天	31天	30天	31天	0天	31天	30天	28天	31天	30天	31天
换热量(kJ/d)		$3.55×10^{14}$	$3.55×10^{14}$	$3.55×10^{14}$	$3.55×10^{14}$	$7.22×10^{13}$	0	$2.85×10^{14}$	$2.85×10^{14}$	$2.85×10^{14}$	$2.85×10^{14}$	$7.22×10^{13}$	$7.22×10^{13}$
加热自来水需水量 (m³/d)	Ⅰ区	—	—	—	—	11 904 448	0	—	—	—	—	11 904 448	11 904 448
	Ⅱ区	—	—	—	—	29 291 074	0	—	—	—	—	29 291 074	29 291 074
	Ⅲ区	—	—	—	—	52 858 068	0	—	—	—	—	52 858 068	52 858 068
	Ⅳ区	—	—	—	—	88 934 933	0	—	—	—	—	88 934 933	88 934 933
	Ⅴ区	—	—	—	—	82 993 462	0	—	—	—	—	82 993 462	82 993 462
	Ⅵ区	—	—	—	—	7 279 351	0	—	—	—	—	7 279 351	7 279 351
	Ⅶ区	—	—	—	—	38 960 292	0	—	—	—	—	38 960 292	38 960 292
	Ⅷ区	—	—	—	—	24 660 905	0	—	—	—	—	24 660 905	24 660 905
	Ⅸ区	—	—	—	—	52 414 614	0	—	—	—	—	52 414 614	52 414 614
	Ⅹ区	—	—	—	—	0	0	—	—	—	—	0	0
	Ⅺ区	—	—	—	—	4 621 519	0	—	—	—	—	4 621 519	4 621 519
	Ⅻ区	—	—	—	—	17 954 776	0	—	—	—	—	17 954 776	17 954 776
	ⅩⅢ区	—	—	—	—	24 075 502	0	—	—	—	—	24 075 502	24 075 502
	ⅩⅣ区	—	—	—	—	42 209 587	0	—	—	—	—	42 209 587	42 209 587
	合计	—	—	—	—	478 158 531	0	—	—	—	—	478 158 531	478 158 531

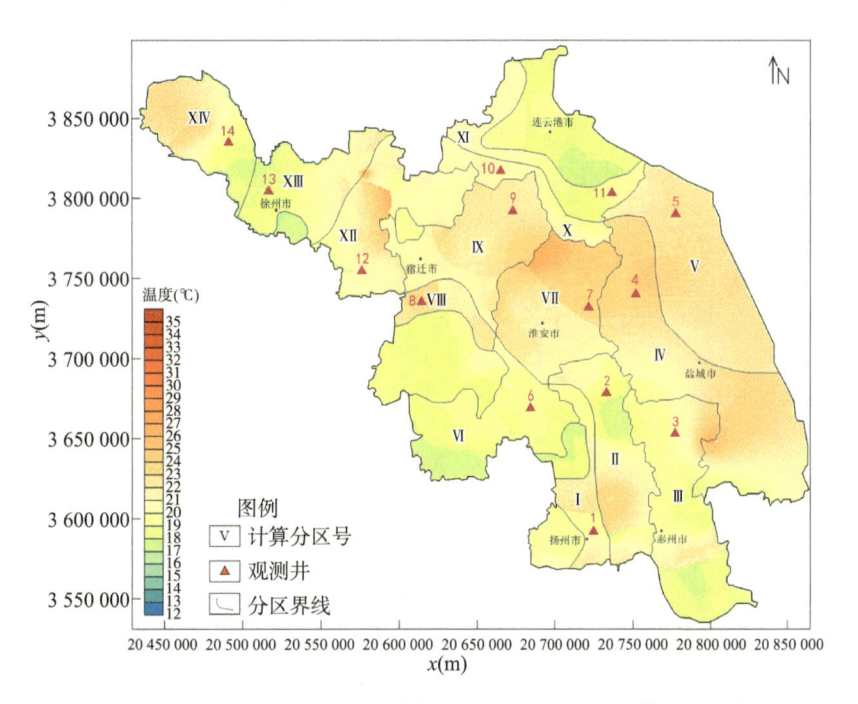

图 8.58　2025 年 5 月 31 日模型第 Ⅰ 承压含水层预测温度场图

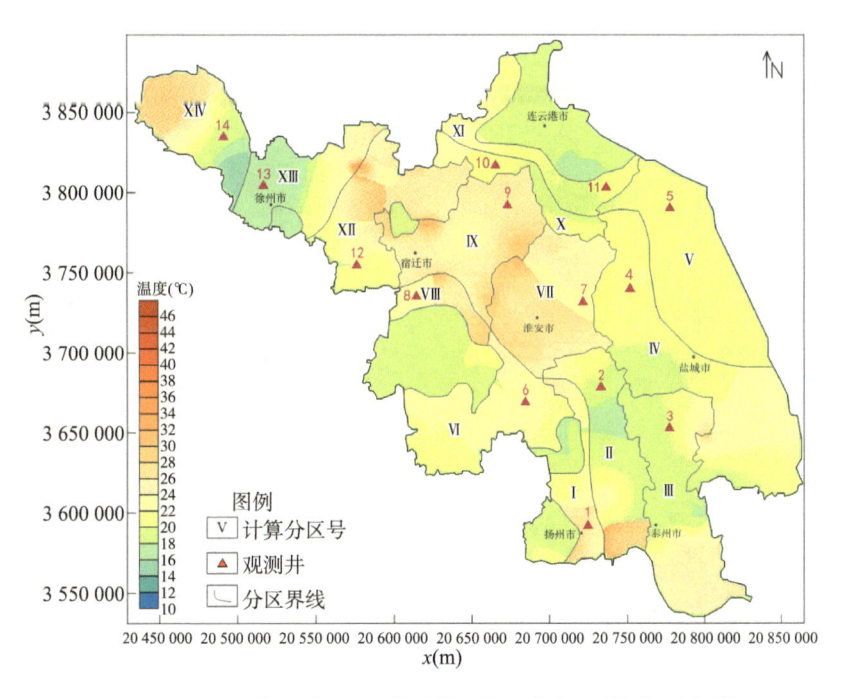

图 8.59　2029 年 9 月 30 日模型第 Ⅰ 承压含水层预测温度场图

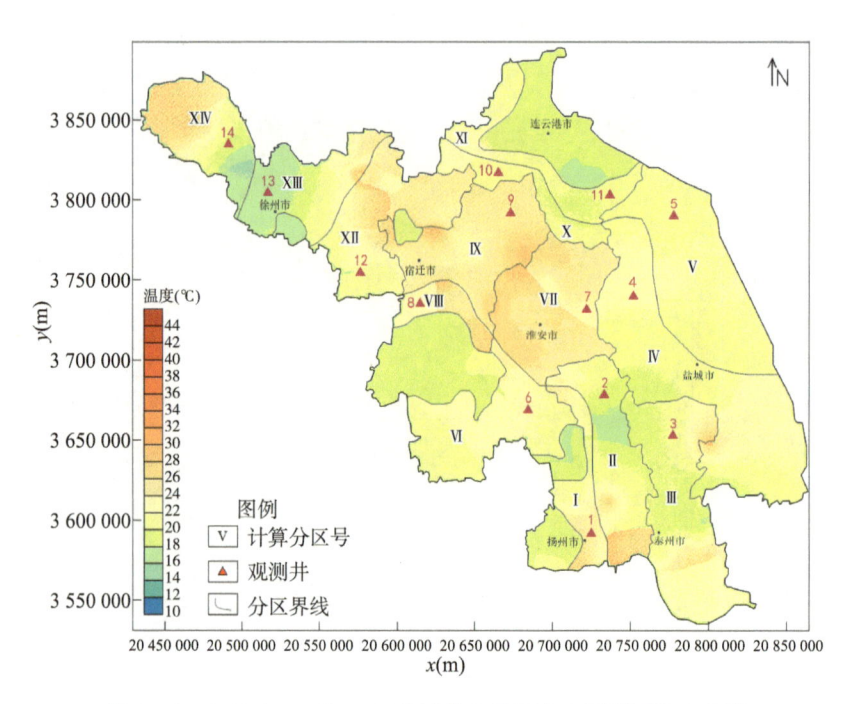

图 8.60　2029 年 11 月 30 日模型第Ⅰ承压含水层预测温度场图

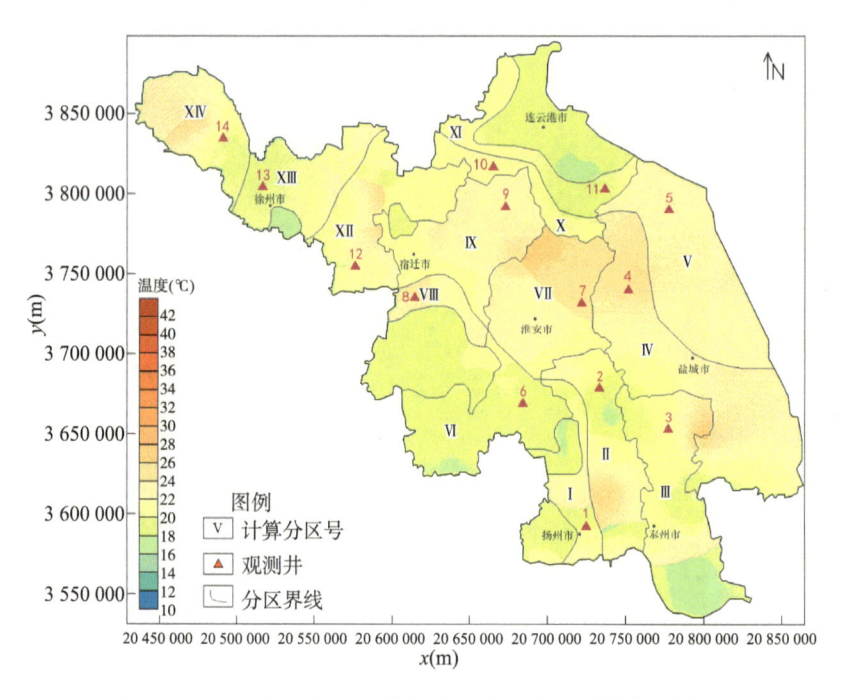

图 8.61　2030 年 3 月 31 日模型第Ⅰ承压含水层预测温度场图

第八章
浅层地热能可采资源数值模拟规划评价

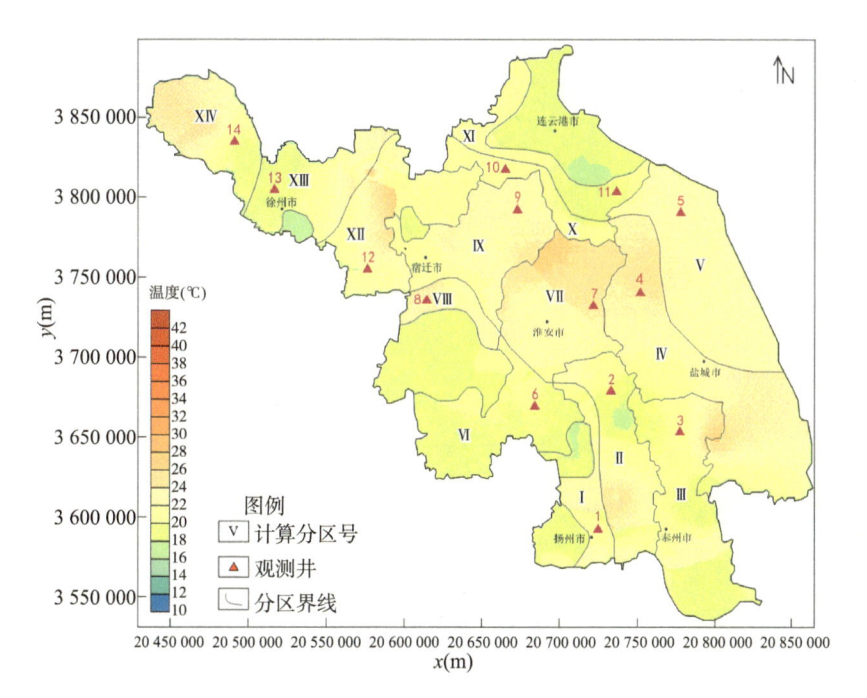

图 8.62　2030 年 5 月 31 日模型第 I 承压含水层预测温度场图

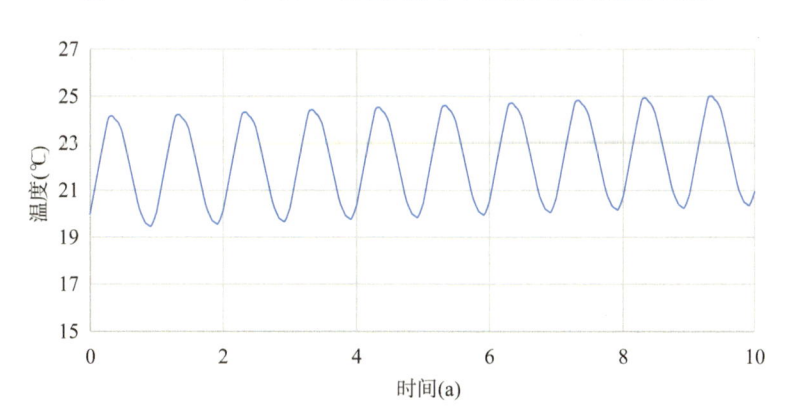

图 8.63　运行 10 年 1 号监测孔处平均地温历时曲线对比图

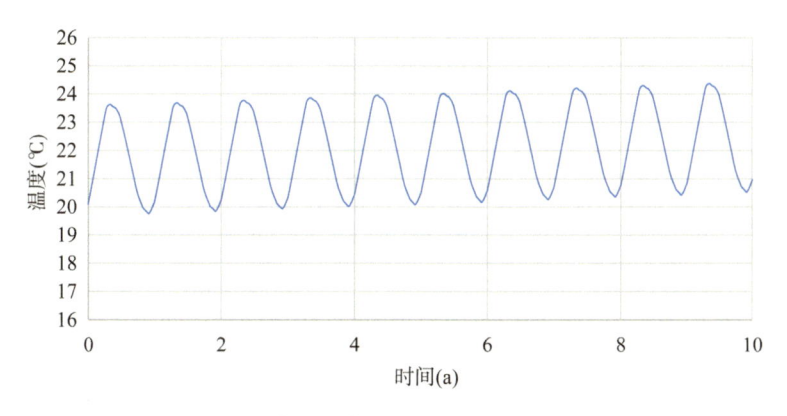

图 8.64　运行 10 年 2 号监测孔处平均地温历时曲线对比图

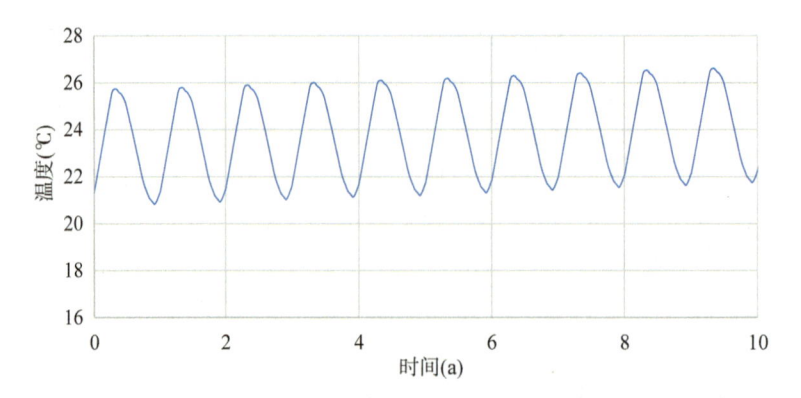

图 8.65　运行 10 年 3 号监测孔处平均地温历时曲线对比图

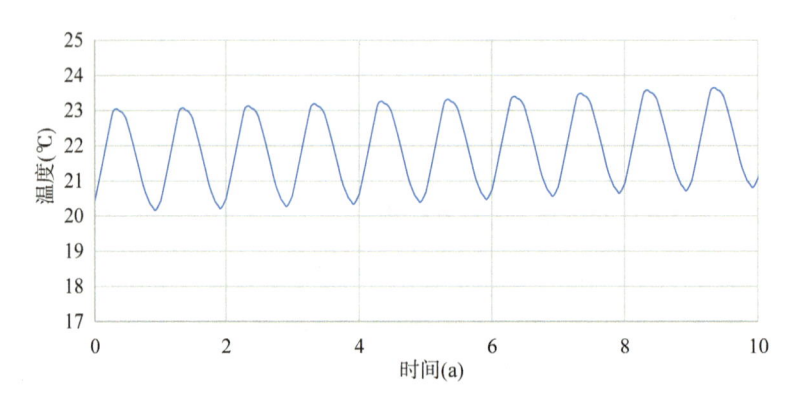

图 8.66　运行 10 年 4 号监测孔处平均地温历时曲线对比图

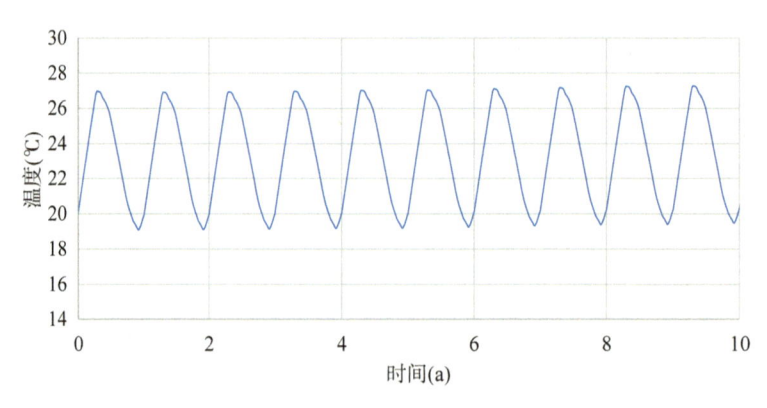

图 8.67　运行 10 年 5 号监测孔处平均地温历时曲线对比图

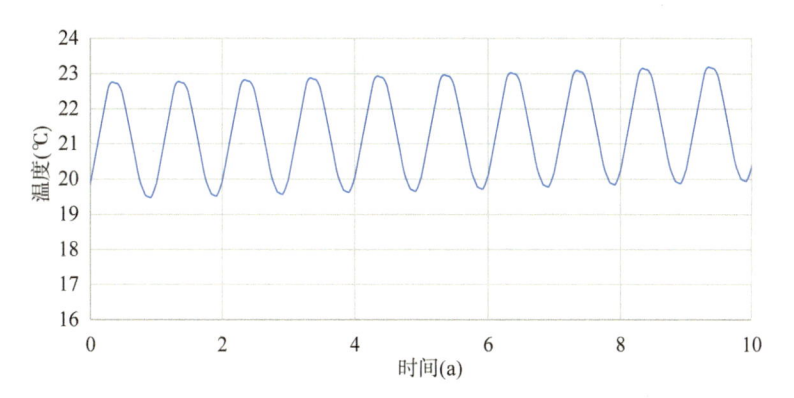

图 8.68　运行 10 年 6 号监测孔处平均地温历时曲线对比图

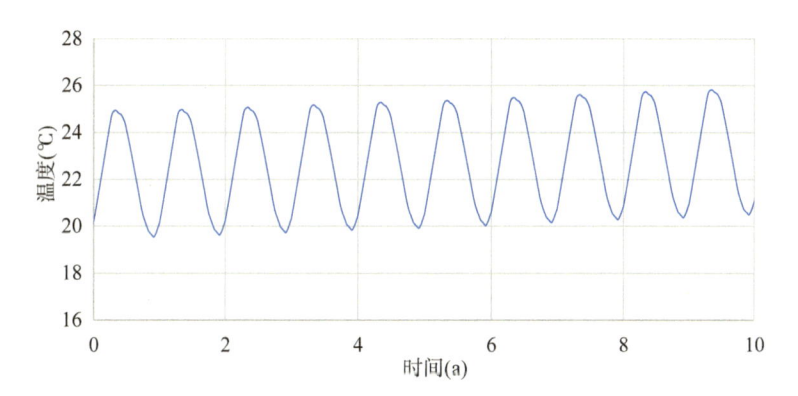

图 8.69　运行 10 年 7 号监测孔处平均地温历时曲线对比图

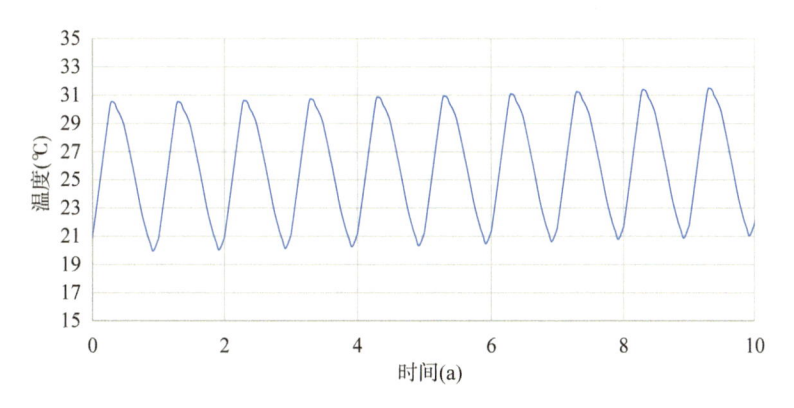

图 8.70　运行 10 年 8 号监测孔处平均地温历时曲线对比图

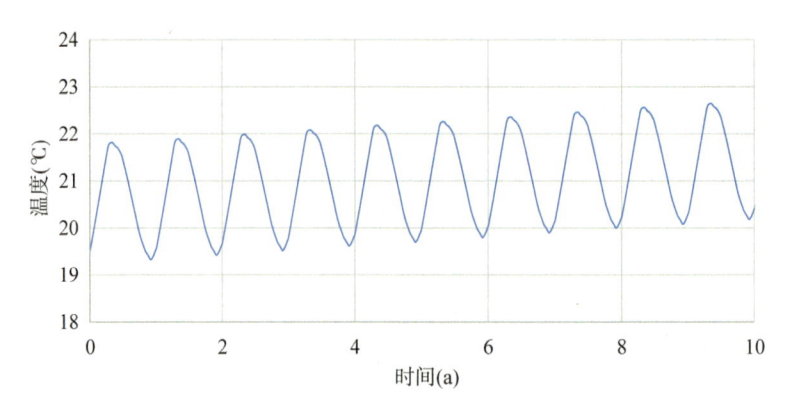

图 8.71　运行 10 年 9 号监测孔处平均地温历时曲线对比图

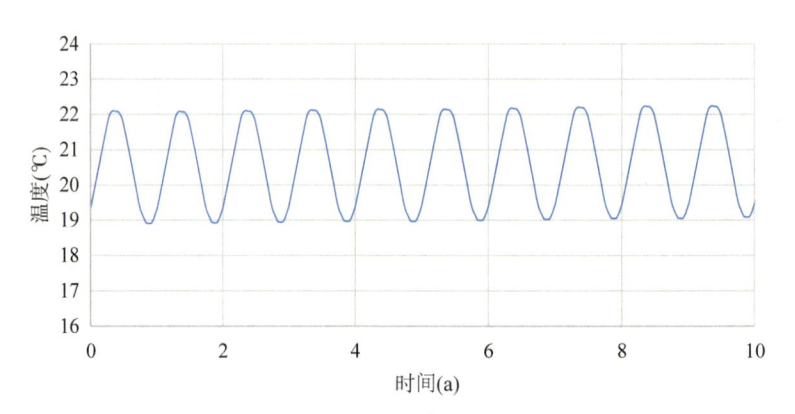

图 8.72　运行 10 年 10 号监测孔处平均地温历时曲线对比图

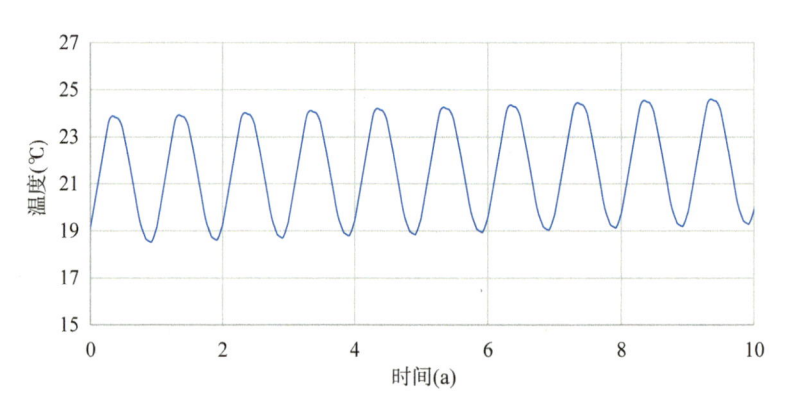

图 8.73　运行 10 年 11 号监测孔处平均地温历时曲线对比图

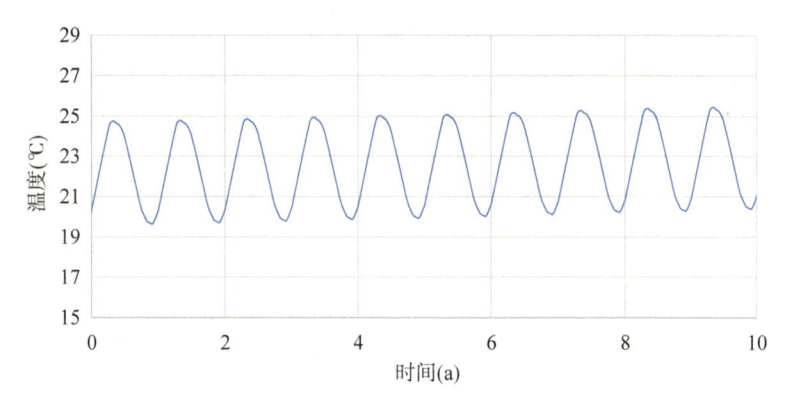

图 8.74　运行 10 年 12 号监测孔处平均地温历时曲线对比图

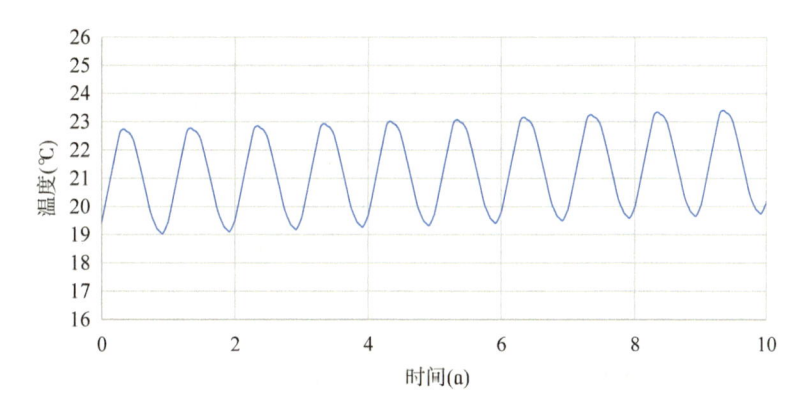

图 8.75　运行 10 年 13 号监测孔处平均地温历时曲线对比图

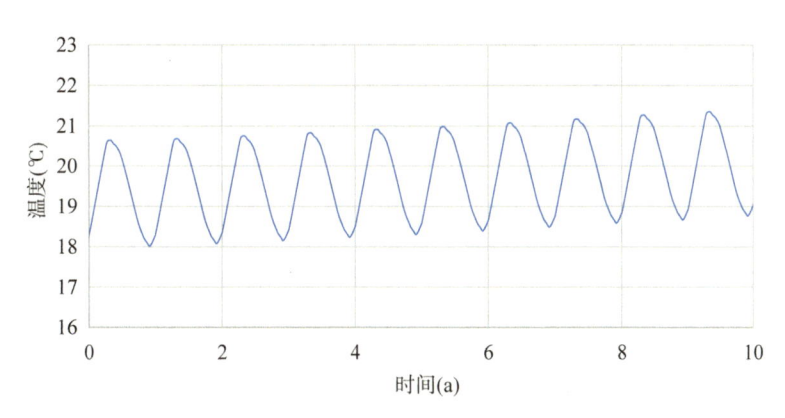

图 8.76　运行 10 年 14 号监测孔处平均地温历时曲线对比图

从计算结果可以看出：地埋管换热方式浅层地热能开采 10 年后，由于增加春秋季加热生活用水，年内地层温度升幅减小，开采 1 年末、10 年末时各区监控点各年温度变化值见表 8.13。

表 8.13　监控点各年温度变化值

分区	监控点号	1年末温度(℃)	5年末温度(℃)	10年末温度(℃)
Ⅰ区	1	20.031	20.042	20.932
Ⅱ区	2	20.155	20.488	20.939
Ⅲ区	3	21.359	21.733	22.281
Ⅳ区	4	20.435	20.669	21.086
Ⅴ区	5	19.933	20.033	20.356
Ⅵ区	6	19.862	20.047	20.333
Ⅶ区	7	20.115	20.491	21.075
Ⅷ区	8	20.824	21.208	21.916
Ⅸ区	9	19.572	19.944	20.425
Ⅹ区	10	19.318	19.375	19.496
Ⅺ区	11	19.147	19.472	19.914
Ⅻ区	12	20.257	20.547	21.018
ⅩⅢ区	13	19.425	19.713	20.137
ⅩⅣ区	14	18.272	18.562	19.028

由监控点温度多年历时曲线图可见：夏季制冷期内监控点处土壤温度逐渐上升，秋季、冬季和春季供热期内监控点处土壤温度逐渐下降，随着浅层地热能的开发利用，土壤温度呈缓慢上升的趋势，且10年内各点处温升均不超过1℃，热堆积问题得到有效缓解。在此方案下地埋管换热方式浅层地热能开采可以长期有效地持续进行。

由以上数值模拟的结果可以看出，在地埋管换热方式浅层地热能长期开发利用不引起地下温度场热平衡问题的情况下，考虑土地利用系数，扬州市（Ⅰ区、Ⅱ区）加热生活用水量分别为 1 987 840.458 m³/d、4 891 111.294 m³/d，泰州市（Ⅲ区）加热生活用水量为 9 410 788.841 m³/d，盐城市（Ⅳ区、Ⅴ区）加热生活用水量分别为 11 236 857.977 m³/d、10 486 157.74 m³/d，淮安市（Ⅵ区、Ⅶ区）加热生活用水量分别为 1 037 674.416 m³/d、5 553 805.427 m³/d，宿迁市（Ⅷ区、Ⅸ区）加热生活用水量分别为 3 001 950.829 m³/d、6 380 386.068 m³/d，连云港市（Ⅹ区、Ⅺ区）加热生活用水量分别为 0 m³/d、709 836.568 m³/d，徐州市（Ⅻ区、ⅩⅢ区、ⅩⅣ区）加热生活用水量分别为 3 169 010.305 m³/d、4 249 315.847 m³/d、7 449 974.072 m³/d；不考虑土地利用系数，扬州市（Ⅰ区、Ⅱ区）加热生活用水量分别为 11 904 448.318 m³/d、29 291 073.825 m³/d，泰州市（Ⅲ区）加热生活用水量为 52 858 068.485 m³/d，盐城市（Ⅳ区、Ⅴ区）加热生活用水量分别为 88 934 933.467 m³/d、82 993 461.594 m³/d，淮安市（Ⅵ区、Ⅶ区）加热生活用水量分别为 7 279 350.823 m³/d、38 960 291.865 m³/d，宿迁市（Ⅷ区、Ⅸ区）加热生活用水量分别为 24 660 905.061 m³/d、52 414 614.37 m³/d，连云港市（Ⅹ区、Ⅺ区）加热生活用水量分别为 0 m³/d、4 621 518.753 m³/d，徐州市（Ⅻ区、ⅩⅢ区、ⅩⅣ区）加热生活用水量分别为 17 954 776.066 m³/d、24 075 502.166 m³/d、42 209 586.993 m³/d。

在考虑土地利用系数的情况下,夏季排热量为 2.246×10^8 kW,其中扬州市夏季总排热量为 2.552×10^7 kW,泰州市夏季总排热量为 2.960×10^7 kW,盐城市夏季总排热量为 5.383×10^7 kW,淮安市夏季总排热量为 3.296×10^7 kW,宿迁市夏季总排热量为 2.083×10^7 kW,连云港市夏季总排热量为 9.072×10^6 kW,徐州市夏季总排热量为 5.275×10^7 kW;冬季取热量为 1.809×10^8 kW,其中扬州市冬季总取热量为 2.121×10^7 kW,泰州市冬季总取热量为 2.379×10^7 kW,盐城市冬季总取热量为 3.975×10^7 kW,淮安市冬季总取热量为 2.877×10^7 kW,宿迁市冬季总取热量为 1.597×10^7 kW,连云港市冬季总取热量为 8.605×10^6 kW,徐州市冬季总取热量为 4.276×10^7 kW;春秋季取热量为 4.485×10^7 kW,其中扬州市春秋季总取热量为 4.435×10^6 kW,泰州市春秋季总取热量为 6.067×10^6 kW,盐城市春秋季总取热量为 1.401×10^7 kW,淮安市春秋季总取热量为 4.250×10^6 kW,宿迁市春秋季总取热量为 6.049×10^6 kW,连云港市春秋季总取热量为 4.577×10^5 kW,徐州市春秋季总取热量为 9.586×10^6 kW。在不考虑土地利用系数的情况下,夏季排热量为 1.003×10^{10} kW,其中扬州市夏季总排热量为 1.019×10^9 kW,泰州市夏季总排热量为 1.108×10^9 kW,盐城市夏季总排热量为 2.840×10^9 kW,淮安市夏季总排热量为 1.541×10^9 kW,宿迁市夏季总排热量为 1.141×10^9 kW,连云港市夏季总排热量为 3.938×10^8 kW,徐州市夏季总排热量为 1.992×10^9 kW;冬季取热量为 8.044×10^9 kW,其中扬州市冬季总取热量为 8.469×10^8 kW,泰州市冬季总取热量为 8.909×10^8 kW,盐城市冬季总取热量为 2.097×10^9 kW,淮安市冬季总取热量为 1.346×10^9 kW,宿迁市冬季总取热量为 8.744×10^8 kW,连云港市冬季总取热量为 3.735×10^8 kW,徐州市冬季总取热量为 1.615×10^9 kW;春秋季取热量为 2.055×10^9 kW,其中扬州市春秋季总取热量为 1.771×10^8 kW,泰州市春秋季总取热量为 2.272×10^8 kW,盐城市春秋季总取热量为 7.390×10^8 kW,淮安市春秋季总取热量为 1.987×10^8 kW,宿迁市春秋季总取热量为 3.313×10^8 kW,连云港市春秋季总取热量为 1.986×10^7 kW,徐州市春秋季总取热量为 3.621×10^8 kW。

三、方案三

在不改变地埋管换热方式浅层地热能开采运行工况的条件下,在各地埋管处增加冷却塔辅助换热孔进行夏季排热。将冷却塔与换热孔共同作为冷却源供机组运行,经过冷却塔冷却的水,进入地埋管换热器,降低了换热器的冷凝温度,实现了两者的互补,提高了整个系统的运行效率。

在换热孔间距 5 m 不变、冷却塔与地埋管换热孔数量一致的条件下,冷却塔仅在 6—8 月开机,与地埋管换热器每日同时运行 10 h。在 6—8 月与地埋管换热器每日同时运行 10 h 工况下,忽略换热器与地下埋管之间管路的热量损失,各计算分区浅层地热能可开采资源量见表 8.14、表 8.15,各分区冷却塔冷却水温见表 8.16,各监控点 10 年后 100 m 以浅地层平均温度增幅见表 8.17,第 1 年、第 5 年、第 10 年的 9 月 30 日、11 月 30 日、3 月 31 日及 5 月 31 日模型第 Ⅰ 承压含水层预测温度场图见图 8.77 至图 8.84;运行

10 年各监控点处温度历时曲线见图 8.85 至图 8.98。

表 8.14　浅层地热能开发利用量统计表（考虑土地利用系数）

分区	面积(km²)	夏季总排热量(kW)	冷却塔夏季总散热量(kW)	冬季总取热量(kW)
Ⅰ区	1 624.772	7 345 992.996	1 265 208.446	6 109 343.679
Ⅱ区	4 002.281	18 177 356.597	3 032 625.922	15 102 974.628
Ⅲ区	5 787.361	29 598 566.134	5 974 920.289	23 792 429.113
Ⅳ区	8 983.366	29 859 541.019	8 747 648.803	21 520 556.617
Ⅴ区	7 947.924	23 974 542.068	6 687 553.134	18 224 774.737
Ⅵ区	4 564.455	11 032 621.446	409 210.180	10 264 273.065
Ⅶ区	5 064.624	21 924 687.142	3 556 047.868	18 507 970.806
Ⅷ区	1 131.444	4 305 540.338	1 350 413.910	3 328 180.106
Ⅸ区	4 856.331	16 524 798.252	4 059 270.062	12 636 906.204
Ⅹ区	1 629.009	3 579 119.920	0.000	3 569 699.335
Ⅺ区	2 353.180	5 493 207.292	379 456.602	5 035 279.914
Ⅻ区	4 561.872	17 322 696.932	1 816 490.543	15 141 117.566
ⅩⅢ区	3 317.588	16 359 192.316	2 780 294.275	13 564 587.229
ⅩⅣ区	3 484.254	19 069 145.015	4 547 879.472	14 054 470.965
合计	59 308.461	224 567 007.467	44 607 019.506	180 852 563.964

表 8.15　浅层地热能开发利用量统计表（不考虑土地利用系数）

分区	面积(km²)	夏季总排热量(kW)	冷却塔夏季总散热量(kW)	冬季总取热量(kW)
Ⅰ区	1 624.772	293 283 073.737	50 512 466.062	243 910 808.751
Ⅱ区	4 002.281	725 716 866.086	121 075 238.202	602 974 550.107
Ⅲ区	5 787.361	1 108 318 733.790	223 730 975.981	890 907 849.688
Ⅳ区	8 983.366	1 575 503 460.351	461 559 370.618	1 135 506 784.821
Ⅴ区	7 947.924	1 264 988 432.510	352 860 852.662	961 608 741.536
Ⅵ区	4 564.455	515 963 522.341	19 137 566.432	480 030 109.868
Ⅶ区	5 064.624	1 025 353 662.203	166 305 985.620	865 563 805.929
Ⅷ区	1 131.444	235 798 935.553	73 957 305.590	182 272 436.159
Ⅸ区	4 856.331	905 003 677.135	222 311 599.616	692 077 834.044
Ⅹ区	1 629.009	155 350 030.080	0.000	154 941 133.997
Ⅺ区	2 353.180	238 430 099.328	16 470 136.731	218 553 975.150
Ⅻ区	4 561.872	654 305 528.256	68 611 706.869	571 903 841.897
ⅩⅢ区	3 317.588	617 912 442.402	105 016 090.805	512 355 809.682
ⅩⅣ区	3 484.254	720 271 621.155	171 780 565.817	530 859 489.444
合计	59 308.461	10 036 200 084.927	2 053 329 861.005	8 043 467 171.073

第八章 浅层地热能可采资源数值模拟规划评价

表8.16 各分区地埋管及冷却塔冷却水温统计表

分区	面积(km²)	夏季换热温差(℃)	冬季换热温差(℃)	夏季冷却塔冷却温度(℃)
Ⅰ区	1 624.772	14.291	10.709	2.461
Ⅱ区	4 002.281	14.391	10.609	2.401
Ⅲ区	5 787.361	14.534	10.466	2.934
Ⅳ区	8 983.366	15.049	9.951	4.409
Ⅴ区	7 947.924	14.978	10.022	4.178
Ⅵ区	4 564.455	14.373	10.627	0.533
Ⅶ区	5 064.624	14.574	10.426	2.364
Ⅷ区	1 131.444	15.225	9.775	4.775
Ⅸ区	4 856.331	14.648	10.352	3.598
Ⅹ区	1 629.009	14.132	10.868	0
Ⅺ区	2 353.180	13.975	11.025	0.965
Ⅻ区	4 561.872	14.556	10.444	1.526
ⅩⅢ区	3 317.588	14.903	10.097	2.533
ⅩⅣ区	3 484.254	13.939	9.561	3.324

表8.17 监控点温度变化值

分区	埋管间距(m)	监控点编号	地层温度增幅(℃)
Ⅰ区	5	1	0.838
Ⅱ区	5	2	0.814
Ⅲ区	5	3	0.946
Ⅳ区	5	4	0.949
Ⅴ区	5	5	0.637
Ⅵ区	5	6	0.657
Ⅶ区	5	7	0.824
Ⅷ区	5	8	0.803
Ⅸ区	5	9	0.905
Ⅹ区	5	10	−0.229
Ⅺ区	5	11	0.762
Ⅻ区	5	12	0.860
ⅩⅢ区	5	13	0.556
ⅩⅣ区	5	14	0.935

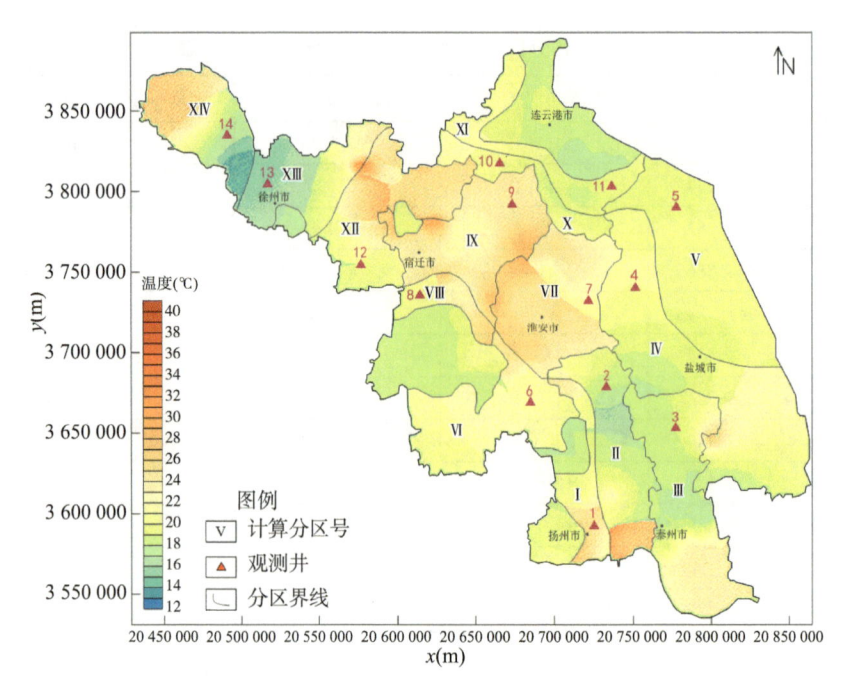

图 8.77　2024 年 9 月 30 日模型第Ⅰ承压含水层预测温度场图

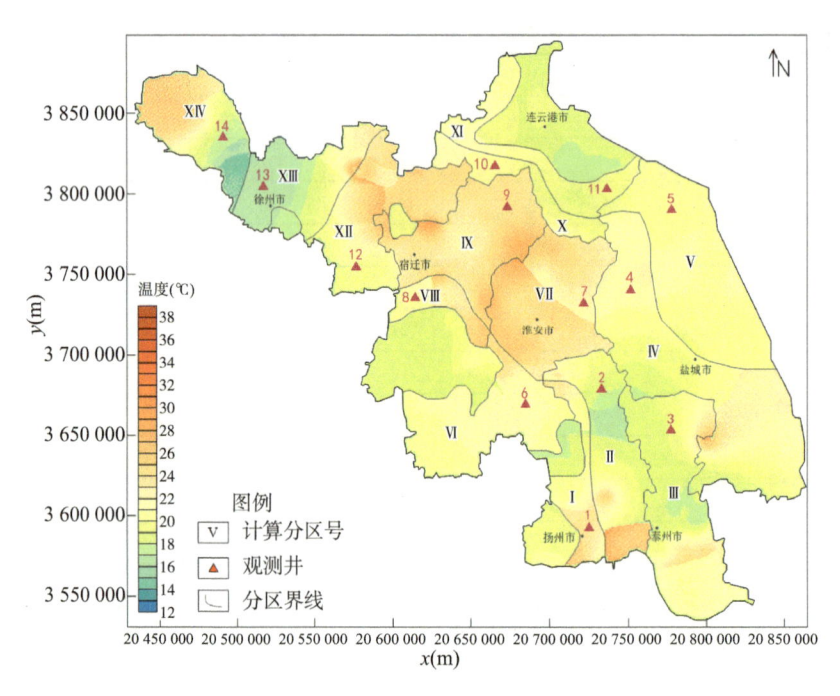

图 8.78　2024 年 11 月 30 日模型第Ⅰ承压含水层预测温度场图

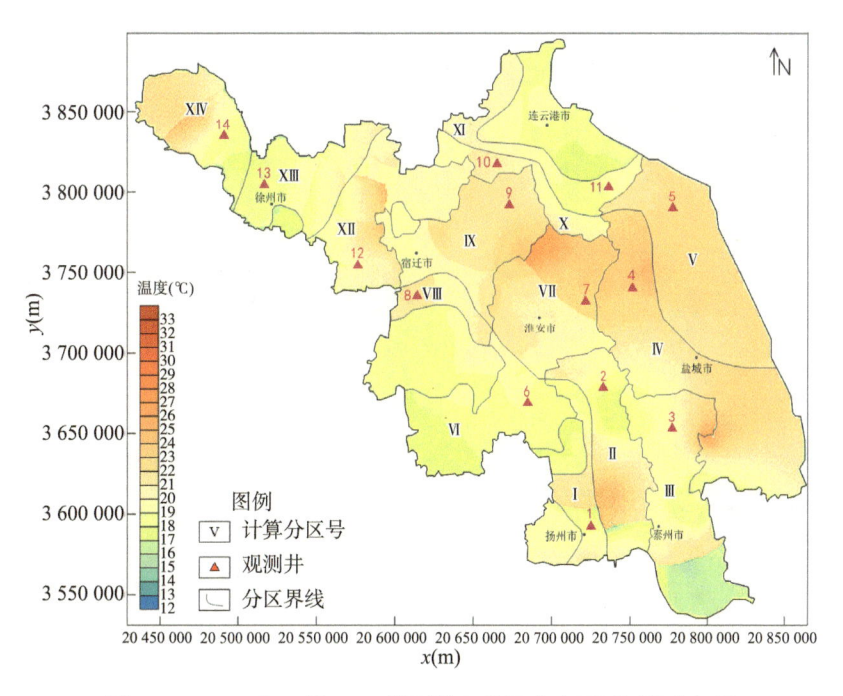

图 8.79　2025 年 3 月 31 日模型第 Ⅰ 承压含水层预测温度场图

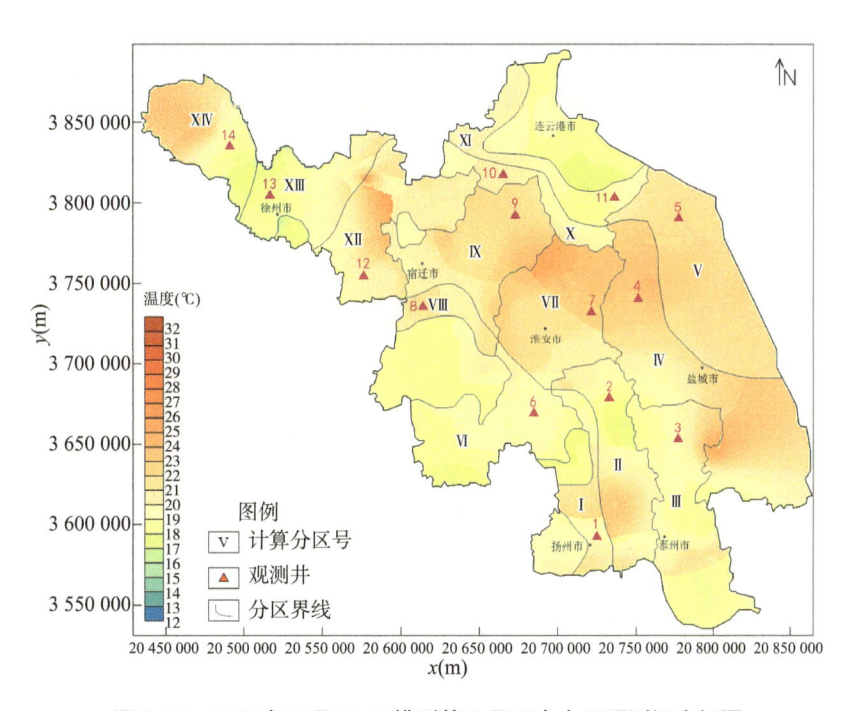

图 8.80　2025 年 5 月 31 日模型第 Ⅰ 承压含水层预测温度场图

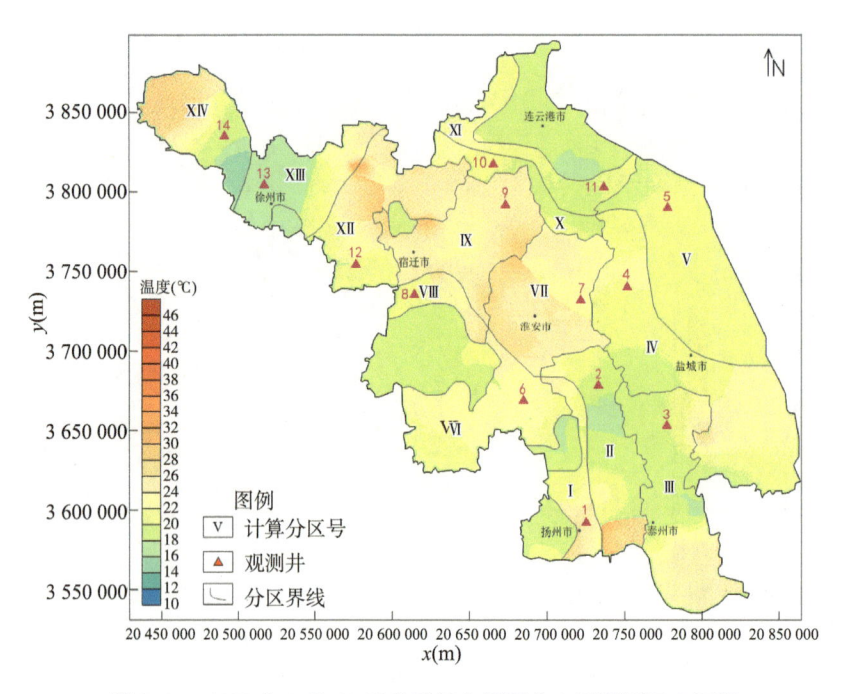

图 8.81　2029 年 9 月 30 日模型第 Ⅰ 承压含水层预测温度场图

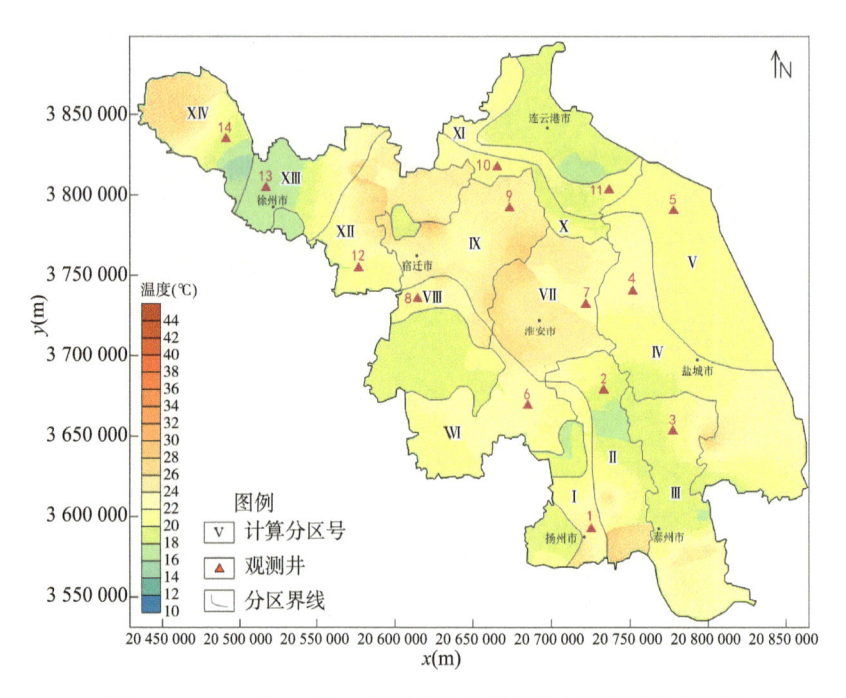

图 8.82　2029 年 11 月 30 日模型第 Ⅰ 承压含水层预测温度场图

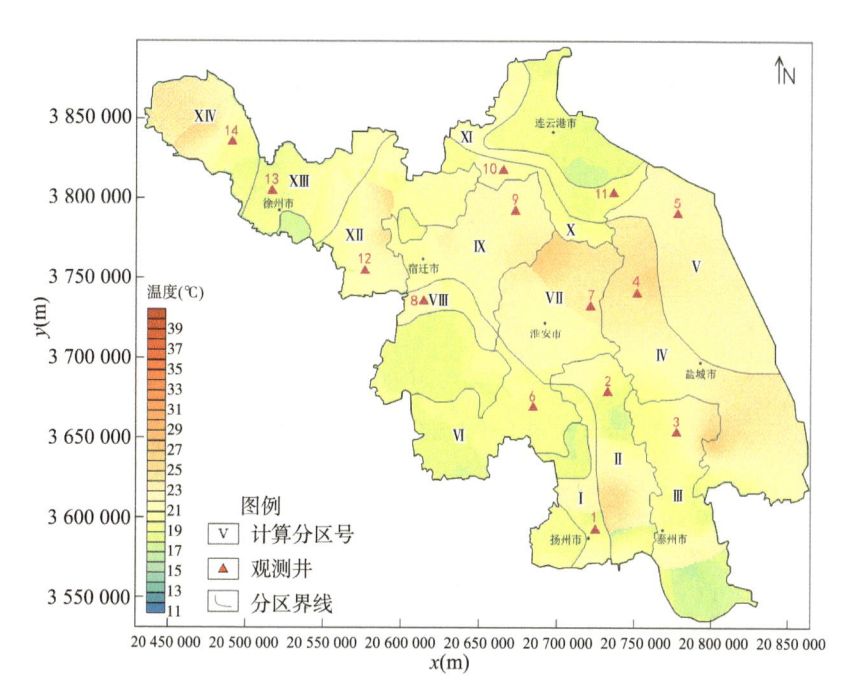

图 8.83　2030 年 3 月 31 日模型第 Ⅰ 承压含水层预测温度场图

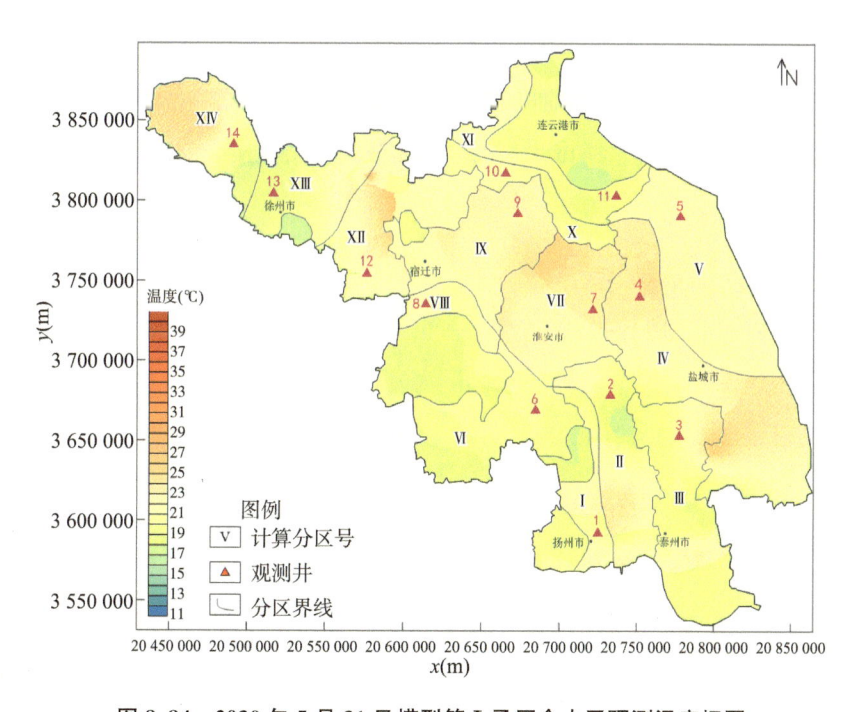

图 8.84　2030 年 5 月 31 日模型第 Ⅰ 承压含水层预测温度场图

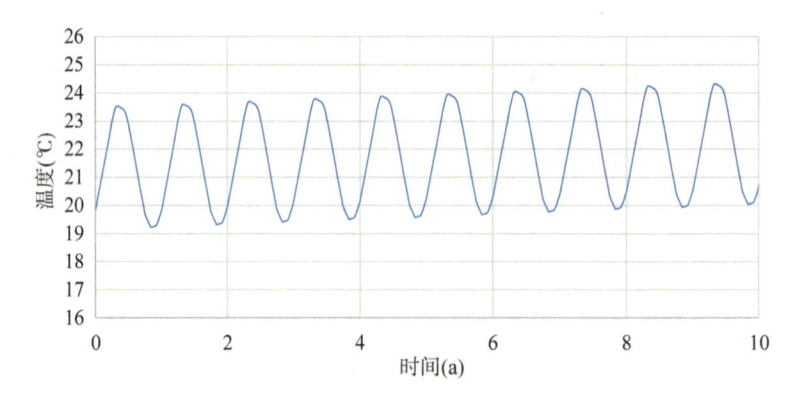

图 8.85 运行 10 年 1 号监测孔处平均地温历时曲线对比图

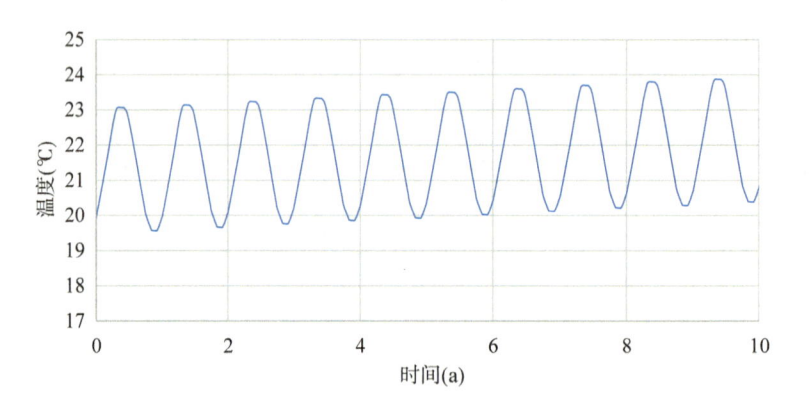

图 8.86 运行 10 年 2 号监测孔处平均地温历时曲线对比图

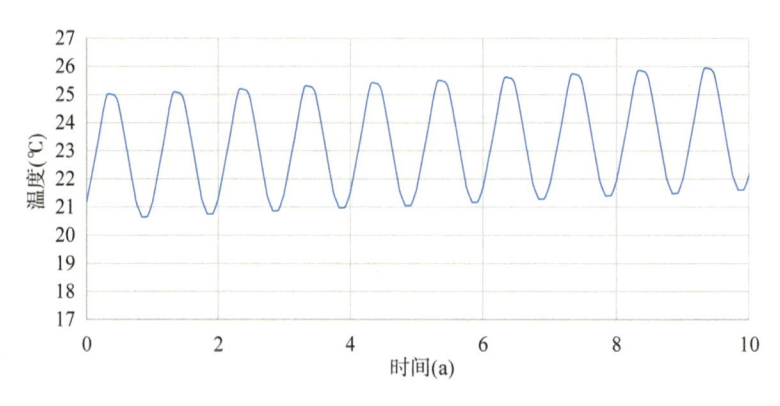

图 8.87 运行 10 年 3 号监测孔处平均地温历时曲线对比图

第八章
浅层地热能可采资源数值模拟规划评价

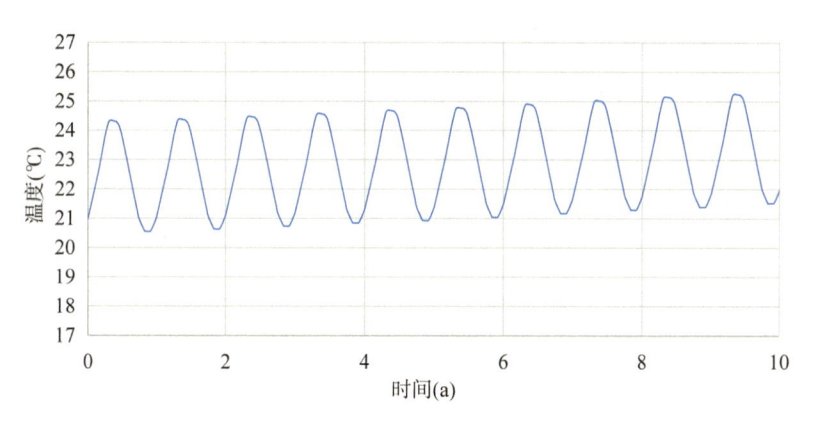

图 8.88　运行 10 年 4 号监测孔处平均地温历时曲线对比图

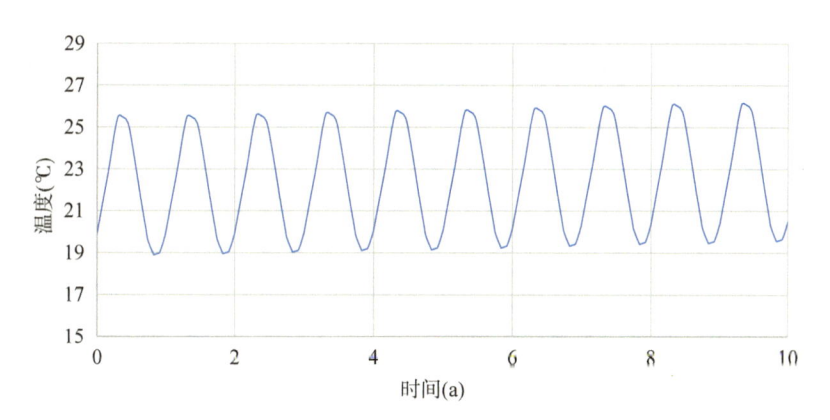

图 8.89　运行 10 年 5 号监测孔处平均地温历时曲线对比图

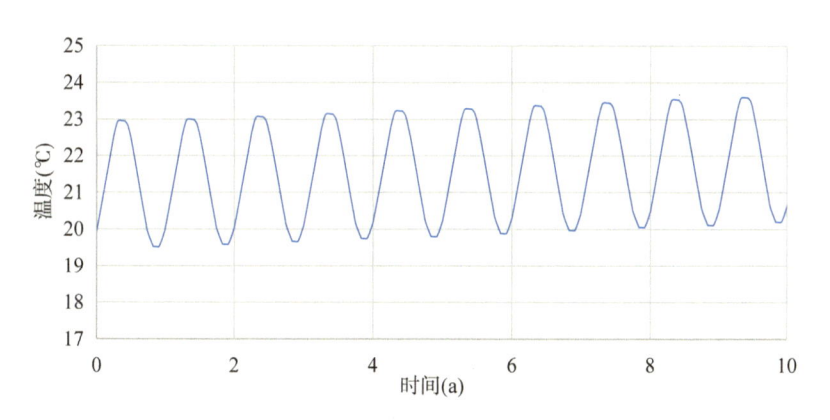

图 8.90　运行 10 年 6 号监测孔处平均地温历时曲线对比图

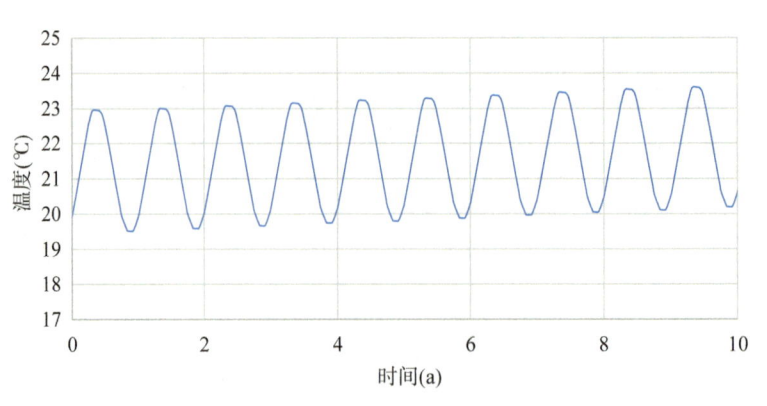

图 8.91　运行 10 年 7 号监测孔处平均地温历时曲线对比图

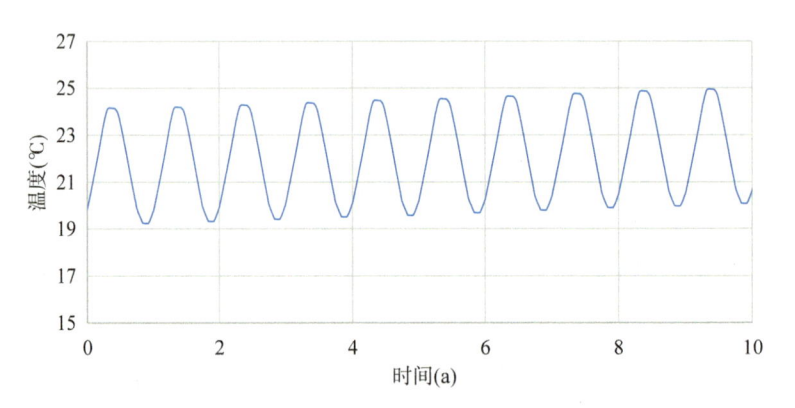

图 8.92　运行 10 年 8 号监测孔处平均地温历时曲线对比图

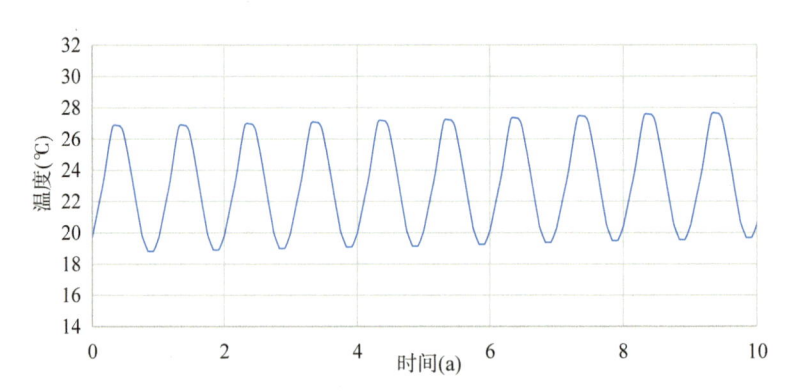

图 8.93　运行 10 年 9 号监测孔处平均地温历时曲线对比图

第八章
浅层地热能可采资源数值模拟规划评价

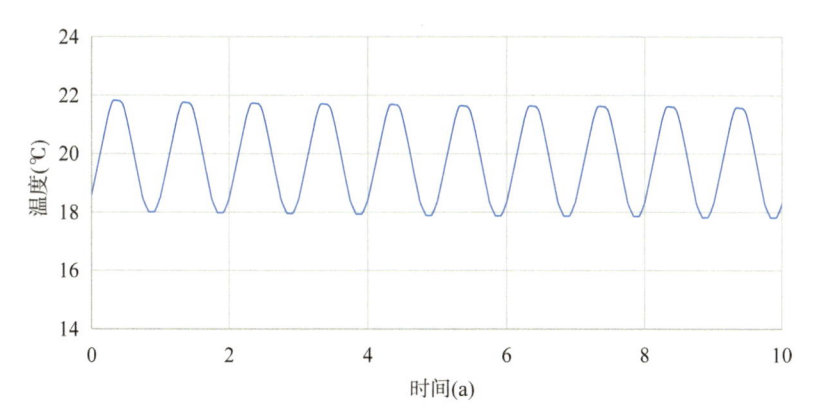

图 8.94　运行 10 年 10 号监测孔处平均地温历时曲线对比图

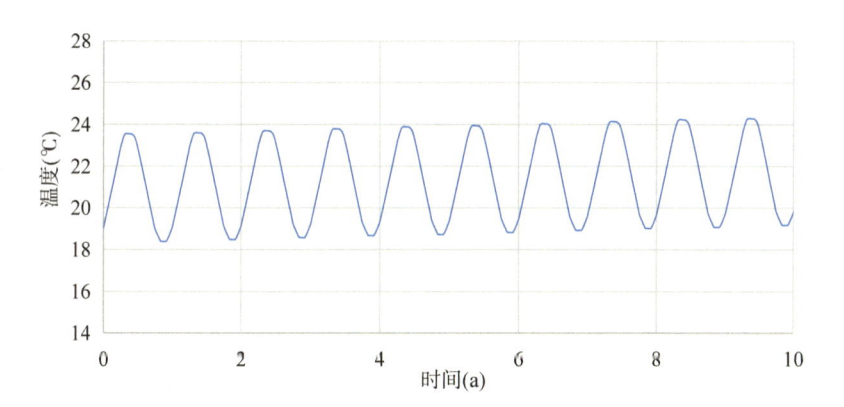

图 8.95　运行 10 年 11 号监测孔处平均地温历时曲线对比图

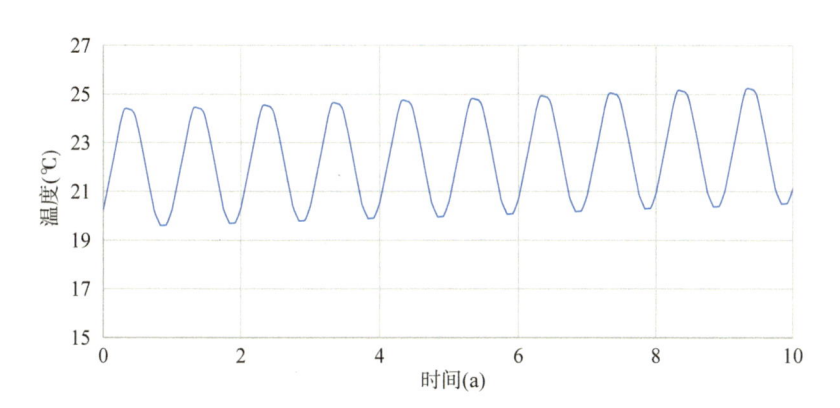

图 8.96　运行 10 年 12 号监测孔处平均地温历时曲线对比图

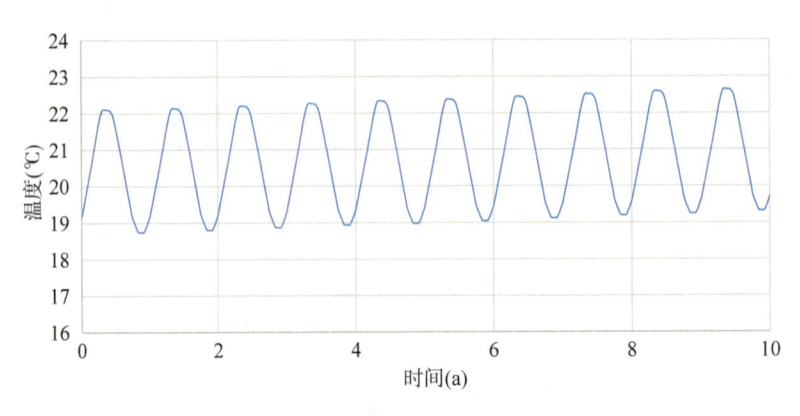

图 8.97 运行 10 年 13 号监测孔处平均地温历时曲线对比图

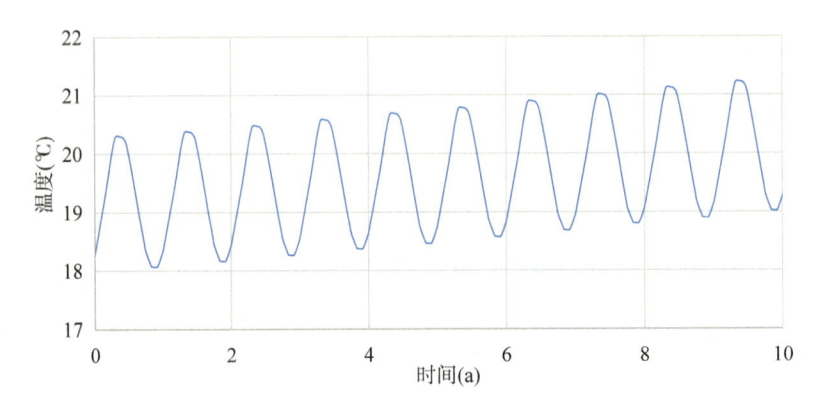

图 8.98 运行 10 年 14 号监测孔处平均地温历时曲线对比图

从以上数值模拟的结果可以看出：地埋管换热方式浅层地热能开采 10 年后，采用冷却塔与地埋管混合式换热系统，弥补了地埋管单独排热导致热堆积的缺陷，保证温度有较好的恢复，年内地层温度升幅减小，开采 1 年末、10 年末时各区监控点温度变化值见表 8.18。

表 8.18 监控点各年温度变化值

分区	监控点号	1 年末温度(℃)	5 年末温度(℃)	10 年末温度(℃)
Ⅰ区	1	19.856	20.207	20.681
Ⅱ区	2	19.978	20.337	20.809
Ⅲ区	3	21.191	21.594	22.154
Ⅳ区	4	20.987	21.370	21.964
Ⅴ区	5	19.816	20.069	20.486
Ⅵ区	6	19.943	20.225	20.625
Ⅶ区	7	19.816	20.156	20.669
Ⅷ区	8	19.706	20.032	20.570

续表

分区	监控点号	1年末温度(℃)	5年末温度(℃)	10年末温度(℃)
Ⅸ区	9	19.412	19.814	20.326
Ⅹ区	10	18.490	18.367	18.292
Ⅺ区	11	19.025	19.361	19.809
Ⅻ区	12	20.233	20.589	21.123
ⅩⅢ区	13	19.146	19.379	19.722
ⅩⅣ区	14	18.332	18.727	19.287

由监控点温度多年历时曲线图可见：夏季制冷期内监控点处土壤温度逐渐上升，冬季供热期内监控点处土壤温度逐渐下降，随着浅层地热能的开发利用，土壤温度呈缓慢上升的趋势，且10年内各点处温升均不超过1℃，热堆积问题得到有效缓解。在冷却塔辅助排热的条件下，地埋管换热方式浅层地热能开采可以长期有效地持续进行。

综上所述，热孔间距5 m，扬州市(Ⅰ区、Ⅱ区)夏季/冬季的换热温差分别为14.291/10.709 ℃、14.391/10.609 ℃，冷却塔冷却温度分别为2.461 ℃、2.401 ℃；泰州市(Ⅲ区)夏季/冬季的换热温差为14.534/10.466 ℃，冷却塔冷却温度为2.934 ℃；盐城市(Ⅳ区、Ⅴ区)夏季/冬季的换热温差分别为15.049/9.951 ℃、14.978/10.022 ℃，冷却塔冷却温度分别为4.409 ℃、4.178 ℃；淮安市(Ⅵ区、Ⅶ区)夏季/冬季的换热温差分别为14.373/10.627 ℃、14.574/10.426 ℃，冷却塔冷却温度分别为0.533 ℃、2.364 ℃；宿迁市(Ⅷ区、Ⅸ区)夏季/冬季的换热温差分别为15.225/9.775 ℃、14.648/10.352 ℃，冷却塔冷却温度分别为4.775 ℃、3.598 ℃；连云港市(Ⅹ区、Ⅺ区)夏季/冬季的换热温差分别为14.132/10.868 ℃、13.975/11.025 ℃，冷却塔冷却温度分别为0 ℃、0.965 ℃；徐州市(Ⅻ区、ⅩⅢ区、ⅩⅣ区)夏季/冬季的换热温差分别为14.556/10.444 ℃、14.903/10.097 ℃、13.939/9.561 ℃，冷却塔冷却温度分别为1.526 ℃、2.533 ℃、3.324 ℃。各市按上述开发方案开采，可获得最大的浅层地热能可采资源量。

在考虑土地利用系数的情况下，淮河生态经济带江苏段100 m地埋管换热方式浅层地热能的冬季取热量为$1.809×10^8$ kW，其中扬州市冬季总取热量为$2.121×10^7$ kW，泰州市冬季总取热量为$2.379×10^7$ kW，盐城市冬季总取热量为$3.975×10^7$ kW，淮安市冬季总取热量为$2.877×10^7$ kW，宿迁市冬季总取热量为$1.597×10^7$ kW，连云港市冬季总取热量为$8.605×10^6$ kW，徐州市冬季总取热量为$4.276×10^7$ kW；夏季排热量为$2.246×10^8$ kW，其中扬州市夏季总排热量为$2.552×10^7$ kW，泰州市夏季总排热量为$2.960×10^7$ kW，盐城市夏季总排热量为$5.383×10^7$ kW，淮安市夏季总排热量为$3.296×10^7$ kW，宿迁市夏季总排热量为$2.083×10^7$ kW，连云港市夏季总排热量为$9.072×10^6$ kW，徐州市夏季总排热量为$5.275×10^7$ kW。冷却塔夏季总散热量为$4.461×10^7$ kW，其中扬州市冷却塔夏季总散热量为$4.298×10^6$ kW，泰州市冷却塔夏季总散热量为$5.975×10^6$ kW，盐城市冷却塔夏季总散热量为$1.544×10^7$ kW，淮安市冷却塔夏季总散热量为$3.965×10^6$ kW，宿迁市冷却塔夏季总散热量为$5.410×10^6$ kW，连云港市冷却塔夏季总散热量为 3.795×10^5 kW,徐州市冷却塔夏季总散热量为 9.145×10^6 kW。在不考虑土地利用系数的情况下,淮河生态经济带江苏段 100 m 地埋管换热方式浅层地热能的冬季总取热量为 8.044×10^9 kW,其中扬州市冬季总取热量为 8.469×10^8 kW,泰州市冬季总取热量为 8.909×10^8 kW,盐城市冬季总取热量为 2.097×10^9 kW,淮安市冬季总取热量为 1.346×10^9 kW,宿迁市冬季总取热量为 8.744×10^8 kW,连云港市冬季总取热量为 3.735×10^8 kW,徐州市冬季总取热量为 1.615×10^9 kW;夏季总排热量为 8.043×10^9 kW,其中扬州市夏季总排热量为 1.019×10^9 kW,泰州市夏季总排热量为 1.108×10^9 kW,盐城市夏季总排热量为 2.840×10^9 kW,淮安市夏季总排热量为 1.541×10^9 kW,宿迁市夏季总排热量为 1.141×10^9 kW,连云港市夏季总排热量为 3.938×10^8 kW;冷却塔夏季总散热量为 2.053×10^9 kW,其中扬州市冷却塔夏季总散热量为 1.716×10^8 kW,泰州市冷却塔夏季总散热量为 2.237×10^8 kW,盐城市冷却塔夏季总散热量为 8.144×10^8 kW,淮安市冷却塔夏季总散热量为 1.854×10^8 kW,宿迁市冷却塔夏季总散热量为 2.963×10^8 kW,连云港市冷却塔夏季总散热量为 1.647×10^7 kW,徐州市冷却塔夏季总散热量为 3.454×10^8 kW。

第九章

浅层地热能资源潜力评价及环境效益分析

第一节 浅层地热能资源潜力评价

工作区浅层地热能资源潜力评价工作中,将对地埋管地源热泵适宜区、较适宜区和不适宜区进行评价。本次评价在适宜性分区的基础上,结合浅层地热能可开采资源评价结果,采用单位面积可应用的供暖和制冷面积表示。

一、评价方法与参数选取

(一) 评价方法

本次评价结合浅层地热能的可利用量,考虑地埋管换热系统的能效比(COP 和 EER),采用单位面积可利用量的供暖和制冷面积表示。

由于浅层地热能需要通过换热系统才能用于建筑的制冷和供暖,故从地下提取的热量或冷量并不等同于建筑得到的热量或冷量。根据《地源热泵系统工程技术规范》(GB 50366—2009),在不考虑输送过程的热量得失和水泵自身释放热量的前提下,夏季的释热量和冬季的吸热量分别按下式计算:

$$夏季释热量 = \sum[建筑冷负荷 \times (1 + 1/EER)] \quad (9.1)$$

$$冬季吸热量 = \sum[建筑热负荷 \times (1 - 1/COP)] \quad (9.2)$$

式中:EER 为机组的制冷性能系数;COP 为机组的供热性能系数。

根据相应区域的可开采资源量,计算区域内的可应用建筑面积,并得出单位面积的可应用建筑面积。

(二) 参数选取

1. 建筑供暖与制冷的负荷

当地普通住宅冬季供暖、夏季制冷负荷分别为 50 W/m²、80 W/m²。

2. 换热系统机组的制冷性能系数(EER)和供热性能系数(COP)

根据江苏省工程建设标准《地源热泵系统工程技术规程》(DGJ32/TJ 89—2009)的

相关规定,确定了换热系统的 EER 一般为 3.45~5.20,而 COP 一般为 3.25~4.80。结合江苏地区浅层地热能开发利用的实际情况,确定淮河生态经济带江苏段换热系统的 EER 和 COP 统一按照 4.0 考虑。

3. 夏季排热量和冬季取热量

根据建筑供暖与制冷的负荷、换热系统机组的制冷性能系数(EER)和供热性能系数(COP),可知淮河生态经济带江苏段的浅层地热能开发利用建筑在一般情况下,冬季从地下取热为 37.5 W/m²,夏季向地下排热为 100 W/m²。

二、按可采资源换热功率评价结果的地埋管地源热泵系统潜力评价

1. 考虑土地利用系数的地埋管换热方式浅层地热能潜力评价

根据评价方法与参数选取情况,按可采资源换热功率评价结果计算得到在考虑土地利用系数与有效面积系数情况下的工作区地埋管地源热泵系统的潜力,见图 9.1、表 9.1、表 9.2。

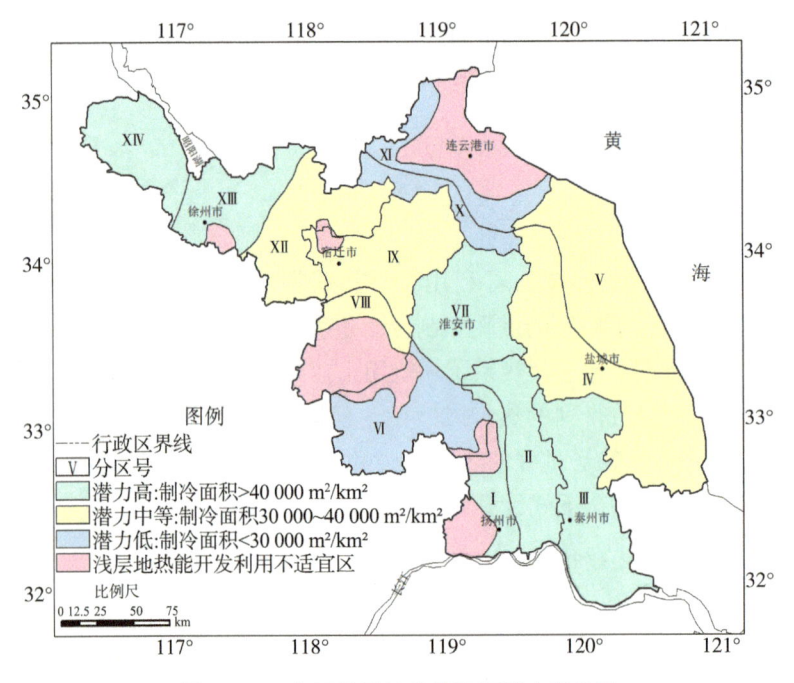

图 9.1 工作区浅层地热能资源潜力评价图

表 9.1 地埋管换热系统可应用总面积计算表

分区	分布区域	分区面积(km²)	总制冷面积(m²)	总供暖面积(m²)
Ⅰ	扬州市西部	1 624.772	73 459 929.956	162 915 831.434
Ⅱ	扬州市东部	4 002.281	181 773 565.965	402 745 990.092
Ⅲ	泰州市	5 787.361	295 985 661.339	634 464 776.344
Ⅳ	盐城市西南部	8 983.366	298 595 410.191	573 881 509.788
Ⅴ	盐城市东北部	7 947.924	239 745 420.685	485 993 992.986

续表

分区	分布区域	分区面积(km^2)	总制冷面积(m^2)	总供暖面积(m^2)
Ⅵ	淮安市南部	4 564.455	110 326 214.464	273 713 948.408
Ⅶ	淮安市北部	5 064.624	219 246 871.415	493 545 888.164
Ⅷ	宿迁市区及泗阳县南部	1 131.444	43 055 403.381	88 751 469.502
Ⅸ	宿迁市北部	4 856.331	165 247 982.519	336 984 165.438
Ⅹ	连云港市西南部	1 629.009	35 791 199.202	95 191 982.279
Ⅺ	赣榆区中部、东海县中部、灌云县中部、连云港市区南部及灌南县东部	2 353.180	54 932 072.922	134 274 131.039
Ⅻ	徐州市东部	4 561.872	173 226 969.323	403 763 135.102
ⅩⅢ	徐州市中部	3 317.588	163 591 923.164	361 722 326.115
ⅩⅣ	徐州市西部	3 484.254	190 691 450.147	374 785 892.407
合计		59 308.461	2 245 670 074.673	4 822 735 039.098

表9.2 地埋管换热系统单位可应用面积计算表

分区	分区面积(km^2)	单位制冷面积(m^2/km^2)	单位供暖面积(m^2/km^2)
Ⅰ	1 624.772	45 212.454	100 269.965
Ⅱ	4 002.281	45 417.492	100 629.114
Ⅲ	5 787.361	51 143.459	109 629.376
Ⅳ	8 983.366	33 238.700	63 882.682
Ⅴ	7 947.924	30 164.534	61 147.287
Ⅵ	4 564.455	24 170.731	59 966.403
Ⅶ	5 064.624	43 289.861	97 449.660
Ⅷ	1 131.444	38 053.499	78 440.886
Ⅸ	4 856.331	34 027.331	69 390.691
Ⅹ	1 629.009	21 971.149	58 435.516
Ⅺ	2 353.180	23 343.762	57 060.714
Ⅻ	4 561.872	37 972.782	88 508.212
ⅩⅢ	3 317.588	49 310.500	109 031.720
ⅩⅣ	3 484.254	54 729.492	107 565.606

按可采资源换热功率评价结果，工作区地埋管换热系统的夏季总制冷面积为 2.246×10^9 m^2，冬季总供暖面积为 4.823×10^9 m^2。按照单位制冷面积评价计算，工作区地埋管换热系统的潜力位于 $2.197 \times 10^4 \sim 5.473 \times 10^4$ m^2/km^2 之间。其中潜力高的区域主要分布在徐州市中部及西部、淮安市北部、扬州市大部分地区及泰州市，总面积约为 23 280.880 km^2，占工作区总面积的 34.62%，单位可制冷面积为 $4.329 \times 10^4 \sim 5.473 \times 10^4$ m^2/km^2；潜力中等的区域主要分布在徐州市东部、宿迁市及盐城市，总面积约为 27 480.937 km^2，占工作区总面积的 40.87%，单位可制冷面积为 $3.016 \times 10^4 \sim 3.805 \times 10^4$ m^2/km^2；而潜力低的区域主要

分布在连云港市及淮安市南部,总面积约为 8 546.644 km²,占工作区总面积的 12.71%,单位可制冷面积为 $2.197×10^4 \sim 2.417×10^4$ m²/km²。

2. 不考虑土地利用系数的地埋管换热方式浅层地热能潜力评价

按可采资源换热功率评价结果,在不考虑土地利用系数的情况下,工作区地埋管换热系统的夏季总制冷建筑面积为 $9.87×10^{10}$ m²,冬季总供暖面积为 $2.112×10^{11}$ m²,工作区地埋管换热方式浅层地热能的潜力见表9.3、表9.4。

表9.3 地埋管换热系统可应用总面积计算表(不考虑土地利用系数)

分区	分布区域	分区面积(km²)	总制冷面积(m²)	总供暖面积(m²)
I	扬州市西部	1 624.772	2 932 830 737.368	6 504 288 233.355
II	扬州市东部	4 002.281	7 257 168 660.859	16 079 321 336.198
III	泰州市	5 787.361	11 491 137 520.210	24 631 844 876.705
IV	盐城市西南部	8 983.366	15 755 034 603.509	30 280 180 928.565
V	盐城市东北部	7 947.924	10 581 118 567.504	21 449 252 495.397
VI	淮安市南部	4 564.455	5 159 635 223.408	12 800 802 929.802
VII	淮安市北部	5 064.624	10 253 536 622.028	23 081 701 491.431
VIII	宿迁市区及泗阳县南部	1 131.444	2 357 989 355.534	4 860 598 297.569
IX	宿迁市北部	4 856.331	9 050 036 771.345	18 455 408 907.833
X	连云港市西南部	1 629.009	1 553 500 300.803	4 131 763 573.254
XI	赣榆区中部、东海县中部、灌云县中部、连云港市区南部及灌南县东部	2 353.180	2 384 300 993.282	5 828 106 004.008
XII	徐州市东部	4 561.872	6 543 055 282.557	15 250 769 117.258
XIII	徐州市中部	3 317.588	6 179 124 424.024	13 662 821 591.526
XIV	徐州市西部	3 484.254	7 202 716 211.548	14 156 253 051.847
合计		59 308.461	98 701 185 273.979	211 173 112 834.748

表9.4 地埋管换热系统单位可应用面积计算表(不考虑土地利用系数)

分区	分区面积(km²)	单位制冷面积(m²/km²)	单位供暖面积(m²/km²)
I	1 624.77	1 805 072.181	4 003 200.593
II	4 002.28	1 813 258.155	4 017 539.332
III	6 000.38	1 915 067.661	4 105 046.125
IV	8 983.37	1 753 800.814	3 370 694.340
V	6 648.12	1 591 596.083	3 226 364.589
VI	4 564.46	1 130 394.587	2 804 453.747
VII	5 064.62	2 024 540.543	4 557 436.345
VIII	1 131.44	2 084 053.082	4 295 924.763
IX	4 856.33	1 863 554.352	3 800 278.216

续表

分区	分区面积(km^2)	单位制冷面积(m^2/km^2)	单位供暖面积(m^2/km^2)
X	1 629.01	953 647.463	2 536 366.327
XI	2 353.18	1 013 225.080	2 476 693.667
XII	4 561.87	1 434 291.730	3 343 094.483
XIII	3 317.59	1 862 535.198	4 118 299.678
XIV	3 484.25	2 067 219.041	4 062 922.236

三、按可采资源数值模拟评价结果的地埋管地源热泵系统潜力评价

(一) 方案一地埋管换热方式浅层地热能潜力评价

地埋管换热系统按夏季开机 122 d、冬季 121 d、每天运行 10 h 的工况运行,单孔换热量不变,I 区至 XIV 区孔间距分别为 11.3 m、11 m、13.2 m、12.1 m、16.7 m、6.1 m、12.3 m、12.7 m、12.5 m、5 m、9.3 m、9.7 m、15.9 m、17.6 m。

1. 考虑土地利用系数的地埋管换热方式浅层地热能潜力评价

按可采资源数值模拟评价结果,计算得到在考虑土地利用系数的情况下,工作区地埋管换热方式浅层地热能的开采潜力,见图 9.2、表 9.5、表 9.6。

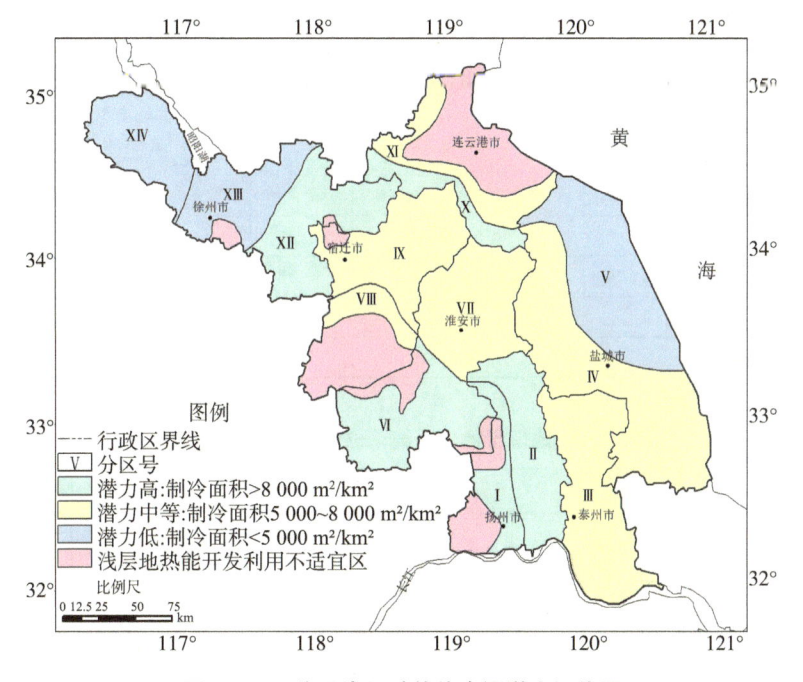

图 9.2 工作区浅层地热能资源潜力评价图

按可采资源数值模拟评价结果,工作区地埋管换热系统的夏季总制冷面积为 4.396×10^8 m^2,冬季总供暖面积为 9.881×10^8 m^2。按照单位制冷面积评价计算,工作区浅层地

热能的开采潜力位于 $0.270 \times 10^4 \sim 2.197 \times 10^4$ m^2/km^2 之间。其中潜力高的区域主要分布在徐州市东部、连云港市西南部、淮安市南部及扬州市大部分地区,总面积约为 16 382.389 km^2,占工作区总面积的 24.36%,单位可制冷面积为 $0.885 \times 10^4 \sim 2.197 \times 10^4$ m^2/km^2;潜力中等的区域主要分布在宿迁市、淮安市北部、连云港市中部条带及泰州市,总面积约为 28 176.306 km^2,占工作区总面积的 41.90%,单位可制冷面积为 $5.444 \times 10^3 \sim 7.338 \times 10^3$ m^2/km^2;而潜力低的区域主要分布在徐州市中部和西部及盐城市北部,总面积约为 14 749.766 km^2,占工作区总面积的 21.93%,单位可制冷面积多在 $2.704 \times 10^3 \sim 4.876 \times 10^3$ m^2/km^2 之间。

表 9.5 地埋管换热系统可应用总面积计算表

分区	分布区域	分区面积(km^2)	总制冷面积(m^2)	总供暖面积(m^2)
Ⅰ	扬州市西部	1 624.772	14 382 479.518	31 896 758.004
Ⅱ	扬州市东部	4 002.281	37 556 526.041	83 211 990.614
Ⅲ	泰州市	5 787.361	42 468 099.083	91 032 556.784
Ⅳ	盐城市西南部	8 983.366	50 986 170.849	97 992 198.495
Ⅴ	盐城市东北部	7 947.924	21 491 037.949	43 565 025.419
Ⅵ	淮安市南部	4 564.455	74 124 028.955	183 898 094.715
Ⅶ	淮安市北部	5 064.624	36 229 572.933	81 556 268.673
Ⅷ	宿迁市区及泗阳县南部	1 131.444	6 673 600.672	13 756 504.874
Ⅸ	宿迁市北部	4 856.331	26 439 674.685	53 917 461.335
Ⅹ	连云港市西南部	1 629.009	35 791 201.399	95 191 988.123
Ⅺ	赣榆区中部、东海县中部、灌云县中部、连云港市区南部及灌南县东部	2 353.180	15 878 156.345	38 812 036.982
Ⅻ	徐州市东部	4 561.872	46 026 934.944	107 281 098.462
ⅩⅢ	徐州市中部	3 317.588	16 177 361.053	35 770 180.809
ⅩⅣ	徐州市西部	3 484.254	15 390 255.553	30 248 082.216
	合计	59 308.461	439 615 099.979	988 130 245.505

表 9.6 地埋管换热系统单位可应用面积计算表

分区	分区面积(km^2)	单位制冷面积(m^2/km^2)	单位供暖面积(m^2/km^2)
Ⅰ	1 624.772	8 851.999	19 631.529
Ⅱ	4 002.281	9 383.780	20 791.142
Ⅲ	5 787.361	7 338.077	15 729.545
Ⅳ	8 983.366	5 675.620	10 908.183
Ⅴ	7 947.924	2 703.981	5 481.309
Ⅵ	4 564.455	16 239.404	40 289.168
Ⅶ	5 064.624	7 153.458	16 103.124
Ⅷ	1 131.444	5 898.304	12 158.361

续表

分区	分区面积(km²)	单位制冷面积(m²/km²)	单位供暖面积(m²/km²)
Ⅸ	4 856.331	5 444.372	11 102.510
Ⅹ	1 629.009	21 971.150	58 435.520
Ⅺ	2 353.18	6 747.532	16 493.442
Ⅻ	4 561.872	10 089.484	23 516.902
ⅩⅢ	3 317.588	4 876.242	10 781.984
ⅩⅣ	3 484.254	4 417.088	8 681.365

2. 不考虑土地利用系数的地埋管换热方式浅层地热能潜力评价

不考虑土地利用系数,即假设了一种不考虑城市地形地貌、道路、建筑的分布等对城镇工矿用地的影响,分区内的所有建设用地均能埋设地埋管换热系统的理想情况。按可采资源数值模拟的评价结果,在不考虑土地利用系数的情况下,工作区内地埋管换热系统的夏季总制冷建筑面积为 1.964×10^{10} m²,冬季总供暖面积为 4.396×10^{10} m²,工作区地埋管换热方式浅层地热能的开采潜力见表9.7、表9.8。

表9.7 地埋管换热系统可应用总面积计算表(不考虑土地利用系数)

分区	分布区域	分区面积(km²)	总制冷面积(m²)	总供暖面积(m²)
Ⅰ	扬州市西部	1 624.772	574 209 341.550	1 273 453 328.261
Ⅱ	扬州市东部	4 002.281	1 499 415 178.165	3 322 174 196.684
Ⅲ	泰州市	5 787.361	1 590 218 579.821	3 408 715 395.609
Ⅳ	盐城市西南部	8 983.366	2 690 225 162.926	5 170 442 764.616
Ⅴ	盐城市东北部	7 947.924	1 133 949 267.123	2 298 657 178.097
Ⅵ	淮安市南部	4 564.455	3 466 564 610.718	8 600 377 449.923
Ⅶ	淮安市北部	5 064.624	1 694 351 442.599	3 814 148 782.151
Ⅷ	宿迁市区及泗阳县南部	1 131.444	365 489 070.148	753 394 220.365
Ⅸ	宿迁市北部	4 856.331	1 448 005 745.512	2 952 865 144.033
Ⅹ	连云港市西南部	1 629.009	1 553 500 396.167	4 131 763 826.890
Ⅺ	赣榆区中部、东海县中部、灌云县中部、连云港市区南部及灌南县东部	2 353.180	689 183 967.242	1 684 618 355.094
Ⅻ	徐州市东部	4 561.872	1 738 509 777.109	4 052 175 944.390
ⅩⅢ	徐州市中部	3 317.588	611 044 389.386	1 351 096 029.759
ⅩⅣ	徐州市西部	3 484.254	581 314 175.791	1 142 517 674.363
	合计	59 308.461	19 635 981 104.257	43 956 400 290.235

表9.8 地埋管换热系统单位可应用面积计算表(不考虑土地利用系数)

分区	分区面积(km²)	单位制冷面积(m²/km²)	单位供暖面积(m²/km²)
Ⅰ	1 624.772	353 409.181	783 773.556

续表

分区	分区面积(km²)	单位制冷面积(m²/km²)	单位供暖面积(m²/km²)
Ⅱ	4 002.281	374 640.156	830 070.202
Ⅲ	5 787.361	274 774.389	588 993.048
Ⅳ	8 983.366	299 467.389	575 557.398
Ⅴ	7 947.924	142 672.384	289 214.791
Ⅵ	4 564.455	759 469.556	1 884 206.866
Ⅶ	5 064.624	334 546.344	753 096.139
Ⅷ	1 131.444	323 028.864	665 869.650
Ⅸ	4 856.331	298 168.668	608 044.457
Ⅹ	1 629.009	953 647.522	2 536 366.482
Ⅺ	2 353.180	292 873.459	715 890.138
Ⅻ	4 561.872	381 095.694	888 270.417
ⅩⅢ	3 317.588	184 183.325	407 252.507
ⅩⅣ	3 484.254	166 840.355	327 908.836

(二) 方案二地埋管换热方式浅层地热能潜力评价

地埋管换热系统按夏季开机122 d、秋季开机31 d、冬季开机121 d、春季开机61 d、每天运行10 h的工况运行,单孔换热量不变,换热孔间距为5 m不变。

1. 考虑土地利用系数的地埋管换热方式浅层地热能潜力评价

按可采资源数值模拟的评价结果,计算得到在考虑土地利用系数情况下的工作区地埋管换热方式浅层地热能的开采潜力,见图9.3、表9.9、表9.10。

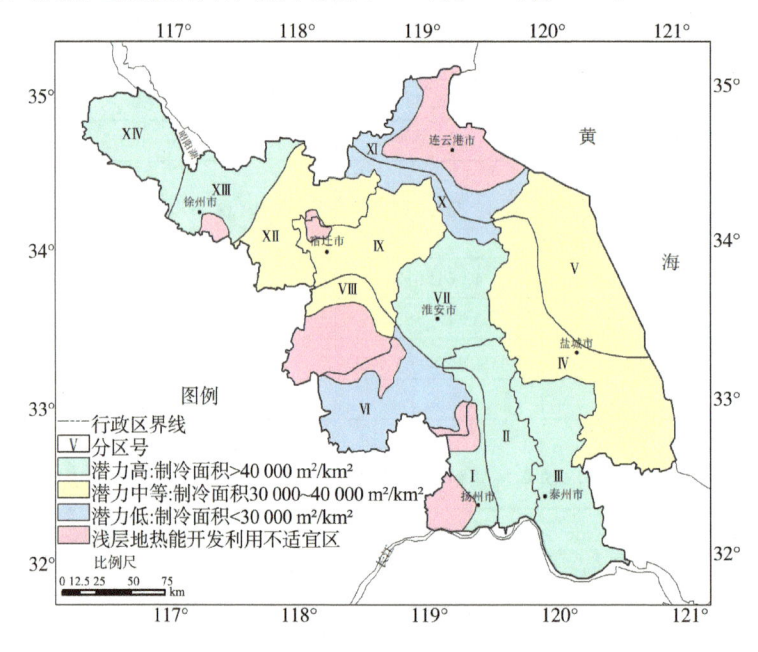

图9.3 工作区浅层地热能资源潜力评价图

表9.9　地埋管换热系统可应用总面积计算表

分区	分布区域	分区面积(km²)	总制冷面积(m²)	总供暖面积(m²)
Ⅰ	扬州市西部	1 624.772	73 459 929.956	162 915 831.434
Ⅱ	扬州市东部	4 002.281	181 773 565.965	402 745 990.092
Ⅲ	泰州市	5 787.361	295 985 661.339	634 464 776.344
Ⅳ	盐城市西南部	8 983.366	298 595 410.191	573 881 509.788
Ⅴ	盐城市东北部	7 947.924	239 745 420.685	485 993 992.986
Ⅵ	淮安市南部	4 564.455	110 326 214.464	273 713 948.408
Ⅶ	淮安市北部	5 064.624	219 246 871.415	493 545 888.164
Ⅷ	宿迁市区及泗阳县南部	1 131.444	43 055 403.381	88 751 469.502
Ⅸ	宿迁市北部	4 856.331	165 247 982.519	336 984 165.438
Ⅹ	连云港市西南部	1 629.009	35 791 199.202	95 191 982.279
Ⅺ	赣榆区中部、东海县中部、灌云县中部、连云港市区南部及灌南县东部	2 353.180	54 932 072.922	134 274 131.039
Ⅻ	徐州市东部	4 561.872	173 226 969.323	403 763 135.102
ⅩⅢ	徐州市中部	3 317.588	163 591 923.164	361 722 326.115
ⅩⅣ	徐州市西部	3 484.254	190 691 450.147	374 785 892.407
	合计	59 308.461	2 245 670 074.673	4 822 735 039.098

表9.10　地埋管换热系统单位可应用面积计算表

分区	分区面积(km²)	单位制冷面积(m²/km²)	单位供暖面积(m²/km²)
Ⅰ	1 624.772	45 212.454	100 269.965
Ⅱ	4 002.281	45 417.492	100 629.114
Ⅲ	5 787.361	51 143.459	109 629.376
Ⅳ	8 983.366	33 238.700	63 882.682
Ⅴ	7 947.924	30 164.534	61 147.287
Ⅵ	4 564.455	24 170.731	59 966.403
Ⅶ	5 064.624	43 289.861	97 449.660
Ⅷ	1 131.444	38 053.499	78 440.886
Ⅸ	4 856.331	34 027.331	69 390.691
Ⅹ	1 629.009	21 971.149	58 435.516
Ⅺ	2 353.180	23 343.762	57 060.714
Ⅻ	4 561.872	37 972.782	88 508.212
ⅩⅢ	3 317.588	49 310.500	109 031.720
ⅩⅣ	3 484.254	54 729.492	107 565.606

按可采资源换热功率评价结果,工作区地埋管换热系统的夏季总制冷面积为 2.246×10^9 m²,冬季总供暖面积为 4.823×10^9 m²。按照单位制冷面积评价计算,工作

区地埋管换热系统的潜力位于 $2.197×10^4 \sim 5.473×10^4$ m²/km² 之间。其中潜力高的区域主要分布在徐州市中部及西部、淮安市北部、扬州市大部分地区及泰州市,总面积约为 3 280.880 km²,占工作区总面积的 34.62%,单位可制冷面积为 $4.329×10^4 \sim 5.473×10^4$ m²/km²;潜力中等的区域主要分布在徐州市东部、宿迁市及盐城市,总面积约为 27 480.937 km²,占工作区总面积的 40.87%,单位可制冷面积为 $3.016×10^4 \sim 3.805×10^4$ m²/km²;而潜力低的区域主要分布在连云港市及淮安市南部,总面积约为 8 546.644 km²,占工作区总面积的 12.71%,单位可制冷面积为 $2.197×10^4 \sim 2.417×10^4$ m²/km² 之间。

2. 不考虑土地利用系数的地埋管换热方式浅层地热能潜力评价

按可采资源数值模拟评价结果,在不考虑土地利用系数的情况下,工作区地埋管换热系统的夏季总制冷建筑面积为 $1.004×10^{11}$ m²,冬季总供暖面积为 $2.145×10^{11}$ m²,工作区地埋管换热方式浅层地热能的潜力见表9.11、表9.12。

表 9.11 地埋管换热系统可应用总面积计算表(不考虑土地利用系数)

分区	分布区域	分区面积(km²)	总制冷面积(m²)	总供暖面积(m²)
Ⅰ	扬州市西部	1 624.772	2 932 830 737.368	6 504 288 233.36
Ⅱ	扬州市东部	4 002.281	7 257 168 660.859	16 079 321 336.20
Ⅲ	泰州市	5 787.361	11 083 187 337.900	23 757 542 658.35
Ⅳ	盐城市西南部	8 983.366	15 755 034 603.509	30 280 180 928.56
Ⅴ	盐城市东北部	7 947.924	12 649 884 325.100	25 642 899 774.29
Ⅵ	淮安市南部	4 564.455	5 159 635 223.408	12 800 802 929.80
Ⅶ	淮安市北部	5 064.624	10 253 536 622.028	23 081 701 491.43
Ⅷ	宿迁市区及泗阳县南部	1 131.444	2 357 989 355.534	4 860 598 297.57
Ⅸ	宿迁市北部	4 856.331	9 050 036 771.345	18 455 408 907.83
Ⅹ	连云港市西南部	1 629.009	1 553 500 300.803	4 131 763 573.25
Ⅺ	赣榆区中部、东海县中部、灌云县中部、连云港市区南部及灌南县东部	2 353.180	2 384 300 993.282	5 828 106 004.01
Ⅻ	徐州市东部	4 561.872	6 543 055 282.557	15 250 769 117.26
ⅩⅢ	徐州市中部	3 317.588	6 179 124 424.024	13 662 821 591.53
ⅩⅣ	徐州市西部	3 484.254	7 202 716 211.548	14 156 253 051.85
	合计	59 308.461	100 362 000 849.264	214 492 457 895.279

表 9.12 地埋管换热系统单位可应用面积计算表(不考虑土地利用系数)

分区	分区面积(km²)	单位制冷面积(m²/km²)	单位供暖面积(m²/km²)
Ⅰ	1 624.772	1 805 072.181	4 003 200.593
Ⅱ	4 002.281	1 813 258.155	4 017 539.332
Ⅲ	5 787.361	1 915 067.661	4 105 046.125

续表

分区	分区面积(km²)	单位制冷面积(m²/km²)	单位供暖面积(m²/km²)
Ⅳ	8 983.366	1 753 800.814	3 370 694.340
Ⅴ	7 947.924	1 591 596.083	3 226 364.589
Ⅵ	4 564.455	1 130 394.587	2 804 453.747
Ⅶ	5 064.624	2 024 540.543	4 557 436.345
Ⅷ	1 131.444	2 084 053.082	4 295 924.763
Ⅸ	4 856.331	1 863 554.352	3 800 278.216
Ⅹ	1 629.009	953 647.463	2 536 366.327
Ⅺ	2 353.180	1 013 225.080	2 476 693.667
Ⅻ	4 561.872	1 434 291.730	3 343 094.483
ⅩⅢ	3 317.588	1 862 535.198	4 118 299.678
ⅩⅣ	3 484.254	2 067 219.041	4 062 922.236

(三) 方案三地埋管换热方式浅层地热能潜力评价

地埋管换热系统按夏季开机122 d、冬季开机121 d、每天运行10 h的工况运行,单孔换热量不变,换热孔间距为5 m不变。

1. 考虑土地利用系数的地埋管换热方式浅层地热能潜力评价

按可采资源数值模拟的评价结果,计算得到在考虑土地利用系数情况下的工作区地埋管换热方式浅层地热能的开采潜力,见图9.4、表9.13、表9.14。

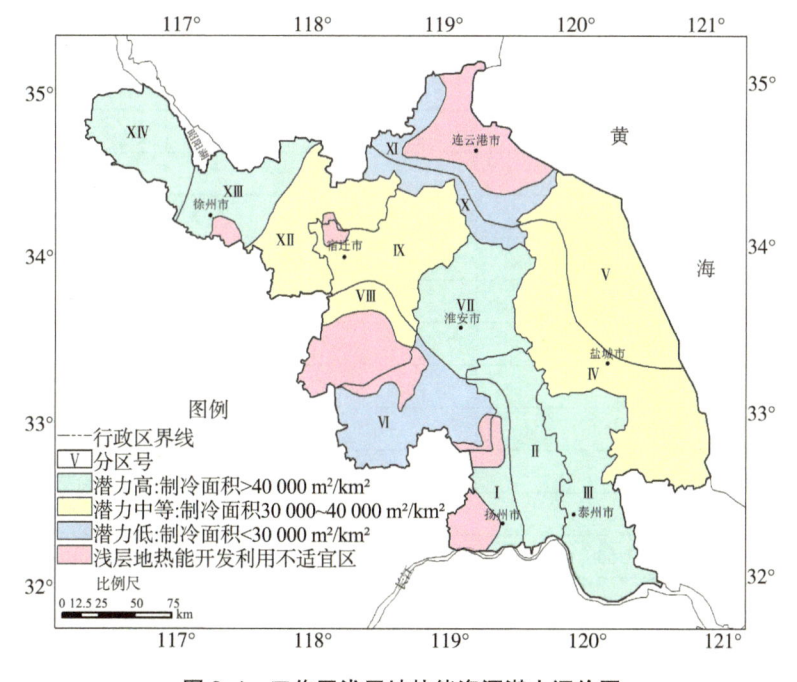

图9.4 工作区浅层地热能资源潜力评价图

表 9.13　地埋管换热系统可应用总面积计算表

分区	分布区域	分区面积(km²)	总制冷面积(m²)	总供暖面积(m²)
Ⅰ	扬州市西部	1 624.772	73 459 929.956	162 915 831.434
Ⅱ	扬州市东部	4 002.281	181 773 565.965	402 745 990.092
Ⅲ	泰州市	5 787.361	295 985 661.339	634 464 776.344
Ⅳ	盐城市西南部	8 983.366	298 595 410.191	573 881 509.788
Ⅴ	盐城市东北部	7 947.924	239 745 420.685	485 993 992.986
Ⅵ	淮安市南部	4 564.455	110 326 214.464	273 713 948.408
Ⅶ	淮安市北部	5 064.624	219 246 871.415	493 545 888.164
Ⅷ	宿迁市区及泗阳县南部	1 131.444	43 055 403.381	88 751 469.502
Ⅸ	宿迁市北部	4 856.331	165 247 982.519	336 984 165.438
Ⅹ	连云港市西南部	1 629.009	35 791 199.202	95 191 982.279
Ⅺ	赣榆区中部、东海县中部、灌云县中部、连云港市区南部及灌南县东部	2 353.180	54 932 072.922	134 274 131.039
Ⅻ	徐州市东部	4 561.872	173 226 969.323	403 763 135.102
ⅩⅢ	徐州市中部	3 317.588	163 591 923.164	361 722 326.115
ⅩⅣ	徐州市西部	3 484.254	190 691 450.147	374 785 892.407
合计		59 308.461	2 245 670 074.673	4 822 735 039.098

表 9.14　地埋管换热系统单位可应用面积计算表

分区	分区面积(km²)	单位制冷面积(m²/km²)	单位供暖面积(m²/km²)
Ⅰ	1 624.772	45 212.454	100 269.965
Ⅱ	4 002.281	45 417.492	100 629.114
Ⅲ	5 787.361	51 143.459	109 629.376
Ⅳ	8 983.366	33 238.700	63 882.682
Ⅴ	7 947.924	30 164.534	61 147.287
Ⅵ	4 564.455	24 170.731	59 966.403
Ⅶ	5 064.624	43 289.861	97 449.660
Ⅷ	1 131.444	38 053.499	78 440.886
Ⅸ	4 856.331	34 027.331	69 390.691
Ⅹ	1 629.009	21 971.149	58 435.516
Ⅺ	2 353.180	23 343.762	57 060.714
Ⅻ	4 561.872	37 972.782	88 508.212
ⅩⅢ	3 317.588	49 310.500	109 031.720
ⅩⅣ	3 484.254	54 729.492	107 565.606

按可采资源换热功率评价结果，工作区地埋管换热系统的夏季总制冷面积为 2.246×

10^9 m²,冬季总供暖面积为 $4.823×10^9$ m²。按照单位制冷面积评价计算,工作区地埋管换热系统的潜力位于 $2.197×10^4 \sim 5.473×10^4$ m²/km² 之间。其中潜力高的区域主要分布在徐州市中部及西部、淮安市北部、扬州市大部分地区及泰州市,总面积约为 3 280.880 km²,占工作区总面积的 34.62%,单位可制冷面积为 $4.329×10^4 \sim 5.473×10^4$ m²/km²;潜力中等的区域主要分布在徐州市东部、宿迁市及盐城市,总面积约为 27 480.937 km²,占工作区总面积的 40.87%,单位可制冷面积为 $3.016×10^4 \sim 3.805×10^4$ m²/km²;而潜力低的区域主要分布在连云港市及淮安市南部,总面积约为 8 546.644 km²,占工作区总面积的 12.71%,单位可制冷面积为 $2.197×10^4 \sim 2.417×10^4$ m²/km² 之间。

2. 不考虑土地利用系数的地埋管换热方式浅层地热能潜力评价

按可采资源数值模拟评价结果,在不考虑土地利用系数的情况下,工作区地埋管换热系统的夏季总制冷建筑面积为 $1.004×10^{11}$ m²,冬季总供暖面积为 $2.145×10^{11}$ m²,工作区地埋管换热方式浅层地热能的潜力见表9.15、表9.16。

表9.15 地埋管换热系统可应用总面积计算表(不考虑土地利用系数)

分区	分布区域	分区面积(km²)	总制冷面积(m²)	总供暖面积(m²)
Ⅰ	扬州市西部	1 624.772	2 932 830 737.368	6 504 288 233.36
Ⅱ	扬州市东部	4 002.281	7 257 168 660.859	16 079 321 336.20
Ⅲ	泰州市	5 787.361	11 083 187 337.900	23 757 542 658.35
Ⅳ	盐城市西南部	8 983.366	15 755 034 603.509	30 280 180 928.56
Ⅴ	盐城市东北部	7 947.924	12 649 884 325.100	25 642 899 774.29
Ⅵ	淮安市南部	4 564.455	5 159 635 223.408	12 800 802 929.80
Ⅶ	淮安市北部	5 064.624	10 253 536 622.028	23 081 701 491.43
Ⅷ	宿迁市区及泗阳县南部	1 131.444	2 357 989 355.534	4 860 598 297.57
Ⅸ	宿迁市北部	4 856.331	9 050 036 771.345	18 455 408 907.83
Ⅹ	连云港市西南部	1 629.009	1 553 500 300.803	4 131 763 573.25
Ⅺ	赣榆区中部、东海县中部、灌云县中部、连云港市区南部及灌南县东部	2 353.180	2 384 300 993.282	5 828 106 004.01
Ⅻ	徐州市东部	4 561.872	6 543 055 282.557	15 250 769 117.26
ⅩⅢ	徐州市中部	3 317.588	6 179 124 424.024	13 662 821 591.53
ⅩⅣ	徐州市西部	3 484.254	7 202 716 211.548	14 156 253 051.85
	合计	59 308.461	100 362 000 849.265	214 492 457 895.290

表9.16 地埋管换热系统单位可应用面积计算表(不考虑土地利用系数)

分区	分区面积(km²)	单位制冷面积(m²/km²)	单位供暖面积(m²/km²)
Ⅰ	1 624.772	1 805 072.181	4 003 200.593

续表

分区	分区面积(km²)	单位制冷面积(m²/km²)	单位供暖面积(m²/km²)
Ⅱ	4 002.281	1 813 258.155	4 017 539.332
Ⅲ	5 787.361	1 915 067.661	4 105 046.125
Ⅳ	8 983.366	1 753 800.814	3 370 694.340
Ⅴ	7 947.924	1 591 596.083	3 226 364.589
Ⅵ	4 564.455	1 130 394.587	2 804 453.747
Ⅶ	5 064.624	2 024 540.543	4 557 436.345
Ⅷ	1 131.444	2 084 053.082	4 295 924.763
Ⅸ	4 856.331	1 863 554.352	3 800 278.216
Ⅹ	1 629.009	953 647.463	2 536 366.327
Ⅺ	2 353.180	1 013 225.080	2 476 693.667
Ⅻ	4 561.872	1 434 291.730	3 343 094.483
ⅩⅢ	3 317.588	1 862 535.198	4 118 299.678
ⅩⅣ	3 484.254	2 067 219.041	4 062 922.236

第二节　环境效益分析

一、计算分析方法

综合夏天制冷和冬天供暖的实际情况,浅层地热能开发利用的总能量为:

$$Q = j + k + l + m \tag{9.3}$$

式中:j 为夏季交换量,kJ;k 为秋季交换量,kJ;l 为冬季交换量,kJ;m 为春季交换量,kJ。

其中:

$$j = 3\ 600 \times a \times e \times i \left(1 + \frac{1}{COP_X}\right)$$

$$k = 3\ 600 \times b \times f \times i \left(1 + \frac{1}{COP_Q}\right)$$

$$l = 3\ 600 \times c \times g \times i \left(1 + \frac{1}{COP_D}\right)$$

$$m = 3\ 600 \times d \times h \times i \left(1 + \frac{1}{COP_C}\right)$$

式中:a 为夏季热泵系统换热量,kW;b 为秋季热泵系统换热量,kW;c 为冬季热泵系统换热量,kW;d 为春季热泵系统换热量,kW;e 为热泵夏季运行天数,d;f 为热泵秋季运行天数,d;g 为热泵冬季运行天数,d;h 为热泵春季运行天数,d;i 为每日热泵运行小时数,h;COP_X 为夏季热泵运行能效比系数;COP_Q 为秋季热泵运行能效比系数;COP_D 为冬季热泵运行能效比系数;COP_C 为春季热泵运行能效比系数。

各季节运行能效比系数根据《地源热泵系统工程技术规程》(DGJ32/TJ 89—2009)选取。根据《综合能耗计算通则》(GB/T 2589—2020)中原煤的折算系数,以及考虑燃煤与换热效率等因素,选取转换系数 0.6,计算出浅层地热能资源开发利用量折算成的原煤量。

$$G = 79.44Q \times 10^{-9} \tag{9.4}$$

$$G_B = 56.87Q \times 10^{-9} \tag{9.5}$$

式中:G 为折合成原煤量,t/a;G_B 为开发利用浅层地热能折合标准煤,t/a。

以此为基数参照《地热资源地质勘查规范》(GB/T 11615-2010),计算浅层地热能开发利用排量带来的经济环境效益。浅层地热能的开发利用不仅节约了常规能源(如煤炭、燃油等),还在很大程度上改善了环境质量,同时也减少了常规能源使用带来的环境污染,如:燃煤锅炉排放的烟雾、粉尘、二氧化硫等污染物。这些污染直接影响了大气环境,对生态也产生了直接的影响,人类的生命健康也同样受到损害。

浅层地热能的开采同样要使用电能,因此,在本次评价中对环境效益的评价扣除因开采浅层地热能造成的能源消耗。根据浅层地热能开发利用效率和实际燃煤的利用效率,应用浅层地热能的实际节煤量如表 9.17 所示。

表 9.17 浅层地热能开发利用节能减排折算表

项目	单位	参照值	CO_2	SO_2	NO_x	粉尘	煤渣
减排有害物质	kg	1(标准值)	2.386	0.017	0.006	0.008	0.001
节省治理费用	元/kg	1(kg)	0.1	1.1	2.4	0.8	—
备注	1 t 标准煤可以产生 29.307 6 GJ 的热能 1 t 原煤可以产生 20.98 GJ 的热能							

$$M = 0.35 \times G \tag{9.6}$$

$$M_B = 0.35 \times G_B \tag{9.7}$$

式中:M 为开发利用浅层地热能实际节省的原煤量,t/a;M_B 为开发利用浅层地热能实际节省的标准煤,t/a。

煤渣可以被二次利用,如铺路、炼水泥等,故这里不作为有害物计算。

根据实际节煤情况,利用浅层地热能可减少向大气中排放煤灰、氮氧化物、二氧化硫、二氧化碳及减少环境治理费等,相关计算公式如下所示:

249

$$\begin{cases} G_{CO_2} = 2\,386 M_B \\ G_{SO_2} = 17\,M_B \\ G_{NO_x} = 6\,M_B \\ G_{粉尘} = 8\,M_B \\ G_{煤渣} = M_B \\ F = 0.1 G_{CO_2} + 1.1 G_{SO_2} + 2.4 G_{NO_x} + 0.8 G_{粉尘} \end{cases} \quad (9.8)$$

式中：G_{CO_2} 为减少 CO_2 的排放量，kg；G_{NO_x} 为减少 NO_x 的排放量，kg；G_{SO_2} 为减少 SO_2 的排放量，kg；$G_{粉尘}$ 为减少粉尘的排放量，kg；$G_{煤渣}$ 为减少灰渣的排放量，kg；F 为节省的环境治理费用，元。

二、按可采资源数值模拟评价结果的地埋管地源热泵系统节能减排效益分析

（一）方案一节能减排效益分析

考虑土地利用系数，按可采资源数值模拟评价结果，工作区地埋管换热系统夏季最大总换热量为 4.396×10^7 kW，冬季最大总换热量为 3.705×10^7 kW。结合江苏省的气象数据，采取的计算参数见表 9.18。

表 9.18 计算参数

夏季			冬季			i
a (kW)	c (d)	COP_X	b (kW)	e (d)	COP_D	i (h)
4.396×10^7	122	4.0	3.705×10^7	121	4.0	10

由此计算得出，若考虑土地利用系数，相当于节约标煤量约 8.820×10^6 t。每年将减少 CO_2 排放约 2 104.436 万 t，减少 SO_2 排放 14.994 万 t，减少 NO_x（氮氧化物）排放约 5.292 万 t，减少悬浮质粉尘约 7.056 万 t，减少灰渣排放约 0.882 万 t，节省环境治理费约 2.453×10^5 万元。具体的减排量计算成果数据见表 9.19。

表 9.19 浅层地热能环境效益数据表（考虑土地利用系数）（/年）

项目（万 t）					节约环境治理费（万元）
二氧化碳（CO_2）	二氧化硫（SO_2）	氮氧化物（NO_x）	悬浮质粉尘	灰渣	
2 104.436	14.994	5.292	7.056	0.882	245 282.349

在不考虑土地利用系数的情况下，按可采资源数值模拟评价结果，淮河生态经济带江苏段地埋管换热系统的夏季总换热量为 1.964×10^9 kW，冬季总换热量为 1.648×10^9 kW，采取计算参数见表 9.20。

第九章 浅层地热能资源潜力评价及环境效益分析

表 9.20 计算参数

夏季			冬季			i
a (kW)	c (d)	COP_X	b (kW)	e (d)	COP_D	i(h)
1.964×10^9	122	10	1.648×10^9	121	4.0	10

由此计算得出,若工作区浅层地热能全部开发利用,相当于节约标煤量约 3.932×10^8 t。每年将减少 CO_2 排放约 93 823.097 万 t,减少 SO_2 排放约 668.480 万 t,减少 NO_x(氮氧化物)排放约 235.934 万 t,减少悬浮质粉尘约 314.579 万 t,减少灰渣排放约 39.322 万 t,节省环境治理费约 1.094×10^7 万元。具体的减排量计算成果数据见表 9.21。

表 9.21 浅层地热能环境效益数据表(不考虑土地利用系数)(/年)

项目(万 t)					节约环境治理费(万元)
二氧化碳(CO_2)	二氧化硫(SO_2)	氮氧化物(NO_x)	悬浮质粉尘	减少灰渣	
93 823.097	668.480	235.934	314.579	39.322	1.094×10^7

(二) 方案二节能减排效益分析

按可采资源数值模拟评价结果,在考虑土地利用系数的情况下,工作区地埋管换热系统夏季最大总换热量为 2.246×10^8 kW,秋季最大总换热量为 4.485×10^7 kW,冬季最大总换热量为 1.809×10^8 kW,春季最大总换热量为 4.485×10^7 kW。结合江苏省的气象数据,采取的计算参数见表 9.22。

表 9.22 计算参数

夏季			秋季			i
a (kW)	e (d)	COP_X	b(kW)	f (d)	COP_Q	i(h)
2.246×10^8	122	4.0	4.485×10^7	31	4.0	10

冬季			春季			
c (kW)	g(d)	COP_D	d (kW)	h (d)	COP_C	
1.809×10^8	121	4.0	4.485×10^7	61	4.0	—

由此计算得出,若考虑土地利用系数,相当于节约标煤量约 4.904×10^7 t。每年将减少 CO_2 排放约 11 701.334 万 t,减少 SO_2 排放约 83.371 万 t,减少 NO_x(氮氧化物)排放约 29.425 万 t,减少悬浮质粉尘约 39.233 万 t,减少灰渣排放约 4.904 万 t,节省环境治理费约 1.364×10^6 万元。具体的减排量计算成果数据见表 9.23。

表 9.23 浅层地热能环境效益数据表(考虑土地利用系数)(/年)

项目(万 t)					节约环境治理费(万元)
二氧化碳(CO_2)	二氧化硫(SO_2)	氮氧化物(NO_x)	悬浮质粉尘	减少灰渣	
11 701.334	83.371	29.425	39.233	4.904	1.364×10^6

在不考虑土地利用系数的情况下,按可采资源数值模拟评价结果,淮河生态经济带江苏段地埋管换热系统的夏季最大总换热量为 $1.004×10^{10}$ kW,秋季最大总换热量为 $2.055×10^9$ kW,冬季最大总换热量为 $8.043×10^9$ kW,春季最大总换热量为 $2.055×10^9$ kW,采取的计算参数见表9.24。

表9.24 计算参数

夏季			秋季			i
a(kW)	e(d)	COP_X	b(kW)	f(d)	COP_Q	i(h)
$1.004×10^{10}$	122	4.0	$2.055×10^9$	31	4.0	10
冬季			春季			
c(kW)	g(d)	COP_D	d(kW)	h(d)	COP_C	—
$8.043×10^9$	121	4.0	$2.055×10^9$	61	4.0	

由此计算得出,若工作区浅层地热能全部开发利用,相当于节约标煤量约 $2.138×10^9$ t。每年将减少 CO_2 排放约 $5.101×10^5$ 万 t,减少 SO_2 排放约 3 634.303 万 t,减少 NO_x(氮氧化物)排放约 1 282.695 万 t,减少悬浮质粉尘约 1 710.260 万 t,减少灰渣排放约 213.783 万 t,节省环境治理费约 $5.945×10^7$ 万元。具体的减排量计算成果数据见表9.25。

表9.25 浅层地热能环境效益数据表(不考虑土地利用系数)(/年)

项目(万 t)					节约环境治理费(万元)
二氧化碳(CO_2)	二氧化硫(SO_2)	氮氧化物(NO_x)	悬浮质粉尘	减少灰渣	
510 085.130	3 634.303	1 282.695	1 710.260	213.783	$5.945×10^7$

(三)方案三节能减排效益分析

考虑土地利用系数,按可采资源数值模拟评价结果,工作区地埋管换热系统夏季最大总换热量为 $2.246×10^8$ kW,冬季最大总换热量为 $1.809×10^8$ kW。结合江苏省的气象数据,采取的计算参数见表9.26。

表9.26 计算参数

夏季			冬季			i
a(kW)	c(d)	COP_X	b(kW)	e(d)	COP_D	i(h)
$2.246×10^8$	122	4.0	$1.809×10^8$	121	4.0	10

由此计算得出,若考虑土地利用系数,相当于节约标煤量约 $4.414×10^7$ t。每年将减少 CO_2 排放约 10 531.928 万 t,减少 SO_2 排放约 75.039 万 t,减少 NO_x(氮氧化物)排放约 26.484 万 t,减少悬浮质粉尘约 35.312 万 t,减少灰渣排放约 4.414 万 t,节省环境治理费约 $1.228×10^6$ 万元。具体的减排量计算成果数据见表9.27。

表9.27 浅层地热能环境效益数据表(考虑土地利用系数)(/年)

项目(万 t)					节约环境治理费(万元)
二氧化碳(CO_2)	二氧化硫(SO_2)	氮氧化物(NO_x)	悬浮质粉尘	减少灰渣	
10 531.928	75.039	26.484	35.312	4.414	$1.228×10^6$

在不考虑土地利用系数的情况下,按可采资源数值模拟评价结果,淮河生态经济带江苏段地埋管换热系统的夏季总换热量为 $1.004×10^{10}$ kW,冬季总换热量为 $8.043×10^9$ kW,采取的计算参数见表9.28。

表9.28 计算参数

夏季			冬季			i
a (kW)	c (d)	COP_X	b (kW)	e (d)	COP_D	i(h)
$1.004×10^{10}$	122	4.0	$8.043×10^9$	121	4.0	10

由此计算得出,若工作区浅层地热能全部开发利用,相当于节约标煤量约 $1.968×10^9$ t。每年将减少 CO_2 排放约 $4.697×10^5$ 万 t,减少 SO_2 排放约 3 346.389 万 t,减少 NO_x(氮氧化物)排放约 1 181.078 万 t,减少悬浮质粉尘约 1 574.771 万 t,减少灰渣排放约 196.846 万 t,节省环境治理费约 $5.474×10^7$ 万元。具体的减排量计算成果数据见表9.29。

表9.29 浅层地热能环境效益数据表(不考虑土地利用系数)(/年)

项目(万 t)					节约环境治理费(万元)
二氧化碳(CO_2)	二氧化硫(SO_2)	氮氧化物(NO_x)	悬浮质粉尘	减少灰渣	
469 675.470	3 346.389	1 181.078	1 574.771	196.846	$5.474×10^7$

全面开发利用浅层地热能将产生巨大的节能减排效益,对促进淮河生态经济带江苏段可持续发展、达到经济社会发展与生态环境保护双赢的一种经济发展形态具有十分重大的意义。由此可见,科学合理地开发利用浅层地热能资源可以大大改善人民生活的环境,其经济、社会和环境效益也非常显著,而且科学开发利用浅层地热能资源对和谐社会的发展能起到十分重要的作用。

第十章

结论与建议

浅层地热能作为一种新型可再生能源，利用前景广阔。合理开发利用浅层地热能，替代常规商品能源，改善能源结构，保障能源安全，遵循了淮河生态经济带"生态优先、绿色发展"的发展理念。通过开展浅层地热能可采资源数值模拟规划评价工作，明确了浅层地热能资源开发利用的许多问题，为科学合理地开发利用浅层地热能资源指明了方向。

第一节 结论

一、淮河生态经济带江苏段地埋管地源热泵适宜性

工作区总体处于夏热冬冷地区，冬天和夏天都较长，建筑供暖与制冷的需求很大。工作区内第四系地层较为发育，本区变温带下限深度一般为 10～17 m，恒温带深度下限一般为 18～58 m，平均温度一般在 15.03～19.72 ℃。近年来工作区内浅层地热能开发利用发展较快，工程数量不断增加。

根据工作区的浅层地热能的赋存条件，运用层次分析法进行了地埋管地源热泵系统适宜性分区。分区结果表明，区内地埋管地源热泵系统适宜区面积为 38 369.098 km^2，占总面积的 57.06%；地埋管地源热泵系统较适宜区面积为 20 939.353 km^2，占总面积的 31.139%。

二、浅层地热能资源评价

（一）热响应试验

本次共布置热响应试验 16 组，试验结果表明，在钻孔埋管深度范围内，岩土体的导

热系数平均值在 0.66~2.34 W/(m·℃)之间,HA02、LYG02 孔导热系数较小,导热系数平均值分别为 0.71 W/(m·℃)、0.66 W/(m·℃),XZ01 孔导热系数较大,导热系数平均值为 2.34 W/(m·℃)。其中,盐城市 YC01、YC02、YC03 孔的初始平均温度分别为 17.49 ℃、16.82 ℃、17.35 ℃,导热系数分别为 1.085 W/(m·℃)、1.22 W/(m·℃)、1.52 W/(m·℃),热容量分别为 $0.365×10^6$ J/(m³·℃)、$0.565×10^6$ J/(m³·℃)、$1.12×10^6$ J/(m³·℃);扬州市 YZ01、YZ02 孔的初始平均温度分别为 16.65 ℃、18.24 ℃,导热系数分别为 1.10 W/(m·℃)、1.38 W/(m·℃),热容量分别为 $0.39×10^6$ J/(m³·℃)、$0.40×10^6$ J/(m³·℃);淮安市 HA01、HA02、HA03 孔的初始平均温度分别为 18.68 ℃、17.85 ℃、18.71 ℃,导热系数分别为 1.04 W/(m·℃)、0.71 W/(m·℃)、1.365 W/(m·℃),热容量分别为 $0.30×10^6$ J/(m³·℃)、$0.205×10^6$ J/(m³·℃)、$0.655×10^6$ J/(m³·℃);徐州市 XZ01、XZ02、XZ03 孔的初始平均温度分别为 16.58 ℃、18.40 ℃、18.19 ℃,导热系数分别为 2.34 W/(m·℃)、1.14 W/(m·℃)、0.955 W/(m·℃),热容量分别为 $0.82×10^6$ J/(m³·℃)、$0.38×10^6$ J/(m³·℃)、$0.33×10^6$ J/(m³·℃);沭阳市 SQ01 孔初始平均地温为 18.48 ℃,导热系数为 1.24 W/(m·℃),热容量为 $0.885×10^6$ J/(m³·℃);连云港市 LYG01、LYG02、LYG03、LYG04 孔的初始平均温度分别为 20.07 ℃、17.64 ℃、17.11 ℃、17.55 ℃,导热系数分别为 0.90 W/(m·℃)、0.66 W/(m·℃)、0.91 W/(m·℃)、0.98 W/(m·℃),热容量分别为 $0.20×10^6$ J/(m³·℃)、$0.185×10^6$ J/(m³·℃)、$0.315×10^6$ J/(m³·℃)、$0.45×10^6$ J/(m³·℃)。

(二) 热容量

运用体积法计算得出 100 m 深度范围内的单位温差的浅层地热能热容量为 $1.58×10^{16}$ kJ/℃。岩土体骨架与其中所含水的热容量分别为 $6.31×10^{15}$ kJ/℃ 和 $9.48×10^{15}$ kJ/℃。若按 5 ℃的换热温差,不考虑在冬季或夏季的换热间歇过程中地层温度的自然恢复,则工作区每年可开发利用的浅层地热能为 $1.58×10^{17}$ kJ,相当于燃烧约 $8.98×10^5$ 万 t 标准煤获得的能量。

(三) 换热功率

在考虑土地利用系数的情况下,工作区 100 m 地埋管地源热泵系统的夏季总换热功率为 $2.246×10^8$ kW,可制冷面积为 $2.246×10^9$ m²,冬季总换热功率为 $1.809×10^8$ kW,可供暖面积为 $4.823×10^9$ m²,按热泵工程夏季开机 122 d、冬季开机 121 d、每天运行 10 h 的工况,浅层地热能年可采资源量合标准煤 12 611.577 万 t。

在不考虑土地利用系数的情况下,工作区 100 m 地埋管地源热泵系统的夏季总换热功率为 $1.004×10^{10}$ kW,可制冷面积为 $1.004×10^{11}$ m²,冬季总换热功率为 $8.043×10^9$ kW,可供暖面积为 $2.145×10^{11}$ m²,按热泵工程夏季开机 122 d、冬季开机 121 d、每天运行 10 h 的工况,浅层地热能年可采资源量合标准煤 562 418.238 万 t。

三、按换热功率计算所得浅层地热能可采资源量进行长期开采引起热不平衡问题

结合浅层地热能可采资源量换热功率计算结果,在不考虑土地利用系数的情况下,采用数值模拟方法,预测地埋管地源热泵系统按扬州市(Ⅰ区、Ⅱ区)夏季/冬季的换热温差分别为 14.291/10.709 ℃、14.391/10.609 ℃,泰州市(Ⅲ区)夏季/冬季的换热温差为 14.534/10.466 ℃,盐城市(Ⅳ区、Ⅴ区)夏季/冬季的换热温差分别为 15.049/9.951 ℃、14.978/10.022 ℃,淮安市(Ⅵ区、Ⅶ区)夏季/冬季的换热温差分别为 14.373/10.627 ℃、14.574/10.426 ℃,宿迁市(Ⅷ区、Ⅸ区)夏季/冬季的换热温差分别为 15.225/9.775 ℃、14.648/10.352 ℃,连云港市(Ⅹ区、Ⅺ区)夏季/冬季的换热温差分别为 14.132/10.868 ℃、13.975/11.025 ℃,徐州市(Ⅻ区、ⅩⅢ区、ⅩⅣ区)夏季/冬季的换热温差分别为 14.556/10.444 ℃、14.903/10.097 ℃、13.939/9.561 ℃时,采用埋管间距均为 5 m 的开发方案开发利用浅层地热能。十年内扬州市、泰州市、盐城市、淮安市、宿迁市、连云港市Ⅺ区、徐州市监测孔处周围地温均逐渐升高,第十年末扬州市温度增幅在 5.229~5.469 ℃之间,泰州市温度增幅为 7.341 ℃,盐城市温度增幅在 7.346~11.332 ℃之间,淮安市温度增幅在 1.594~5.893 ℃之间,宿迁市温度增幅在 5.437~25.85 ℃之间,连云港市Ⅺ区温度增幅为 3.879 ℃,徐州市温度增幅在 4.070~4.650 ℃之间,连云港Ⅹ区十年内监测孔处周围地温基本不变。

综上所述,淮河生态经济带地埋管地源热泵系统若按照换热功率计算所得的浅层地热能可采资源量进行长期的开发利用,将会引起严重的地热堆积问题,开发前景有限。

四、淮河生态经济带江苏段浅层地热能资源开发利用方案

(一)方案一

建设地埋管地源热泵系统时,在不引起地下温度场热堆积问题的情况下,扬州市(Ⅰ区、Ⅱ区)夏季/冬季的换热温差分别为 14.291/10.709 ℃、14.391/10.609 ℃时,宜选取埋管间距分别为 11.3 m、11 m 的开发方案;泰州市(Ⅲ区)夏季/冬季的换热温差为 14.534/10.466 ℃时,宜选取埋管间距分别为 13.2 m 的开发方案;盐城市(Ⅳ区、Ⅴ区)夏季/冬季的换热温差分别为 15.049/9.951 ℃、14.978/10.022 ℃时,宜选取埋管间距分别为 12.1 m、16.7 m 的开发方案;淮安市(Ⅵ区、Ⅶ区)夏季/冬季的换热温差分别为 14.373/10.627 ℃、14.574/10.426 ℃时,宜选取埋管间距分别为 6.1 m、12.3 m 的开发方案;宿迁市(Ⅷ区、Ⅸ区)夏季/冬季的换热温差分别为 15.225/9.775 ℃、14.648/10.352 ℃时,宜选取埋管间距分别为 12.7 m、12.5 m 的开发方案;连云港市(Ⅹ区、Ⅺ区)夏季/冬季的换热温差分别为 14.132/10.868 ℃、13.975/11.025 ℃时,宜选取埋管间距分别为 5 m、9.3 m 的开发方案;徐州市(Ⅻ区、ⅩⅢ区、ⅩⅣ区)夏季/冬季的换热温差分别为 14.556/10.444 ℃、14.903/10.097 ℃、13.939/9.561 ℃时,宜选取埋管间距分别为

9.7 m、15.9 m、17.6 m 的开发方案。

(二) 方案二

进行地埋管换热方式浅层地热能开发时,在换热孔间距为 5 m 不变的情况下,按春季对生活用水进行加热 61 d,秋季加热 31 d,每天运行 10 h 的工况,扬州市（Ⅰ区、Ⅱ区）夏季/冬季的换热温差分别为 14.291/10.709 ℃、14.391/10.609 ℃,泰州市（Ⅲ区）夏季/冬季的换热温差为 14.534/10.466 ℃,盐城市（Ⅳ区、Ⅴ区）夏季/冬季的换热温差分别为 15.049/9.951 ℃、14.978/10.022 ℃,淮安市（Ⅵ区、Ⅶ区）夏季/冬季的换热温差分别为 14.373/10.627 ℃、14.574/10.426 ℃,宿迁市（Ⅷ区、Ⅸ区）夏季/冬季的换热温差分别为 15.225/9.775 ℃、14.648/10.352 ℃,连云港市（Ⅹ区、Ⅺ区）夏季/冬季的换热温差分别为 14.132/10.868 ℃、13.975/11.025 ℃,徐州市（Ⅻ区、ⅩⅢ区、ⅩⅣ区）夏季/冬季的换热温差分别为 14.556/10.444 ℃、14.903/10.097 ℃、13.939/9.561 ℃时,将生活用水从 15 ℃加热至 50 ℃,能够在不引起地下温度场热堆积问题的情况下,获得最大的浅层地热能可采资源量。

其中,在考虑土地利用系数的情况下,春秋季每天加热生活用水 6 956.471 万 m³,扬州市（Ⅰ区、Ⅱ区）加热生活用水量分别为 1 987 840.458 m³/d、4 891 111.294 m³/d,泰州市（Ⅲ区）加热生活用水量为 9 410 788.841 m³/d,盐城市（Ⅳ区、Ⅴ区）加热生活用水量分别为 11 236 857.977 m³/d、10 486 157.740 m³/d,淮安市（Ⅵ区、Ⅶ区）加热生活用水量分别为 1 037 674.416 m³/d、5 553 805.427 m³/d,宿迁市（Ⅷ区、Ⅸ区）加热生活用水量分别为 3 001 950.829 m³/d、6 380 386.068 m³/d,连云港市（Ⅹ区、Ⅺ区）加热生活用水量分别为 0 m³/d、709 836.568 m³/d,徐州市（Ⅻ区、ⅩⅢ区、ⅩⅣ区）加热生活用水量分别为 3 169 010.305 m³/d、4 249 315.847 m³/d、7 449 974.072 m³/d。在不考虑土地利用系数的情况下,春秋季每天加热生活用水 46 653.136 万 m³,扬州市（Ⅰ区、Ⅱ区）加热生活用水量分别为 11 904 448.318 m³/d、29 291 073.825 m³/d,泰州市（Ⅲ区）加热生活用水量为 52 858 068.485 m³/d,盐城市（Ⅳ区、Ⅴ区）加热生活用水量分别为 88 934 933.467 m³/d、82 993 461.594 m³/d,淮安市（Ⅵ区、Ⅶ区）加热生活用水量分别为 7 279 350.823 m³/d、38 960 291.865 m³/d,宿迁市（Ⅷ区、Ⅸ区）加热生活用水量分别为 24 660 905.061 m³/d、52 414 614.37 m³/d,连云港市（Ⅹ区、Ⅺ区）加热生活用水量分别为 0 m³/d、4 621 518.753 m³/d,徐州市（Ⅻ区、ⅩⅢ区、ⅩⅣ区）加热生活用水量分别为 17 954 776.066 m³/d、24 075 502.166 m³/d、42 209 586.993 m³/d。

(三) 方案三

进行地埋管换热方式浅层地热能开发时,换热孔间距为 5 m,按换热系统夏季开机 122 d,冬季开机 121 d,每天运行 10 h 的工况,冷却塔夏季开机 92 d,每天运行 10 h,扬州市（Ⅰ区、Ⅱ区）夏季/冬季的换热温差分别为 14.291/10.709 ℃、14.391/10.609 ℃,冷却塔冷却温度分别为 2.461 ℃、2.401 ℃,泰州市（Ⅲ区）夏季/冬季的换热温差为

14.534/10.466 ℃,冷却塔冷却温度为 2.934 ℃,盐城市（Ⅳ区、Ⅴ区）夏季/冬季的换热温差分别为 15.049/9.951 ℃、14.978/10.022 ℃,冷却塔冷却温度分别为 4.409 ℃、4.178 ℃,淮安市（Ⅵ区、Ⅶ区）夏季/冬季的换热温差分别为 14.373/10.627 ℃、14.574/10.426 ℃,冷却塔冷却温度分别为 0.533 ℃、2.364 ℃,宿迁市（Ⅷ区、Ⅸ区）夏季/冬季的换热温差分别为 15.225/9.775 ℃、14.648/10.352 ℃,冷却塔冷却温度分别为 4.775 ℃、3.598 ℃,连云港市（Ⅹ区、Ⅺ区）夏季/冬季的换热温差分别为 14.132/10.868 ℃、13.975/11.025 ℃,冷却塔冷却温度分别为 0 ℃、0.965 ℃,徐州市（Ⅻ区、ⅩⅢ区、ⅩⅣ区）夏季/冬季的换热温差分别为 14.556/10.444 ℃、14.903/10.097 ℃、13.939/9.561 ℃,冷却塔冷却温度分别为 1.526 ℃、2.533 ℃、3.324 ℃,能够在不引起地下温度场热堆积问题的情况下,获得最大的浅层地热能可采资源量。

五、浅层地热能可采资源数值模拟评价结果

（一）方案一

在考虑土地利用系数的情况下,淮河生态经济带江苏段 100 m 地埋管换热方式浅层地热能的冬季总取热量为 $3.705×10^7$ kW,可供暖面积为 $9.881×10^8$ m²,夏季总排热量为 $4.396×10^7$ kW,可制冷面积为 $4.396×10^8$ m²,按换热系统夏季开机 122 d、冬季开机 121 d、每天运行 10 h 的工况,浅层地热能年可采资源量合标准煤 2 519.981 万 t。

在不考虑土地利用系数的情况下,淮河生态经济带江苏段 100 m 地埋管换热方式浅层地热能的冬季总取热量为 $1.648×10^9$ kW,可供暖面积为 $4.396×10^{10}$ m²,夏季总排热量为 $1.964×10^9$ kW,可制冷面积为 $1.964×10^{10}$ m²。按换热系统夏季开机 122 d、冬季开机 121 d、每天运行 10 h 的工况,浅层地热能年可采资源量合标准煤 112 349.535 万 t。

（二）方案二

在考虑土地利用系数的情况下,淮河生态经济带江苏段 100 m 地埋管换热方式浅层地热能的冬季总取热量为 $1.809×10^8$ kW,可供暖面积为 $4.823×10^9$ m²,夏季总排热量为 $2.246×10^8$ kW,可制冷面积为 $2.246×10^9$ m²,春秋季取热量均为 $4.485×10^7$ kW。按换热系统夏季开机 122 d、秋季开机 31 d、冬季开机 121 d、春季开机 61 d,每天运行 10 h 的工况,浅层地热能年可采资源量合标准煤 14 011.896 万 t。

在不考虑土地利用系数的情况下,淮河生态经济带江苏段 100 m 地埋管换热方式浅层地热能的冬季总取热量为 $8.043×10^9$ kW,可供暖面积为 $2.145×10^{11}$ m²,夏季总排热量为 $1.004×10^{10}$ kW,可制冷面积为 $1.004×10^{11}$ m²,春秋季取热量均为 $2.055×10^9$ kW。按换热系统夏季开机 122 d、秋季开机 31 d、冬季开机 121 d、春季开机 61 d,每天运行 10 h 的工况,浅层地热能年可采资源量合标准煤 610 807.245 万 t。

第十章 结论与建议

（三）方案三

在考虑土地利用系数的情况下，淮河生态经济带江苏段 100 m 地埋管换热方式浅层地热能的冬季总取热量为 1.809×10^8 kW，可供暖面积为 4.823×10^9 m²，夏季总排热量为 2.246×10^8 kW，可制冷面积为 2.246×10^9 m²。按换热系统夏季开机 122 d，冬季开机 121 d，每天运行 10 h 的工况，浅层地热能年可采资源量合标准煤 12 611.577 万 t。

在不考虑土地利用系数的情况下，淮河生态经济带江苏段 100 m 地埋管换热方式浅层地热能的冬季总取热量为 8.043×10^9 kW，可供暖面积为 2.145×10^{11} m²，夏季总排热量为 1.004×10^{10} kW，可制冷面积为 1.004×10^{11} m²。按换热系统夏季开机 122 d，冬季开机 121 d，每天运行 10 h 的工况，浅层地热能年可采资源量合标准煤 562 418.238 万 t。

浅层地热能可采资源量的换热功率计算结果与数值模拟规划评价结果存在明显差距，后者远远小于前者，主要因为前者只计算了满足经济技术条件下的最大换热功率，而后者考虑了地层对热量的调蓄能力，保证了地质环境平衡，为地源热泵系统的设计、区域大面积浅层地热能的开发利用和规划提供了科学依据。

六、浅层地热能资源潜力评价

（一）方案一

在考虑土地利用系数的情况下，淮河生态经济带江苏段采用地埋管换热方式开采浅层地热能，夏季总制冷建筑面积为 4.396×10^8 m²，冬季总供暖面积为 9.881×10^8 m²。在不考虑土地利用系数的情况下，淮河生态经济带江苏段地埋管换热方式浅层地热能开采的夏季总制冷建筑面积为 1.964×10^{10} m²，冬季总供暖面积为 4.396×10^{10} m²。

（二）方案二

在考虑土地利用系数的情况下，淮河生态经济带江苏段采用地埋管换热方式开采浅层地热能，夏季总制冷建筑面积为 2.246×10^9 m²，冬季总供暖面积为 4.823×10^9 m²。在不考虑土地利用系数的情况下，淮河生态经济带江苏段地埋管换热方式浅层地热能开采的夏季总制冷建筑面积为 1.004×10^{11} m²，冬季总供暖面积为 2.145×10^{11} m²。

（三）方案三

与方案二换热方式的夏季、冬季运行工况和换热孔间距相同，采用可制冷、可供暖的面积表示，资源潜力相同，方案二中春秋季利用剩余热量进行生活用水加热，而方案三采用冷却塔辅助地埋管换热器进行夏季排热。在考虑土地利用系数的情况下，淮河生态经济带江苏段采用地埋管换热方式开采浅层地热能，夏季总制冷建筑面积为 2.246×10^9 m²，冬季总供暖面积为 4.823×10^9 m²。在不考虑土地利用系数的情况下，淮河生态经济带江苏段地埋管换热方式浅层地热能开采的夏季总制冷建筑面积为 $1.004\times$

10^{11} m², 冬季总供暖面积为 $2.145×10^{11}$ m²。

七、节能减排效益

在不引起热平衡问题的情况下,按方案一规划评价结果,若淮河生态经济带江苏段浅层地热能全部开发利用,相当于节约标煤量约 39 322.337 万 t。此外,每年将减少 CO_2 排放约 93 823.097 万 t,减少 SO_2 排放约 668.480 万 t,减少 NO_x(氮氧化物)排放约 235.934 万 t,减少悬浮质粉尘约 314.579 万 t,减少灰渣排放约 39.322 万 t,节省环境治理费约 $1.094×10^7$ 万元。

按方案二规划评价结果,若淮河生态经济带江苏段浅层地热能全部开发利用,相当于每年节约标煤量约 213 782.536 万 t。每年将减少 CO_2 排放约 $5.101×10^5$ 万 t,减少 SO_2 排放约 3 634.303 万 t,减少 NO_x(氮氧化物)排放约 1 282.695 万 t,减少悬浮质粉尘约 1 710.260 万 t,减少灰渣排放约 213.783 万 t,节省环境治理费约 $5.945×10^7$ 万元。

按方案三规划评价结果,若淮河生态经济带江苏段浅层地热能全部开发利用,相当于每年节约标煤量约 196 846.383 万 t。每年将减少 CO_2 排放约 $4.697×10^5$ 万 t,减少 SO_2 排放约 3 346.389 万 t,减少 NO_x(氮氧化物)排放约 1 181.078 万 t,减少悬浮质粉尘约 1 574.771 万 t,减少灰渣排放约 196.846 万 t,节省环境治理费约 $5.474×10^7$ 万元。

第二节 建议

一、科学合理地推广地埋管地源热泵系统

地埋管地源热泵系统在淮河生态经济带江苏段具有广泛的适宜性,在冲积平原、侵蚀堆积波状平原及部分构造低山丘陵区都能进行开发利用,适宜区和较适宜区的面积占工作区总面积的 88.199%。

二、全面开发浅层地热能可启用辅助设备和方法

在进行浅层地热能大面积片状开发时,受场地等条件限制,建议启用其他辅助设备和方法(如:冷却塔和加热生活用水等)消除浅层地热能开发利用过程中引起的热堆积问题,提高浅层地热能的开发潜力,实现浅层地热能的可持续开发利用。

三、编制淮河生态经济带江苏段浅层地热能开发利用规划,制定合理的开发利用方案

目前工作区内浅层地热能有部分区域进行了开发利用,随着国家对节能减排工作的不断推进,浅层地热能开发利用的需求将不断增加。建议淮河生态经济带江苏段根据城

市发展规划与布局，依据浅层地热能资源赋存条件和开发利用适宜性分区，综合长期开发利用的经济性和地质环境效应，尽快编制完成浅层地热能资源开发利用方案，明确浅层地热能资源的开发利用方向。避免盲目发展、过度开发，方案要与地方经济社会发展和城市规划布局紧密结合。

四、建设浅层地热能开发利用示范工程

浅层地热能开发利用工作是一个综合技术性较强的系统工程，它涉及建筑学、水文地质学、传热学、流体力学、暖通、计算机与自动控制等多学科的相互交叉与配合。淮河生态经济带江苏段部分地区浅层地热能开发利用的经验还不够丰富，只有建设浅层地热能利用示范工程，开展建筑动态负荷模拟与优化分析、长期运行性能模拟以及地下动态特性监测与控制等，并进行试验与总结，才能够实现地源热泵系统的整体优化和高效节能的目的，这是开发利用浅层地热能资源时的关键因素。

五、陆续开展地质环境影响监测工作

进行地质环境监测对保障浅层地热能的合理开发、保护地质环境、促进节能减排具有重要意义。建议保留和保护原有地温场监测孔，继续作为区域性监测孔，掌握工作区内地温场变化特征，为浅层地热能资源开发利用工程提供区域性背景资料。在未来建设浅层地热能开发利用项目的过程中，建议陆续增添开发利用工程监测孔，通过长期监测地下换热器周围地质环境变化，来了解工程所在地的地质环境的影响程度，实现对开发利用工程的实时动态管理，并及时提出相应的防治措施。

六、政策支持与加强管理

政府要加大扶持力度，出台相关政策、法规，设立专门机构负责推广应用，初级阶段能提供咨询服务，激励浅层地热能资源的合理开发利用；同时加强运营监管，保证浅层地热工程的质量，规范浅层地热能开发利用的市场行为，确保浅层地热能长效可持续开发利用。

参考文献

[1] 闫福贵. 呼和浩特市浅层地温能开发利用适宜性评价研究[D]. 北京:中国地质大学,2013.

[2] 杨志昆. 地埋管地源热泵换热器的热响应测试与数值模拟[D]. 南京:南京航空航天大学,2012.

[3] 余传辉. 地下土壤导热系数计算方法及结果分析[D]. 长春:吉林大学,2006.

[4] 曾宪斌. 地源热泵垂直U型埋管换热器周围土壤温度场的数值模型[D]. 重庆:重庆大学,2007.

[5] 朱祖文. 地源热泵典型垂直地埋管换热器数值模拟研究[D]. 杭州:浙江大学,2013.

[6] 於仲义. 土壤源热泵垂直地埋管换热器传热特性研究[D]. 武汉:华中科技大学,2008.

[7] 赵峰. 地下水源热泵的水源水问题研究及能耗模拟[D]. 武汉:武汉科技大学,2005.

[8] 曹袁. 上海地区岩土热物性的实验与分析研究[D]. 邯郸:河北工程大学,2013.

[9] 高平,张延军,方静涛,等. 浅层岩土室内、外热物性测试的相关性[J]. 吉林大学学报(地球科学版),2014(1):259-267.

[10] 于湲. 北京市浅层地温能开发利用地质环境影响评价参数研究[D]. 北京:中国地质大学,2014.

[11] 张苏苏. 冷热负荷非平衡地区土壤源热泵土壤热失衡问题的研究[D]. 扬州:扬州大学,2014.

[12] 徐辉. 夏热冬冷地区地源热泵系统运行特性分析[D]. 扬州:扬州大学,2014.

[13] 李彦花. 夏热冬冷地区地源热泵地域适宜性评价体系的研究[D]. 郑州:中原工学院,2014.

[14] 马勇. 地源热泵系统运行能效测评与能效影响因素的研究[D]. 武汉:武汉科技大

学,2013.
- [15] 周学志. 抽灌井群地下水运移能量传输及其传热研究[D]. 长春:吉林大学,2013.
- [16] 王景刚. 自然工质热泵循环和地源热泵运行特性研究[D]. 天津:天津大学,2003.
- [17] 王茂盛. 地热换热器循环液温度设定对地源热泵系统影响的分析与研究[D]. 济南:山东建筑大学,2010.
- [18] 陈响亮. 抽灌井群热交互性及其布控特性研究[D]. 长春:吉林大学,2011.
- [19] 朱娜. 地源热泵地埋管换热系统热堆积分析[D]. 武汉:华中科技大学,2007.
- [20] 于恒杰. 地埋管换热器周围土壤热恢复特性研究[D]. 青岛:青岛理工大学,2013.
- [21] 陈萌. 土壤源热泵地下埋管换热器换热性能的分析[D]. 西安:长安大学,2009.
- [22] 孟丹. 住宅建筑中土壤源热泵全年运行地下热堆积研究[D]. 青岛:青岛理工大学,2010.
- [23] 中华人民共和国国土资源部. 浅层地热能勘查评价规范:DZ/T 0225—2009[S]. 北京:中国标准出版社,2009:1-1.
- [24] 卫万顺,郑桂森,冉伟彦,等. 浅层地温能资源评价[M]. 北京:中国大地出版社,2010.
- [25] 中华人民共和国建设部. 地源热泵系统工程技术规范:GB 50366—2009[S]. 北京:中国建筑出版社,2005.
- [26] 中华人民共和国国家质量监督检验检疫总局,中国国家标准化管理委员会. 地热资源地质勘查规范:GB/T 11615—2010[S]. 北京:中国标准出版社,2010.
- [27] 江苏省建设厅. 地源热泵系统工程技术规程:DGJ32/TJ89—2009[S]. 南京:江苏科学技术出版社,2009.
- [28] 刘俊,张旭,高军,等. 地源热泵桩基埋管传热性能测试与数值模拟研究[J]. 太阳能学报,2009,30(6):727-731.
- [29] 杨卫波,施明恒. 基于线热源理论的垂直U型埋管换热器传热模型的研究[J]. 太阳能学报,2007,28(5):482-488.
- [30] 韩再生,冉伟彦. 城市地区浅层地温能评价方法探讨[J]. 城市地质,2007,2(4):9-15.
- [31] 王贵玲,刘峰,王婉丽. 我国陆区浅层地温场空间分布及规律研究(二)[J]. 供热制冷,2015(3):60-61.
- [32] 王秉忱,田廷山,赵继昌. 我国地温资源开发与地源热泵技术应用及存在问题[C]// 中国资源综合利用协会地温资源综合利用专业委员会,中国地质环境监测院. 地温资源与地源热泵技术应用论文集(第一集). 北京:中国大地出版社,2007:9.
- [33] 王贵玲,刘云,蔺文静,等. 我国地下水源热泵应用适宜性评价[C]// 国土资源部地质环境司,中国地质环境监测院,中国资源综合利用协会地温资源综合利用专业委员会. 地温资源与地源热泵技术应用论文集(第二集). 北京:地质出版社,2008:8.

[34] 王贵玲,刘志明,刘花台,等. 地下水潜力评价方法[J]. 水文地质工程地质,2003, 30(1):63-66,72.

[35] 郝小充,余跃进,毛炳文,等. 岩土热响应试验在土壤源热泵系统设计中的应用[J]. 制冷学报,2011,32(6):44-48.

[36] 王贵玲,刘峰,王婉丽. 我国陆区浅层地温场空间分布及规律研究(一)[J]. 供热制冷,2015(2):52-54.

[37] 王贵玲,刘峰,王婉丽. 我国陆区浅层地温场空间分布及规律研究(二)[J]. 供热制冷,2015(3):60-61.

[38] 赵静,但琦. 数学建模与数学实验[M]. 北京:高等教育出版社,2014.

[39] 杨世铭,陶文铨. 传热学[M]. 北京:高等教育出版社,2006.

[40] 许天福,袁益龙,封官宏,等. 地热开发数值模拟理论、技术与应用[M]. 上海:华东理工大学出版社,2022.

[41] 李宁波,杨俊伟. 浅层地热能属性特征与开发利用[M]. 上海:华东理工大学出版社,2022.

[42] 汪集暘. 地热学及其应用[M]. 北京:科学出版社,2016.

[43] Sass I, Brehm D, Coldewey W G, et al. Shallow geothermal systems-recommendations on design, construction, operation and monitoring[M]. Berlin: Ernst & Sohn, 2016.

[44] Li Z, Luo Z, Wang Y, et al. Suitability evaluation system for the shallow geothermal energy implementation in region by Entropy Weight Method and TOPSIS method[J]. Renewable energy, 2022, 184: 564-576.

[45] Li Z, Luo Z, Cheng L, et al. Influence of Groundwater Heat Pump system operation on geological environment by Hydro-Thermal-Mechanical-Chemical numerical model[J]. Applied thermal engineering, 2022: 118035.

[46] Pourdarbani R, Ali Baba M. Application of shallow geothermal energy for heating system: Geothermal-renewable energy[M]. London: LAP LAMBERT Academic Publishing, 2019.

[47] García Gil A, Garrido Schneider E A, Mejías Moreno M, et al. Shallow geothermal energy: theory and application [M]. New York: Springer, 2022.

[48] Stober I, Bucher K. Geothermal energy: from theoretical models to exploration and development[M]. 2nd ed. New York: Springer, 2021.

[49] Bear J. Dynamics of fluids in porous media[M]. New York: Dover Publications, 1988.